本书得到南京水利科学研究院出版基金资助

大型复杂灌区工程安全评价技术

——以红旗渠为例

马福恒　胡　江　邱莉婷　李子阳◎著

DAXING FUZA GUANQU GONGCHENG
ANQUAN PINGJIA JISHU
YI HONGQI QU WEI LI

河海大学出版社
HOHAI UNIVERSITY PRESS
·南京·

内容简介

本书在作者近年来从事的灌区工程安全评价研究和实践工作基础上，总结了国内外灌区安全评价的理论和方法，全面系统地阐述了大型复杂灌区的安全评价总体原则、技术路线、组织实施，以及安全评价和安全等级评定方法，内容包括：长期运行灌区工程常见老化病害和安全隐患问题，工程现状调查的内容和方法，渠道和渠系建筑物的安全检测，渠道和渠系建筑物的安全复核计算，灌区工程安全综合评价，及灌区工程安全指标体系与量化评价等，并以红旗渠灌区为案例，详细地介绍了灌区工程安全评价的经验和成果。

本书可供设计院、灌区管理单位和从事灌区安全评价工作的技术人员学习、使用，也可作为高等学校水利类专业的参考书。

图书在版编目(CIP)数据

大型复杂灌区工程安全评价技术 ：以红旗渠为例 / 马福恒等著. -- 南京 ：河海大学出版社，2021.9

ISBN 978-7-5630-7018-3

Ⅰ. ①大… Ⅱ. ①马… Ⅲ. ①灌区－水利工程－安全评价 Ⅳ. ①TV63

中国版本图书馆 CIP 数据核字(2021)第 119404 号

书　　名 大型复杂灌区工程安全评价技术——以红旗渠为例
书　　号 ISBN 978-7-5630-7018-3
责任编辑 金　怡
特约校对 张心怡
装帧设计 徐娟娟
出版发行 河海大学出版社
地　　址 南京市西康路 1 号(邮编：210098)
电　　话 (025)83737852(总编室)　(025)83722833(营销部)
经　　销 江苏省新华发行集团有限公司
排　　版 南京布克文化发展有限公司
印　　刷 广东虎彩云印刷有限公司
开　　本 787 毫米×1092 毫米　1/16
印　　张 17.75
字　　数 451 千字
版　　次 2021 年 9 月第 1 版
印　　次 2021 年 9 月第 1 次印刷
定　　价 129.00 元

原则，即通过系统性的现状调查、安全检测，判断灌区渠道、建筑物的安全状况；对控制建筑物、关键渠段进行重点复核计算，掌握典型结构的安全性态，进而通过综合评价，评定灌区的安全等级。

(2) 针对设计资料缺失、结构尺寸难以确定问题，采用三维激光扫描技术，测量结构外部尺寸与变形，为结构安全复核提供基础数据。对于渠道、渠墙渗漏问题，通过地质雷达检测技术，探明渗漏通道并分析渗漏成因。考虑到渠系砌体建筑物大变形、严重裂缝等问题，提出分别采用有限元方法、离散元方法对砌体结构进行稳定性、强度计算分析的建议。

(3) 研究了评价指标体系建立的原则、步骤和指标筛选准则。基于评价体系与大型灌区各渠道、建筑物功能一致的原则，拟定了以安全性、适用性和耐久性为指标，综合考虑渠道级别、建筑物重要性、管理水平以及使用年限的大型灌区工程老化病害评价指标体系。

(4) 构建了专家权威性测定指标结构以及基于模糊优选法的专家权重数学计算模型，建立了专家权威性测定体系，提出了基于专家权威性测定体系的指标量化处理方法。针对层次分析法一致性检验困难的问题，利用模拟退火算法对其进行改进，提出了退火层次分析法(SA-AHP)；将指标量化处理方法和指标重要性赋权方法相结合，建立了大型灌区安全等级综合评价模型。

(5) 以著名的红旗渠灌区为例，详细地说明了大型复杂灌区现状调查、安全检测、安全复核和综合评价的实践过程。

本书由马福恒总体策划，马福恒、胡江负责本书的统稿及修订。全书共分 7 章，第 1 章由马福恒、胡江撰写，第 2 章由马福恒、胡江、邱莉婷撰写，第 3 章由胡江、陆俊、顾培英、霍吉祥撰写，第 4 章由胡江、沈振中、陆俊、王建、王海军撰写，第 5 章由李子阳、马福恒、张湛、叶伟撰写，第 6 章由胡江、马福恒、李子阳、王长生撰写，第 7 章邱莉婷、马福恒、李涵曼撰写。红旗渠安全评估项目组及林州市红旗渠灌区管理处、河海大学、河南省豫北水利勘测设计院有限公司等单位相关人员为本书的撰写做了大量的资料收集与整理工作，在此一并向他们表示衷心感谢！

本书的出版得到南京水利科学研究院出版基金、国家重点研发计划“土石堤坝内部隐患及渗漏通道快速探测关键技术及装备研究”(课题编号：2019YFC1510802)和中央级公益性科研院所基本科研业务费专项资金的资助。

作者希望通过本书的出版，促进灌区安全评估、加固改造及安全运行管理技术的交流。由于时间仓促及水平所限，书中不当之处，敬请读者批评指正。

作者

2021 年 3 月于南京

前言

PREFACE

我国水土资源分布极不匹配，水旱灾害频发。灌区是我国经济社会发展的重大公益基础设施，是国家粮食安全与农产品有效供给的命脉，同时是城镇、工业以及生态环境供的重要载体，也是山水林田湖草系统治理和乡村振兴的重要支撑。根据《2018 年全国水发展统计公报》，全国已建成 50 万亩以上灌区 175 处，耕地灌溉面积 12 399 千公顷；30～万亩以上灌区 286 处，耕地灌溉面积 5 400 千公顷*。我国现有的大型灌区多建于 20 世50—70 年代，受当时资金、物质条件的限制，绝大多数只能因陋就简。工程建设标准普遍低，有相当一部分是边勘探、边设计、边施工的“三边”工程，造成了工程先天不足。同时于缺少必要的资金投入，运行过程中渠道及渠系建筑物得不到及时维护和加固，在环境荷载长期双重作用下，部分渠道、渡槽、隧洞、倒虹吸、节制闸等骨干工程设施老化失修损严重，灌区工程成为病险工程，安全状况不容乐观。此外，大多数灌区已达到或超过计使用年限，输水效率低，渗漏损失大，处于带病运行或超限服役阶段，灌溉水利用率溉保证率低，工程的功能和效益难以得到有效的发挥，成为制约我国国民经济可持续的主要因素之一。灌区运行管理以经验为主，缺乏系统的安全评价和科学的调度。

乡村振兴战略规划明确大中型灌区续建配套与现代化改造是一项重要任务。灌造与现代化总体目标概括为“设施完善、管理科学、节水高效、生态良好”，设施完善是改造与现代化的根本。按照灌区现代化要求，查找灌区存在的短板，先期达到工程设全、配套、安全、完好要求，后期实施达标改造；对已基本完成续建配套与节水改造的灌应在安全评价基础上，确定达标改造方案。

渠道、建筑物作为灌区的重要组成部分，对灌溉水利用系数以及灌溉效益的提升重要，直接影响着灌区节水改造工作。对现有渠道、建筑物进行老化程度的科学合理以及改造技术的研究，对推进全国灌区节水改造起着重要作用。由于建筑物的种类且其修建时间和运行环境不同，建筑物的老化病害部位、老化病害程度都存在较大因此，开展复杂渠道及建筑物的安全评价技术研究已迫在眉睫。为了正确反映工程的运行状况，准确定量判别工程损坏程度，合理制定工程建设改造方案，避免工程翻建、的盲目性，需对渠道、建筑物的安全状况进行科学合理的评价，为加固改造提供技术支

为此，本书作者通过多年的灌区工程安全评估实践，针对我国大型复杂灌区工程现状，结合工程实践，系统地阐述了大型复杂灌区的现状调查、安全检测、安全复核计合评价等。具体成果如下。

(1) 提出了大型复杂灌区“系统排查、全面评价，统筹兼顾、重点突出”的安全评价

* 引用数据保留了原数据格式及单位。

目录

CONTENTS

1 概述

1.1 我国大型灌区发展和运行概况

我国位于亚洲季风气候区，受季风气候、地理位置和地形结构的影响，水资源存在显著的时空分布不均匀特性。年降雨量从东南的 1 600 mm 向西北递减至不足 200 mm，而且有 80%以上的降雨集中在 6—9 月份的汛期。同时，我国的水土资源分布极不匹配，南方土地资源仅占全国土地资源的 36.1%，水资源量却占全国的 82.8%；北方土地资源占全国的 63.9%，水资源却仅占全国的 17.2%。降雨的时空分布不均导致水旱灾害频发，因此，兴修水利、发展灌溉在我国农业生产中有着极其重要的地位和作用。灌区是我国经济社会发展的重大公益性基础设施，是国家粮食安全与农产品有效供给的命脉，同时是城镇和工业以及生态环境供水的重要载体，也是山水林田湖草系统治理和乡村振兴的重要支撑。

我国的灌溉发展可分为三个阶段：1949—1980 年为第一阶段，重点在修建水库、大型灌区、引水工程和打机井，灌溉面积从 1949 年的 1 539 万公顷增加到 1980 年的 4 889 万公顷，年增长为 105 公顷；第二阶段为 1981—1990 年，此阶段农村地区开展了农业结构和投入机制改革，在灌溉工程开发和维护方面的投入有所降低，同时，更多的灌溉用水被用于满足工业和城镇居民生活所需，灌溉面积以每年 5 万公顷递减，到 1990 年为 4 839万公顷；第三阶段为 1991 年至今，本阶段重点在节水灌溉设施建设、灌溉管理水平改进以及大型灌区的加固改造。2018 年中央一号文件提出，实施国家农业节水行动，加快灌区续建配套与现代化改造。根据《2018 年全国水利发展统计公报》，全国已建成 50 万亩以上灌区 175 处，耕地灌溉面积 12 399 千公顷；30 万～50 万亩以上灌区 286 处，耕地灌溉面积5 400千公顷。

大型灌区具有相对完善的田、林、路、水等基础设施，水源相对稳定。同时，我国大部分大型灌区分布在当地的经济发达地区，不仅担负农田灌溉任务，还担负着向城镇生活和工矿企业供水的任务，在城乡经济发展中的地位日趋重要。此外，灌区完善的水源系统，输水、配水及供水调节系统，在水资源配置和生态环境改善中也发挥着重要作用。灌区内的粮食产量、农业总产值超过全国总量的 1/4，是我国粮食安全的重要保障和农业农村经济社会发展的重要支撑。

然而，我国现有的大型灌区多建于 20 世纪 50—70 年代，受当时资金、物质条件的限制，绝大多数只能因陋就简。工程建设标准普遍偏低，有相当一部分是边勘探、边设计、边施工的“三边”工程，造成了工程的先天不足。同时，由于缺少必要的资金投入，运行过程中，渠道及渠系建筑物得不到及时维护和加固，在环境和荷载长期双重作用下，部分渠道、渡槽、隧洞、倒虹吸、节制闸等骨干工程设施老化失修、破损严重，灌区工作成为病险工程，安全状况不容乐观。此外，大多数灌区已达到或超过了设计使用年限，输水效率低、渗漏损失大，处于带病运行或超限服役阶段，灌溉水利用率和灌溉保证率低，工程的功能和效益难以得到有效的发挥，成为制约我国国民经济可持续发展的主要因素之一。灌区运行管理以经验为主，缺乏系统的安全评价和科学调度。

以著名的林州市红旗渠为例，红旗渠属大型灌区，灌区共涉及林州市 13 个乡镇 108 万人口，其中农业人口 90.37 万人，城镇人口 17.62 万人*。灌区控制面积 1 374 km^2，总耕地面积 72.34 万亩，设计灌溉面积 54 万亩。经过 50 年的运行，风剥水蚀，砌石勾缝脱落，渠道渗漏严重，墙体变形，由于不能系统准确地掌握灌区工程各建筑物安全状态，经过多次节水改造后，仍存在病险，只能控制运行，运行风险大。2014 年 6 月，赵所管理段软弱坡积物滑动造成渠体坍塌，附近村庄被淹，造成了极大的社会和经济影响(图 1.1-1)。由于认识到水资源匮乏带来的问题，近几年国家和地方在节水灌溉方面给予了相当数量的投入，但重点是放在渠道防渗和节水改造上，其中涉及灌区渠系建筑物的改建或加固部分的比重却极少，故大多数老化病害工程仍在带病运行或超负荷运行，严重制约着工程效益的发挥。

(a) 渠体坍塌

(b) 村庄被淹

图 1.1-1　红旗渠灌区赵所管理段渠体坍塌及其影响

自 1998 年来，国家启动了大型灌区以节水为中心的续建配套与技术改造工程。2001 年，纳入全国大型灌区续建配套节水改造规划的大型灌区共 402 处。2001—2005 年，水利部陆续批复了新申报的 32 处大型灌区续建配套节水改造规划，共有 434 处大型灌区列入全国大型灌区续建配套节水改造规划。截至 2018 年，累计完成干支骨干灌排渠道防渗衬砌、除险加固整治长度 7.7 万 km，完成建筑物配套、加固改造 24 万处。专项规划为解决灌区设施不配套、老化失修等问题提供了一个极好的机遇，也为灌区改革创造了十分有利的条件。自规划实施以来，灌区严重病险、卡脖子工程基本得到改造，骨干工程设施完好率明显提高。仍以红旗渠灌区为例，自 2005 年开始，灌区已逐步实施了 6 期续建配套及节水改造工程，主要对红旗渠总干渠、干渠进行了维修加固及防渗处理，并对少数渡槽及部分渗漏严重的梯形渠道进行重建和改建。从此，严重影响效益发挥的咽喉工程得到了治理，满足了正常输水要求。但由于资金所限，目前仅对部分渠段进行技术改造，改造未能全面实施。灌区仍存在水利基础设施薄弱、供水保障程度不高、用水效率和效益偏低、水环境问题突出和

* 数据因四舍五入原则，存在微小数值偏差。

盐碱化未得到有效控制等问题。可见，由于长期投入严重不足，灌区工程仍然标准低、配套差、管理不畅，有的运行时间已超过使用寿命，工程坏损率高。

近年来，随着工业化、城镇化快速推进和全球气候变化影响加剧，我国水安全呈现出新老问题交织的严峻形势，水资源短缺、水灾害频发、水生态损害、水环境污染等问题愈加凸显，成为制约经济社会发展的瓶颈。节约水资源、保障水安全，事关民族永续发展，事关国家长治久安。习近平总书记明确提出了“节水优先、空间均衡、系统治理、两手发力”的十六字重要治水方针。针对我国部分区域工程性缺水问题突出的情况，加快实施《全国大中型灌区续建配套节水改造实施方案（2016—2020 年）》，确保按期完成大型和重点中型灌区配套改造任务，积极推进灌区现代化改造前期工作，加快补齐灌排设施短板。在满足节水优先的基础上开工一批重点水源、大型灌区等重大节水供水工程，提高水资源供给和配置能力。

2014 年 5 月 21 日国务院常务会议部署加快推进节水供水重大水利工程建设，集中力量有序推进一批全局性、战略性节水供水重大水利工程，特别是在中西部严重缺水地区建设一批重大调水和饮水安全工程、大型水库和节水灌溉骨干渠网。按照统筹谋划、突出重点的要求，“十三五”期间分步建设纳入规划的 172 项重大水利工程，其中典型的灌区工程见表 1.1-1。

表 1.1-1　节水供水重大水利工程中的灌区工程

序号	工程名称	灌溉面积
1	凉山州盐源县龙塘水库及灌区工程	灌溉面积 36.2 万亩
2	西藏拉洛水利枢纽及配套灌区工程	新增灌溉面积 18.40 万亩
3	四川省都江堰灌区毗河供水一期工程	灌溉面积 125.49 万亩
4	海南省红岭灌区工程	145.48 万亩
5	黑龙江省富锦市锦西灌区工程	发展和改善灌溉面积 110 万亩
6	云南麻栗坝灌区工程	设计灌溉面积 35.09 万亩
7	湖南永州涔天河水库扩建灌区工程	设计灌溉面积 111.46 万亩
8	江西省廖坊水利枢纽灌区二期工程	新增和改善灌溉面积 33.05 万亩
9	赵口引黄灌区二期工程	新增灌溉面积 220.5 万亩
10	西霞院水利枢纽输水及灌区工程	新建灌区 31.18 万亩，补源 140.1 万亩

河南省在四水同治治水方略引领下，谋划实施了小浪底南岸灌区[图 1.1-2(a)]、小浪底北岸灌区[图 1.1-2(b)]、赵口引黄灌区二期、西霞院水利枢纽输水及灌区、卫河共产主义渠治理、大别山革命老区引淮供水等灌溉工程，估算总投资 357.43 亿元。

《国家乡村振兴战略规划（2018—2022 年）》和近年来的中央一号文件明确大中型灌区续建配套与现代化改造是一项重要任务。灌区改造与现代化总体目标概括为“设施完善、管理科学、节水高效、生态良好”。现代化灌区支撑现代农业、经济社会发展，保障国家粮食安全和农产品有效供给。在实施安排上，将严重影响国家粮食安全和城乡居民生活用水的问题作为关键问题加以解决，在统筹规划的基础上优先解决现有工程配套不全、老化失修的问题。节水高效指的是节水工程完备、水资源配置优化、种植结构合理、技术措施先进、节水机制完善。设施完善指的是灌溉水源、输配水、田间等工程设施及排水工程设施齐全、配套、安全、完好、耐久。管理科学

(a) 小浪底南岸灌区工程

(b) 小浪底北岸灌区工程

图 1.1-2　小浪底南、北岸灌区工程示意图

指的是管理符合客观规律、形成现代管理体系、具有实践指导性，形成标准化管理、用水秩序、节水奖惩、用水户权益保障等规范，促使各要素集成发挥作用。生态良好指的是灌区生态与灌区灌排改造密切相关，具有改善人居环境，维持生物多样性，提供景观价值服务等多重生态服务功能。

按照灌区现代化要求，查找灌区存在的短板，在完善续建配套与节水改造的基础上，对灌区工程设施、管理和生态文明等方面进行全面改造、改革和建设。按照现有规范规定的灌溉设计保证率、排涝排渍与防治土壤次生盐碱化设计标准、灌溉水质、工程结构可靠度与耐久性、冻胀、泥沙处理等要求，实施工程设施达标改造，改造任务重、经济条件薄弱的灌区，可分步实施，先期达到工程设施齐全、配套、安全、完好要求，后期实施达标改造；已基本完成续建配套与节水改造的灌区，应在安全鉴定基础上，确定达标改造方案；与此同时，灌区应深化管理改革，形成现代灌区管理体系。在此基础上，按照生态文明建设目标要求，灌区可开展水生态环境、水文化和景观等建设。各地可根据当地经济社会发展要求、地方财力状况和改造任务，分期分步实施，在2035年前后，基本实现灌区现代化。“十四五”期间，重点开展工程设施的达标改造和提档升级、深化灌区改革等，夯实灌区现代化的基础。

应从灌区存在的突出问题着手，坚持问题导向，论述灌区现代化改造的必要性，拟改造内容应与存在问题相衔接。从提高大型灌区灌溉排水保证率、工程安全与建设标准、水资源利用效率，保障灌区良性发展，支持灌区环境与美丽乡村建设等方面，对工程设施体系进行达标改造、提档升级，强化灌溉水量的时空配置与优化，拓展和延伸灌区非农业功能，保障国家粮食安全，支撑现代农业发展，与农业现代化同步实施。

渠道、建筑物作为灌区的重要组成部分，对灌溉水利用系数以及灌溉效益的提升至关重要，直接影响着灌区节水改造工作。对现有渠道、建筑物进行老化程度的科学合理评价以及改造技术的研究，对全国灌区节水改造的推进起着重要作用。因此，开展复杂渠系安全评价关键技术研究已迫在眉睫。建筑物的种类繁多，而且由于修建时间和运行环境的不同，各建筑物的老化病害部位、老化病害程度都存在较大差异。为了正确反映工程的实际运行状况，准确定量判断工程破坏程度，合理制定工程建设改造方案，避免工程翻建、重建的盲目性，需对渠道、建筑物的安全状况进行科学合理的评价，为加固改造提供技术支撑。

1.2 灌区加固及改造技术

1.2.1 国外渠系工程改造技术概况

美国国家灌溉排水委员会主席普赖斯在《灌溉工程修复与现代化改造指南》一书中认为：综观全球，许多灌溉工程忽视维护，超期服役灌溉工程的供水和水质已和原定规划目标要求不相称，这些情况和其他一些因素综合起来，决定了灌溉工程需要进行修复和现代化改造。鉴于灌区工程的实际情况，渠系工程的维护、修复和现代化改造得到了世界各国政府和农业灌溉专家的高度重视。目前，世界各国渠系工程的修复和现代化改造主要集中在渠道的防渗工程建设及其相应的抗冻胀治理，以及灌区系统的自动化控制，灌溉输配水的优化调度等信息化改造也得到了较快的发展。其中，各类防渗抗冻工程建设速度快，技术水平高，并在全世界范围内得到一定的普及。

美国渠系改造的特点是将防渗作为重点，并高度重视环境及生态的保护。目前，美国采用的主要防渗材料有混凝土、埋藏式膜料和压实土三种。美国垦务局认为不存在一种能适合多种情况的最好防渗形式，选择防渗形式必须因地制宜，主要影响因素包括：工程标准和要求、气候条件、水力学条件、地基条件、地下水及排水条件、当地建筑材料、施工设备、经济因素（如劳动力条件，土地及水资源价值，各种方案的建设条件，运行和维修费用等）。在一般条件下，混凝土防渗由于土方量小，占地少，其造价可能比压实土膜料防渗便宜。由于混凝土防渗具有防渗效果好，能适应高流速，便于防草清淤及管理费用低等优点，目前多采用此种材料。压实土防渗具有抗冻胀能力强，受地下水位影响小，节省投资等优点，在美国渠道防渗中仍占近 1/3 的比重。近年来，随着塑膜工业的发展，各种改性、抗老化，抗拉强度和抗撕裂强度均大幅度提高的新型塑膜材料不断被研制推广，膜料防渗成为新的渠道防渗形式。从发展方向来看，今后更多的膜料防渗和压实土防渗形式将代替混凝土防渗。

日本的渠系改造工程主要包括三方面内容：总体改造规划、渠道防渗技术，及渠道防冻害技术。

渠系改造的核心是：充分利用现有水资源，做好整体区域性规划调度；通过一系列措施使供水线路上的水量损失最小，水质好；工程本身安全可靠无隐患；提高水量调度的精确性，增加水的有效利用程度，实现渠系管理现代化、自动化。总体规划的具体内容包括以下几个方面：根据区域性整体规划要求增辟水源，调整渠道系统，在中下游地区兴建调节水池，保证供水的稳定性；对原有混凝土护面的梯形渠道进行彻底改建。日本十分重视渠道防渗工作，现有干、支输水渠道已全部衬砌，田间渠道也已基本衬砌。渠道防渗改造的特点是大量使用钢筋混凝土预制件，便于机械化施工，建设标准高，渠道多采用矩形断面，并大量采用暗渠和管道输水技术。

渠系工程自动化改造，即对已建工程逐步实施自动化改造，对新建工程全部实施工程管理运行自动化。渠系自动化管理监控的主要项目为：水位遥测、水质监控、闸位遥控监测、渠道管道超声波流量遥测、渠道河道下游防洪报警遥控、各分水口泵闸门阀门起闭遥控、渠系建筑物改造和安全监测、田间输配水工程标准化整治。

澳大利亚在灌区水利工程建设中十分重视防渗新材料的研究推广，如沥青混凝土衬砌防渗，针刺土工合成材料黏土垫层 GCLS 防渗等。GCLS 材料由膨润黏土和土工合成材料复合组成以增加防渗效果。采用动态规划法对防渗渠道进行优化设计，约束条件包括水流不冲不淤流速，自流灌溉水位以及设计流量，容许水量损失等，目标函数为渠道防渗建设费用最小。新设计方法的应用简化了渠系改造设计过程，同时节省了工程投资。

国外在生态护坡防渗渠系建设方面也进行了大量的研究。许多国家，特别是欧美发达国家已不再采用单纯的混凝土护坡形式，开始研究具有环境、生态保护功能的新型护坡工程。如采用可降解生物纤维编织袋防渗黏土，形成台阶堤坡，种植具有护坡防渗效果的草本植物等。防渗护坡采用的优先级顺序是：生物材料方法，如植物天然黏土材料等；混合方法，如植物与刚性材料合用；刚性材料方法，如石料、混凝土等。对生态和景观有缺陷的输水工程，尽力予以改善，以恢复大自然的原来面貌。

从国外渠系改造来看，灌区改造重点基本集中于灌区总体规划、渠道防渗、渠道抗冻胀处理、灌区自动化建设等这几个方面。我们应充分结合我国灌区的实际情况，借鉴国外有关渠系改造成功经验，全面推进我国大型灌区续建配套与节水改造事业的发展。

1.2.2 国内渠系工程改造技术概况

我国渠系工程改造技术在实践中不断改进和完善。在渠系防渗工程技术方面，20 世纪 50 年代先后采用黏土、三合土夯实护面，修建砌砖、砌石等防渗渠道，20 世纪 60 年代在陕西、山西、河南等省开展了混凝土防渗的试验研究及推广工作。20 世纪 90 年代以来，大型灌区节水改造工程项目逐步实施，推动了新一轮的渠系防渗改造建设。据统计，全国已完成防渗渠道总长 55 万 km，占渠道总长的 18%。在渠道断面形式上，改变了传统的梯形渠道断面，对大中型渠道，研究推广弧形坡脚梯形断面和弧形底梯形断面等改善了渠道受力条件，提高了坡面稳定性并有效节省了衬砌材料。

在国家大型灌区续建配套与节水改造政策的推动下，部分灌区已在渠系改造方面取得了突破性进展。全国典型灌区的改造实例有：内蒙古河套灌区、宁夏青铜峡灌区、陕西关中灌区等。渠道防渗衬砌形式多样，总体上分为硬质材料防渗和软质材料防渗两种类型。硬质材料防渗包括石砌防渗、砖砌防渗、混凝土衬砌防渗等形式；软质材料防渗包括土料防渗、沥青材料防渗和塑膜防渗等形式。为了提高渠道防渗、防冻工程规划、设计、施工及管理水平，统一有关工程标准，水利部在已有科技成果的基础上，组织编制并颁布施行了《渠系工程抗冻胀设计规范》(SL 23)和《渠道防渗工程设计规范》(SL 18)，对我国渠系工程防渗和抗冻胀治理起到了积极的指导作用。

目前，在全国范围内，渠系改造中渠道防渗、渠道抗冻胀和断面形式优化等这几个方面发展比较成熟，但是对综合规划与渠系优化方面研究较少，渠系改造的一些前期性工作没有落实，只是在原有渠道的基础上进行一些维护和修补工作，没有将渠系改造工程与灌区的长远发展相结合。如果一个灌区没有合理的总体规划，仅仅在原有基础上进行的衬砌、防冻处理等只能是一种浪费。因此，还需要在灌区的总体规划和渠系优化布置上下功夫，为进一步建设具有高水平的现代化灌区打好基础。

1.3 大型复杂灌区渠道和渠系建筑物安全评价技术进展

大型灌区的渠道和渠系建筑物点多面广、老化病害各异，其安全评价工作的关键在于采用有效的调查和检测手段进行渠道、建筑物的老化病害特征描述，拟定科学的安全评价指标体系以及建立合理的评价指标量化模型。

1.3.1 服役工程现场安全检测方法研究

主要的安全评价指标调查方法有资料分析、安全检测、现状调查、试验研究和安全复核等。其中，无损检测能够以成本低、费时少、损害性小的方式对建筑物起到监督、诊断和测量作用，降低加固维护工作的盲目性，是目前建筑物工程检测的主要发展方向，对建筑物的安全评价有重要意义。

老旧建筑物的维修和养护十分复杂，耗资也十分巨大，无损检测技术有助于评估建筑物的稳定性和整体性，可对建筑物整体或局部进行质量状态监视，可估计建筑物材料和结构的性质和性能，并对其内部含水量、缺陷和损伤进行测量和定位，还可确定建筑结构内部预应力原件的位置。具体而言，冲击回波技术可检测和定位混凝土表面下的裂缝、分层和空穴，但检测灵敏度和分辨力较低，检测速度也较慢；超声脉冲回波技术可通过频谱、振幅以及反射波的相位探测和定位混凝土中的空洞、裂隙、钢筋等，测量构件厚度，评判桥梁、大坝、墙壁状态的完整性和可靠性，以及监测混凝土固化过程中强度变化等。但由于混凝土对超声的强吸收问题、骨料对超声的散射问题、超声的耦合问题、强噪声下弱信号的提取问题和各向异性问题使得超声检测在土木工程中应用受限；声发射技术以实验室应用为主，常用于测量分析，可用来测量界面性质、断裂性质和机制、钢筋腐蚀的位置、腐蚀的速率以及混凝土的强度等；电磁波的技术适用于非金属材料的检测，如混凝土、砖、岩石等，可做到非接触、甚至遥感检测，对被检测物体的表面性态及形状无苛刻要求，且对混凝土的骨料大小和种类都不敏感，但对含水量很敏感。但由于屏蔽效应，电磁波技术无法检测金属内部和金属平板后的物体；电磁场的技术以电场或磁场作为探测媒介，比如采用漏磁法探查混凝土中钢筋的断裂情况，在钢筋混凝土构件上施加强磁场使得钢筋中的磁场饱和，若钢筋断裂，断裂位置及附近的磁场就会发生畸变，该方法对检测钢筋断裂很灵敏，但费用较大，难以推广。

灌区的渠道和建筑物的评价指标包含定性指标和定量指标，二者均需进行大量现场调查和工程资料分析。同时，建筑材料的非均质性和各向异性，建筑物的复杂结构、庞大体积，使得各指标特性相异，检测环境过于复杂，应根据具体工程情况采取合理的方法和手段进行评价指标的调查研究。

1.3.2 灌区工程安全评价指标体系拟定研究

目前，关于灌区老化病害安全评价的研究主要集中在灌区建筑物方面，对于灌区的渠道或者灌区渠道及建筑物整体的安全评价较少。雷声隆等基于渠首工程、渠系建筑物、渠道工程和灌区泵站工程的分类对全国大型灌区工程的老化程度进行了调查研究。张俊芝等认为灌区老化不仅反映在建筑物损坏程度一个方面，还应涉及管理水平和技术水平等各方面，提出了灌区老化和灌区工程损坏程度两种评估指标体系。1991 年至 1995 年，我国对全国大型灌区进行了一次详细调查，制定了水工建筑物老化病害评估准则：通过定义工程的运行年龄和工程实际年龄，再将各建筑物按功能组成分成若干功能单元，基于各个功能单元的老化、损坏状况建立了初始损伤期、损伤稳定期和事故多发期 3 个不同的老化损伤时期。武慧芳等针对宁夏引黄灌区泵站工程运行现状，结合泵站建筑物整体稳定、变形发展情况和运行年限等影响因素，构建了 4 个层次的安全评价指标体系。杨道富选择混凝土现有强度、混凝土内钢筋锈蚀程度、混凝土结构老化碳化程度、结构剩余承载能力等主要指标构建了灌区建筑物完好率评估体系。刘柏青等提出了以安全性、适用性和耐久性为基本内容的灌区混凝土建筑老化病害评估准则，并按照一般指标和附加指标的分类进行了各准则的具体定义。郑雷从工程质量、过流能力、结构安全等方面对安地水库灌区渡槽安全进行了综合评价。岳杰等在进行水闸安全评价时，基于指标调查方法的不同建立了基于现状调查、现场安全检测和复核计算分析 3 个不同的一级指标体系。徐新平从功能状态、结构变形情况、结构破损情况、地基基础情况等方面开展了灌区渠系建筑物的安全鉴定工作。司春棣分析了灌区渠道和建筑物、水闸、泵站、河道、明渠、隧洞、暗渠、倒虹吸等各类引水建筑物的主要破坏形式和机理，给出了拟定引水建筑物安全评价指标体系的 7 项原则，建立了相应的安全评价指标体系。彭祖赠等根据灌区建筑物的损伤动态发展定义了不同的损伤状态，探讨了在环境侵蚀、维修、重建等情况下各状态之间的转移关系，分析了整体结构可能趋向的稳定状况，从而建立工程群体的老化病害结构模型。王永平等从结构稳定、结构承载力、水力条件、结构变形、表观质量和运行年限等方面开展了渡槽工程的安全评价。骆永成从表层剥蚀问题、碳化问题和钢筋锈蚀问题三方面开展了东湖灌区水工建筑物病害老化的原因分析，并基于此定义了水工混凝土建筑物结构指标老化级别。顾靖超等从水力条件、渠道断面状况、渠道衬砌结构和运行年限4个影响渠道安全和管理的因素综合考虑，开展了宁夏灌区衬砌渠道安全评价研究。

综上可知，已有研究在对灌区渠道和建筑物开展的各类评价中考虑了水力影响因素、结构影响因素和运行管理技术水平等不同方面，可为本书的大型灌区安全等级综合评价指标拟定提供参考。

1.3.3 灌区工程安全评价指标量化方法研究

用于灌区综合评价的方法包括专家评定方法、通用公式法、类比分析法、综合评判法、层次分析法和模糊综合评判法等。专家评价法是出现较早且应用较广的一种评价方法，其最大的优点在于量化评价问题时并不十分依赖统计数据和原始资料，原理较为简单且较为直观。然而，专家评价法较多地依赖专家经验，理论系统并不十分完备，在处理复杂问题时具有局限性，并不能完全保证其客观性；通用公式法简单方便，但评判结果较为粗略，不适合评判要求较高的情况；类比分析法把一些老化较明显的建筑物作为标准进行分析，通过与标准建筑物数据的对比，得出评价对象的老化程度；综合评判法通过对典型工程的工况和老化现象调查，建立了反映工程老化程度的分类指标，通过对具体设施的调查和简单测量等定性确定各项指标和工程老化级别；模糊综合评价法（Fuzzy Comprehensive Evaluation，FCE）是一种基于模糊数学的综合评价方法，该综合评价法根据模糊数学的隶属度理论把定性评价转化为定量评价，它具有结果清晰，系统性强的特点。但是在运用该方法时，隶属函数的建立并没有统一、权威的方法，随意性较强，因此其准确性有待商榷；层次分析法（Analytic Hierarchy Process，AHP）是一种将量化困难的复杂的定性问题在严格的数学运算基础上定量化，并对人们所作判断的一致性程度进行科学检验的实用决策方法，在1991年由T. L. Satty提出。层次分析法的具体步骤为：首先对具体问题进行分析，将复杂问题的总目标简化为各基本要素，按其包含、影响等关系分组分层，构建递阶层次结构模型；在此基础上，根据各层元素的两两重要性比较关系，构造AHP层次结构模型的判断矩阵，并进行一致性检验，同时求取各元素重要性的排序权值。AHP法充分反映了人们思考问题的方式，具备严格的逻辑推理和较完备的数学背景，但其在实际应用中容易出现判断矩阵一致性检验困难的问题。

近年来，一些其他领域的新算法或者组合模型也相继被用于灌区工程各项综合评价指标的研究工作中来。具体有，游黎等在确定指标权重时，先将粗糙集理论中属性重要度的确定方法和专家评分法相结合，再运用博弈论方法对确定的权重进行集化和融合，运用集对分析法建立了综合评价模型。王永平等应用不确定型层次分析法及群判断相关理论确定指标权重，并制定指标评分标准和工程安全评级标准，完成了宁夏引黄灌区渡槽工程的安全综合评价体系构建。费良军等先后开展了基于灰色关联法与密切值法和基于支持向量机模型的大型灌区运行状况综合评价。王锦辉等分别采用改进突变理论和灰色关联理论-TOPSIS法开展了大型灌区运行状况的综合评价研究。霍星等利用层次分析法的层次框架思维模式与蚁群算法的自适应性及人为干扰少等特点，在种植种类、灌溉方式、运行管理不同，经济效益迥异的环境中，构建了层次分析-蚁群算法。

建立的大型灌区安全等级综合评价模型主要注重工程实用性和操作便捷性。结合灌区渠系及各类建筑物的老化病害特点，将合理的评价指标体系与简单实用的指标量化方法相联系，构建科学可行的灌区工程安全等级综合评价模型。

由于灌区老化失修严重，我国正大规模开展灌区技术改造。灌区渠道和建筑物安全评价是灌区技术改造的依据，然而，现阶段缺乏灌区安全评价体系及相应的行业标准，相关研究及标准制订迫在眉睫。

1.4 大型复杂灌区安全评价技术路线

1.4.1 技术路线

大型灌区工程的渠系级数多，如总干渠、干渠、支渠、斗渠、毛渠等；渠系建筑物和设施种类复杂，数量庞大，如隧洞、渡槽、倒虹吸管、箱涵、水闸、泵站等，是由不同类型建筑物（设施）和渠系串联组成的网状交错系统。同时，由于修建时间、运行环境、重建以及维修加固范围不同，渠道及建筑物老化成因、老化部位及老化程度都存在较大差异。对其进行安全等级综合评价应遵循“统筹兼顾、突出重点”的原则，采取全面检查与重点检测（勘探）相结合、重点检测与典型计算相结合的灌区渠道和建筑物老化病害评价指标调查办法。

具体调研采用资料分析→现状调查→安全检测→安全复核的技术路线，按总干渠、干渠、总干渠主要建筑物、干渠主要（控制）建筑物和一般建筑物的顺序进行现状调查。全面查清渠系运行的基本情况和工程质量现状，发现工程的薄弱渠段、建筑物存在的隐患、缺陷或不足，提出进一步安全检测的项目和安全复核的内容。通过安全检测获得供安全评价的各项技术指标，以便客观真实地反映灌区工程的整体安全状况，对存在质量隐患或缺陷的建筑物、渠段，补充地质勘察。最后开展灌区总干渠、干渠及主要建筑的安全复核计算，为灌区渠道和建筑物的安全等级综合评价指标拟定提供深层次、关键性的技术参考。

1.4.2 资料分析

资料分析主要通过对历史资料、监测资料及相关勘察、设计、施工、运行管理资料进行查阅分析，以对相关指标进行评价，从而确定重要渠段和重要建筑物。主要包含以下工作：

（1）收集灌区渠系工程中的水闸、渡槽、倒虹吸、隧洞（箱涵）、管道、明暗渠等（含历次除险加固、技术改造）的勘察、设计、施工和竣工验收资料，包括报告书和图纸；

（2）收集灌区运用记录资料，如水位、流量、降雨量、位移等；

（3）重点整理建筑物特征参数资料，如断面尺寸、比降、设计通过流量、水位等，形成初步的渠系建筑物特性表；

（4）查阅灌区运用以来出现问题或险情的记录及有关除险加固报告，勘察、设计、施工资料，并结合参建人员、管理人员介绍，编写灌区运行大事记，以全面反映灌区运用以来安全概貌及变化趋势。

1.4.3 现状调查分析

现状调查通过组织相关专业专家，开展现状调查，充分讨论并总结工程现状和主要存在问题，对工程安全管理进行初步评价，提出安全检测和安全复核的重点。主要包括以下内容。

（1）调查组织

大型灌区现状调查工作量大，根据其战线长、周期短的特点，调查前应收集及熟悉灌区资料，邀请不同专业背景的专家一起讨论调查路线、调查记录及评判准则等相关内容。根据灌区规模可一起进行现状调查，也可将参与现状调查的专家、科技人员和运行管理人员按照一定的原则进行分组，以便统筹资源，分工协作。比如，可根据渠系的分级特点将调查专家分成总干渠小组、分干渠小组或支渠小组等不同的现场调查小组，同步开展针对灌区不同区域的现场调查。

（2）调查内容

现场调查包括渠道和建筑物尺寸参数和外观的检查，应重点检查工程中的薄弱部位；详细记录渠道、左右岸高边坡和重点建筑物现状情况、存在的问题和缺陷；薄弱部位和隐蔽部位检查一般有：渠道裂缝、基础渗漏检查，连接处止水设施完整性检查，浆砌石及勾缝、混凝土、钢筋混凝土的缺陷检查，渠底冲刷淤积检查，以及上下游进出水口连接段分缝止水和沉降变形检查；同时，通过查阅工程档案资料及询问，了解不同渠段在建设和运行期间存在的历史问题。

（3）调查手段

在收集历史资料的基础上，对灌区运行现状进行全面检查。借助卷尺、卡尺、数码相机等工具，结合日常观测的情况，对出现隐患部位进行重点检查、细致记录，并现场拍照。对工程的外观状况、结构安全情况、运行管理条件等进行全面检查和评价。

（4）现状调查分析报告编写

现状调查分析报告应包括灌区勘察、设计、施工、竣工验收和运行资料的整理结果，说明现存资料，附上灌区总体布置图，重要建筑物、渠段特性表，现状平面图、立面图和剖面图，列出运行大事记，指出存在的主要问题，提出下一步应进行的现场安全检测和工程复核计算的建筑物及工作内容。

1.4.4 安全检测

安全检测包括现场检测和检测结果评价。组织专业人员现场对渠道、建筑物进行检测，根据检测结果对相关指标进行评价。

（1）安全检测工作开展

根据现状调查结果，抓住主要隐患，重点布置安全检测项目。针对灌区这类线性工程安全检测中任务量大、技术难点多、时间紧张、战线长等特点，可根据灌区工程特点将现场安全检测分成渠道边坡、总干渠建筑物和干渠建筑物等不同小组同时开展工作。对总干渠渠道边坡进行全线安全检测，对干渠、分干渠渠道进行抽检。对渠系重点建筑物及分水闸、渡槽、节制闸、穿渠涵洞等渠系交叉建筑物进行全面检测。

（2）安全检测内容

安全检测内容包括渠系建筑物的地基工程性质、防渗设施的完整性和有效性、砌体结构的完整性和安全性、混凝土结构的耐久性、金属结构的安全性、机电设备的可靠性、监测设施的有效性等。安全检测的具体内容及相应的检测手段如下。

① 补充重点渠段的地质勘察或检测，获得地基岩土体基本物理力学参数。对历次发生险情的重点渠段和建筑物，根据需要对建筑物基础、渠段基础和边坡补充地质勘察、试验或

原位测试检验，取得基础土层的承载力，基础土层及上部边坡岩土体的基本物理力学参数。根据勘察、检测结果，评价灌区的工程地质和水文地质条件，进而评价工程质量。分析地质灾害产生的原因，对加固处理措施提出地质方面的建议，提出有关地质参数，以满足安全评价的需要。

② 防渗设施的有效性。检测渠身防渗止水设施的有效性。对于检查发现的渠道基础渗漏部位，综合采用低密度电阻率法、探地雷达等无损探测方法，对基础渗漏情况进行检测、探测，掌握基础渗漏特性，为安全评价提供基础。

③ 砌体结构检测。检测内容包括典型断面的墙体性能、结构变形检测。其中，现场检测方法按检测内容分砌体密度和强度、砂浆密度和强度。砌体结构检测量大，采用抽样方法，综合利用原位轴压法、扁顶法、原位单剪法、推出法、砂浆片剪切法、回弹法、点荷法等原位检测和试验方法，获取砌体密度和强度，对检测结果进行统计，相应推算得到砌石和砂浆的现状强度，确定接缝、勾缝的防渗性能。对重点渠段、建筑物等进行变形检测，采用三维激光扫描仪进行体形检测并测定竖向纵向角，以了解渠道、建筑物的整体变形变位情况，从而判别渠体渠道、建筑物的稳定性。

④ 混凝土结构检测。混凝土结构检测内容包括混凝土性能指标检测（强度、抗渗性能）、外观质量和内部缺陷检测（裂缝和碳化深度）、钢筋保护层厚度（钢筋锈蚀程度）检测、结构变形和位移检测、基础不均匀沉降检测等多项内容，其中混凝土结构强度检测应采用抽芯检测和回弹检测，钢筋保护层厚度可用钢筋扫描仪检测。

⑤ 金属结构和机电设备检测。如果金属结构使用年限较长，需对金属结构进行全面检测，包括：外观检测、材料检测、焊缝检测、无损探伤、闸门启门力检测等。涂层厚度检测针对金属结构主要构件涂层完好部位，采用涂层测厚仪对厚度进行抽样检测；采用超声波方法对金属结构主要构件的蚀余厚度进行抽样检测；对主要金属结构的锈蚀分布、锈蚀面积及锈蚀部位等进行描述，评定锈蚀程度，如轻微锈蚀、一般锈蚀、较重锈蚀、严重锈蚀、锈蚀。

（3）现场检测及分析报告编写

列出各项现场检测的方法、成果，并与现状调查出现的问题进行对比分析。应客观公正评价渠道及建筑物现状、存在主要问题及安全状态。对存在问题提出相关处理措施和建议，并提出相应工程复核计算项目及内容。各专项检测报告作为现场安全检测及分析报告附件附在后面。

1.4.5 安全复核

依据现状调查、补充地质勘察和安全检测成果，通过复核计算，开展灌区总干渠、干渠及其主要渠系建筑物的安全复核工作。安全复核的内容包括过流能力、渗流安全、结构及稳定安全、边坡安全、金属结构安全等。

（1）复核工作要求

安全复核过程中的各专项复核，应在对基本资料核查的基础上，结合现状调查分析和安全检测成果进行。对历史上发生过险情的渠段或者建筑物，应重点分析现状调查发现的问题、处理的效果。对出现异常变形的渠段或者建筑物，应进行复核计算。

（2）各专项复核工作内容

① 过流能力复核。根据灌区承担的供水任务和现状安全检查、质量检测结果，确定实

际断面尺寸、比降，复核各渠段、建筑物的实际过流能力，判断灌区的实际引水流量能否满足设计要求和规划要求。

② 渗流安全复核。包括渠道、水闸的基底渗流稳定、侧向渗流稳定复核，及渡槽、倒虹吸、隧洞等的侧向渗流稳定复核。

③ 结构安全复核。根据现状安全检查、现场检测和补充勘测结果，选定灌区重要水闸、渡槽、倒虹吸、隧洞(箱涵)、管道、渠道等建筑物计算参数，选择各建筑物典型断面进行结构安全、整体稳定性和基础稳定性的复核。同时复核上述结构的强度、耐久性和抗裂要求等。

④ 重点渠段边坡安全复核。基于补充地质勘察的工程地质和水文地质等资料，分析渠道边坡当前的稳定性状和渠道对边坡稳定的影响。对顺坡向卸荷裂隙发育的边坡、已发生张裂变形下软上硬的双层或多层结构边坡、分布有厚崩积物边坡、渠道渗水严重土质边坡等，采用补充勘察得到的岩体抗剪强度指标，结合探测、检测得到的地下水分布状况，分区段选择有代表性的边坡剖面，进行抗滑稳定计算。其中，土质边坡和呈碎裂结构、散体结构的岩质边坡，可采用简化毕肖普法和摩根斯顿-普赖斯法，呈块体结构和层状结构的岩质边坡，可采用萨尔玛法和不平衡推力传递法进行抗滑稳定计算。

⑤ 金属结构安全复核。根据灌区规划、闸门运用条件，确定金属结构的荷载组合，结合检测报告得到的现状尺寸、材料物理力学参数等，分别复核重要建筑物闸门强度、刚度和稳定性。判断金属结构的型式、运用条件能否满足工程需求、设计与规划要求。

(2) 安全复核报告编写

根据现场检测，确定复核计算简图，如各建筑物的平面布置图、剖面图、结构图等，明确计算参数和计算工况的采用依据，确定计算方法及计算公式，汇总各项复核计算成果。将计算成果与历次设计时的计算结果进行对比分析，评判复核计算结果的合理性。指出未达到设计要求的计算项目，并应提出相关处理措施和建议。

参考文献

[1] 朱秀珍. 大型灌区运行状况综合评价研究[D]. 武汉：武汉大学，2005.

[2] 王修贵，张绍强，刘丽艳，等. 现代灌区的特征与建设重点[J]. 中国农村水利水电，2016(8)：6-9+12.

[3] 薛乃员. 浅析建筑工程检测特点与常见的检测方法[J]. 智能城市，2018(9)：131-132.

[4] 沈建中，李宗津，张之勇. 土木工程中的无损检测技术及其应用[J]. 无损检测，2000(11)：497-500.

[5] 侯高峰. 冲击回波法检测技术现状与发展[J]. 工程与建设，2016(6)：802-805.

[6] CARINO N J. The impact-echo method: an overview[M]//the Proceedings of the 2001 Structures Congress & Exposition. Washington: American Society of Civil Engineers.

[7] PRATT D, SANSALONE M. Impact-echo signal interpretation using artificial intelligence[J]. Materials journal, 1992,89(2)：178-187.

[8] 全朝红，陈程，龚术. 超声脉冲回波在隧道衬砌结构完整性检测中的应用[J]. 工程地球物理学报，2010,7(2)：197-200.

[9] 吴立朋，梁甜甜，戴鹏. 声发射技术在混凝土力学行为研究中的进展[J]. 科学技术与工

程,2018,18(16):168-174.

[10] BUSSIBA A, KUPIEC M, IFERGANE S, et al. Damage evolution and fracture events sequence in various composites by acoustic emission technique[J]. Composites science and technology, 2008,68(5):1144-1155.

[11] CHOUDHURY A, TANDON N. Application of acoustic emission technique for the detection of defects in rolling element bearings[J]. Tribology international, 2000,33(1):39-45.

[12] OHNO K, OHTSU M. Crack classification in concrete based on acoustic emission [J]. Construction and Building Materials, 2010,24(12):2339-2346.

[13] 姚文权.基于电磁波传播特性的岩石损伤评估[D].重庆:重庆大学,2017.

[14] 雷声隆,徐云修,姜开鹏,等.全国大型灌区工程老化状况与对策[J].中国农村水利水电,1997(7):17-23+48.

[15] 张俊芝,高延红,熊义泳.灌区老化及其建筑物损坏程度评估体系的探讨[J].中国农村水利水电,1996(Z1):71-73.

[16] 雷声隆,江仪贞,徐云修.灌区工程群体年龄结构预测与控制[J].水利学报,1995(2):19-26.

[17] 武慧芳,陆立国,王红雨.宁夏引黄灌区泵站建筑物安全评价研究[J].人民黄河,2015,37(5):143-148.

[18] 杨道富.基于灌区建筑物完好率评估标准体系的研究[J].灌溉排水学报,2005,24(3):57-61.

[19] 刘柏青,周素真,雷声隆,等.灌区混凝土建筑物老化病害评估指标及其标准的研究[J].中国农村水利水电,1998(5):16-18.

[20] 郑雷.灌区渡槽安全综合评价的实施[J].浙江水利水电学院学报,2017,29(1):50-53.

[21] 岳杰,孙菲菲.基于层次分析法的沈阳浑北灌区闸门安全评价[J].黑龙江水利科技,2012,40(10):25-27.

[22] 徐新平.灌区渠系建筑物安全鉴定研究及软件系统开发[D].杭州:浙江工业大学,2011.

[23] 司春棣.引水工程安全保障体系研究[D].天津:天津大学,2007.

[24] 彭祖赠,雷声隆,徐云修.工程群体老化病害结构及其预测与控制[J].水利学报,1998(4):49-55.

[25] 王永平,马小刚,陆立国.宁夏引黄灌区渡槽工程安全综合评价研究[J].水利与建筑工程学报,2017,15(6):89-94.

[26] 骆永成.东湖灌区水工建筑物病害老化分析及处理探析[J].珠江水运,2017(9):77-78.

[27] 顾靖超,陆立国,孙淑华.宁夏灌区衬砌渠道安全评价研究[J].水利水电技术,2013,44(1):117-120.

[28] 刘俊萍,徐新平,畅明琦.灌区渠系建筑物安全鉴定软件开发[J].节水灌溉,2011(5):57-60.

[29] 高振凯,耿新新,海玮,等.基于模糊综合评判的吴灵灌区地下水水质评价[J].人民黄

河,2013,35(8):53-55+59.

[30] 张英杰. 中型灌区节水改造综合评估及对策研究[D]. 泰安:山东农业大学,2013.

[31] 金加林,刘喜华. 房地产开发投资风险的专家评价法[J]. 南京农业大学学报(社会科学版),2004,4(2):37-41.

[32] H S. Application of expert evaluation method to determine the importance of operating asphalt mixing plant quality criteria and rank correlation[J]. Baltic Journal of Road and Bridge Engineering, 2011,6(1):48-58.

[33] 苏为华. 多指标综合评价理论与方法问题研究[D]. 厦门:厦门大学,2000.

[34] WU T, DING W, CAO S, et al. Fuzzy Comprehensive Evaluation System of Tunnel Construction Method [C]. Proceedings of GeoShanghai 2018 International Conference, 2018.

[35] Z C, G P, S W. Computational Dam-Break Hydraulics over Erodible Sediment Bed [J]. Journal of Hydraulic Engineering, 2004,130(7):689-703.

[36] HO W, MA X. The state-of-the-art integrations and applications of the analytic hierarchy process[J]. European Journal of Operational Research, 2018,267(2):399-414.

[37] 游黎,费良军,武锦华. 基于集对分析法的大型灌区运行状况评价研究[J]. 干旱地区农业研究,2010,28(2):132-135.

[38] 费良军,王锦辉,王光社,等. 基于灰色关联理论-密切值法的大型灌区运行状况综合评价[J]. 干旱地区农业研究,2016,34(1):242-246.

[39] 费良军,武锦华,游黎,等. 基于支持向量机模型的大型灌区运行状况综合评价研究[J]. 沈阳农业大学学报,2010,41(4):492-495.

[40] 王锦辉,费良军,王光社,等. 改进突变理论对大型灌区运行状况的综合评价[J]. 排灌机械工程学报,2015,33(5):429-433.

[41] 霍星,史海滨,杨松益,等. 基于层次分析-蚁群算法的内蒙古大型灌区节水改造综合评价[J]. 农业工程学报,2014(17):132-140.

[42] 闫飞. 林州市红旗渠灌区发展转型问题研究[D]. 郑州:河南农业大学,2017.

[43] 马福恒,胡江,陆俊,等. 红旗渠安全评价报告[R]. 南京:南京水利科学研究院,2019.

2 大型复杂灌区工程现状调查分析

2.1 灌区渠道和渠系建筑物常见老化病害及其原因分析

我国在20世纪50至60年代兴修了大批水利工程，运行年代长，加之管理不善，维修、加固资金不足，工程老化加速，实际功能状况与设计使用年限不符，“未老先衰”现象十分严重，工程老化问题亟待解决。特别是灌区工程，其内部工程种类繁多，数量极多，年久失修。

我国于1991年和2005年分别开展了两次灌区调查评估工作。水利部于1991年组织对灌区工程老化状况进行了调查评估。国家发改委和水利部于2005年对实施续建配套和节水改造的大型灌区进行了中期评估。

1991年的大型灌区老化损坏状况全面调查评估共涉及全国195处大型灌区，历时1.5年。调查统计的195处大型灌区分布在23个省(市、自治区)，渠道总长30.3万km。在调查的基础上，对建筑物进行了逐个评价、分类，分省、分灌区进行统计，基本上摸清了我国大型灌区工程老化损坏的状况。

2.1.1 灌区工程老损程度

2.1.1.1 渠首工程

渠首工程含引水渠首枢纽、水库枢纽中的进水闸，目前全国共有渠首工程667座，其中有373座存在不同程度的损坏，占总数的55.9%，见表2.1-1。其中，“报废”指已不能使用的建筑物，即使修复也不能恢复设计功能，且修复在经济上不合理；“失效”指运行风险大，被迫大幅度地限制过流能力，但经修复尚可恢复设计功能；“严重老损”指丧失部分功能，已部分限制过流能力，在整体稳定、构件失稳上存在很大问题，必须进行部分或部件加固、整修、更换的建筑物。

表2.1-1 渠首工程老化损坏程度调查结果统计表

总座数	应报废和已报废		功能失效		严重老化损坏		轻度损坏		老化损坏合计		其中正在恶化	
	座数	占总数(%)	座数	占总数(%)	座数	占总数(%)	座数	占总数(%)	座数	占总数(%)	座数	占老损(%)
667	38	5.7	61	9.1	260	39	14	2.1	373	55.9	291	78.0

2.1.1.2 渠系建筑物

干支渠系上共有建筑物287 035座，其中已报废、失效和严重损坏的占40%。一座建筑可能有多种损坏，按主要损坏统计结果见表2.1-2。

表 2.1-2 干支渠上建筑物老化程度调查结果统计表

渠道级别	总座数	应报废和已报废		功能失效		严重损坏		老化损坏合计	
		座数	占总数(%)	座数	占总数(%)	座数	占总数(%)	座数	占总数(%)
干	112 133	10 784	9.6	10 437	9.3	29 076	25.9	50 297	44.9
支	174 902	17 489	10.0	15 457	8.8	31 650	18.1	64 596	36.9
合计	287 035	28 273	9.8	25 894	9.0	60 726	21.2	114 893	40.0

2.1.1.3 渠系

(1) 水力条件

流态不平稳，出现明显漩涡或回流；水位与设计值不相符；输水能力不满足设计值以及渗漏损失不满足设计值等。

(2) 断面状况

断面的顶宽、底宽、坡度和渠深等不满足设计要求。

(3) 衬砌结构

① 浆砌石基础的裂缝、变形、砂浆剥蚀、石料风化、结构破损等；现浇混凝土的裂缝、表面剥蚀、变形和结构破损等。

② 边坡结构的裂缝、表面剥蚀，坡面不平整、变形，伸缩缝损坏，缺少防渗和防冻措施等。

③ 渠底结构的砌护材料实测强度不满足设计要求，砌护厚度和平整度不满足设计要求，表面剥蚀、变形、冲刷状况严重。

④ 不平整，外坡损坏有滑移隐患，坡比值与设计不符。

(4) 渠道主要损坏形式

渠道主要损坏形式包括塌方、滑坡、漏水、管涌、冲刷和淤积严重、衬砌破坏等。非一般维修养护所能解决的问题严重渠段，统称为险工渠段。一段损坏渠道可能有多种损坏，当按损坏形式统计时，各种损坏形式总长超过险工渠段总长。在总计 18.8 万余 km 的干支渠上，险工段长达 5.39 万 km，占 28.6%，且损坏形式平均为 1.7 种。详见表 2.1-3，衬砌破坏占衬砌总长 12.7%。

表 2.1-3 干支渠道老化损坏状况调查结果统计表

统计项目	险工渠道长	险工渠段内各种损坏程度			
		塌、滑或可能塌滑	冲、淤严重	管涌或严重漏水	衬砌破坏
统计值(km)	53 862	7 477	39 614	36 436	6 564
占总长(%)	28.6	4.0	21.1	19.4	12.7

2.1.1.4 渠坡地质灾害

(1) 地质灾害

渠道地质灾害类型主要有崩塌、危岩体、滑坡和泥石流等。

① 崩塌

崩塌一般发生在高陡斜坡(坡角大于45°)的坡肩部位,崩塌体以沿垂直方向运动为主,无依附面,往往是突然发生,运动快速;崩塌按地质岩土类型主要有粉土边坡崩塌、滑移式崩塌、岩体坠落和危岩体崩落;崩塌体的形态有三棱体状、块状和不规则状。棱体状、块状的崩塌体主要受节理形成的裂隙和岩性控制。其岩层底部多为软弱岩层形成的岩腔,上部为巨厚层块状岩体,节理形成的裂隙成为崩塌体形状边界;不规则状崩塌体主要发育在散体风化变质岩类组成的斜坡,受风化裂隙及卸荷裂隙控制;不同部位、不同边坡类型崩塌体的规模有所不同。崩塌一旦发生,会对渠道造成较大危害。大的崩塌体将会导致渠墙破坏,渠道覆盖;小规模的崩塌则会导致渠道淤积,水流不畅。

② 危岩体

危岩体主要分布于层状碎裂硬碎屑岩工程地质岩类中。危岩体的发育一是受地形控制,在山梁前缘突出部位的陡坡、风化裂隙、卸荷裂隙和构造裂隙集中发育,易使山体开裂变形,有些山体甚至出现支离破碎的状况;二是受岩性控制,由软弱岩层形成岩腔,造成上部岩体临空,易引发崩塌;危岩体的形态有柱状危岩体,不规则状危岩体以及楔形状、块状和壳状危岩体。

③ 滑坡

滑坡一般发生在以下几种类型的边坡:胶结较差的砾岩边坡,土质松散或松软的边坡,裂隙发育、岩体破碎且后缘有陡倾大裂缝存在的边坡,由老崩塌堆积物组成的边坡以及层面裂隙发育且裂隙而与坡面同向的边坡;此外,由灌溉渗透造成的黄土滑坡灾害分布范围广,尤其集中在泾河、渭河和湟水河干支流沿岸,有些区域可以形成绵延数十千米长的滑坡群,典型区域有陕西泾阳南塬滑坡群和甘肃省黑方台滑坡群,以黑方台灌区最为典型,严重制约了当地经济社会的发展。发育滑坡的边坡坡度一般在30°~50°之间。

渠道滑坡分类可综合土层岩性、滑坡形成外部因素(开挖、渗漏、冲蚀等)和滑坡的特征进行。滑坡按发生位置不同分两种情况:滑坡发生在渠道上方的高陡斜坡,滑坡形成主要受斜坡坡度、黏性土夹层、排水条件等控制,在降雨、水浸、地震、爆破等诱发因素的作用下,变形失稳,滑移破坏;滑坡发生在渠基,如渠基坐落于斜坡之上,渠基岩性为软质岩石或松散坡洪积物时,在水浸和重力的作用下,滑移破坏。

④ 泥石流

泥石流在我国的西南山区、甘肃地区尤为常见。按流域形态可分为沟谷泥石流和坡面泥石流。沟谷泥石流的发生、运动和堆积均在一条比较完整的沟谷中进行,其固体物质主要来自沟谷中的松散堆积物以及其两侧支沟,形成区海拔一般在1 200~1 400 m,其平面形态大致呈桃叶形、花瓶形;坡面泥石流主要发生在松散松软岩土体等不良地质类型上,由冲洪积层、坡洪积层、风化残积层、黄土状土等松软松散岩土体构成的临渠斜坡是坡面泥石流高发的地段。泥石流来势凶猛、破坏力强,损毁水利设施,直接影响灌区的正常运行。

2.1.2 灌区各类建筑物老化损坏程度

(1) 水闸

水闸主要病害有:闸室不稳定,抗滑(或抗倾、抗浮)稳定安全系数不满足规范要求,地基不均匀沉降不满足要求；闸基和两侧渗流不稳定，出现塌坑、冒水、滑坡等现象；主要结构不满足抗震要求；闸室结构混凝土老化，存在严重破损，如大量混凝土裂缝、剥蚀、脱落、碳化、疏松，钢筋锈蚀等；上下游淤积，泄水能力下降；闸门、启闭设施和电器设备损坏，或者老化、年久失修、运转不灵；缺少观测设施或者观测设施损坏失效等。

机电设备主要老化病害表现形式：振动和噪声，当电机内部出现故障或是零部件发生缺损老化时，其振幅值、振动形式和噪声的频率等都会发生变化，振动和噪声能客观地反映主机组的运行状况，进而反映老化情况；绝缘性能下降，电动机逐渐失去原有性能和功能，暴露出一些不正常的状态。电机在长期运行后绝缘性能渐趋劣化，绝缘结构的老化是各种劣化的综合表征。

(2) 泵站

泵站结构混凝土老化同水闸结构，如大量混凝土裂缝、剥蚀、脱落、碳化、疏松，钢筋锈蚀，地基不均匀沉降等。

(3) 隧洞

隧洞工程运行期影响安全的不稳定因素较多。塌方是隧洞工程的主要破坏形式，此外还有衬砌裂缝、剥落以及渗水等不安全状态。事故是由外因和内因的叠加促成的，包括设计时洞线选择不当、覆盖层深度不够、结构强度不够、施工质量差、未能及时支护、运行管理不善以及排水不畅等原因。

(4) 渡槽

渡槽老化病害包括：基础挤压、错动、松动和鼓出，以及基础稳定性不满足要求；结构与基础结合处出现错动、开裂、脱离、渗漏水、沉降、冲刷等情况；槽墩(拱圈)不完整，有变形、错动、渗漏水、沉降等；槽身出现裂缝、渗漏水，混凝土表面风化，槽身强度不满足结构要求以及排架柱结构强度不满足要求等。

(5) 倒虹吸

倒虹吸受力较复杂，垂直土压力、侧向土压力、地下水压力都成为影响倒虹吸受力的主要因素。倒虹吸破坏形式很多，常见的包括：进口段挡土墙或挡水墙失稳，原因主要是地基沉陷变形和荷载超出设计值；沿管线的坡体失稳(滑坡)或因沉陷而引起管身断裂或脱节；管身环向和纵向裂缝，环向裂缝主要是由于管节分段过长，纵向收缩变形受到基础或坐垫约束而产生的，或由边坡失稳和沉陷造成的，纵向裂缝是倒虹吸管中最常见的病害，主要是由于内外温差变化而引起的；止水破坏，原因可归结为止水材料自身老化或接头脱节而使止水拉裂；沿裂缝或分缝处产生漏水；镇墩断裂或失稳，主要是由于镇墩基础沉陷和滑坡所造成，此外，也有被雨水冲刷掏空基础造成镇墩失稳的可能；钢筋锈蚀，多发生在裂缝处或缺陷处。

(6) 箱涵

暗渠(钢筋混凝土箱涵)抵抗内、外压力能力较差，只能适应低水头，压力一般控制在20 m水头以内，箱涵渗漏和开裂破坏的现象也普遍存在。

混凝土箱涵的裂缝包括纵向裂缝和横向裂缝，产生裂缝的原因通常较复杂。外在因素有外部温度变化、箱涵两侧填土土体的压实度没有达到要求、软土地基不均匀沉降、箱涵分节长度不合理及结构约束条件等；内在的因素有水化热、自干燥而产生自收缩及混凝土本身的化学反应等，这些均可能成为混凝土结构开裂的重要诱因。混凝土箱涵的渗漏问题，主要是结构缝、施工缝以及混凝土因自身水化热、干缩等形成裂缝通道引起，还包括伸缩缝的止水材料老化、脱落导致的渗水、漏水现象。

(7) 灌区各类建筑物组成及老化损坏程度

建筑物老化程度是按老化损坏的部位与形式区分的，它是建筑物修复改造的基础。灌区各类建筑物数量比重及老化损坏程度均列于表 2.1-4。由表 2.1-4 可见，在实际运行中，存在设计考虑不周到的情况，其中控制建筑物、交通桥一般偏少。各类建筑物的损坏程度没有明显差别，但以结构轻巧，经常受水流侵蚀，不易检修和运用频繁的建筑物损坏严重，如水闸、渡槽、倒虹吸、跌水陡坡等。

表 2.1-4 灌区各类建筑物组成及老化损坏程度统计表(%)

项目	水闸	渡槽	隧洞	倒虹吸	涵洞	跌水陡坡	人行桥	公路	其他	合计(平均)
各类建筑物数占灌区建筑物总数	33.2	3.6	1.7	1.0	11.5	4.7	3.9	32.1	8.3	100.0
该类建筑物损坏	44.0	44.4	50.7	47.6	37.6	47.1	40.5	36.4	32.0	(40.0)
其中严重损坏	21.4	28.2	41.3	26.6	21.4	25.1	26.4	17.7	20.1	(21.2)
失效	11.4	9.5	8.4	11.0	9.1	9.5	6.4	7.1	7.6	(9.0)
报废	11.2	6.7	1.0	10.0	7.1	12.5	7.7	11.6	4.3	(9.8)

(8) 灌区渠系建筑物老化损坏部位

渠系建筑物损坏部位，大致有以下几个典型部位。

① 部位 1：基础、底板、洞身等危及建筑物整体稳定的部位。

② 部位 2：传力结构、闸门、进口等危及建筑构(部)件稳定及运行安全的部位。

③ 部位 3：上部结构、交通桥、出口等只涉及本身稳定及影响功能完整、效率高低的部位。

可见，渠系建筑物的老化损坏大都处在关系到建筑物整体稳定或局部稳定的关键部位。

灌区渠系建筑物老化损坏部位统计结果见表 2.1-5。

表 2.1-5 灌区渠系建筑物老化损坏部位统计表(%)

项目	部位 1	部位 2	部位 3	合计
占建筑物总数	18.3	13.5	8.2	40.0
占损坏建筑物总数	45.8	33.7	20.5	100.0

(9) 灌区渠系建筑物老化损坏形式

渠系建筑物老化损坏形式分为三种，即形式 1：建筑物已整体失稳，整个建筑物有整体或部分倒塌危险；形式 2：构件已断裂、失稳或变形过大，发展下去，会影响整体安全；形式 3：出现孔洞、裂隙，严重或大面积表面碳化、剥蚀、保护层失效，金属构件严重锈蚀，有效断面减少，止水材料老化、撕裂或完全失效。建筑物老化损坏形式统计见表 2.1-6。

表 2.1-6 灌区渠系建筑物老化损坏形式统计表(%)

项目	形式 1	形式 2	形式 3	其中仍在发展的
占建筑物总数	7.6	12.2	20.2	32.7
占损坏建筑物总数	19.0	30.5	50.5	81.7

总之,我国灌区渠系建筑物老化损坏状态调查结果是,40%的建筑物出现严重的老化损坏,损坏部位绝大部分在危及建筑物整体稳定或构件稳定的基础或支承部位,有一半的损坏已危及建筑物稳定与安全,且绝大部分仍继续发展,形势十分严峻。如不及时遏制,建筑物的功能必将大幅度衰减,难以为继。

2.1.3 灌区工程老化损坏原因分析

根据大型灌区调查及评价结果,将各级建筑物老化损坏过程中起支配作用的原因统计于表 2.1-7。

表 2.1-7 大型灌区各级建筑物老化损坏原因

老化损坏级别	自然老化与老化过速	规划设计不当	施工质量不佳	管理不善及人为破坏
Ⅰ	73.1	9.2	11.7	6.0
Ⅱ	70.9	6.3	13.2	9.6
Ⅲ	66.5	5.3	13.1	15.1
Ⅳ	63.8	5.8	11.5	18.9
平均	69.8	6.9	12.2	11.1

(1) 自然老化与老化过速

我国水利工程设计主要采用按强度设计的模式,较少考虑建筑物长期使用过程中由于环境作用引起的结构材料性能劣化、腐蚀等对结构安全性和适用性的影响,致使工程的实际使用年限往往难以达到工程建设的预期目标。

建筑物不断地受到各种不利环境侵蚀和日常运用中磨损、疲劳、徐变、动力等损伤。我国灌区建筑物的老化损坏,主要受自然老化过程控制。近 70%的建筑物损坏,都是这一原因造成的。

表面维护、日常维修是减缓自然老化的重要措施,及时修复加固一些初始损坏是最省力、有效的减缓工程老化损坏的措施之一。然而,由于资金的严重缺乏,大部分灌区未能有效开展维修养护,日常维护投入不足,不能做到及时防微杜渐,促使外部侵蚀和细小损坏迅速发展,加快了老化损坏速度,损坏面与深度迅速扩大。随着运行年限的增长,老化损坏程度会进一步加深。灌区各年代修建的建筑物老化损坏程度见表 2.1-8。

表 2.1-8 各年代修建的建筑物老化损坏程度统计表(%)

修建年代	1951 年以前	50 年代	60 年代	70 年代	80 年代
老化损坏建筑物占该年代兴建建筑物的百分数	48.1	42.2	45.0	31.4	24.9
各年代损坏建筑占Ⅰ,Ⅱ级老化损坏建筑物的百分数	79.3	67.6	70.7	61.5	45.7

我国20世纪60年代以前修建的大型灌区占灌区总数的80%左右，建筑物占1/3。至今已超50年，水工建筑物大致接近其经济寿命，加之对老化遏制不力，较大比例的老化损坏是可以预料到的。

(2) 规划设计不当

20世纪六七十年代，我国灌区发展很快，许多工程属于“三边工程”。其中，进出口预留水头损失太小；渡槽两端置于高填方段上，造成不均匀沉陷；结构受力考虑不全，温度应力常被忽略；钢筋配置不足或布置不当；采用了一些当时设计不过关的轻型结构形式和断面形式等影响最大，工程刚竣工就出现严重的损坏，致使建筑物终身残疾。单纯由于规划设计不当，造成建筑物损坏的比例达6.9%。

(3) 施工质量差，初始损坏率高，耐久性能差

有相当一批灌区工程是集中在短时间内兴建的，在资金、建筑材料都非常紧张的情况下，根本无法保障工程质量，导致渠系建筑物在运行中留下隐患。

施工质量差，主要表现在基础处理不当；混凝土质量差、强度低；为加快施工进度在混凝土中掺入过量氯化钙；使用低强度代用材料，如以竹筋代替钢筋，砖石代替混凝土，石灰、烧黏土替换水泥等，都必然导致建筑物迅速损坏，耐久性极差。主要由于施工质量差而使建筑物损坏的占损坏总数的12.2%，而许多由于其他原因损坏的，也与建筑物耐久性能差有关。

灌区混凝土结构耐久性病害主要有混凝土裂缝、混凝土碳化和钢筋锈蚀、渗漏和溶蚀、冲刷剥蚀和气蚀破坏、冻融破坏、水质侵蚀等。这些病害中裂缝为首要因素，但裂缝的出现，多在施工期或者运行初5～10年以内出现，并非长期运行过程中的工程老化问题，而是早期问题。但裂缝的存在，会导致其他病害的发生和发展，如渗漏溶蚀、冻融破坏的扩展，混凝土碳化和钢筋锈蚀等。而钢筋锈蚀通常由两个因素造成，一是混凝土的碳化，碳化从混凝土表面开始，到达钢筋位置使钢筋锈蚀，二是氯盐的渗入。

(4) 维修、养护资金不足，人为破坏及管理不善

大部分工程年久失修，带病运行，需要大修或更新。要维持现有的效益，还需要投入较多的人力和资金。由于资金、技术等诸方面因素制约，大部分灌区的更新改造只能分轻重缓急，逐步进行。

单纯由于管理不善，操作失误，管理不严导致设备被盗或被人为破坏的占损坏建筑物的11.1%。其中管理操作失误，尤以闸门启闭螺杆被压弯，闸门被压裂、顶坏启闭台最为常见。此外，止水橡皮损坏，电源线、启闭机铜套、电机遗失也较为常见。

分析我国灌区老化损坏的原因，大部分是自然老化。管理制度不健全、手段落后，专业管理人员少或文化素质低，加之灌区长期以来存在着重建轻管现象，也在一定程度上加速了建筑物的老化和功能退化。

2.2 灌区工程现状调查分析内容与方法

2.2.1 灌区工程现状调查分析内容与方法

大型灌区渠系交错，渠系建筑物种类和数量繁多，要全面掌握灌区渠道和建筑物的基

本情况，需结合工程特点制定合理、高效的现状调查工作开展方法。同时，灌区渠道和渠系建筑物的老化病害评价指标体系中既包含定性指标，也包含定量指标。需充分考虑各指标的特性，采取科学的方法和手段对其进行现状调查。

为科学有效地进行现状调查，应编制现状调查的工作大纲，包括：目标、方法、范围、主要内容、技术路线、组织机构、人员配备、进度计划、保障措施、经费保障以及成果要求等；依据大纲开展相关工作，调查数据应真实、可靠；调查结论应科学、客观；工作深度及调查质量应满足实施方案各阶段要求。

现状调查通过组织相关专业专家，充分讨论并总结工程现状和主要存在问题，对工程安全管理进行初步评价，提出安全检测和安全复核的重点。主要包括以下内容。

(1) 现状调查

大型灌区现状调查工作量大，根据灌区渠道线路长、建筑物众多的特点，可将参与现状调查人员按专业分组，分工协作，每组人员专业齐全、经验丰富。比如，可根据渠系的分级特点分成总干渠、分干渠和支渠等不同的现状调查小组，同步开展现场调查。

(2) 调查内容

现状调查内容包括渠道和渠系建筑物尺寸参数和外观检查，应重点检查工程中的薄弱部位；详细记录渠道、左右岸高边坡和重点建筑物现状情况、存在的问题和缺陷；薄弱部位和隐蔽部位检查一般有：渠道裂缝、基础渗漏检查，连接处止水设施完整性检查，浆砌石及勾缝、混凝土、钢筋混凝土的缺陷检查，渠底冲刷淤积检查，以及上下游进出水口连接段分缝止水和沉降变形的检查；同时，通过查阅工程档案资料及询问，了解不同渠段在建设和运行期间存在的历史问题。

对于运行管理，分工程管理、用水管理、运营管理和组织管理 4 方面的内容进行调查。主要调查信息采集、监测、监控站点的分布，运行状况、设备完好程度、应用效果；通信方式、运维效果，公网覆盖与自建网络情况；信息的处理、应用、共享、服务等达到程度；运行环境的支撑保障能力。分析信息化建设与应用过程中存在的主要问题，提出改进意见和建议等。

(3) 调查手段

在收集历史资料的基础上，对灌区工程进行全面检查。借助卷尺、卡尺、数码相机等工具，结合日常观测的情况，对出现隐患部位进行重点检查、细致记录，并现场拍照。对工程的外观状况、结构安全情况、运行管理条件等进行全面检查和评价。

(4) 现状调查分析报告编写

现状调查分析报告应包括灌区勘察、设计、施工、竣工验收和运行管理资料的整理结果，说明现存资料。附上灌区总体布置图，重要建筑物布置图，渠段特性表，现状平面图、立面图和剖面图。列出运行大事记，指出存在的主要问题，提出下一步应进行的现场安全检测和工程复核计算的建筑物及工作内容。

2.2.2 渠道边坡工程质量和灾害调查分析内容与方法

对渠道边坡地质灾害进行全面详细的调查与评价，调查边坡岩性、岩体倾角与倾向，覆盖层的性质与类别，可能产生的地质灾害，测量边坡的倾角，预测可能产生灾害的大小与方量，以及分析灾害发生的原因、导致的后果等。

渠道边坡地质灾害调查主要采用目估加测量的方式进行。首先对灾害部位进行精确定位，采用 GPS 测量灾害所处的位置和桩号，再用皮尺测量地质灾害的范围，以及采用倾角仪测量边坡的坡度，调查灾害的岩土层类别，并判断可能的厚度。最后根据岩土体的类别、地形地貌特点，估算灾害体的方量，分析灾害可能的后果，并评判灾害的风险等级。

2.2.3 渠道工程病害调查分析内容与方法

对渠道渠墙病害进行全面详细的调查，包括渠墙的变位、开裂、倒塌、渗水，渠道淤积等，对渠墙病害的长度、宽度、高度、裂缝大小、倒塌范围、渗水情况、淤积深度等进行测量，并做详细描述，在此基础上对病害程度、原因进行调查与评价。

对于砌体结构，目测并借助钢卷尺、游标卡尺、数码相机等工具，描述、记录石材外观质量、砌筑砂浆外观、砌石结构变形与破坏、混凝土结构外观现状，调查记录石材风化、脱落、开裂等病害状况，砌筑砂浆填充、风化、脱落情况等，砌石结构裂缝、渗漏、倾斜、基础不均匀沉降、环境侵蚀破坏、灾害破坏及人为破坏情况。为了解砌体结构内部砂浆填充及风化情况，每个工程在结构受力较小部位，选择具有代表性的 3 处，打开表面砂浆勾缝，观察内部砂浆现状。

2.2.4 渠系建筑物现状调查分析内容与方法

渠系建筑物的病害调查主要内容包括：①结构尺寸，结构整体长度、宽度、高度，纵横断面尺寸，部分构件尺寸；②外观缺陷，破损、脱落、砂浆流失、掏空、裂缝、露筋、渗漏等；③裂缝情况，部位、数量、走向、长度，并了解裂缝的变化情况；④损伤状态，压碎、冻融、剥蚀及冲蚀（空蚀和磨蚀）等情况；⑤渗漏状态，点、线或面渗漏、析出物分布情况；⑥变形情况，不均匀沉降、变形、错位、倾斜、倒塌等；⑦ 淤积情况，内部淤积、堵塞长度、深度、面积、体积等。

闸门及启闭机外观检查：①闸门（木闸门、钢闸门、混凝土闸门）门体变形、构件折断、破损、锈蚀、开裂、漏水等，钢闸门焊缝、裂纹等缺陷，止水设施老化、破损、变形等，启闭机机身及各零部件的老化、损伤、裂纹、变形、锈蚀、缺件、渗油等；② 启闭机运行状况。目测并借助卷尺、卡尺、数码相机等工具，描述、记录金属结构主要构件的外观情况，调查记录涂层老化、构件腐蚀部位、腐蚀程度、构件变形损伤及缺陷的数量与部位、启闭机与电气设备的老化磨损及完善性、设备运行情况等。

2.3 红旗渠灌区现状调查分析

2.3.1 工程概况与渠系节水改造续建配套情况

（1）工程概况

红旗渠灌区位于河南省西北部林州市境内，东经 113°37′37″～114°51′00″，北纬 35°50′03″～36°21′57″，西依太行山，东与安阳县毗邻，南临淇河灌区，北以漳河为界。灌区共涉及林州市 13 个乡镇总人口约 108 万人，其中农业人口 90.37 万人，城镇人口 17.62 万人。图 2.3-1、图 2.3-2 分别为红旗渠地理位置图和灌区示意图。

图 2.3-1 红旗渠灌区地理位置图

灌区控制面积 1 374 km^2，总耕地面积 72.34 万亩*，设计灌溉面积 54 万亩，属大(2)型灌区。红旗渠灌区现状共有干渠、分干渠 10 条，总长 304.1 km；支渠 51 条，总长 524.2 km；斗渠 290 条，总长 697.3 km；农渠 4 281 条，总长 2 488 km；"长藤结瓜"小Ⅱ类水库 45 座，兴利库容 949 万 m^3，塘堰 346 座，兴利库容 1 104 万 m^3。

红旗渠总干渠渠高 4.3 m，宽 8.0 m，山西境内全长 19.7 km，进入林州至分水岭，全长 70.6 km，设计加大流量 23 m^3/s。分水岭以下分为三条干渠，直贯腹地，纵横林州。干渠、支渠、斗渠全长 1 525.6 km，加农(毛)渠总长度达 4 013.6 km。总干渠从山西省平顺县石城镇侯壁断崖下设坝引水，沿浊漳河右岸，经山西省石城镇和王家庄乡的崔家庄、石城、青草洼、老神郊、克昌、豆口、东庄、苇水、白杨坡、王家庄、马塔等村，到牛岭北坪沟的南平村入林州市境；由河口到卢家拐村西穿越青年洞，经木家庄、盘阳等村蜿蜒向南，沿露水河左岸，过赵所、阳耳庄、棘针岭、杓铺、石贯、石界等村，在白家庄村西以空心坝穿越浊河，过南谷洞十孔渡槽横跨露水河，转向右岸北行，经尖庄村到回山角折向东南，经西坡、南丰、桑耳庄、清沙等村至分水岭。总干渠多为矩形砌石断面，渠底纵坡坡比 1/8 000，渠底宽 8 m。部分绝壁处和渡槽坡比为 1/3 620，渠底宽 6.2 m，渠墙高 4.3 m。设计正常流量 20 m^3/s(水深 3.6 m)。加大流量 23 m^3/s(水深 4 m)。建成后实际最大过水流量 18.3 m^3/s。原有隧洞 41 个，总长 3 913 m，后因工程改造，隧洞实为 39 个，总长 3 701 m，渡槽 16 个，总长 621 m，建防洪桥、路桥 114 座，泄洪闸、节制闸 19 座，涵洞 89 座。主要建筑物有渠首引水枢纽工程、青年洞、空心坝、南谷洞渡槽、分水岭分水闸等。

* 1 亩≈666.67 m^2。

图 2.3-2　红旗渠灌区示意图

一干渠自分水岭沿林虑山东侧向南，经水河、黑龙庙、田家沟、黄华、桃园、北小庄、温家掌等村到合涧镇西与英雄渠汇流，全长 39.7 km。渠底纵坡：分水岭至水河为 1/4 000，以下为 1/5 000。渠首段底宽 5 m，渠深 3.5 m，设计加大流量 14 m^3/s。黄华以下底宽 6 m，渠深 2.7 m，设计加大流量 10.3 m^3/s。桃园渡槽以下渠底宽 4.7 m，渠深 2.6 m，设计加大流量 6.8 m^3/s。有泄洪闸 5 座，渡槽 21 座，总长 1 020 m，涵洞 91 座，隧洞 2 个，防洪、路桥 105 座，主要建筑物有桃园渡槽和红英汇流。在一干渠 27＋186 处桃园村分出桃园分干渠，下设 13 条支渠，红英汇流以下为红英干渠，灌溉姚村、城关、城郊、合涧、原康、小店、东姚、采桑、横水 9 个乡(镇)35.2 万亩耕地。

二干渠自分水岭起，沿姚村镇东北部猫儿岭，经申家岗、焦家屯、马家山、庞村、皇墓、杨伯山屯、张家井、乔家屯等村，至马店村东，全长 47.6 km。下有支渠达安阳县马家乡。有大小闸门 138 个；渡槽 18 座，总长 1 178 m；隧洞 22 个，总长 2 283 m；防洪、路桥 26 座。主要建筑物为夺丰渡槽。渠底纵坡：分水岭至电站为 1/1 500，以下至夺丰渡槽东泄洪闸为 1/1 000，再下为 1/3 000。渠首段渠底宽 3.5 m，渠墙高 2.5 m，分水岭电站至龙山沟渠底宽 3.5 m，深 2.2 m，以上设计加大流量 7.7 m^3/s。龙山沟至庞村渠底宽 2.8 m，渠深 2.1 m，设计加大流量 5.5 m^3/s。庞村至夺丰渡槽及以下渠底宽分别为 2.4 m 和 1.7 m，设计加大流量 3.6～2.3 m^3/s。共设支渠 13 条，灌溉面积 11.62 万亩，其中任村镇 450 亩，姚村镇 2871.2 亩，河顺镇 43 185 亩，横水镇 43 833 亩。同时还为安阳县磊口、马家两乡送水。利用二干渠自然落差，在坟头村东建电站两处，总装机 5 台，共 4 160 kW。姚村镇利用二干渠汛期泄洪在卧虎寨建电站 4 处。

三干渠从总干渠尾（分水岭）上游 560 m 处的右侧分出，伸向东北，经仙岩村到下燕科村南穿越卢寨岭 3 898 m 长的曙光洞后，到东卢寨村东，全长 10.9 km。有各种建筑物 65 座，主要建筑物有曙光洞和曙光渡槽。渠底纵坡明渠为 1/3 000，隧洞为 1/1 000，设计加大流量 3.3 m^3/s。第一支渠沿红岭山到古城村，灌溉任村镇东北部地区的耕地；二支渠沿东岗盆地北边到砚花水村；三支渠由崖峰山北侧经大井村到教场村南，穿珠砂砣隧洞到河顺镇北部的付家沟村。共灌溉面积 4.6 万亩，其中任村镇 5 170 亩，东岗乡 33 332 亩，河顺镇 7 430 亩。

一干渠与英雄干渠汇流后，下称红英干渠。经红英汇流电站、合涧、东山底、大南山到油村，全长 11.8 km，在油村分为红英南、北分干。共可灌溉合涧、原康、小店、东姚、采桑、城郊、横水 7 个乡（镇）16 万亩耕地。其中合涧至油村段长 9.8 km，于 1959 年 10 月至 1960 年 1 月，由采桑、小店、东姚、横水公社合修。后于 1968—1969 年由合涧、城关两公社硬化衬砌。渠底宽 4 m，渠深 2.3 m，渠底纵坡 1/2 000，设计加大流量 9 m^3/s。共计完成挖土石 17.1 万 m^3，砌石 4.68 万 m^3，投工 56.5 万个。

淅南干渠渠首设在弓上水库坝下约 0.7 km 处，引弓上水库水，沿淅河右岸下行 5 km 至河南园村西与原英雄五支渠相汇南行，经牛窑沟、西华、南沟、寨南背等村到栗园岭，全长 29.4 km，现统称为淅南干渠。该段于 1965 年 2 月动工，1970 年 6 月竣工，由合涧、原康、茶店、临淇等 4 个公社合建。渠底纵坡为 1/320、1/1 110 等，设计流量 2.5 m^3/s。主要灌溉淅河以南红旗渠水流不到的合涧、茶店、临淇、小店等乡镇的高岗地。设计灌溉面积 2.80 万亩，实际灌溉面积 3.02 万亩。干渠在栗园岭分为东、西两条支渠。

表 2.3-1 红旗渠基本情况表

基本情况			
灌区名称	红旗渠	管理机构	林州市红旗渠管理处
主管单位	林州市人民政府	管理机构通信地址	林县分水岭
受益范围	林县境内城关、姚村、合涧等 13 个乡镇		
设计单位	河南省水利厅勘测设计院	开工日期	1960 年 2 月
施工单位	红旗渠工程指挥部	开灌日期	1965 年 4 月
多年平均降水量	681.2 mm	多年平均蒸发量	1 627 mm
土地面积	237.3 万亩	灌区乡镇	13 个
耕地面积	72.34 万亩	灌区农业人口	90.37 万人
地下水埋设	3～300 m	灌区劳力	24.98 万人
地下水矿化度	0.2～0.7 g/L	主要作物	小麦、玉米、谷、棉花
土壤含盐量		复种指数	1.75
灌溉保证率	50%	排水标准	五年一遇

续表

水源和渠首工程情况			
水源名称	浊漳河	河源洪水流量	7 000 m^3/s
引水地点	山西省平顺县石城	河源枯水流量	8 m^3/s
引水方式	无调节河道引水	河源正常流量	13 m^3/s
进水闸			
形式	开敞式	孔数	3
单宽高、宽	4 m×2 m	单孔过流能力	8.4 m^3/s
渠首引水流量			
设计	23 m^3/s	正常年	13 m^3/s
设计年总引水量	4.182 亿 m^3	正常年总引水量	4.0 亿 m^3
效益情况			
设计灌溉面积	50.06 万亩	有效灌溉面积	54 万亩
实际灌溉面积	54.0 万亩	旱涝保收面积	30 万亩
配套齐全面积	28 万亩	园田化面积	30 万亩

红旗渠修建于 20 世纪 60 年代，受资金、技术条件的限制，干渠多沿地形等高线修建，地形地质条件复杂，渠墙使用土制白灰砂浆砌筑。经过 50 多年的运行，风剥水蚀，砌石勾缝脱落，渠道渗漏严重，墙体变形，影响正常输水。老化导致渠道事故频发，运行风险增大，鉴于工程现状，采取控制运行措施。

根据《灌溉与排水工程设计规范》(GB 50288—2018)，总干渠的渠道及渠道建筑物级别为 3 级；一干渠、二干渠庞村以上段的渠道及渠道建筑物级别为 4 级；其余各干支渠的渠道及渠道建筑物级别为 5 级。

(2) 工程节水改造与续建配套

红旗渠建于“大跃进”及“三年困难时期”，工程建设标准低，如今工程已经老化，建筑物损坏失修，砌石勾缝脱落，甚至整段渠墙变形坍塌，影响正常输水。运行五十年多来，总干渠决口 16 次，干、支渠倒塌上百次，几乎每个汛期，总有渠道因渠墙老化、基础失稳而垮塌，给人民生命财产造成很大损失。干渠每年坍塌 2～3 km，支渠每年倒岸 10～15 km，渠道渗漏严重。

1992—1997 年对灌区进行了技术改造，但因资金所限，未全面实施。

2000 年 5 月，《河南省红旗渠灌区续建配套及节水改造规划》编制完成。主要对总干、干渠、支渠中由于地质条件和其他因素造成的险工险段进行除险加固，防渗治漏，对部分渠系建筑物修缮更新，其中，干支渠道衬砌 320.8 km，维修闸、涵 165 座，维修渡槽、倒虹吸管 8 座，维修工程管理用房 6 000 m^2。对现有渗漏严重的小型Ⅱ类水库、塘堰等进行防渗加固；完善配套田间斗农渠；发展各种节水灌溉工程。

根据国家大型灌区续建配套及节水改造总体规划安排，分别于 2003 年、2007 年、2008 年共完成三期灌区续建配套及节水改造可研报告的编制工作。2003—2014 年对红旗渠总干渠大部分渠段，红英干渠、红英北分干和红英南分干部分渠段，以及二干渠少部分渠段进行了技术改造。

表 2.3-2 红旗渠灌区续建配套与节水改造规划(2000 年)骨干工程内容统计表

序号	项目	工程内容
一	总干渠工程	渠墙混凝土衬砌；里墙喷浆防渗；圪针岭挡水墙修复；改建防洪桥 5 座；部分渠墙翻砌；渠外打戗台；闸门改造 11 个；新建冲砂闸 2 座；购置清淤机械 2 台
二	干渠工程	
1	二干渠	部分里、外渠墙翻砌、渠底衬砌；猫岭沟渡槽加固；分水岭、西曲阳南和南曲阳砌石段渠墙戗台加固；马家山东两处渠段浆砌石护坡处理；梯形断面渠道改矩形断面，长 700 m；三座泄洪闸进行维修，更新闸门 23 套
2	红英南分干	渠底混凝土衬砌；部分里、外渠墙翻砌；闸门改造更新 31 个
3	红英北分干	渠底混凝土衬砌；部分里、外渠墙翻砌；闸门改造更新 25 个
4	英雄干渠	渠底混凝土衬砌；部分里、外渠墙翻砌；闸门改造更新 8 个
5	淅南干渠	渠底混凝土衬砌；部分里、外渠墙翻砌；闸门改造更新 48 个
6	桃园分干渠	渠底混凝土衬砌；部分里、外渠墙翻砌；闸门改造更新 10 个
三	支渠工程	
1	一干支渠	四支邢家堰至施家岗长度 11.4 km；五支郭家堰至两亭岗，长度 12.9 km；九支，白杨至北关，长度 11.4 km；十支，桃园桥北关，长 7 km
2	二干支渠	一支申家岗水库至下陶东，长 3.2 km；二支焦家屯北至武家泊，长 4.9 km；三支军营北至柳林西，长 7.1 km；四支马家山西至林钢，长 5.1 km；五支庞村至可乐山，长 11 km；六支南曲阳至东赵水库，长 6.1 km；七支小寺沟至段家窑，长 6.9 km
3	三干三支渠	渠底混凝土衬砌；部分里、外渠墙翻砌；闸门改造更新 12 个
4	桃园分干支渠	刘家庄支渠，从刘家庄至南岸，长度 7.1 km；曲山支渠，从曲山至水磨山，长度 9.8 km
5	红英干渠支渠	红英支渠从合涧至官街西，长度 36 km；三阳支渠，从合涧桥至万羊坡，长度 5.3 km；木篡支渠，从大南山至木篡，长度 4 km
四	管理设施	管理房、交通工具、通信设施

2003 年 7 月，《河南省红旗渠灌区续建配套及节水改造一期工程可行性研究报告》完成，主要工程内容：总干渠、二干渠的衬砌及喷浆防渗，险工段加固，部分建筑物维修、改建，结合渠道运行情况中出现的新问题，进一步解决灌区存在的安全、渗漏问题。于 2005—2007 年逐年安排资金实施完成。

2007 年 9 月，《河南省红旗渠灌区续建配套及节水改造二期工程可行性研究报告》编制完成，结合渠道运行情况中出现的新问题，进一步解决灌区存在的安全、渗漏问题。主要工程内容：总干渠(桩号 0+000～20+365 段)工程进行节水改造，解决工程存在的险工险段渗漏、坍塌，建筑物老化、损坏等问题，提高工程安全性和渠道水利用系数；改造管理设施，改善管理所段生产生活条件。工程内容于 2008 年实施完成。

2008 年 9 月，《河南省红旗渠灌区续建配套及节水改造三期工程可行性研究报告》编制完成，主要工程内容：对红英干渠、红英南分干渠、红英北分干渠工程进行节水改造，解决工程存在的渗漏、变形、坍塌等问题，提高工程安全性和渠道水利用系数；改造管理设施，改善管理所段生产生活条件。于2008—2010年安排资金实施完成。

2012年5月，《红旗渠灌区续建配套及节水改造补充完善项目》编制完成。主要工程内容为：桃园分干桩号5+000—11+960段，红英北分干桩号5+200—13+764段，二干渠桩号24+310—24+410、25+520—25+620、25+715—27+540段渠道及夺丰渡槽（桩号29+428—30+105）渠道整治工程和灌区信息化建设。工程已于2013—2014年实施完成。

经过2005—2014年灌区技术改造，红旗渠总干渠大部分渠段，红英干渠、红英北分干、红英南分干部分渠段和二干渠少部分渠段运行条件明显改善。由于实施年度较长，结合灌区实际情况，2016年安排了对原规划中未实施完成的渠道，以及规划外新出现险情的部分渠道进行改造。

工程实施后，灌溉水利用系数明显提高，经过测试，由技改前的0.299提高到了0.463，但仍有近30万亩灌溉面积达不到节水要求。灌区内工业用水现状利用系数为0.7，重复利用率40%，通过优化工艺和技术改造，仍有进一步提高的余地。

2.3.2 节水改造续建配套采用的技术措施

以总干渠为例说明节水改造续建配套技术措施。

(1) 总干渠

① 渠道防渗

总干渠渠墙为白灰砂浆砌筑，年久失修，现状部分渠段渠墙白灰砂浆脱落，渗漏严重，经冻融破坏，易发生变形破坏，影响渠墙稳定。对渠道渠墙采用C20混凝土衬砌进行防渗处理。渠墙C20混凝土衬砌高2.8 m，厚15 cm，配置ϕ8@300构造钢筋网，为加强混凝土与浆砌石间的结合，设ϕ14锚筋锚固，排距1.2 m，孔距2.1 m。衬砌每隔5 m设伸缩缝一条，缝宽2 cm，缝内填充聚乙烯闭孔泡沫板，1∶2沥青砂浆勾缝。

② 渠墙除险加固

总干渠渠墙为白灰砂浆砌筑，年久失修，现状部分渠墙勾缝脱落，常水位以下冻融破坏，导致渠墙变形破坏。部分变形渠墙采用M7.5浆砌块石进行翻砌。拆除现状变形渠墙后，新建M7.5浆砌块石渠墙。新建外渠墙高4.8 m；新建里渠墙采用仰斜式挡土墙形式，高4.8 m。翻砌渠墙每15 m设置一道沉降缝，缝宽2 cm，缝内填充聚乙烯闭孔泡沫板，1∶2沥青砂浆勾缝。里渠墙设置ϕ75PVC滤水管，间距3.0 m。

部分外渠墙建在破碎岩基上，渠墙外山体陡峭，为保证渠墙基础稳定，现状渠墙外侧设置有砌石戗台。由于戗台施工质量差，加上年久失修，砌石戗台勾缝脱落，局部鼓包变形，结构不稳定，影响渠墙安全。在现状戗台外侧采用M7.5浆砌块石加固，高6.0 m，顶宽1.0 m，边坡1∶0.5，基础深1.0 m。戗台加固在中间位置设置一道沉降缝，缝宽2 cm，缝内填充聚乙烯闭孔泡沫板，1∶2沥青砂浆勾缝。

③ 隧洞防渗加固

部分渠段为岩石隧洞，现状洞内未衬砌，突石尖角广布，裂隙发育，渗漏严重，且局部洞顶岩石破碎、掉块脱落。

对隧洞内破碎段采用C20混凝土全断面衬砌，衬砌厚0.45 m。衬砌前应清除表面风化破碎岩石，防止落石影响施工安全。隧洞混凝土衬砌每10 m设置一道沉降缝，缝宽2 cm，缝内填充聚乙烯闭孔泡沫板，1∶2沥青砂浆勾缝。

混凝土衬砌后，对洞顶进行回填灌浆，灌浆采用42.5级水泥浆；灌浆范围为拱顶120°范围内，孔距2.0 m，排距3.0 m；灌浆孔深入围岩50 mm。工程混凝土抗冻标号均为F100，水泥采用42.5级普通硅酸盐水泥，砂子采用中粗砂。

(2) 一干渠

① 渠底防渗及疏通清淤

部分渠段淤积堵塞严重，淤积厚0.3～0.8 m，平均0.5 m；渠底为砌石渠底，现状勾缝脱落，破损渗漏严重。

对淤积堵塞渠道进行疏通清淤，平均清淤厚度0.5 m；同时对破损渗漏砌石渠底采用C20混凝土衬砌，厚80 mm，全长339 m。渠底混凝土衬砌每5 m设一道伸缩缝，缝宽2 cm，缝内填充聚乙烯闭孔泡沫板，1∶2沥青砂浆勾缝。

② 渠墙防渗加固

一干渠渠墙为白灰砂浆砌筑，年久失修，现状部分渠段渠墙白灰砂浆脱落，渗漏严重，经冻融破坏，部分发生轻微变形，影响渠墙稳定。对渠墙勾缝脱落严重，且发生轻微变形渠段，采用C20混凝土对渠墙进行衬砌。渠墙C20混凝土衬砌高2.0 m，厚0.15 m，表面配置ϕ8@300构造钢筋网，为加强混凝土与浆砌石间的结合，设ϕ14锚筋锚固，排距0.5～0.8 m，孔距2.1 m。渠墙混凝土衬砌每5 m设一道伸缩缝，缝宽2 cm，缝内填充聚乙烯闭孔泡沫板，1∶2沥青砂浆勾缝。对部分渠墙勾缝脱落、渗漏渠段，采用M10砂浆进行勾缝处理。

部分渠段渠墙变形倒塌严重。渠墙现状仅表层为块石砌筑，墙后为碎石石渣填筑，砌石墙厚约30 cm，墙体单薄；另外渠墙为白灰砂浆砌筑，质量差，年久失修，白灰砂浆脱落，渗漏严重，经冻融破坏，出现变形甚至倒塌。对一干渠部分变形倒塌渠墙采用M7.5浆砌块石进行翻砌。

新建渠墙采用M7.5浆砌块石砌筑，渠墙高2.8 m，顶宽0.6 m，背坡1∶0.4，基础深0.5 m。每15 m设置一道沉降缝，缝宽2 cm，缝内填充聚乙烯闭孔泡沫板，1∶2沥青砂浆勾缝。渠墙设置ϕ75PVC滤水管，间距3.0 m。变形段渠墙翻砌可利用部分拆除块石。

(3) 二干渠

① 渠底防渗及疏通清淤

二干渠部分渠段淤积堵塞严重，淤积厚0.3～0.8 m，平均0.5 m；渠底为砌石渠底，现状勾缝脱落，破损渗漏严重。

对部分淤积堵塞渠道进行疏通清淤，全长42.51 km，平均清淤厚度0.5 m；同时对破损渗漏砌石渠底采用C20混凝土衬砌，厚80 mm，全长42.15 m。渠底混凝土衬砌每5 m设一道伸缩缝，缝宽2 cm，缝内填充聚乙烯闭孔泡沫板，1∶2沥青砂浆勾缝。

② 渠墙防渗加固

二干渠渠墙为白灰砂浆砌筑，年久失修，现状部分渠段渠墙白灰砂浆脱落，渗漏严重，经冻融破坏，部分发生轻微变形，影响渠墙稳定。

对渠墙勾缝脱落严重，且发生轻微变形渠段，采用C20混凝土对渠墙进行衬砌，全长9.5 km。渠墙C20混凝土衬砌高1.5～2.1 m，厚0.12 m，表面配置ϕ6@300构造钢筋网，为加强混凝土与浆砌石间的结合，设ϕ14锚筋锚固，排距0.5～0.8 m，孔距2.1 m。渠墙混凝土衬砌每 5 m 设一道伸缩缝，缝宽 2 cm，缝内填充聚乙烯闭孔泡沫板，1∶2 沥青砂浆勾缝。对常水位下渠墙勾缝脱落、渗漏渠段，采用 M10 砂浆进行勾缝处理。

部分渠段渠墙变形倒塌严重。经分析，渠墙现状仅表层为块石砌筑，墙后为碎石石渣填筑，砌石墙厚约 30 cm，墙体单薄；另外渠墙为白灰砂浆砌筑，质量差，年久失修，白灰砂浆脱落，渗漏严重，经冻融破坏，出现变形甚至倒塌。对变形倒塌渠墙采用 M7.5 浆砌块石进行翻砌。

③ 渠道恢复重建

二干渠末端，由于年久失修，加之过水次数较少，现状砌石渠道淤积堵塞，破损严重。对该段渠道进行恢复重建。

新建渠道采用 M7.5 浆砌块石砌筑，渠道断面 2.1 m(宽)×1.8 m(高)。新建渠墙高 1.8 m，顶宽 0.5 m，背坡 1∶0.35，基础深 0.5 m；渠底厚 0.5 m。渠墙每 3.0 m 设置 ϕ75PVC 滤水管；砌石渠道每 15 m 设置一道沉降缝，缝宽 2 cm，缝内填充聚乙烯闭孔泡沫板，1∶2 沥青砂浆勾缝。

④ 渡槽防渗加固

干渠有 6 座渡槽砌石勾缝脱落，渗漏严重，易影响渡槽结构稳定。

对渡槽过水断面采用 C20 混凝土进行全断面衬砌，衬砌厚 12 cm，渠墙衬砌高 1.5 m，表面配置 ϕ6@300 构造钢筋网，为加强混凝土与浆砌石间的结合，设 ϕ14 锚筋锚固，排距 0.5～0.8 m，孔距 2.1 m。每 5 m 设置一道沉降缝，缝宽 2 cm，缝内填充聚乙烯闭孔泡沫板，1∶2 沥青砂浆勾缝；伸缩缝内设置 652 型-270-7 橡胶止水带。另外，对渡槽底部勾缝脱落部位采用 M10 砂浆进行勾缝处理。

(4) 三干渠

① 渠道疏通

渠道淤积堵塞严重，淤积厚 0.3～0.8 m，平均厚度 0.5 m。本次改造设计对全段进行疏通清淤，平均清淤厚 0.5 m。

曙光洞长度较长，为加快施工进度，本次清淤可利用原 4 处施工竖井分段施工，每段长度约 800 m。

② 渠墙翻砌加固

三干渠部分渠段渠墙变形、倒塌严重。经分析，渠墙现状仅表层为块石砌筑，墙后为碎石石渣填筑，砌石墙厚约 30 cm，墙体单薄；另外渠墙为白灰砂浆砌筑，年久失修，白灰砂浆脱落，渗漏严重，经冻融破坏，出现渠墙变形。对三干渠部分变形渠墙采用 M7.5 浆砌块石进行翻砌。

新建渠墙采用 M7.5 浆砌块石砌筑，渠墙高 2.05 m，顶宽 0.5 m，背坡 1∶0.4，基础深 0.5 m。渠墙每 15 m 设置一道沉降缝，缝宽 2 cm，缝内填充聚乙烯闭孔泡沫板，1∶2 沥青砂浆勾缝。渠墙设置 ϕ75PVC 滤水管，间距 3.0 m。变形段渠墙翻砌可利用部分拆除块石，旧石利用率约 80%。

2.3.3 现状调查分析

2.3.3.1 渠道沿线地质灾害调查分析

沿线地质灾害类型主要有崩塌、危岩体、滑坡和泥石流等，共发现各种地质灾害 173 处，其中总干渠沿线各种地质灾害共148处，其中崩塌52处，危岩体49处，滑坡33处，泥石流14处；分干渠沿线各种地质灾害共25处，其中崩塌11处，危岩体6处，滑坡5处，泥石流3处（见表2.3-3）。

表2.3-3 红旗渠沿线灾害类型划分统计表

类型	主要地质灾害				总数
	崩塌（个）	危岩体（个）	滑坡（个）	泥石流（个）	173（个）
总干渠	52	49	33	14	148
干渠	11	6	5	3	25

（1）崩塌

崩塌灾害主要分布在红旗渠渠首—小谷堆寺段、青年洞—皇后沟段以及南谷洞渡槽—清沙段。其发育的地质岩土类型，一是松散松软岩土类及散体状风化变质岩类组成的陡倾斜坡，在降雨侵蚀、冲刷及人类活动等因素的诱发下，边坡失稳而产生滑移式或滑塌式崩塌；二是层状碎裂硬碎屑岩类组成的峭壁，下部存在软弱夹层，区域性构造裂隙将硬碎屑岩切割成块体，当裂隙贯通后，岩体失稳而坠落（见图2.3-3）。

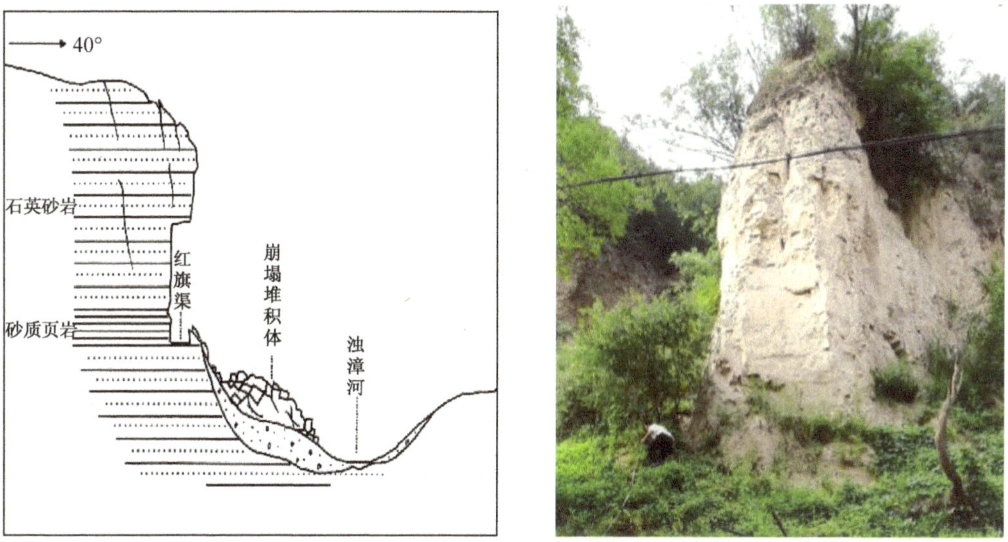

（a）崩塌示意图　　（b）粉土边坡崩塌

图2.3-3 红旗渠崩塌灾害

不同部位、不同边坡类型崩塌体的规模有所不同，按其体积大小可划分为4类：① 特大型（大于10 000 m^3）；② 大型（1 000～10 000 m^3）；③ 中型（500～1 000 m^3）；④ 小型（小于500 m^3）。

按以上划分原则，红旗渠总干渠沿线崩塌灾害共计125处（见表2.3-4），较多和较严重的主要分布在渠首至小谷堆寺段（桩号0+000—4+950），共26处；老虎嘴段（桩号12+300—16+930），共20处；及青年洞景区至皇后沟渡槽段（桩号18+120—30+000），共56处。最大的崩塌体位于赵所附近总干渠桩号35+415—35+900，体积38 500 m^3。

表 2.3-4　总干渠崩塌分布统计

桩号	0+000—4+950	6+420—10+730	12+300—16+930	18+120—30+000	35+330—35+350	45+960—46+700	48+900—48+920	55+800—60+400	66+950—67+100
数量（处）	26	6	20	56	1	6	1	8	1
占比（%）	20.8	4.8	16.0	44.8	0.8	4.8	0.8	6.4	0.8

分干渠沿线崩塌灾害共计 11 处，崩塌体的规模多为小型。其中，大型崩塌有 1 处，占崩塌总数的 9.09%；中型崩塌有 1 处，占崩塌总数的 9.09%；小型崩塌有 9 处，占崩塌总数的 81.8%。最大的崩塌体位于二干渠桩号 11+300—11+450，体积 3 500 m^3。

三棱体状、块状崩塌体主要受节理形成的裂隙和岩性控制。岩层底部多为软弱岩层形成的岩腔，上部为巨厚层块状岩体，节理形成的裂隙成为崩塌体形状边界，这类岩体在红旗渠主干渠多发育于震旦系下统的紫红色中-细粒石英岩中。

不规则状崩塌体主要发育在散体风化变质岩类组成的斜坡，受风化裂隙及卸荷裂隙控制，呈不规则状，此类岩体多发于太古界赞皇群片麻岩内，且多数受到不同程度风化作用。

（2）危岩体

危岩体是正在开裂变形，并可能发生崩塌的危险山体。目前调查共发现 49 个危岩体，其中在总干渠渠首—青年洞段分布最为广泛，在渠长约 30 km 的范围内危岩体数口达 41 个之多，总方量达 42 149 m^3。

危岩体主要分布于层状碎裂硬碎屑岩工程地质岩类中。危岩体的发育一是受地形控制，在山梁前缘突出部位的陡坡之上，风化裂隙、卸荷裂隙和构造裂隙集中发育，易使山体开裂变形，有些山体甚至出现支离破碎的状况；二是受岩性控制，由软弱岩层形成岩腔，造成上部岩体临空，易引发崩塌。危岩体示意见图 2.3-4。

(a) 渠内侧危岩体示意　　(b) 危岩体坠落

图 2.3-4　红旗渠内侧危岩体

柱状危岩体主要为竖向棱角状、圆柱状、三棱柱状等，一般发育在岩体单层厚度大、受多条陡倾裂隙切割、部分悬空的部位。不规则状危岩体一般发育在岩层单层厚度薄、层间裂隙发育，且受多条不同方向裂隙切割部位，岩体本身严重变形、支离破碎。楔形状、块状和壳状危岩体受裂隙和岩层厚度所控制，同时也受岩体强度控制。此类危岩体受陡倾裂隙和缓倾裂隙切割，其底部部分岩体已发生过崩塌或风化剥蚀、水蚀而使其部分临空。

红旗渠沿线危岩体规模大小不等。按体积的大小将其规模划分为 3 类：① 大型（大于 500 m^3）；② 中型（100～500 m^3）；③ 小型（小于 100 m^3）。按以上原则划分，红旗渠总干渠沿线危岩体个数为 49 个。其中大型危岩体有 24 个，占危岩体总数的 49.0%；中型危岩体有 21 个，占危岩体总数的 42.9%；小型危岩体有 4 个，占危岩体总数的 8.1%。最大危岩体位于桩号 12＋620～12＋730，体积约 7 200 m^3。

红旗渠分干渠沿线代表性危岩体个数为 6 个，其中大型危岩体有 2 个，占危岩体总数的 33.3%；中型危岩体有 3 个，占危岩体总数的 50.0%；小型危岩体有 1 个，占危岩体总数的 16.7%。最大危岩体位于红英南分干桩号 8＋900，体积约 2 000 m^3。

（3）滑坡

滑坡是指斜坡上的岩土体，在重力作用下，沿着一定的软弱面或软弱带，整体或分散地顺坡向下滑动的现象。在斜坡破坏形式中，滑坡分布最广，危害最大，是山区的主要地质灾害。软弱岩土体易形成滑坡，当主要软弱面的（如层面、断层面）的倾向和斜坡临空倾向一致且软弱面倾角小于坡面倾角时，斜坡极易产生滑坡。本次勘查调查到红旗渠总干渠沿线滑坡地质灾害 32 处。滑坡剖面示意见图 2.3-5。

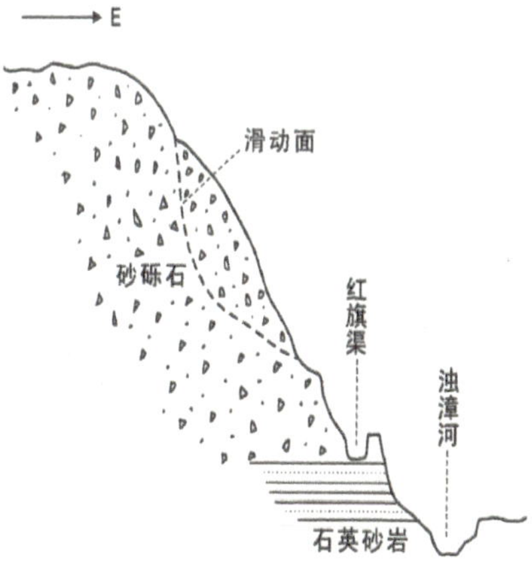

（a）沿线滑坡剖面示意

（b）三干渠滑坡

图 2.3-5 红旗渠沿线滑坡剖面示意图

滑坡一般发生在以下几种类型的边坡：① 胶结较差的砾岩边坡；② 土质松散、松软的边坡；③ 裂隙发育、岩体破碎且后缘有陡倾大裂缝存在的边坡；④ 由老崩塌堆积物组成的边坡。此外，层面裂隙发育且裂隙而与坡面同向的边坡也易产生顺向滑坡。发育滑坡的边坡坡度一般在 30°～50°之间。红旗渠总干渠滑坡发生的位置有两种情况。一种是，滑坡发生在红旗渠上方的高陡斜坡，斜坡岩性有半胶结状砂砾岩、黄土状土，滑坡形成主要受斜坡坡度、黏性土夹层、排水条件等控制，在降雨、水浸、地震、爆破等诱发因素的作用下，变形失稳，滑移破坏，如小旦河滑坡。另一种是，滑坡发生在渠基，红旗渠渠基多坐落于斜坡之上，渠基岩性为软质岩石或松散坡洪积物时，在水浸和重力的作用下，形成滑坡。例如王家庄红旗渠桩号 12+900—13+100 处发生滑坡、滑坡体长 120 m、宽 20 m、高 30 m，统计方量 1 125 004 m^3，造成 170 m 渠道全部毁没，损失惨重。2014 年 6 月红旗渠总干渠赵所管理段（桩号 35+700）发生坍塌，造成 400 亩赵所村农田被淹，冲毁民房 76 间。

不同部位、不同边坡类型滑坡的规模有所不同，按其体积大小可划分为 4 类：① 特大型（大于 100 000 m^3）；② 大型（50 000～100 000 m^3）；③ 中型（5 000～50 000 m^3）；④ 小型（小于 5 000 m^3）。按以上划分原则，红旗渠总干渠沿线滑坡灾害共计 33 处，特大型滑坡有 1 处，占滑坡总数的 3.1%；中型滑坡有 4 处，占崩塌总数的 12.1%；小型滑坡有 28 处，占滑坡总数的 84.8%。最大的滑坡体积为 110 000 m^3，位于桩号 12+900～13+100，处于王家庄附近。

红旗渠分干渠滑坡灾害多数属于小型规模，多位于坡积物堆积较厚、坡角较陡的边坡，其中分干渠最大的滑坡点位于二干渠桩号 18+620 附近，方量约为 2 000 m^3。

（4）泥石流

总干渠共有沟谷泥石流 5 处，坡面泥石流 9 处，分干渠代表性泥石流共计 3 处。

① 沟谷泥石流

沟谷泥石流的发生、运动和堆积均在一条比较完整的沟谷中进行，其固体物质主要来自沟谷中的松散堆积物以及其两侧支沟，形成区海拔一般在 1 200～1 400 m 之间，其平面形态大致呈桃叶形、近花瓶形。主要分布在青草凹—圪针林沟一带，具体为青草凹东山沟、王家庄对岸小旦河、赵所村西南皇后沟和杓铺村西圪针林沟四条沟谷。

② 坡面泥石流

坡面泥石流主要发生在松散松软岩土体上层地质类型。由冲洪积层、坡洪积层、风化残积层、黄土状土等松软松散岩土体构成的临渠斜坡，是坡面泥石流高发的地段。主要分布在浊漳河阶地、浊漳河支流河谷沟口、崩塌滑坡发育的山坡，及植被稀疏、风化残积层覆盖的斜坡地带。

（5）地质灾害形成的地质环境条件

① 地形地貌

红旗渠总干渠沿线地处太行山区，由于受浊漳河的长期侵蚀切割，沿河两岸山势陡峻，尤其是右岸，几乎是悬崖峭壁或高陡斜坡。地形最高处海拔高达 1 500 m，高差近千米。陡峭的地形构成了红旗渠沿线边坡失稳的重要因素。每年雨季崩塌、滑坡及泥石流等地质灾害经常发生。在红旗渠与冲沟交叉并拐弯处，一般向里凹，而经过山梁前缘并拐弯处一般向外突出，该处山体斜坡是崩塌危岩体的高发地段。

② 岩土体工程地质性质

由太古界黑云斜长片麻岩和黑云角闪片麻岩组成的散体状风化变质岩类，一般形成坡麓地貌。表层风化破碎呈散体状；下部裂隙发育，岩质软弱，在临渠处或红旗渠穿山隧洞洞口上方坡度较陡处，易产生崩塌灾害。此类灾害在任村镇木秋泉附近渠段最为典型。

由中元古界汝阳群浅紫红色、灰白色相间石英砂岩组成的层状碎裂微风化硬碎屑岩类，常出现于悬崖峭壁。在构造作用、风化作用和人工开挖的影响下，临渠附近岩层各种裂隙极其发育，在薄层石英砂岩中甚至造成岩体支离破碎。这类岩体最易形成危岩崩塌灾害。据统计，在发现的125个崩塌灾害中，就有42个属于该类岩体，占总数的33%以上，说明硬质脆性的石英砂岩是红旗渠沿线危岩体崩塌的高发地层。另外，渠内侧中元古界汝阳群石英砂岩地层中存在一层紫红色砂质页岩夹层，沿线分布比较普遍，厚度在1.2～2.5 m之间，不同渠段厚度有所差异。该层页岩由于较石英砂岩软，易风化破碎，遇水易软化，属石英砂岩地层中的软弱夹层，在临渠边坡上呈明显向里凹的特征，尤其在渠内侧下部，在人工开挖、渠水冲刷等因素的作用下，部分渠段其上部石英砂岩地层形成临空带，宽1.5～2.5 m不等。以渠首、青年洞附近等渠段最为典型。临空带的存在，增加了上部岩体的危险性，使其上部石英砂岩地层中的危岩体易发生变形，拉断而产生崩塌。

由寒武系、奥陶系灰岩、白云岩、泥灰岩组成的块状微风化中等岩溶化碳酸盐岩类，常以缓坡、圆形山包的地貌出现。临渠处边坡一般较为稳定；仅部分渠段，当地层倾向与坡面同向，且与渠走向垂直时，其上部的坡积物在雨水的冲刷下易形成小型滑坡。另外，在地层遭受强烈破坏、岩体破碎的地段，其物理力学性质差，在连续降雨的冲刷、浸蚀诱发下，易形成较大的滑坡。如1996年、2014年夏天发生在赵所村西北渠段的滑坡即属于这种类型。

由寒武系下统紫红色砂泥质页岩组成的薄层状中等风化较软碎屑岩类风化剥蚀作用强烈，在其形成的陡坎下常可见大量的风化剥落堆积体，这类岩体组成的边坡，在雨水冲刷下易发生崩塌、滑坡灾害。

由第四系冲洪积、坡洪积物组成的松散松软岩土类，一般呈阶地堆积地形。临渠处边坡稳定性较为复杂，胶结较好的砾岩层较为稳定（如杨耳庄—白家庄渠段），而胶结较差的卵砾石层以及混合土层，其边坡稳定性则较差，当边坡较陡时，易形成崩塌、滑坡和泥石流。如山西境内的王家庄附近滑坡即属于这种类型。

③ 新构造运动特征

红旗渠沿线处于新华夏系第三隆起带的东缘，新构造运动非常活跃，主要形式为差异运动和断裂活动，从区内的水系特征和宏观地貌上来看差异运动造就了基岩裸露、沟谷深切、谷坡陡立，沟谷纵向坡度大，重力堆积物发育，是滑坡、泥石流灾害发生的地质基础。另外，不同规模的断裂和构造裂隙，常成为区内危岩体崩塌发生的主要因素。

(6) 地质灾害的诱发因素

① 大气降水

大气降水的冲刷和渗透作用，是崩塌、滑坡、泥石流的重要诱发因素。一是渗透水进入岩土体中，使岩土体抗剪强度降低；二是渗透水进入岩石裂缝，使裂隙水压力增加，可迅速改变岩土体原有的平衡状态，对地质灾害起到诱发和促进作用。据气象资料显示，林州市降水量主要集中在每年的7—8月份，约占全年降水量的60%左右，这个时段是总干渠各种地质灾害发生最为频繁的时间段。

② 融雪冻融作用

岩体裂隙中水的冰冻和融化产生的胀缩作用，可改变岩土体稳定状态，诱发崩塌、滑坡等地质灾害。红旗渠处于四季温差明显的季节性冻融地区，渠道与边坡往往随季节温度的变化而发生冻融，坡体往往受冻融循环作用，导致岩体裂隙张开，黏结性受到破坏，从而引发滑坡、崩塌事故。

③ 渠道渗漏

红旗渠经过50多年的运行，风剥水蚀，工程老化，年久失修，造成渠道勾缝脱落，局部渠墙渗蚀掏空，渗漏严重。渠道渗漏会引起渠基掏空，产生不均匀沉降，尤其是在渠基岩土工程力学性质较差的渠段，渠水下渗，使渠下土体达到塑性状态或当水渗入不透水层时，接触面含水量增加，减少其摩擦力和黏聚力，使渠基或渠墙产生变形破坏，威胁渠道安全。

④ 地下水

一些山前缓坡地段渠内侧坡面上具有一定的汇水面积，松散堆积物较厚，且具有相对隔水层，植被发育，有利于地下水形成和运动。这些地段在地下水压力的作用下易造成渠墙变形破坏。如豆口村南、河口村西南以及柏树庄、尖庄和木秋泉附近渠段内墙崩毁多处。

⑤ 工程活动

红旗渠的修建改变了沿渠山体斜坡的天然稳定坡角，同时加速了岩层的风化剥蚀，诱发了崩塌、滑坡、泥石流。沿线进行旅游资源开发及基础设施建设(如道路修筑、景点建设)，与总干渠平行建设的新(乡)—河(口)公路改扩建工程开山放炮、挖土取石等破坏了地质环境。

⑥ 生物作用

生物作用主要为生物的物理作用及化学作用。植物的根劈作用使根茎沿危岩裂缝生长，裂缝扩大，使危岩体产生向临空方向的变形破坏。此外生物的分泌物对岩体产生的分化破坏作用，加速破碎岩体变形失稳。

2.3.3.2 渠道现状调查分析

总干渠渠道标准段高 4.5 m，净宽 8.0 m，墙厚 1.2 m。

(1) 渠道基础地质

根据现状渠道沿线岩土体特征以及渠底板以下 5 m 范围内岩土体的岩性、岩性组合特征、结构等因素，将地层结构划分为岩体、岩土体、土体三大类。但因渠线较长，地形变化大，给工程地质分段带来一定难度。各渠段按照岩土体的结构类型，进行工程地质分段，详细分段见表 2.3-5。

表 2.3-5 渠道沿线工程地质分段表

结构类型	类别	亚类	亚类别	长度(m)	段数
岩体	单一	I_1	侵入岩：如闪长岩等	2 010	1
		I_2	变质岩：如片麻岩等	4 778	10
		I_3	坚硬岩：如石英岩、砂岩等	15 849	27
		I_4	硬质岩：如灰岩、白云岩等	5 330	3
		I_5	软岩：如泥岩、黏土岩、泥灰岩、风化岩	2 620	3
岩土体	双层	II_3	上黏性土，下石英砂岩、灰岩、白云岩、石英岩、片麻岩	14 019	24
土体	单一	III_1	黏性土均一结构	7 364	20
		III_2	砾石土单一结构	33 220	26
		III_4	上黏性土，下砾石土	5 160	8

总干渠大部分位于岩质地段，占 43.3%，其中硬质岩和坚硬岩类占总干渠全段的 30.0%；土岩段占 19.8%，土体段占 36.8%。

(2) 渠道渗漏调查

渠道渗漏主要受控于岩土体的渗透性、结构类型、地下水位、渠水位等因素。页岩、石英岩及变质岩等渗透性差的渠段,可视为相对隔水层,其渗漏量忽略不计。卵(砾)石、砂、砂壤土、砂砾岩和裂隙岩溶发育的碳酸盐岩,渗透性较好。调查中共发现23处渗水点,具体见表2.3-6。

表2.3-6 总干渠渠道渗漏调查

编号	桩号	描述
S1	1+250—1+280	该范围内有多个渗水点,位于渠墙底部,距离渠顶高4 m,渠内水深1.8 m,水面距渠顶2.2 m,渗漏位于渠墙与基础之间。经测量,其中2个较大渗水点渗流量分别为28 L/h、60 L/h。该段渠道左渠墙和渠底有混凝土衬砌,右侧为页岩边坡。渗漏应为右岸页岩岩体绕渗所致
S2	1+800—2+000	左渠墙底部多处轻微渗水,距渠顶3.8 m,该段渠墙有混凝土衬砌。渗漏应为右岸岩体裂隙绕渗所致
S3	3+080	左渠墙中下部向外拱鼓,渠墙底渗水。渗水由右岸岩体裂隙绕渗所致
S4	3+420	左渠墙渗水严重,位于放水洞附近,因放水洞与砌石之间结合较差,水从洞内向砌石体渗漏
S5	14+180	渠墙底部渗水,由山体裂隙水流绕渗而致
S6	18+650	下游左渠墙冬季渗水,夏季不渗水,冬季冻胀导致开裂渗水
S7	19+850	涵洞附近渗水,由于右渠墙约有40 m无衬砌,存在有渗水小通道
S8	22+050	左渠墙底部渗水,夏季几乎不渗水,冬季渗水较为明显;右渠墙无衬砌,渗水由右岸岩体绕渗而致。
S9	25+220—25+250	左渠墙距渠顶4.5 m处有轻微渗水
S10	26+230	左渠底第二块砌石处渗水,渗水量不大,渗水点距渠顶3.7 m,两岸均有衬砌,为从渠底垂直渗漏
S11	30+200	左渠墙在距渠顶5.5~3.7 m范围内有轻微渗水,长约3 m,左、右渠墙均无衬砌,旁边为老黄沟涵洞,洞内渗漏严重
S12	31+220	此处存在渗漏点,两侧渠墙均有衬砌,垂直渠底渗漏
S13	44+890	左渠墙底部存在冻胀渗水情况,夏季不渗水
S14	46+220	左渠墙底部冬季轻微渗水,其他季节不渗,左墙有衬砌,右墙无衬砌
S15	47+500—47+600	右侧渠墙在雨天时,外侧水会从墙体渗入渠中,右渠墙无衬砌,勾缝处多点脱落
S16	50+850	左渠墙底部轻微渗水,距顶2.8 m(左、右均无衬砌)
S17	54+200—54+300	右渠墙水位线以下部分勾缝破损并出现渗水情况
S18	56+050—56+070	左渠墙衬砌在此处结束,转弯处漏水并存在裂缝,此情况存在已有十几年
S19	60+250	左渠墙渗漏,但渗水量不大

续表

编号	桩号	描述
S20	62+655	左墙渗水，有衬砌，此处有伸缩缝，可能是接缝处渗水
S21	64+465	左渠墙渗水，渠内无衬砌，渗水点距渠顶 3.4 m
S22	66+075	涵洞渗水，两侧渠墙均无衬砌
S23	68+950—69+000	此段渗漏点，因渠墙直接建在基岩上导致水流绕渗

当地下水位高于渠道运行水位时，不存在渗漏问题；当地下水位低于渠道运行水位而高于渠底板时，以侧向渗漏为主；当地下水位低于渠底板时，主要发生垂直渗漏。由于红旗渠渠道地势较高，地下水低于渠道运行水位，主要发生垂直渗漏、沿岩层裂隙绕渗，以及渠墙渗漏。渠墙无衬砌处易发生渗漏，墙体块石间勾缝缺失，致使水流从块石间流出。另外，调查中发现多处冻胀渗水，即夏季几乎不渗水或渗水量很小，而冬季渗漏较为严重，此类主要是渠墙在水位线附近，墙体块石间勾缝缺失或疏松，冬季发生冻胀致使渠墙产生裂缝，从而发生渗漏现象。因此，总干渠渗漏主要有四种类型：侧向渗漏（渠道水从块石间歇侧向渗漏到渠墙外）、垂直渗漏（渠道水从岩体裂隙绕渗流出）、右岸绕渗（水由右岸岩体裂隙绕渗出来）、冻胀渗漏（冬季发生冻胀产生裂缝，水从裂缝渗出）。

依据《冻土地区建筑地基基础设计规范》（JGJ 118—2011），红旗渠所在地的冻土类别为Ⅰ至Ⅱ类，属于不冻土层至弱冻土层。根据《渠系工程抗冻胀设计规范》（SL 23—2006），当渠基土的冻胀级别为Ⅰ、Ⅱ级时，可结合渠道防渗要求采取适当的断面和结构。红旗渠渠道主要采用浆砌石结构，符合《渠系工程抗冻胀设计规范》（SL 23—2006）关于抗冻胀的要求。现局部出现了冻胀渗漏，说明该部分的勾缝或衬砌已基本失效。

(3) 渠墙破损与变形调查

总干渠渠墙总体上较为完整，但局部有多处发生破损与变形，主要表现为渠墙倒塌、开裂、向渠内或渠外变形。破损与变形共 62 处，具体见表 2.3-7。

表 2.3-7　总干渠渠道破损与变形调查

编号	桩号	描述
Q1	7+015	左渠墙墙顶开裂，长约 2 m，由于土质地基较为松软所致
Q2	20+060	此处为坡积物基础，基础较差，渠墙存在不均匀沉降、变位现象，长约 45 m； 渠墙底部向外鼓起约 5～15 cm
Q3	29+380—29+420	右侧渠墙段在水位线处有 6 块砌石向渠内鼓出，勾缝开裂； 原因：右侧边坡为坡积物边坡，由在水的冻融作用下所致
Q4	30+290	右渠墙下游一处砌石开裂，变位
Q5	30+480—30+500	右渠墙中下部塌陷，向渠内鼓起，局部勾缝开裂
Q6	30+630	右渠墙下部向渠内变位，约 15～20 cm
Q7	31+220	涵洞下游侧，砌石变位，勾缝开裂，长约 3 m，高约 1.8 m，距渠顶 4.5～6.3 m
Q8	31+235—32+150	此段右墙无衬砌，普遍中下部右墙有沉陷
Q9	32+350	右渠墙中下部部分砌石勾缝脱落导致松动

续表

编号	桩号	描述
Q10	32+490	右渠墙中部位置向渠内鼓起 10～20 cm,松动范围约 2 m
Q11	32+510	右渠墙中部位置砌石鼓起约 5～10 cm,松动范围约 1.5 m
Q12	32+650	右渠墙中部位置砌石松动,长约 1.8 m
Q13	38+030—38+120	右渠墙水位线处有 5 处砌石鼓起,约 5～20 cm,勾缝开裂,砌石松动
Q14	38+170	右渠墙水位线处勾缝开裂,砌石向渠内鼓起,长约 5 m
Q15	38+380—38+450	右渠墙水位线部位 3 处开裂,长度分别为 5 m、6 m 和 3 m,鼓包约 10 cm
Q16	39+050	右渠墙水位线附近发现一处水平开裂,长约 8 m
Q17	40+185—40+200	右侧渠墙墙顶纵向开裂,长约 10 m,渠墙向渠内轻微拱起约 10 cm
Q18	40+720—40+740	右侧渠墙水位线部位有 3 处纵向开裂,砌石松动
Q19	41+680	左渠墙墙顶开裂,长 5 m
Q20	42+980	右墙中部衬砌坍塌 2 处,长 1～2 m,高 1 m
Q21	47+000—47+100	右墙顶砌石勾缝开裂、破损
Q22	50+550	左渠墙底部 3 层砌石有向外凸出的趋势,约 5～10 cm
Q23	54+000	右渠墙转弯处出现一条裂缝,长约 1.5 m
Q24	54+080	右渠墙有轻微变形
Q25	54+150	右渠墙变形并有裂缝存在,可能是由于边坡渗水导致
Q26	54+200—54+300	右渠墙水位线以下部分勾缝破损并出现渗水情况
Q27	54+400—54+450	左渠墙出现变形,可能是建在壤土之上加之此前此处有排水管渗水导致变形
Q28	54+560	右渠墙向渠内轻微倾斜
Q29	54+950—55+370	右渠墙变形并存在勾缝脱落的问题,情况较为严重
Q30	55+200	右侧渠墙出现变形、裂缝,裂缝处已用水泥抹平
Q31	55+300	右墙裂缝长约 3 m,裂缝宽度 5～10 cm
Q32	55+750	右渠墙出现石块缺失、裂缝并有维修加固痕迹
Q33	56+050—56+070	右渠墙水位线部分勾缝脱落,有轻微变形,基础位于强风化片麻岩上
Q34	56+200	右渠墙突出变形,并存在裂缝
Q35	56+330	右渠墙突出变形,范围约 8 m
Q36	56+620—56+720	水位线部分勾缝脱落,较为严重
Q37	56+840—56+850	右渠墙于 1996 年塌过一次,向渠内轻微鼓包
Q38	56+980	此处右渠墙曾维修加固过,现有轻微变位
Q39	56+930—57+012	右渠墙倒塌过 3 次,水位线部分出现裂缝
Q40	57+120—57+180	右渠墙现有两处坍塌,一处变形

续表

编号	桩号	描述
Q41	57+265—57+340	此段有三处维修加固，水位线部分有勾缝脱落
Q42	59+270	右渠墙坍塌，长约 10 m
Q43	60+650	左渠墙变形，渠墙顶部有裂缝一条，长度 1.8 m，缝宽 3 cm
Q44	61+520—61+590	右墙出现两条裂缝，长约 2 m
Q45	61+800	右墙鼓包并出现裂缝，长约 10 m
Q46	62+540	右墙出现裂缝，宽约 3 cm，有向内倾斜趋势
Q47	62+735	右墙水位线部分石块之间勾缝脱落，石块之间存在间隙，长约 8 m，倒塌风险较大
Q48	62+900	右渠墙转弯处砌石之间勾缝脱落，长约 2.5 m，在侧向土压力作用下有倒塌风险
Q49	63+190—63+250	两侧渠墙均出现鼓包及勾缝脱落现象，存在倒塌的可能性
Q50	63+465—63+515	右墙有 3 处长约 8 m 的勾缝脱落，其中一处有下沉的倾向
Q51	64+060	左渠墙轻微鼓包，约 3 cm
Q52	64+490	左渠墙多处鼓包，范围约 30 m
Q53	65+530	右渠墙有向内倾斜的趋势，并伴有少量鼓包
Q54	65+600	右渠墙在 30 m 的范围内有两处鼓包，在侧向土压力的作用下存在倒塌的风险
Q55	65+830	右渠墙向内倾斜较为严重并伴有鼓包，随时有倒塌的风险
Q56	66+240—66+270	30 m 范围内有 2 处鼓包，其中一处较为严重；水位线部位勾缝有脱落
Q57	66+350	右渠墙鼓包，水位线部位勾缝脱落严重
Q58	66+470—66+500	右渠墙水位线部位勾缝脱落严重
Q59	67+820	左墙转弯处轻微下沉，长约 5 m
Q60	68+350—68+440	右渠墙修补过 3 处，勾缝已经脱落，在土压力作用下很可能将右渠墙石块推倒
Q61	68+850—68+900	右渠墙存在多处变形、鼓包，勾缝脱落
Q62	69+830	右渠墙勾缝脱落

① 渠墙出现变形、开裂、倒塌等问题，大多跟基础有关，基础较软、处理不到位，容易导致渠墙沉降、开裂、变位，甚至倒塌。

② 右渠墙向渠内变位或开裂、倒塌，主要是右岸边坡的主动土压力作用导致。

③ 渠墙勾缝缺失，主要是水流冲刷、侵蚀、长时间风化所致。

（4）渠墙内壁裂缝调查

红旗渠总干渠的渠墙为砌石结构，经多年运行，渠墙出现了裂缝，以竖向裂缝为主，也有少量水平向裂缝和渠墙鼓包，主要是局部基础产生不均匀沉降、山坡侧土压力作用、或冻胀所致。总干渠的渠墙共发现了 26 处裂缝，裂缝调查统计结果见表 2.3-8，典型的裂缝情况见图 2.3-6、图 2.3-7。

表 2.3-8 渠墙内壁裂缝调查统计表

编号	桩号	描述
L1	16+600	渠墙护壁混凝土裂缝,裂缝长 1.7 m
L2	17+640	渠墙护壁混凝土裂缝,裂缝长 1.2 m
L3	18+850	渠墙护壁混凝土贯穿裂缝,裂缝长 1.2 m
L4	18+698	渠墙护壁混凝土贯穿裂缝,裂缝长 1.0 m
L5	19+975	渠墙护壁混凝土贯穿裂缝,裂缝长 1.2 m
L6	29+150	渠墙砌石内壁贯穿裂缝,裂缝长 2.0 m
L7	29+310	渠墙砌石内壁贯穿裂缝,裂缝长 2.0 m
L8	29+320	渠墙砌石内壁贯穿裂缝,裂缝长 2.0 m
L9	29+350	渠墙砌石内壁贯穿裂缝,裂缝长 2.0 m
L10	29+710	渠墙砌石内壁贯穿裂缝,裂缝长度大于 2.0 m
L11	29+720	渠墙砌石内壁贯穿裂缝,裂缝长度大于 2.0 m
L12	30+850	渠墙砌石内壁贯穿裂缝,裂缝长度大于 2.0 m
L13	34+150	渠墙砌石内壁贯穿 2 条宽裂缝,长度大于 2.0 m
L14	36+955	渠墙内壁和护壁混凝土裂缝,裂缝长 1.2 m 左右
L15	39+360	渠墙砌石内壁裂缝,裂缝长度 1.5 m 左右
L16	39+410	渠墙砌石内壁裂缝,裂缝长度 1.5 m 左右
L17	47+580	渠墙砌石内壁贯穿修补裂缝,裂缝长度大于 2.0 m
L18	49+030	渠墙砌石内壁贯穿裂缝,裂缝长度大于 2.0 m
L19	55+200—55+300	渠墙砌石内壁修补裂缝和横向开裂缝
L20	56+060	渠墙砌石内壁贯穿裂缝,裂缝长度大于 2.0 m
L21	59+950	渠墙砌石内壁块石脱落
L22	63+500	渠墙砌石内壁裂缝
L23	66+20—66+300	渠墙砌石内壁贯穿裂缝,内壁块石脱落
L24	66+330	渠墙砌石内壁鼓包贯穿裂缝
L25	66+410	渠墙砌石内壁鼓包贯穿裂缝
L26	68+600—68+800	渠墙内壁砌石砂浆脱落,砌石间裂缝

2.3.3.3 渠系建筑物现状调查分析

(1) 南谷洞渡槽

南谷洞渡槽位于南谷洞水库下游 0.7 km 处,横跨露水河,是总干渠的重要咽喉工程之一,总长 130 m,宽 11.5 m,高 11.4 m,另加基础 2~3 m,单跨 9.0 m,石砌拱形结构,拱圈厚 0.5 m,共 10 孔,处于总干渠桩号 K53+132—K53+262。南谷洞渡槽始建于 1960 年2 月 15 日,1961 年 8 月中旬竣工。由茶店、河顺两乡修建,共完成挖石方 5 264 m^3,砌石方 9 318 m^3。

图 2.3-6　桩号 19+975 渠道内壁裂缝

图 2.3-7　桩号 34+150 渠道内壁两道裂缝

渡槽挡水墙高 4.3 m，底宽 6.2 m，槽底坡度 1/3 600，设计过水流量 23 m^3/s，桥下排泄露水河 272 km^2 流域的洪水。为提高抗洪能力，1977 年对主河道各桥墩分水尖进行了加固处理，1982 年 8 月 1 日 7 时 40 分，安全通过南谷洞水库修建以来最大泄洪量 1 650 m^3/s。渡槽结构形式见图 2.3-8。

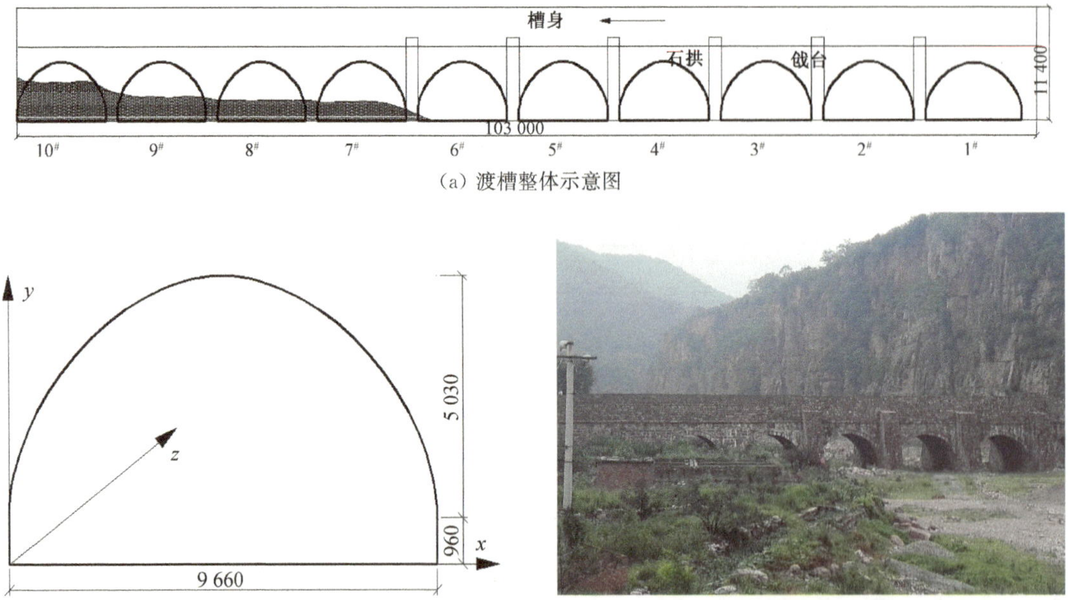

(a) 渡槽整体示意图

(b) 典型拱圈断面图

(c) 现状照片

图 2.3-8　渡槽结构形式和实物整体图(单位：mm)

根据《红旗渠调查材料汇集》(2001)：南谷洞渡槽基础坐落在露水河滩上，长期受洪水冲刷及上面水压力的作用，渡槽桥墩产生不均匀沉陷，使得渡槽在垂直于水流方向有裂缝 16 条，在渠墙与渠底结合处有 1 条纵向裂缝，长约 30 m，2000 年春季、冬季受热胀冷缩影响，漏水明显，水量达到 0.15 m^3/s。2005 年红旗渠进行续建配套与节水改造工程，管理单位对南谷洞渠段渠墙进行了钢筋混凝土衬砌处理。

为描述方便，设渡槽右侧面下游拱脚为零点，建立坐标系，顺渠道方向为 x 轴，竖直向为 y 轴，垂直渠道向(水平面)为 z 轴。以拱中轴线为界，将拱圈内侧面分上、下游拱圈(面)进行病害统计。槽身部分 130 m，渡槽槽身(渠道)外立面砌体整体基本完好，砌石基本完整，未见明显破损、裂缝、渗水等，砌缝砂浆老化，局部砂浆缺失。

仅以 1#、3# 孔为例，1# 孔左右侧拱面砌石完整，结构基本完好，其中左侧(出口)边墙存在 1 处竖向裂缝，范围为拱圈至渠底，并伴随渗水。右侧(进口)拱面布满白色析出物，其他未见明显异常。拱圈砌石整体基本完整，1 处块石破损，砌缝砂浆老化严重，存在不同程度缺失，局部区域缺失较严重，拱圈在左侧 1/5 和右侧 1/3 处存在 2 条环向裂缝。拱圈共存在 4 处渗水点，部分区域附着白色析出物。详见表 2.3-9 和图 2.3-9。

表 2.3-9　拱圈砌石、砂浆病害检查结果

距零点距离(m)	病害详细描述
7.95	距离上游侧墙 3.6 m 处，拱圈有一处块石破损掉落，面积约 30 cm×30 cm(长×宽)
0～11.4	距离下游侧墙 0.59～3.8 m 和 5.8～9.1 m 范围内，拱圈砂浆缺失较严重
0～11.4	距离下游侧墙 3.8～5.8 m 范围内拱圈砂浆部分缺失
3.16	拱圈环向裂缝
8.62	拱圈环向裂缝
1.37、2.15、9.8、10.5	拱圈上存在 4 处渗水点
0～7.1	区域内拱圈表面附着白色析出物，覆盖层较厚
0～7.1	整个区域拱面附着白色析出物

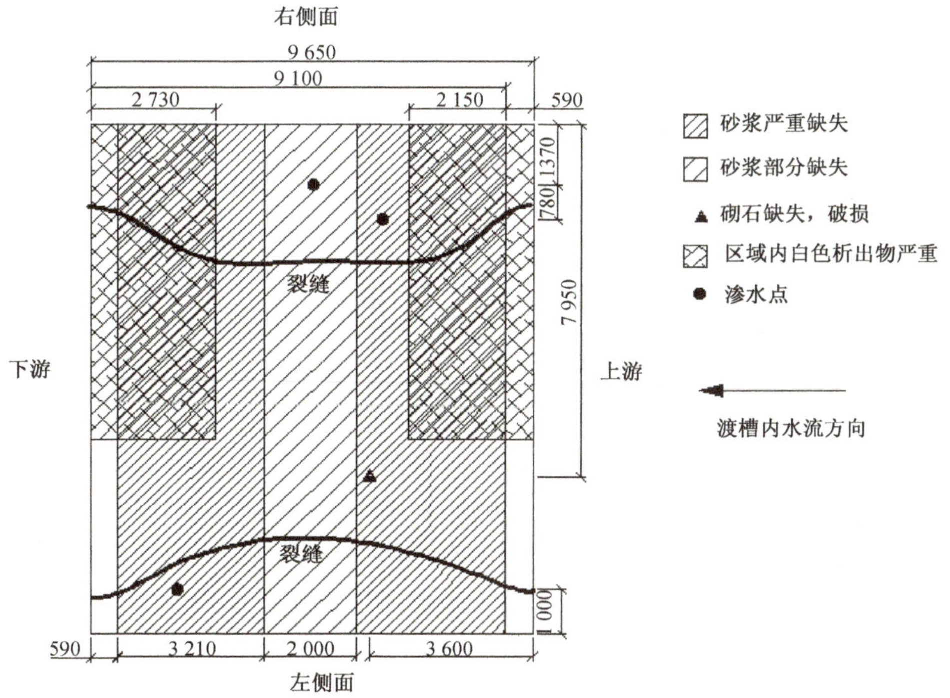

图 2.3-9　1# 拱圈病害分布图(单位:mm)

3#孔左右侧拱面砌石完整，结构基本完好，其中右侧拱面附着白色析出物，边墙有1处竖向裂缝，裂缝靠近戗台，从渠底至拱圈顶部。拱圈砌石整体基本完整，砌缝砂浆老化严重，不同程度缺失，局部区域缺失较严重，整体缺失率约85%～90%，拱身在右1/4和3/4处存在2条环向裂缝，拱圈表面附着较多白色析出物，但未见明显渗水。详见表2.3-10和图2.3-10。

表2.3-10　拱圈病害检查结果

距零点距离(m)	病害详细描述
2.88	拱圈环向裂缝
8.6	拱圈环向裂缝
0～2.97	拱圈环向析出物较多
2.97～7.66	拱圈表面析出物稍多
7.66～11.40	拱圈表面析出物较少

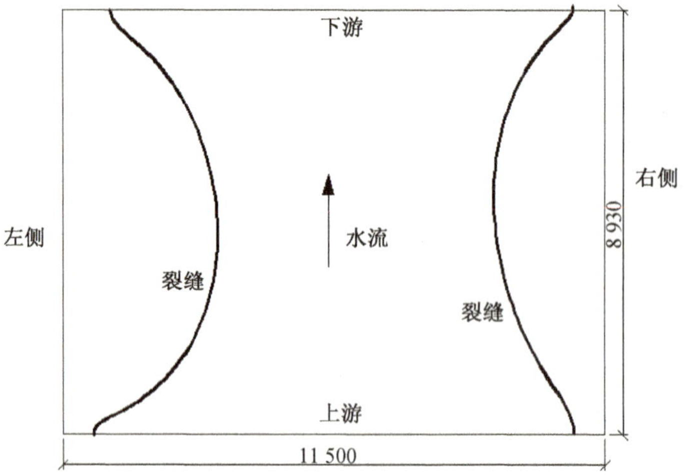

(a) 示意图

(b) 左侧环向裂缝

(c) 右侧环向裂缝

图2.3-10　3#拱圈裂缝分布图(单位:mm)

总体看，渡槽槽身外立面整体基本完好，砂浆老化，局部缺失，但未见明显破损、漏水、断裂等异常病害。10 孔石拱结构砌石整体完整，结构基本稳定，存在的共性问题主要是：① 渡槽下部石拱砌筑砂浆老化严重，有不同程度的流失，部分孔较为严重；② 在拱圈1/4～1/3 和 2/3～3/4 处均存在环向开裂现象，大部分裂缝处未见明显漏水，仅个别裂缝处有轻微渗水；③ 各拱圈内表面附着较多析出物，大部分未见渗漏水，个别孔位存在轻微渗水或滴水现象；④ 各拱圈均存在不同程度的变形情况；⑤ 7# —10# 孔底部存在淤积堵塞，目前拱圈净矢高在 2.0～4.0 m 之间。

（2）总干渠分水闸

总干渠分水闸位于分水岭新乡河口公路右侧，设于总干渠终点，长 6.5 m，高 12 m，宽 13.5 m。闸底高程 454.44 m，启闭机房内安装启门力 15 t 的启闭机 3 台。总干渠分水闸也即一、二干渠的起点，一干为双孔，二干为单孔，单孔宽均为 2.5 m。一干渠沿太行山东麓至红英汇流，长 39.7 km，设计流量 14 m^3/s，灌溉面积 35.2 万亩。二干渠沿林县盆地东边山腰东去，到马店东止，长 47.6 km，设计流量 7.7 m^3/s，灌溉面积 11.6 万亩。分水闸由河顺乡于 1965 年 3 月修建。其立面局部结构等见图 2.3-11。

(a) 水闸整体面貌　(b) 水闸整体面貌

(c) 工作桥　(d) 下游连接段渠道

图 2.3-11　分水闸现状图

分水闸为浆砌石结构，共 3 孔，其中 1# 孔设混凝土闸门，2# 和 3# 闸门为平面钢闸门，采用螺杆式启闭机控制。本次主要对分水闸上下游连接段、闸室段结构、闸门、启闭机的外观情况进行检查。

上下游连接段两侧挡墙和渠道壁为浆砌石结构，墙体整体完好，未见明显破损、倾斜、开裂等现象，主要是勾缝砂浆存在老化问题，局部脱落，水位变动区内砂浆部分流失。

闸室下部为浆砌石闸墩和石拱结构，目前结构整体稳定，闸墩及石拱结构整体基本完好，局部砂浆脱落，水位变动区内砂浆流失稍重。门槽砌石基本完整，砌缝砂浆老化，较多脱落流失。工作桥为石拱桥，外观整体完好，未见明显破损、变形，拱圈个别块石存在表面细裂纹。病害情况见表 2.3-11。

表 2.3-11　分水闸病害检查情况

部位	病害详细描述
1# 孔	左边墩砌石整体完好，砌筑砂浆少量脱落，水位变动区内流失稍重，石拱部分未见异常。门槽基本完好，砌缝砂浆老化，部分流失
2# 孔	1#、2# 中墩砌石基本完好，部分砌缝砂浆脱落，水位变动区域较其他区域砂浆流失严重，上部石拱部分基本完好，门槽基本完好，砌缝砂浆老化，部分流失
3# 孔	闸墩及石拱部分外观完好，水位变动区砌缝砂浆部分流失，其中右边墩顶部向下 1.0 m 范围内砌缝砂浆脱落较多。门槽基本完好，砌缝砂浆老化，部分流失
工作桥	石拱桥桥面采用大理石铺装，整体外观完好，石拱圈外观整体完好，未见明显破损、变形等现象，但拱圈局部块石存在细裂纹，共 5 处

(3) 一干渠砦门渡槽

一干渠砦门渡槽位于林州市姚村镇井湾村西，起止桩号为一干渠 10＋330(泄洪闸上游面)—10＋385。1991 年 12 月河南省豫北水利勘测设计院在《林县红旗渠灌区技术改造工程初步设计图》中对砦门渡槽内墙进行了翻新，底板砌筑厚 6.5 cm 的混凝土衬砌。管理人员介绍，渡槽墙体确实修补处理过，渡槽底部为 10.0 cm 混凝土衬砌，衬砌为村民自行修建，施工未振捣。此外，管理人员还介绍，砦门渡槽普遍有渗漏现象，冬天漏水严重，会出现冰凌。

一干渠砦门渡槽主要包括泄洪闸、节制闸、渡槽建筑物，渡槽槽身、泄洪闸及节制闸见图 2.3-12。

(a) 渡槽槽身

(b) 泄洪闸　　　　(c) 节制闸

图 2.3-12　一干渠砦门渡槽

泄洪闸拱顶内侧部分砌石风化剥落，砌石间局部砂浆脱缝。启闭机房屋顶板混凝土浇筑质量差，多处露筋，露筋锈蚀较为严重。启闭机房门窗缺失，工作梁上部混凝土局部破损，闸门已无法正常运行。木闸门发霉、底部漏水，尤其是两侧，漏水沿闸底板流出。从顶部看木闸门偏位，顶部有落石。启闭机已损坏，部分零件缺失，涂层失效锈蚀。

节制闸混凝土局部风化剥落、破损。拱顶内侧部分砌石风化剥落，砌石间局部砂浆脱缝。启闭机房外墙面砌石间勾缝砂浆饱满，部分砌石风化剥落。节制闸启闭机房门窗缺失。启闭机已损坏，无法正常运行，涂层失效锈蚀，螺杆弯曲。

渡槽槽身外墙砌石风化剥落较严重，部分砂浆脱缝较严重。主拱圈周围的拱上结构下部、主拱圈与拱上结构间脱缝明显，几乎整个主拱圈脱开。部分砌石砂浆脱缝较严重。槽墩台下游面普遍潮湿，有白色析出物。检查结果见表 2.3-12。

表 2.3-12　砦门渡槽拱上结构、主拱圈、槽墩台外观现状检查结果

孔号	内容	外观现状检查结果
1#	拱上结构	拱上结构左侧上部外观尚可，但位于主拱圈周围的拱上结构下部、主拱圈与拱上结构之间脱缝明显，几乎整个主拱圈脱开。 拱上结构右侧上部外观尚可，主拱圈与拱上结构之间脱缝明显，几乎整个主拱圈脱开。部分砌石砂浆脱缝较为严重
	主拱圈	主拱圈与拱上结构脱缝明显。 拱内砌石砂浆风化剥落严重，普遍脱缝，且脱缝深度较深，形成孔洞，孔洞最深约 14 cm，缝内碎石填充物潮湿，拱内普遍有水迹和白色析出物，特别是左侧拱底有明显渗漏，渗漏水沿左槽墩台下游面流下。 拱顶砌石脱缝，且缝较宽，拱顶附近发生变形，部分砌石下移较为严重，砌石开裂
	槽墩台	左槽墩台左右侧外观基本完好，未见明显缺陷，下游面普遍潮湿，有白色析出物。 中间槽墩上游面左侧砂浆普遍脱缝，砂浆基本失效，砌石间砂浆呈粉末状，风化严重，缝最宽约 6 cm，最深约 17 cm。中间槽墩上游面右侧砂浆普遍脱缝，砂浆基本失效，砌石间砂浆呈粉末状，风化严重。中间槽墩上游面有水迹和白色析出物
2#	拱上结构	拱上结构左侧上部外观尚可，但位于主拱圈周围的拱上结构下部、主拱圈与拱上结构之间脱缝明显，几乎整个主拱圈脱开。 拱上结构右侧上部外观尚可，但位于主拱圈周围的拱上结构下部、主拱圈与拱上结构之间脱缝明显，几乎整个主拱圈脱开

续表

孔号	内容	外观现状检查结果
2#	主拱圈	主拱圈与拱上结构脱缝明显。 拱内砌石砂浆风化剥落严重，普遍脱缝，不时有粉状物掉落，且脱缝深度较深，形成孔洞，孔洞最深约 30 cm，缝内碎石填充物潮湿，拱内普遍潮湿，多处滴水，特别是右侧拱底，渗漏水沿右槽台上游面流下，拱内白色析出物明显，部分呈棱状形。通过典型渗漏点的渗漏量测试，得到约 15 秒/滴，5 ml 渗漏量用时 9 分 38 秒。 拱顶砌石脱缝较宽，最宽约 15 cm，拱顶变形明显，多处砌石下移较为严重
	槽墩台	中间槽墩下游面左右侧外观现状检测结果见 1＃孔，中间槽墩下游面有水迹和白色析出物。 右槽台上游面普遍潮湿，有白色析出物

（4）一干渠桃园渡槽

一干渠桃园渡槽位于林州市城郊乡桃园村东南，横跨桃园河，起止桩号为一干渠 27＋532—27＋634。桃园渡槽长 102.0 m，宽 6.0 m，最高处 24.0 m，共 7 孔，每孔宽 8.0 m，拱圈厚 0.5 m。渡槽两侧槽墙高 2.7 m，底宽 2.0 m，顶宽 1.0 m。纵坡 1∶1 700，设计流量 6.8 m^3/s。槽顶部为现浇混凝土桥板，路面宽 4.6 m，渡槽上连涵洞长 100.0 m，下接涵洞长 170.0 m，槽下排洪水，槽中通渠水，槽上钢筋混凝土盖板通汽车，合理地解决了渠水与洪水交叉和通水通车的矛盾，充分发挥了通水通车的双重效应。工程于 1965 年 9 月 25 日动工，1966 年 4 月 1 日竣工。

1991 年 12 月对桃园渡槽内外墙进行了翻新。1996 年在原渡槽顶面左侧增加一层引弓入城渠，渠宽 0.8 m、高 1.0 m。

一干渠桃园渡槽外观现状检查包括槽身、拱上结构、主拱圈、槽墩台、上游左翼墙等浆砌石建筑物、桥面检查，其外观见图 2.3-13。

一干渠桃园渡槽槽身左侧外墙后浇一层混凝土进行加固处理，混凝土面层大多沿纵向砂浆缝开裂。槽身右侧外墙面外观基本完好。原渡槽上层的引弓入城渠外墙面外观基本完好，局部脱缝。

（a）整体

(b) 槽身　　　　(c) 桥面

图 2.3-13　一干渠桃园渡槽

拱上结构左右侧外观基本完好，部分砌石风化剥落、砂浆脱缝。主拱圈未见明显变形。拱顶潮湿，多处滴水，其中，$2^{\#}$、$3^{\#}$孔渗漏较为严重。拱顶局部脱缝，普遍有白色析出物。拱底白色析出物部分呈棱状形。

槽墩台砌石砂浆外观基本完好，未见明显变形。砌石表面风化剥落普遍较为严重。砂浆部分脱缝，$2^{\#}$槽墩下游面、$3^{\#}$槽墩上游面、$5^{\#}$槽墩下游面、$6^{\#}$槽墩上游面上部砌石砂浆脱缝较为严重，槽墩左右两侧凸出部位未受漏水影响，砂浆缝较好。

桥面外观基本完好，但是桥面左右两侧防护墙破坏严重或较严重。桥面两侧砖砌镂空护栏普遍破坏。检查结果见表 2.3-13 及图 2.3-14。

表 2.3-13　桃园渡槽拱上结构、主拱圈、槽墩台外观现状检查结果

孔号	内容	外观现状检查结果
$1^{\#}$	拱上结构	拱上结构左侧外观基本完好，部分砌石风化剥落、砂浆脱缝。 拱上结构右侧外观基本完好，部分砌石风化剥落、砂浆脱缝
	主拱圈	主拱圈未见明显变形。 拱顶潮湿，多处滴水，约 10 s 一滴。拱顶局部脱缝。 拱顶普遍有白色析出物，拱底白色析出物部分呈棱状形
	槽墩	左槽墩台外观基本完好，未见明显变形，部分砂浆脱缝，局部渗水。 $1^{\#}$槽墩未见明显变形，上游面砌石砂浆外观基本完好，局部脱缝。砌石表面风化剥落较为严重，尤其是槽墩顶上游面。槽墩顶上游面有水迹和白色析出物。槽墩左右两侧凸出部位未受漏水影响，砂浆缝较好
$2^{\#}$	拱上结构	拱上结构左侧外观基本完好，部分砌石风化剥落、砂浆脱缝。 拱上结构右侧外观基本完好，部分砌石风化剥落、砂浆脱缝
	主拱圈	主拱圈未见明显变形。 拱顶潮湿，多处滴水，约 3～10 s 一滴，滴水速度高于$1^{\#}$孔，漏水点数量也多于$1^{\#}$孔，$1^{\#}$槽墩下游面、$2^{\#}$槽墩上游面由于漏水滴下而潮湿。拱顶局部脱缝。 拱顶普遍有白色析出物，拱底白色析出物部分呈棱状形
	槽墩	$1^{\#}$槽墩下游面、$2^{\#}$槽墩上游面砌石砂浆外观基本完好，局部脱缝，局部砂浆呈粉末状。砌石表面风化剥落、开裂较为严重，尤其是槽墩顶。槽墩顶有水迹和白色析出物。槽墩左右两侧凸出部位未受漏水影响，砂浆缝较好

续表

孔号	内容	外观现状检查结果
3#	拱上结构	拱上结构左、右侧外观基本完好，部分砌石风化剥落、砂浆脱缝
	主拱圈	主拱圈未见明显变形。 拱顶潮湿，多处滴水，最快约 2 s 一滴，滴水速度高于 1# 孔，漏水点数量也多于 1# 孔，两侧槽墩由于漏水滴下而潮湿，3# 槽墩上游面比 2# 槽墩下游面更潮湿。拱顶局部脱缝。 拱顶普遍有白色析出物，拱底白色析出物部分呈棱状形
	槽墩	2# 槽墩下游面、3# 槽墩上游面砌石砂浆外观基本完好，槽墩上部脱缝较为严重，局部砂浆呈粉末状。砌石表面风化剥落较为严重，尤其是槽墩顶。槽墩顶有水迹和白色析出物。槽墩左右两侧凸出部位未受漏水影响，砂浆缝较好
4#	拱上结构	拱上结构左、右侧外观基本完好，部分砌石风化剥落、砂浆脱缝
	主拱圈	主拱圈未见明显变形。 拱顶潮湿，多处滴水，最快约 6 s 一滴，漏水点少于 2#、3# 孔，两侧槽墩由于漏水滴下而潮湿，4# 槽墩上游面比 3# 槽墩下游面更潮湿。拱顶局部脱缝。 拱顶普遍有白色析出物，拱底白色析出物部分呈棱状形
	槽墩	3# 槽墩下游面、4# 槽墩上游面砌石砂浆外观基本完好，槽墩上部脱缝较为严重。砌石表面风化剥落较为严重，尤其是槽墩顶。槽墩顶有水迹和白色析出物。槽墩左右两侧凸出部位未受漏水影响，砂浆缝较好
5#	拱上结构	拱上结构左、右侧外观基本完好，部分砌石风化剥落、砂浆脱缝
	主拱圈	主拱圈未见明显变形。 拱顶潮湿，多处滴水，漏水点少于 2#、3# 孔，两侧槽墩由于漏水滴下而潮湿，5# 槽墩上游面比 4# 槽墩下游面更潮湿。拱顶局部脱缝。 拱顶普遍有白色析出物，拱底白色析出物部分呈棱状形
	槽墩	4# 槽墩下游面、5# 槽墩上游面砌石砂浆外观基本完好，槽墩部分脱缝。砌石表面风化剥落、开裂较为严重，尤其是槽墩顶。槽墩顶有水迹和白色析出物。槽墩左右两侧凸出部位未受漏水影响，砂浆缝较好
6#	拱上结构	拱上结构左、右侧外观基本完好，部分砌石风化剥落、砂浆脱缝
	主拱圈	主拱圈未见明显变形。 拱顶潮湿，多处滴水，漏水点少于 2#、3# 孔，两侧槽墩由于漏水滴下而潮湿，6# 槽墩上游面比 5# 槽墩下游面更潮湿。拱顶局部脱缝。 拱顶普遍有白色析出物，拱底白色析出物部分呈棱状形
	槽墩	5# 槽墩下游面、6# 槽墩上游面砌石砂浆外观基本完好，槽墩上部脱缝较为严重。砌石表面风化剥落、开裂较为严重，有的风化成孔，尤其是槽墩顶。槽墩顶有水迹和白色析出物。槽墩左右两侧凸出部位未受漏水影响，砂浆缝较好
7#	拱上结构	拱上结构左、右侧外观基本完好，部分砌石风化剥落、砂浆脱缝
	主拱圈	主拱圈未见明显变形。 拱顶潮湿，但检查现场未发现明显滴水点。拱顶局部脱缝。 拱顶普遍有白色析出物，拱底白色析出物部分呈棱状形
	槽墩	6# 槽墩下游面、右槽墩台砌石砂浆外观基本完好，槽墩台部分脱缝。砌石表面风化剥落较为严重，尤其是槽墩顶。槽墩顶有水迹和白色析出物。槽墩左右两侧凸出部位未受漏水影响，砂浆缝较好

(a) $1^{\#}$孔主拱圈未见明显变形但拱顶潮湿

(b) $2^{\#}$孔主拱圈未见明显变形但拱顶潮湿

(c) $2^{\#}$槽墩上游面漏水滴下潮湿

(d) $2^{\#}$槽墩上部上游面砌石砂浆脱缝

(e) $3^{\#}$孔主拱圈未见明显变形但拱顶潮湿

(f) $3^{\#}$孔拱底白色棱状形析出物

图 2.3-14　一干渠桃园渡槽 $1^{\#}$—$3^{\#}$ 拱病害情况

参考文献

[1] 雷声隆，江仪贞. 灌区工程群体年龄结构预测与控制[J]. 水利学报，1995(2)：19-26.

[2] 刘柏青. 灌区混凝土建筑物老化病害评估指标及其标准的研究[J]. 中国农村水利水电，1998，5(5)：16-16.

[3] 李慧伶，王修贵，崔远来，等. 灌区运行状况综合评价的方法研究[J]. 水科学进展，2006，17(4)：543-543.

[4] 贺军奇,汪有科,边军锋,等.国内外渠系改造现状及发展展望[J].水土保持研究,2006,13(1):133-135.

[5] 雷声隆,姜开鹏.全国大型灌区工程老化状况与对策[J].中国农村水利水电,1997(7):17-23.

[6] 朱秀珍.大型灌区运行状况综合评价研究[D].武汉:武汉大学,2005.

[7] 王书吉.大型灌区节水改造项目综合后评价指标权重确定及评价方法研究[D].西安:西安理工大学,2009.

[8] 韩振中.大型灌区现代化建设标准与发展对策[J].中国农村水利水电,2013(7):69-71.

[9] 余长洪,周明耀,姜健俊,等.灌区节水改造中防渗渠道断面的优化设计[J].农业工程学报,2004,20(1):91-94.

[10] 马福恒,胡江,胡少伟,等.红旗渠安全评价现状调查分析报告[R].南京水利科学研究院,2019.

[11] 翟传增.习近平三谈红旗渠精神对党的建设的意义[J].安阳师范学院学报,2021,(1):17-23.

[12] 刘晓阳.试论红旗渠精神的现实意义[J].理论学刊,2008(2):103-105.

3 大型复杂灌区工程安全检测

3.1 灌区常见安全隐患

3.1.1 灌区常见安全隐患分类

对灌区安全隐患实施科学分类，为隐患探测明确了任务，更为其后相应的安全评价和加固工作提供依据。根据《堤防隐患探测规程》(SL 436—2008)中相关规定，并结合我国灌区实际工程建设和运行情况，灌区渠道和建筑物常见隐患可根据所处部位或对应性质等进行划分。

按照隐患存在的部位进行划分，可分为以下三种。

(1) 渠道隐患：包括各种裂缝和生物破坏产生的洞穴、施工引起的松散体等工程质量问题等，其尺寸变化较大，小到几厘米至几十厘米，大时可达数米，埋深变化也较大。

(2) 基础隐患：包括未处理的渗透层或未清除的软弱层，以及未探明的导水性地质构造等。渗透层或软弱层厚度变化范围较大，厚薄不一，其埋藏有时也相对较深。

(3) 穿渠建筑物隐患：灌区渠系沿线可能布有涵洞、水闸等穿渠建筑物和不同型式的输水、通信管线，这些建筑物和管线与渠身结合部位往往成为渠道的薄弱环节和危及渠道安全的隐患。该类隐患形成原因主要包含以下三点：①穿渠建筑物、管线和渠道结合部位没有考虑防渗措施或防渗措施不当，容易引起沿建筑物基础和管线的渗漏和管涌；②许多建筑物地基地质条件不良或地基处理不当，地基的沉陷特别是不均匀沉陷造成建筑物基础等结构破坏，成为病险建筑；③一些管线因锈蚀穿孔、断裂，直接形成渗漏通道。

除以上按隐患存在部位进行划分外，还可根据隐患性质进行划分，包括常规性隐患和特殊性隐患两种。

(1) 常规性隐患：对于渠身隐患而言，包括渠身单薄，渠坡太陡，填筑质量差，填筑体中存在砂性土夹层，有明显的渠身裂缝等。基础类隐患(包括穿堤建筑物地基)则包括上覆黏性土层薄，或本身即为砂性土渠基(包括浅层砂性土透镜体)，存在渗透破坏的可能性，渠基有软弱土层分布，存在滑动稳定问题等。常规性隐患具有直观性和可检测性的特点，隐患的分析和工程处理措施都较为明确，一般情况下可以通过常规性工程维修加固予以消除。

(2) 特殊性隐患：进一步可分为随机性隐患(渠身或渠基随机分布有生物洞穴、植物腐烂物等)、再生性隐患(生物洞穴类隐患具有再生性)、人类活动留下的隐患以及地质条件不明的渠基隐患，等等。特殊性隐患具有分布规律性差、检测困难等特点，一旦演变成险情，其突发性质增加了抢险难度。

3.1.2 灌区隐患主要形式

可用地球物理方法探测的渠道隐患包括洞穴、裂缝、松散体、高含砂层、护坡脱空区、古河道、砂砾石层和渗漏、管涌等。灌区隐患多为自然或人为等各种因素所造成的裂缝、漏洞、松散土体、软弱夹层、鼠洞穴等危及渠系安全的不稳定因素。因此，灌区隐患主要形式可总结为以下三种：① 裂缝类隐患；② 孔洞类隐患；③ 夹砂层及松散砂土类隐患。

(1) 裂缝类隐患：渠身裂缝经雨水侵蚀容易形成陷坑，破坏结构完整性，其中横向裂缝可直接形成渗漏通道，而纵向裂缝则可能造成脱坡、崩岸，对渠道安全极为不利。

裂缝类隐患产生的原因包括以下几种：渠系堤身黏性土失水形成干缩裂缝，其分布无规则；由于渠身、渠基密实度不一而产生不均匀沉陷裂缝，多呈纵向裂缝；地壳断裂活动、地震活动及采煤等人类活动引起的地层深陷导致渠身产生裂缝，其分布无规则。

(2) 孔洞类隐患：主要指生物洞穴、腐烂根系孔等，此类隐患普遍规模较小，横向贯通堤防的可能性也比较小，但一旦出现横贯堤身的流水孔洞，孔洞中的集中水流对土体的冲刷力很强，对渠身危害性极大。即使孔洞没有贯穿渠身，也将大大缩短渗径，增加了渗透破坏的可能性，同时孔洞中的集中水流还将对土体造成水流冲刷，使孔洞长度加长，直径变大，最终贯穿堤身，导致渠道溃决。孔洞类隐患较难发现，但其发展很快，加之渠系渠道断面有限，因此对渠道的危害很大。

(3) 夹砂层及松散砂土类隐患：夹砂层及松散砂土等隐患增大了渗透系数，易发生渗水现象，严重时会形成管涌通道，甚至溃决。此外，在地震时此类隐患易产生液化现象，从而导致裂缝、喷水冒砂等现象，影响整体稳定性。

3.2 灌区安全检测主要内容与方法

对渠基、渠道、渠首、水闸、渡槽、涵洞等建筑物结构及闸门、启闭机等进行以下检测。

3.2.1 补充地质勘察

当缺少工程地质资料，或已有资料不能对工程质量做出准确评价结论时，应补充工程地质勘察；或当工程存在可疑质量缺陷或运行中出现异常，且已有资料不能满足安全评价需要时，应补充钻探试验，以取得工程现状参数，为安全复核提供依据。

3.2.2 渠道检测

渠道结构安全检测应根据现状调查情况进行，检测部位包括渠身、渠坡、渠道衬砌和防渗体。重点检测渠身有无明显渗漏通道、洞穴等内部缺陷（隐患），浸润线是否正常，及特殊渠段的土体物理力学性能。渠道结构安全检测单元、测区（测线、测点）布置和数量要求参照《水利工程质量检测技术规程》(SL 734—2016)的规定执行。

渠身检测包括渠身填筑土体物理力学性能检测和内部缺陷（隐患）探测。渠身填筑土体物理力学性能包括土性分析（颗粒分析、液塑限）、压实度、相对密度和渗透性、反滤料的颗粒级配。土性分析（颗粒分析、液塑限）、压实度、相对密度和渗透性等检测方法按《土工试验方法标准》(GBT 50123—2019)执行；内部缺陷（隐患）探测方法按《堤防隐患探测规程》

(SL 436—2008)执行。

渠坡检测内容包括坡面平整度、裂缝、洞穴、排水孔反滤、排水孔位置。平整度、裂缝长度、宽度检测采用尺量方法。

渠道衬砌检测内容包括衬砌强度、厚度、裂缝、内部缺陷、脱空、抗冻和抗渗性能。混凝土抗压强度、抗冻和抗渗性能检测方法按《水工混凝土试验规程》(SL/T 352—2020)执行;厚度和内部缺陷可采用雷达法、冲击回波法、超声横波反射法等;裂缝深度检测宜选用超声波法,裂缝长度、宽度检测采用尺量方法,按《水工混凝土结构缺陷检测技术规程》(SL 713—2015)的相关规定执行;脱空检测方法按《水利水电工程物探规程》(SL 326—2005)的规定执行。

防渗体检测内容包括防渗墙、防渗土工合成材料及防渗效果。宜采用以下检测方法:帷幕灌浆、防渗墙的完整性(连续性)宜采用普查和详查相结合的方法,普查可采用垂直反射波法、探地雷达法、直流电法,对于普查发现异常处,应采用跨孔声波、弹性波 CT、全孔壁光学成像进行检测。墙体深度检测方法按《水利水电工程物探规程》(SL 326—2005)的规定执行,墙体厚度宜采用现场取样检测;土工合成材料防渗体的力学性能、焊黏接质量和厚度检测应按《土工合成材料试验规程》(SL 235—2012)的规定执行;防渗效果可采用探地雷达法、直流电法等检测。

3.2.3 渠系建筑物检测

3.2.3.1 砌筑砂浆强度检测

采用砂浆回弹法对砌筑砂浆强度进行检测,砂浆回弹法是一种无损检测强度方法,检测效率高。

(1) 回弹值测量

在砌石体上布置回弹测区若干,用钢丝刷、砂轮除去表面的疏松层并磨平。每个测位内应均匀布置 12 个弹击点。选择弹击点应避开片石的边缘、灰缝中的气孔或松动的砂浆。相邻两弹击点的间距不应小于 20 mm。在每个弹击点上,应使用回弹仪连续弹击 3 次,第 1、2 次不应读数,仅记读第 3 次回弹值,回弹值读数应估读至 1。测试过程中,回弹仪应始终处于水平状态,其轴线应垂直于砂浆表面,且不得移位。从每个测位的 12 个回弹值中,应分别剔除最大值、最小值,将余下的 10 个回弹值计算算术平均值,以 R 表示,并应精确至 0.1 mm。

(2) 碳化深度检测

砂浆碳化是由于空气中的 CO_2 与砂浆中的 $Ca(OH)_2$ 作用,在砂浆表面生成 $CaCO_3$ 层,即碳化层。砂浆未碳化时呈碱性,碳化后为弱碱性,遇酒精酚酞溶液后,前者显红色,后者为无色。在每一测位内选择 3 处砂浆,在砂浆上用电锤或钢凿打直径 10 mm 的孔洞,深度大于砌筑砂浆的碳化深度,清除孔洞中的粉末和碎屑,且不得用水擦洗,滴入 1%~2%的酒精酚酞溶液,未变红色的砂浆厚度即碳化深度。测量每个测位的平均碳化深度,应取该测位各次测量值的算术平均值,应以 d 表示,并应精确至 0.5 mm。

(3) 强度换算

第 i 个测区第 j 个测位的砂浆强度换算值,应根据该测位的平均回弹值和平均碳化深度值按下列公式计算。

$d \leqslant 1.0$ mm 时

$$f_{2ij} = 13.97 \times 10^{-5} R^{3.57} \quad (3.2\text{-}1)$$

1.0 mm<d<3.0 mm 时

$$f_{2ij} = 4.85 \times 10^{-4} R^{3.04} \quad (3.2\text{-}2)$$

d≥3.0 mm 时

$$f_{2ij} = 6.34 \times 10^{-5} R^{3.60} \quad (3.2\text{-}3)$$

式中：f_{2ij}—第 i 个测区第 j 个测位的砂浆强度值，MPa；

d—第 i 个测区第 j 个测位的平均碳化深度，mm；

R—第 i 个测区第 j 个测位的平均回弹值，MPa。

测区的砂浆抗压强度平均值，应按下式计算：

$$f_{2i} = \frac{1}{n_1} \sum_{j=1}^{n_1} f_{2ij} \quad (3.2\text{-}4)$$

式中：f_{2i}—测区的强度代表值，MPa；

n_1—同一测区的测位数。

(4) 强度推定

每一个检测单元的强度平均值、标准差和变异系数，应按下列公式计算：

$$f_{2,m} = \frac{1}{n_2} \sum_{i=1}^{n_2} f_{2i} \quad (3.2\text{-}5)$$

$$s = \sqrt{\frac{\sum_{i=1}^{n_2} (f_{2,m} - f_{2i})^2}{n_2 - 1}} \quad (3.2\text{-}6)$$

$$\delta = \frac{s}{f_{2,m}} \quad (3.2\text{-}7)$$

式中：$f_{2,m}$—同一检测单元的强度平均值，MPa；

n_2—同一检测单元的测区数；

s—同一检测单元，按 n_2个测区计算的强度标准差，MPa；

δ—同一检测单元的强度变异系数。

对既有砌体工程，当需测定砌筑砂浆抗压强度值时，应符合下列要求。

砌体工程按国家标准《砌体工程施工质量验收规范》(GB 50203—2011)及之前实施的砌体工程施工质量验收规范的有关规定修建时，其抗压强度值应按下列公式计算。

当测区数 n_2不小于 6 时，应取下列公式中的较小值：

$$f'_2 = f_{2,m} \quad (3.2\text{-}8)$$

$$f'_2 = 1.33 f_{2,\min} \quad (3.2\text{-}9)$$

当测区数 n_2小于 6 时，可按下式计算：

$$f'_2 = f_{2,\min} \quad (3.2\text{-}10)$$

当砌筑砂浆强度检测结果小于 2.0 MPa 或大于 15 MPa 时，不宜给出具体检测值，可仅

给出检测值范围 $f'_2<2.0$ MPa 或 $f'_2>15$ MPa（f'_2 为砌筑砂浆抗压强度值）。

3.2.3.2 砌筑砂浆填充密实性检测

目前，对于结构内部缺陷的检测方法有很多种，根据《水利水电工程物探规程》（SL 326—2005）和《水工混凝土结构缺陷检测技术规程》（SL 713—2015）以及近年来无损检测方法的研究成果，能够方便用于砌体结构的缺陷检测方法主要有超声波法、冲击回波法、超声 CT 层析成像法以及传统取芯法。

(1) 超声波法

超声波法是采用带波形显示的超声波检测仪和声波换能器，测量脉冲波在混凝土中传播的时间或速度、接收波的振幅和频率等声学参数的相对变化，来判断混凝土内部缺陷的一种方法。

超声波法主要用于检测混凝土结构内部缺陷，如蜂窝、空洞、脱空、夹泥层等，该方法适用于能进行穿透测量以及经钻孔或预埋管可进行穿透测量的构筑物和构件。超声波法检测结构内部缺陷需要所测结构具有两个相互平行的测试面，采用对测法、斜测法和汇交法；如结构只有一个测试面，则需要采用钻孔法。

红旗渠上的水闸、渡槽、涵洞的砌石墙体大多只具有一个测试面，砌石间的缝隙砂浆流失严重，缝隙较大，结构整体胶结均匀性较差，超声波在这种介质中传播不良，能量衰减很快，精度较低，而钻孔法又费时费力，在狭小的渡槽和涵洞内难以操作，并具有破坏性，影响结构的安全。

(2) 冲击回波法

冲击回波法通过在被测结构表面用小钢球敲击来激发低频应力波（P 波），应力波向结构内部传播，当遇到结构底面边界或内部缺陷等介质波阻抗不连续的界面时会发生反射、透射或绕射；当反射回波到达结构表面会再次被反射进入结构内部，这样多次的往复反射将激发结构的局部瞬态共振，从而使波形具有周期性特征，在频谱中表现为对应于结构厚度或缺陷深度的频率峰值，通过对测试信号波进行频谱分析便可辨识被测结构内部质量状况。若混凝土结构内部存在缺陷，将会引起应力波传播路径和结构局部质量、刚度的变化，从而导致结构局部瞬态共振频率的降低，在测试信号的频谱分析中将表现为厚度频率峰值向低频“漂移”，据此可以判定混凝土内部存在缺陷。

冲击回波法在混凝土缺陷检测上较需要两个测面的超声法更具优势，可单断面检测。但同时也具有一定的缺点：单点式冲击回波仪的检测效率较低，不适合大范围连续检测，虽然扫描式冲击回波仪通过采用滚动接触式传感器实现了连续检测，提高了测试效率，但是由于传感器与测试面是滚动接触，它们之间的耦合状态会相对变差，因而测试的范围和精度自然会降低；其次对冲击回波测试信号进行合理分析并有效地提取信号的特性信息，一直较为困难，也最为关键，但传统的以 Fourier 变换为基础的信号处理技术在处理非平稳信号时存在较大不足，这在很大程度上限制了冲击回波技术的应用推广。

(3) 超声波 CT 层析成像法

超声波层析成像法的理论基础是医学 CT 成像技术，即通过检测到的物体外部超声波数据重建物体内部（横截面）信息的技术。它是把被检测对象离散分割成小的单元，分别给出每一单元上的物体图像，然后把这一系列图像叠加起来，就得到物体内部的图像。它是一种由数据到图像的重建技术，可以通过伪彩色图像反映被测材料或制件内部质量，对缺陷进行定性、定量分析，从而提高检测的可靠性。

超声波 CT 克服了常规超声波的一些缺点，其震动频率、探测精度、异常分辨率高，同时由于超声波具有良好的指向性，这就为结构的高精度检测带来了方便，红旗渠砌石墙体是一种非均匀材料，超声波在其中传播会发生复杂的散射、反射和透射等现象，这使得超声波能量衰减很快，其传播距离受限制。混凝土超声波 CT 中所用波长一般为几厘米以上，与混凝土内部缺陷的几何尺度相差不大，因此应考虑超声波的衍射，按最短走时路径的 Fermat 原理进行射线追踪，据此来建立层析成像方程组，以提高成像分辨率。混凝土超声波 CT 检测方法成像结果可精确、直观表示出整个测试断面上结构的缺陷及质量信息，使检测精度大为提高。

(4) 取芯法

取芯法是一种传统的有损检测方法，可直接检查结构内部缺陷，但存在很大的盲目性，同时具有破坏性、只能单点检测等缺点。

故通过以上常用方法的比较，选择超声波 CT 层析成像法对红旗渠建筑物结构砌体内部的砂浆密实性进行检测。

混凝土超声波层析成像仪(A1040 MIRA)拥有一套多功能超声基阵测量系统，适用于非破坏性测试，仪器采用超声横波检测方法实现 3D 断层成像，系统的扫查器由 40 个传感器组成，共分 10 行，每行 4 个横波传感器，探头采用弹簧加载方式，采用干耦合点接触(DPC)压电传感器。每个探头由耐磨陶瓷材料制成，可用于粗糙表面的工件检测。该设备利用层析成像技术，超声波按射线传播，干扰因素较小，采用误差较小的反演算法，即可获得满意的效果，测试出物体内的夹杂物、空洞、松散和其他内部物质等。

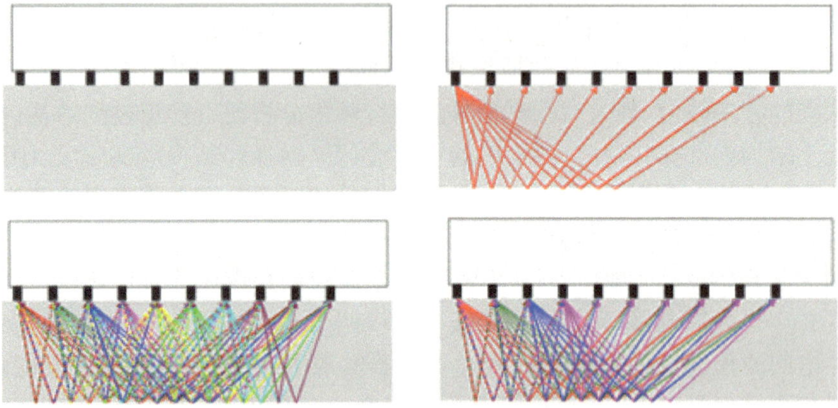

图 3.2-1　超声成像原理图

根据工程结构特点及现场具体情况，检测前在每个被测构件上随机选择若干测区采集数据并生成相应位置的断面视图，每个测区面积为 380 mm×130 mm；然后在系统 View-Mode 模式下对构件的超声波速进行测定；根据测定的波速，在 Adjustment-Mode 模式下重新设置系统参数，设定测试深度；最后在 Map-Mode 模式下开始检测，这种模式用于形成数据矩阵测量对象的 B-断面扫描(垂直于表面)，在测量对象指定扫描区域中，能对一步一步的扫描和增加的数据进行控制。

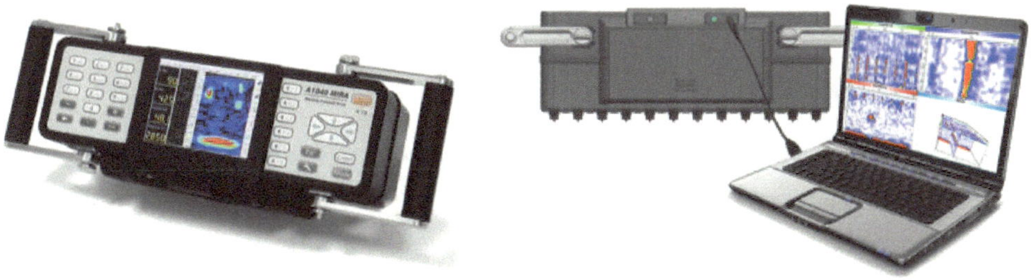

图 3.2-2 层析成像仪器

3.2.3.3 混凝土钢筋保护层厚度检测

采用雷达的超高频电磁波方法测量混凝土内部钢筋的分布与保护层厚度。雷达发出的脉冲电磁信号，在混凝土中遇到钢筋时产生一个反射，反射信号被接收、放大后显示在仪器示波器上，根据仪器示波器上有无反射信号，可以判断混凝土内有无钢筋，根据反射信号到达滞后时间及电磁波在混凝土中的传播速度，可以计算出被测钢筋距混凝土表面的距离。

本次检测采用的手持式雷达集主机、探头和定位系统于一体，电磁波频率为 1 600 MHz，探测深度 40 cm，自动采集信号并成像于彩色显示屏上，自带测量轮编码器。

在被检测区域，采用雷达对混凝土结构扫描，在雷达显示屏上可以看到扫描采集得到的反射波列阵图像与扫描区域的 XY 坐标，读出显示屏上具有钢筋特征的反射波所在的坐标位置：X 坐标为钢筋位置，相邻两钢筋的 X 坐标差即为钢筋间距；Y 坐标为钢筋保护层厚度。

3.2.4 金属结构和机电设备专项检测

金属结构和机电设备专项检测包括金属构件蚀余厚度、防腐涂层厚度、电机绝缘电阻、电机运行三相电流不平衡度、电机运行电压偏差值、电机运行噪音、电机运行转速。

(1) 闸门涂层厚度检测

金属结构由于长期处于水中或是干湿交替的环境中，受到水、气体、日光和水生物的侵蚀，以及水流、泥沙、漂浮物的冲击摩擦，加上结构材质本身具有电化学性能不均匀性，普遍会发生不同程度的腐蚀。材料的腐蚀降低了结构的承载能力，严重时将威胁到安全运行。为防止和延缓钢闸门的腐蚀，常采用非金属（如油漆、涂料）或金属（如涂锌及锌合金）涂层对金属结构进行保护。

使用 QuaNix 涂层测厚仪对金属结构的涂层厚度进行抽样检测，抽样分布满足均匀性和代表性。

在抽样点 1 dm^2的基准面上进行 3 次测量，每次测量的位置相距 25～75 mm，取 3 次测量值的算术平均值为该基准面的局部厚度。

(2) 闸门蚀余厚度检测

采用超声波方法检测钢闸门主要构件的蚀余厚度，将超声波探头置于被测体表面，超声波反射后向钢内传播，在遇到空气时，声波被反射后又由超声波探头接收，测量声波由反射到被接收的时间为 t，因钢的波速 v 是一已知量，则所测点的厚度 $T=vt$。

使用1CYGNUS001-713A+B超声波测厚仪检测金属结构主要构件的钢板厚度即蚀余厚度。

3.2.5 结构耐久性评价

钢筋混凝土结构中钢筋腐蚀过程分为两个阶段。

(1) 未腐蚀阶段——从浇注混凝土时到混凝土碳化层深达钢筋、钢筋开始腐蚀时止。

(2) 腐蚀阶段——从钢筋开始腐蚀发展到严重腐蚀，以致结构破坏到不能再安全使用时止。在腐蚀阶段，环境侵蚀介质入侵加速，腐蚀不断加剧。这一阶段又可分为下列四个时期。

① 初期——个别保护层较小处的钢筋开始腐蚀，出现少量长度和面积均较小的顺筋胀裂或剥落。此时，混凝土碳化深度平均值尚小于保护层厚度。

② 中期——混凝土表面出现多处长度和面积均较大的顺筋胀裂或剥落，混凝土碳化深度平均值已接近或超过保护层厚度。

③ 后期——混凝土普遍出现严重胀裂、剥落破坏，即已达到不可容忍程度，必须全面大修。

④ 晚期——钢筋腐蚀已扩大到使结构区域破坏，致使结构不能安全使用。

根据结构混凝土碳化深度、钢筋保护层厚度、钢筋腐蚀检测结果综合分析，判断结构混凝土钢筋腐蚀现状及发展趋势。

3.2.6 其他检测与探测方法

3.2.6.1 结构尺寸与变形测量

(1) 三维激光扫描仪工作原理与分类

采用三维激光扫描技术，测量结构外部尺寸与变形，测量采用独立坐标系，主要包括渡槽工程现状断面轮廓尺寸和顶部高程测量，为渡槽结构安全复核计算提供基础数据资料。另外，根据外观检测结果，选择结构变形部位进行测量，根据测量结果，结合部分图纸资料(若有设计资料)、结构线性平顺假设(若无设计资料)等分析渡槽结构变形。

早在20世纪60年代国外就开始研究三维激光扫描技术，由于激光具有方向性、单色性、相干性等优点，将其引入到测量设备中，在效率、精度和易操作性等方面都展示了巨大的优势。随着相关设备性能的提升以及成本的逐渐下降，20世纪90年代，它成了测绘领域的研究热点，扫描对象和应用领域也在不断扩大，逐渐成为空间三维模型快速获取的主要方式之一。当前，三维激光扫描技术在越来越多的现代变形监测工作中都在发挥着重要的作用，如桥梁、隧道、边坡等需要长期监测和灾后健康变化监测的大型建(构)筑物的监测。三维激光扫描技术以其巨大的优势——数据获取速度快，实时性强；数据获取全面，精度高；全天候作业，非接触性，主动性强；数据表达清楚明了，成为当前变形测量领域研究的重要技术之一。

三维激光扫描技术又被称为高清晰测量或者实景复制技术，作为20世纪末期出现的一项高新技术，他的出现现在被测绘领域广泛地认同为GPS技术后的又一次技术革命。其通过高速激光测距扫描测量的技术，大面积、高分辨率地快速完成对物体表面三维坐标、反射率、RGB颜色等信息的获取，通过这些大量密集的点信息结合现代的计算机技术可以快速复建出被测对象的 1∶1 真彩色三维点云模型，再通过与各个领域的专业软件进行对接，可以对扫描数据或者复建模型进行丰富、多样化的内业处理及数据分析工作。

依据三维激光扫描技术设计的激光扫描仪主要由激光发射器、接收器、计时器、马达控制系统、CCD 相机及软件等器件组成。三维激光扫描仪开始进行扫描工作时，通过激光发射器发射一道具有足够强度的激光束到旋转式镜头的中心，在选择的扫描方式下，马达控制系统控制镜头开始旋转同时仪器会检测周围的激光，一旦接触到外界物体，光束会通过漫反射几乎沿着相同的路径立刻被反射回扫描仪。这样仪器根据激光的传播时间可以精确计算出发射点至物体的距离，在通过编码器中记录的仪器镜头的水平方向角和垂直方向角数据，就能够获得被照射点在仪器坐标系下的 X, Y, Z 坐标。在激光扫描仪内部定制的自动、实时、自适应的激光束聚焦技术，可以保证其在不同扫描距离下仍能获得高精度的扫描点三维位置数据，图 3.2-3 为常见的地面三维激光扫描仪系统原理图。

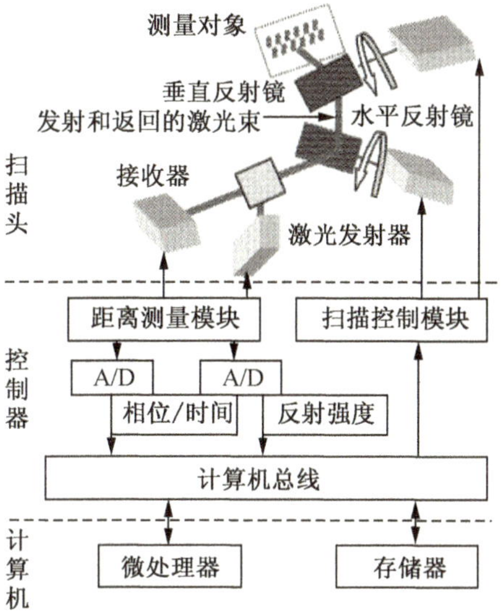

图 3.2-3　地面三维激光扫描仪系统原理图

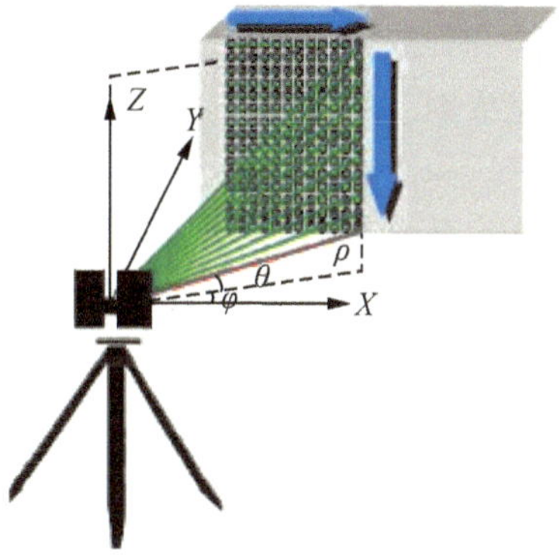

图 3.2-4　地面三维激光扫描仪工作图

三维激光扫描仪系统对扫描点空间位置坐标数据的保存是按照特定的坐标系统存储的，这种坐标系统被称为仪器坐标系，该坐标系的定义规则如下：坐标原点定义在激光束发射处，坐标系 Z 轴在仪器竖向扫描面内，向上为正；X 轴在仪器横向扫描面内与 Z 轴垂直；Y 轴在仪器的横向扫描面内与 X 轴垂直，并与 X 轴、Z 轴构成右手坐标系。图 3.2-4 为常见的地面激光扫描仪工作图，如图所示仪器对物体表面依次进行扫描获得一系列扫描点原始扫描数据$(\rho_i, \varphi_i, \theta_i)$，从而得到任一扫描点的三维坐标为：

$$\begin{cases} X_i = \rho_i \cdot \cos\varphi_i \cdot \cos\theta_i \\ Y_i = \rho_i \cdot \sin\varphi_i \cdot \cos\theta_i \\ Z_i = \rho_i \cdot \sin\varphi_i \end{cases} \tag{3.2-11}$$

按搭载平台分类主要是根据三维激光扫描系统所在的平台进行划分。包括：① 机载(星载)型激光扫描系统，其在三维地形测量与建模、各种工程勘探设计等领域进行了大量实验与探索；② 地面激光扫描测量系统，又可以被细分为地面三维激光扫描系统和车载激光扫描系统，前者由于价格相对便宜，已被应用于文物保护、逆向建模、精密零件复制、变形监测等多种行业领域，后者由于价格比较昂贵，目前国内的应用还处于初级阶段；③ 便携型激光扫描系统，得益于其轻便、简洁、精确的特点主要应用在体积较小物体的三维测量方面。

按扫描距离分类。包括：① 短距离激光扫描仪，其一般最佳扫描距离为 0.6～1.2 m，最长也仅为几米，主要用于小型物件的长度、面积、体积等信息测量；② 中距离激光扫描仪，最大扫描距离不超过 30 m，主要用于大型模具或室内空间测量；③ 长距离扫描仪，扫描距离远超 30 m 甚至到达几百米，广泛应用在大型建（构）筑物的测量；④ 航空（天）激光扫描仪，扫描距离达到 km 级，当前有不少学者用其研究大范围三维地形观测。

按测距原理分类。因为三维激光扫描仪的核心原理之一为激光测距技术，由此划分为：① 脉冲式扫描仪，通过记录激光传播时间再利用激光传播速度达到扫描测距的目的，这种仪器测距区间长但精度较低，一般在 m 级；② 相位式扫描仪，通过发射一束不间断的整数波长的激光，计算被反射接收的激光波的相位差得到激光发射器中心与被测点的距离，该类型仪器扫描范围较短，一般在 100 m 内，但精度可达 mm 级；③ 激光三角式扫描仪，其利用三角几何关系计算距离，此类型仪器常用于工业测量、逆向工程重建等要求保证对象完整信息领域中，因而扫描距离很短在几米至数十米，但精度可达亚 mm 级；④ 脉冲-相位式扫描仪，同时结合了脉冲测距和相位差测距，观测时脉冲测距实现对观测对象的粗测，相位差测距完成对其精测。

按生产厂家分类。国外厂商主要有奥地利 Riegl、加拿大 Optech、瑞士 Leica 系列、美国 Trimble、日本 Topcon 等公司，国内有南方测绘、中海达、北科天绘等公司，相比较而言国内公司起步较晚，仪器性能、扫描精度和速度、配套软件、应用范围等与国外都有一定的差距，但价格便宜，操作习惯上更符合国内习惯，容易上手。

（2）三维激光扫描仪观测数据

三维激光扫描仪获取的数据叫作点云，为了保证点云数据的准确性、可靠性和完整性，在扫描工作开始前有必要制定周密合理的测绘方案和技术方法。当前国内地面三维激光扫描技术的应用试验及实践工程项目相对丰富多样，而其他三维激光扫描技术应用还处于初期阶段，多数应用项目也只是处于试验阶段。因此根据国家测绘地理信息局在 2015 年发布的《地面三维激光扫描作业技术规程》对地面三维激光扫描仪数据获取流程进行简述。该规程要求的地面三维激光扫描作业的总体工作流程如图 3.2-5 所示。

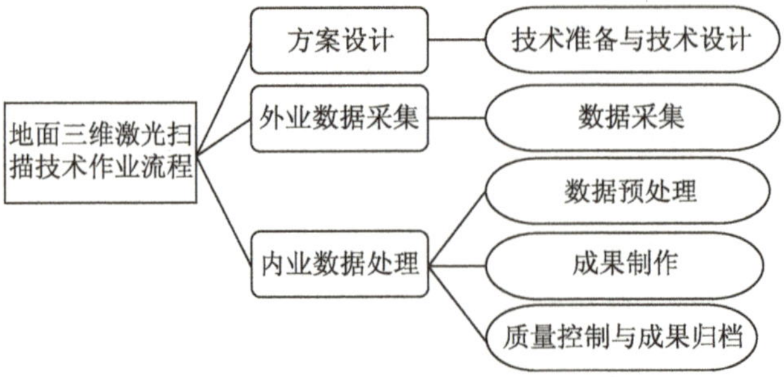

图 3.2-5　地面三维激光扫描技术作业流程

总的来看，地面三维激光扫描工作和传统测量一样，其扫描工作流程可概括为方案设计、外业数据采集和内业数据处理，具体可以细分为技术准备与技术设计、数据采集、数据预处理、成果制作、质量控制与成果归档。

点云数据是使用三维激光扫描仪按照已设定的密度对待测对象进行连续不间断地扫描，获得待测物体表面一系列密集的三维彩色散点数据。简单的点云数据仅仅包括被测对象的三维空间坐标值，复杂的点云数据还包括 RGB 颜色值、反射率、对象表面法向量等详细信息，通过这些三维扫描点的丰富信息，点云数据实时再现了被测对象的空间结构和表面特征。

（3）点云数据分类

点云数据按照扫描点间是否存在拓扑关系可以分为有序点云和散乱点云；按照点云的空间排列形式又可以细分为四种（图 3.2-6）：扫描线点云、网格式点云、多边形点云和散乱式点云。其中前三种均属于有序点云，后一种属于散乱点云。

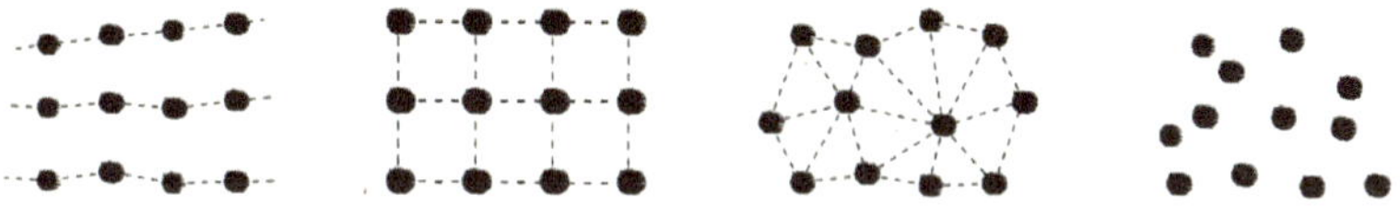

(a) 扫描线点云　(b) 网格式点云　(c) 多边形点云　(d) 散乱式点云

图 3.2-6　点云数据四种排列方式

扫描线点云是一种部分有序点云数据，扫描点全部沿着扫描线排列组成点云。网格式点云是一种有序点云数据，扫描点均与网格的顶点相对应，是对扫描线点云进行内插得到，这种点云数据的一大特点是扫描点的总数等于行数与列数的乘积。多边形点云是一种有序点云，数据中相距最近的几个扫描点在一个平面内依多边形（多为三角形）方式互相联系。散乱式点云是一种散乱点云，点云内扫描点分布散乱，没有条理和明显的特征。

（4）点云数据预处理

通过三维激光扫描仪进行外业数据采集获得被测物体的原始点云数据后，由于数据噪声等因素，往往还不能直接将其应用于后续的三维建模、特征点提取等方面，需要先对其进行预处理，点云数据预处理流程见图 3.2-7。

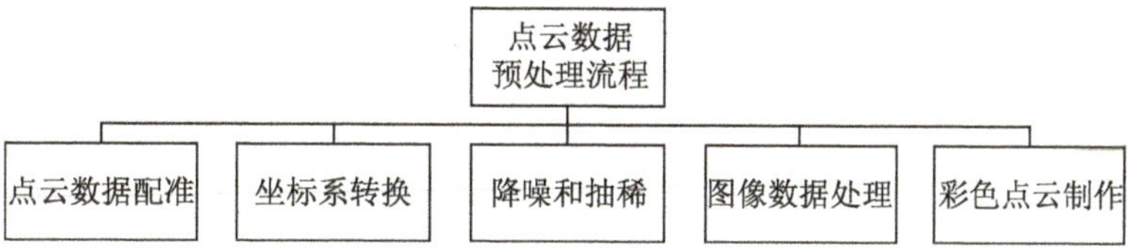

图 3.2-7　点云数据预处理流程

点云数据的配准从数学的角度看就是求两个点云之间的旋转平移矩阵，即通过刚性变换或欧式变换，将源点云变换到与目标点云相同的坐标系下，其数学表达方式为：

$$\boldsymbol{p}_t = \boldsymbol{R} \cdot \boldsymbol{p}_s + \boldsymbol{T} \quad (3.2\text{-}12)$$

式中：$\boldsymbol{p}_t$，$\boldsymbol{p}_s$分别是源点云和目标点云中的一对对应点；$\boldsymbol{R}$ 为旋转矩阵，$\boldsymbol{T}$ 为平移矩阵。

配准的核心问题就是，在不知道两个点云中点的对应关系条件下如何求取 $\boldsymbol{R}$ 和 $\boldsymbol{T}$。通常配准分为两步：粗配准与精配准。粗配准有快速点特征直方图法(FPFH)、采样一致性算法(SAC_IA)、正态分布算法(NDT)。精配准就是在近似旋转平移矩阵的条件下，进一步进行计算得到更加精确的旋转平移矩阵，目前主流算法是迭代最近点算法(ICP)及其改进算法。

通常三维激光扫描仪获取的点云数据坐标系统是仪器坐标系，而实际工程中我们常常使用的是外部绝对坐标系，此时就需要进行坐标转换，对坐标转换已知点个数、转换方法和残差做出了规定，坐标转换方法使用七参数坐标转换，模型见图3.2-8，这样对于空间中的任一点 P 其坐标转换公式如下：

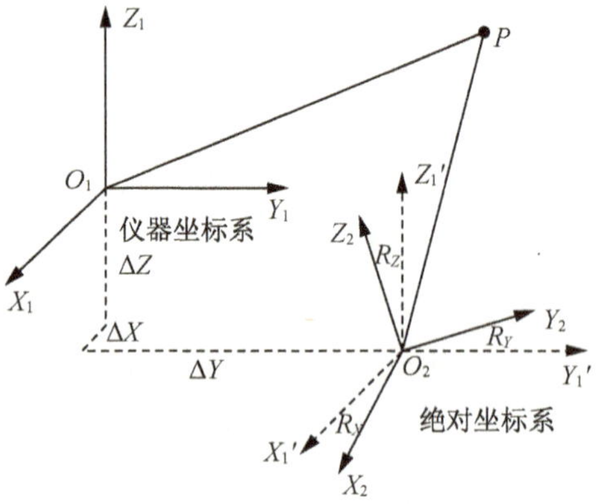

图 3.2-8　七参数坐标转换

$$\boldsymbol{P}_{绝} = (1+m)\cdot \boldsymbol{R}\boldsymbol{P}_{仪} + \boldsymbol{T} \qquad (3.2\text{-}13)$$

式中：$\boldsymbol{P}_{绝}$ 表示点 P 在绝对坐标系中的坐标矩阵 $[X_{p绝}, Y_{p绝}, Z_{p绝}]^T$；$\boldsymbol{P}_{仪}$ 表示点 P 在仪器坐标系中的坐标矩阵 $[X_{p仪}, Y_{p仪}, Z_{p仪}]^T$；$\boldsymbol{T}$ 表示仪器坐标系到绝对坐标系的平移矩阵 $[\Delta X, \Delta Y, \Delta Z]^T$；$\boldsymbol{R}$ 表示仪器坐标系与绝对坐标系间的旋转矩阵：

$$\begin{bmatrix} 1 & R_Z & -R_Y \\ -R_Z & 1 & R_X \\ R_Y & -R_X & 1 \end{bmatrix} \qquad (3.2\text{-}14)$$

式中：R_X、R_Y、R_Z 分别为两个坐标系中对应坐标轴的旋转参数。

降噪指的是去除点云中由于外界因素和三维激光扫描本身因素造成的不可避免的部分点的过程，通过降噪可以保留被测对象的主体，对于点云数据的后续精细化处理至关重要。抽稀则是对海量点云的简化，该过程能降低数据处理对计算机硬件的要求，提高软件或者算法的运行流畅度和效率。

图像数据处理和彩色点云生成。图像数据处理主要包括：图像色彩调整、变形纠正、图像配准、格式转换，通过这些处理可以获得被测物体细致准确的图像数据。彩色点云是选择点云对应的处理好的图像数据，依据相机与扫描仪的姿态参数制作而成。

(5) 点云数据处理

作为三维激光扫描系统的重要构成，点云数据处理软件对于扫描仪功能的充分发挥至关重要，目前来说数据处理软件可以分为两种，一种是仪器厂商为自家产品量身定做的仪器自带软件，如 Leica 的 Cyclone、Trimble 的 Realworks 等；另一种是第三方机构专门针对点云处理开发的通用软件，常见的有 Geomagic、SketchUp、3DMax 等。通常由于不同仪器原始点云数据格式的不同，各种仪器自带软件只能用于处理自家产品采集的数据，而通用软件通过插件、数据格式转换软件和强大的兼容能力，能实现对多种格式点云数据的处理。

3.2.6.2　淤积与渗漏检测探测

(1) 渗漏探测

探地雷达是地球物理科学技术中的一项重要手段。电磁波频谱的宽泛性和地下有耗介电材料的多样性使得 GPR 技术应用于矿产资源勘探、水利水电工程隐患探测、交通运输工程缺陷检测等多个领域。

GPR 是利用宽频带高频无线电波以脉冲的形式来探测地下介质的电性参数差异，并根据回波的旅行时间、振幅、波形、频率等特征来分析和推断地下介质空间位置分布、结构和物性特征。GPR 采用的高频电磁波频率范围一般在 1 MHz 至 10 GHz 之间。

GPR 探测系统包括发射天线和接收天线（图 3.2-9），以及控制收发和数据存储的控制系统。地表下由发射天线发出的电磁波在不同电磁性质的地质材料中传播时会产生不同方向的散射波，其在同一地质材料中和不同地质材料间发生新的散射波，接收天线会接收来自向地面传播的散射波。通过在地表移动天线组合记录各测量点处的电磁波信号并将其数字化，由电脑以反射波的形式记录下来，最后进行数据处理和成果解释。有些情况下，对目标体的透射探测则更为有效。

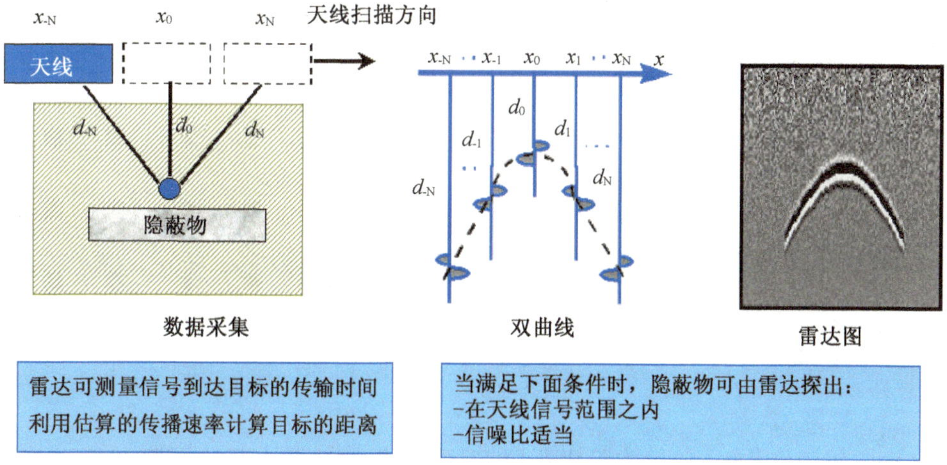

图 3.2-9　地质雷达工作原理图

电磁波在介质中传播时，介质的相对介电常数发生变化时产生了反射和透射，GPR 是根据反射波形特性分析判断地下目标体的。探测效果取决于目标体与周围介质的电性差异、电磁波的衰减程度、目标体的埋深和外部干扰强度等。因此电性差异越大，反射信号越强，二者的界面就越清晰，在剖面图上表现为同相轴不连续。即目标体与周围介质的电性差异是 GPR 探测的基本条件。而 GPR 入射信号的穿透深度主要取决于地下介质的电性和 GPR 的中心频率。地下介质导电率越高，GPR 中心频率越高，穿透深度越小，反之亦然。

利用地质雷达所接收到的反射波的双程走时 T 值，若已知电磁波在地下的传播速度（V）和收发天线间的间距（如图 3.2-10 所示），由下式可计算出反射界面的埋深：

$$z=\sqrt{\left(\frac{vt}{2}\right)^2-\left(\frac{x}{2}\right)^2} \tag{3.2-15}$$

式中：波速 $v=\frac{c}{\sqrt{\varepsilon_r}}$，m/s，$c=0.3$ m/ns（真空光速），ε_r 为地下介质的相对介电常数。

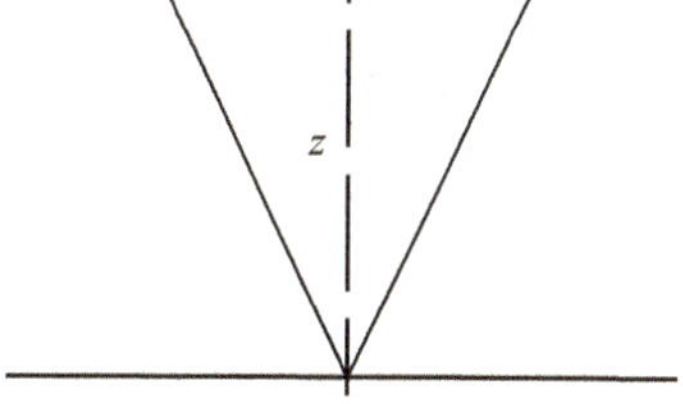

图 3.2-10　地质雷达深度计算原理图

一般地质雷达的纵向分辨率为：

$$\Delta h = \frac{\lambda}{8} \sim \frac{\lambda}{4}(\mathrm{m}) \tag{3.2-16}$$

水平分辨率为：

$$\Delta x = \frac{1}{4}\sqrt{\frac{\lambda z}{2}}(\mathrm{m}) \tag{3.2-17}$$

式中：$\lambda=\frac{v}{f}$为波长，z 为垂距。

地质雷达的检测深度受到主观条件和客观条件的限制，前者主要为仪器设备的工作频率、发射功率、收射灵敏度、抗干扰能力和天线与大地的匹配耦合效应；后者则为地电条件，特别是围岩导电性。当仪器设备的条件一定，决定检测深度的主要因素为地表电阻率和工作频率，基于导电介质中电磁波的衰减系数与工作频率呈正比，对于一定的工作频率 f 而言，其检测深度与地表导电率 σ 呈反比，一般采用雷达检测的深度估计式为：

$$d_{\max} \leqslant \frac{35}{\sigma}(\mathrm{m}) \tag{3.2-18}$$

3.3 红旗渠灌区安全检测

3.3.1 补充地质勘察

3.3.1.1 地质概况

本区地质属于华北区，包括太行山强隆起区、林州盆地及太行山弱隆起区。前第四纪地层的划分是依据前人资料和本次野外地层岩性的调查，与区域地层对比进行划分（因区域资料有限，未进行详细划分）。对于第四纪地层，则在前人资料的基础上结合地层的地貌分布、地层岩性特征、地层叠置关系、绝对年龄测定及与邻区典型地层剖面对比等综合分析的基础上进行划分。

现由老到新叙述如下：

（1）中太古界赞皇岩群（Ar^2Z^c）

其上为中元古界汝阳群所覆，出露于林州城西丰镇至桑园一线，主要岩性为一套片麻岩夹片岩及大理岩，出露厚度一般 507～2 900 m。大理岩一般呈薄层状或透镜状，并多产于上部。斜长角闪片麻岩、含黑云斜长角闪片麻岩以及大理岩等，在变形变质侵入岩（赞皇杂岩）中呈残留体产出，单个残留体出露面积数平方米至十数平方米。斜长角闪片麻岩类岩石变质原岩为玄武岩，含黑云斜长角闪片麻岩变质原岩为富碳酸盐质、泥质的沉积岩。原岩建造为一套产出于活动构造区，具裂陷槽式的海底碳酸盐岩及泥质岩，并伴有基性火山喷发的深水沉积建造。

（2）震旦系（Z_1）

主要为下统，紫红色中-细粒石英岩，夹紫红色、灰绿色泥质页岩，单层层厚约 0.1～1.0 m，厚 300～400 m，具波痕、泥裂等层理。在次级小断裂处，多经流水切割成三角面，主要分布在林州断裂以西。

(3) 寒武系($\in_{1\text{-}3}$)

本区主要为寒武系中统张夏组和徐庄组,多为中厚层状鲕状灰岩、条带状灰岩,夹薄层钙质页岩。局部有上统灰白色泥质灰岩、泥质白云岩以及竹叶状灰岩。多分布于林州北部的二干渠。

(4) 奥陶系灰岩($O_{1\text{-}2}$)

本区主要分布有奥陶系中统马家沟组豹皮状灰岩及角砾状灰岩及石灰岩,底部为黄绿色泥质灰岩、粉砂岩。下统主要为含燧石条带、燧石结核白云岩。本区的中低山大部分为奥陶系灰岩,分布广泛。

(5) 燕山期侵入岩(δ)

主要分布于林州市东部,以南木井、北木井、马家山、南韦底、前庄、西沟、池寨脑等地出露面积较大,其他地区多呈零星分布,如在本次重点勘探研究区东岗镇、河顺镇多见此类岩体。岩性组成主要为闪长岩、闪长玢岩,为块状构造,表层多风化为砂状,在侵入岩与寒武系及奥陶系接触部位,多形成变质岩,如大理石、赤铁矿等。

(6) 第四纪(Q)

Q_1下更新统。红色重粉质壤土夹泥砾层、砾石层,主要分布于河谷阶地底部(冲积成因)、丘陵区(坡积、残积成因),层厚 0.5~3.0 m 不等。

$Q_{p2\text{-}3}$上(中)更新统。棕红黄色重粉质壤土,主要分布于山间盆地以及河谷夷平面顶部(冲积成因较多),层厚 1.0~6.0 m 不等。

Q_4全新统。主要为黄色中粉质壤土、粉土以及砂卵石层透镜体,主要分布于河流两岸及河谷部位(冲、洪积成因),最大揭露厚度大于 10.0 m。

3.3.1.2 地质构造与地震

(1) 新构造单元划分

根据本区的地形地貌、新生代沉积特征和地震构造特征,可把近场区分为三个新构造运动区:太行山强隆起区、太行山弱隆起区和林州盆地凹陷区(图 3.3-1)。

(2) 主要构造断裂

林州盆地周围的活动断裂主要有两组,南北向和北北东向断裂是控制盆地特征的主体断裂,主要有林州断裂、郎垒—龙头山断裂、采桑断裂、科泉断裂。北西西向和近东西向断裂主要有河顺断裂、安阳南断裂、上申街—西台村断裂、桃园—横水断裂和合涧—小店断裂等。断裂特征及分布见表 3.3-1。

3.3.1.3 工程场地的地震设防烈度

根据 2015 年《中国地震动参数区划图》(GB 18306—2015)中《中国地震动峰值加速度区划图》(1∶400 万)圈定,本区动峰值加速度处于 0.10g~0.15g 界线上,大致自任村镇—市区—合涧镇—原康镇一线以西为 0.10g,以东为 0.15g,综合考虑地震基本烈度按Ⅶ度设防。

3.3.1.4 水文地质条件

红旗渠灌区大部分为石灰岩低山区及石英岩中山区,植被稀疏,基岩裸露,地下水储量少。由于含水层岩性和分布的不同,灌区范围内地下水的富集具有明显差异。

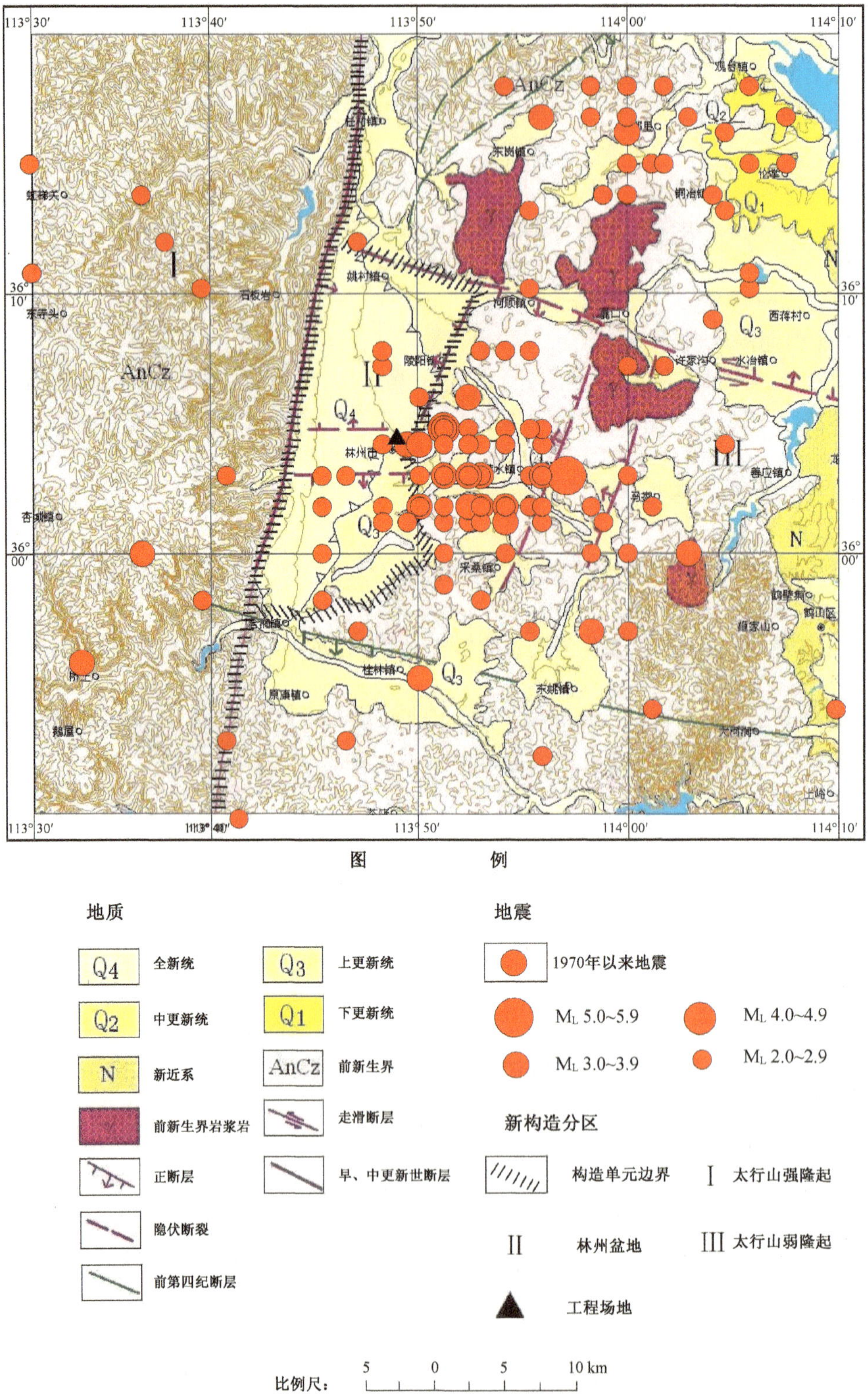

图 3.3-1　近场新构造单元分区图

表 3.3-1 近场区主要断裂特征一览表

序号	断层名称	区内长度(km)	产状			最新活动时代	活动性质
			走向	倾向	倾角		
F1	林州断裂	38	NE10°	SEE	50°～70°	Q_1—Q_2	正断层
F2	郎垒—龙头山断裂	14	NNE	NW	较陡	Q_1—Q_2	正断层
F3	采桑断裂	20	NNE	NWW	75°～85°	Q_2	正断层
F4	科泉断裂	18	近 SN	W	大于 70°	Q_2	正断层
F5	河顺断裂	25	NWW	SW	70°～80°	Q_1—Q_2	正断层
F6	安阳南断裂	9	NWW	N	80°	Q_2	左旋正断层
F7	上申街—西台村断裂	4	近 EW	N		Q_2	正断层
F8	桃园—横水断裂	15	近 EW	S	较陡	Q_1—Q_2	正断层
F9	合涧—小店断裂	21	NWW	SW		前第四纪	正断层

(1) 基岩裂隙水

场区西部太行山强隆起区主要为震旦系石英岩以及太古界片麻岩，岩层倾角较小，一般在 5°～15°之间，水平纹理发育，局部变质，渗透性较小。大气降水及少量地表径流经基岩裂隙、断裂破碎带补给，在太行山前有零星的空隙承压水分布。场地中南部及北部多为寒武纪、奥陶系灰岩、白云质灰岩，受区域构造影响，场区内小断裂比较发育，岩体较破碎，整体趋势为倾向东，倾角 10°～45°不等。其多将为数较少的地表水切断，沿断层破碎带及冲洪积砾石层下渗，补给深层地下水。基岩裂隙水一般埋深在 150～300 m 之间，不易开发利用，且对本工程影响较小。

(2) 第四系松散孔隙水

场区内的浅层水源多为本层，主要含水层为山前坡积、洪积成因的砂砾石层。由于太行山山前大断裂落差高达 1 000 余 m，少量大气降水及基岩裂隙水沿山前冲洪积扇入渗，受冲洪积扇内多层相对隔水的黏性土阻隔，第四系松散孔隙水在冲洪积扇前缘出露，在灌区范围内可供利用的浅层地下水仅存在于姚村镇、城郊乡北部、陵阳附近，埋深 1～15 m(取水样地点为姚村镇拐连池附近井水)，也是安阳河的源头。第四系松散孔隙水主要分布区域为林州断裂(F_1)、郎垒—龙头山断裂(F_2)、河顺断裂(F_5)及上申街—西台村断裂(F_7)所封闭的范围。且封闭区域中心水位埋深较浅，一般 1～10 m，边界位置以及边界外部埋深 20～50 m 不等。地下水位年变幅为 1～5 m。

灌区内其他部位地下水埋深较深，很少存在浅层地下水，地下水对渠道的影响甚微，且地下水对建筑材料均无腐蚀性。因此本工程不考虑地下水对渠道的影响。

3.3.1.5 渠道地质结构类型及评价

根据现状渠道沿线岩土体特征以及渠底板以下 5 m 范围内土岩体的岩性、岩性组合特征、结构等因素，将地层结构划分为岩体、土岩体、土体结构三大类。但因渠线较长，地形变化大，工程地质分段有一定难度。以下按各个渠线地质概况进行概略分段。各渠段按照岩土体的结构类型，进行工程地质分段，并按结构类型对各工程地质段进行评价，详细分类见表 3.3-2。

表 3.3-2　渠道沿线工程地质分段表

结构类型	类别	亚类	亚类别	长度(m)	段数
岩体	单一	$Ⅰ_1$	侵入岩:如闪长岩等	7 350	2
		$Ⅰ_2$	变质岩:如片麻岩等	4 778	10
		$Ⅰ_3$	坚硬岩:如石英岩、砂岩等	15 849	27
		$Ⅰ_4$	硬质岩:如灰岩、白云岩等	41 025	16
		$Ⅰ_5$	软岩:如泥岩、黏土岩、泥灰岩、风化岩	17 380	7
土岩体	双层	$Ⅱ_3$	上黏性土,下石英砂岩、灰岩、白云岩、石英岩、片麻岩	14 019	24
土体	单一	$Ⅲ_1$	黏性土均一结构	29 997	31
		$Ⅲ_2$	砾石土单一结构	33 220	28
		$Ⅲ_4$	上黏性土,下砾石土	5 160	8

(1) 侵入岩类渠段地质条件及评价

该类渠段地层岩性为燕山期侵入岩,渠道两侧多已护砌,砌石材料为石英砂岩、石灰岩,勾缝材料采用的是红土石灰,条件简陋,砂浆标号较低。运行四十余年来,虽经局部维护仍出现砌石勾缝脱落、局部渠身变形等情况。

该类渠段分为两段,桩号范围如表 3.3-3 所示,沿线岩体特征基本相近,地层岩性分布情况如下(由新到老)。

表 3.3-3　侵入岩结构类型工程地质分段表

渠道名称	渠道总长(m)	类型代码	结构类型	段长(m)	起桩号	止桩号
总干渠	70 600	$Ⅰ_1$	闪长岩	2 010	57+750	59+760
二干渠	46 815	$Ⅰ_1$	闪长岩	5 340	15+450	20+790

① 渠道两侧山凹表层局部覆盖有第四纪上更新统坡积、残积成因的棕红黄色重粉质壤土,硬塑状态,含少量风化闪长岩颗粒及岩块,厚度 0.3 m~1 m 不等。

② 燕山期侵入闪长岩,为燕山期侵入的岩浆岩,岩性为闪长岩,新鲜断口为浅灰色和灰绿色,风化表层颜色较深,微晶—中粗粒结构,块状构造,坚硬,裂隙发育,矿物成分为角闪石、斜长石,含少量正长石、黑云母等,表层多形成薄层风化壳,呈砂土状。

该类渠段均位于基岩中,多为在岸坡刻槽修建,渠道基础稳固。该类渠段地层岩性均为闪长岩,块状构造,节理发育,局部渠段砌浆脱落,渠身变形;由于闪长岩易风化,受附近采矿爆破振动影响,二干渠局部涵洞顶内存在少量塌方;表层多形成砂状风化壳,易经雨水带入渠道,马家山村一带渠道存在少量淤积。部分渠道存在变形、错位或渗漏现象。建议对渠道沿线进行清淤,并重新勾缝、铺底。对于存在坍塌、错位段须重新砌筑。

(2) 变质岩类渠段地质条件及评价

该类渠段地层岩性为前震旦系花岗片麻岩、角闪片麻岩,渠道两侧多已护砌,砌石材料为石英砂岩、片麻岩,勾缝材料采用的是红土石灰,条件简陋,砂浆标号较低。运行四十余年来,虽经局部维护仍出现砌石勾缝脱落、局部渠身变形等现象。

该类渠段属于变质岩结构类型，分为 10 段，桩号范围如表 3.3-4 所示，沿线岩体特征基本相近，地层岩性分布情况如下（由新到老）。

表 3.3-4 变质岩结构类型工程地质分段表

渠道名称	渠道总长(m)	类型代码	结构类型	段长(m)	起桩号—止桩号
总干渠	70 600	I_2	花岗片麻岩、角闪片麻岩	4 778	40+030—40+670 40+750—41+350 46+000—46+100 46+350—46+370 47+100—47+310 47+600—47+970 49+310—50+300 51+000—51+948 52+650—52+750 54+850—55+650

① 渠道两侧山凹表层局部存在少量坡积碎石，以花岗片麻岩、角闪片麻岩为主，呈棱角状，粒径一般 20～80 mm，大者可见 10～12 cm，局部可见 0.7 m 的漂石，充填少量黄色粉质黏土，充填程度中密，厚度 0.3 ～1 m 不等。

② 太古界片麻岩，强风化—弱风化，块状结构，具片麻状构造，矿物成分主要是正长石、石英、角闪石。

该类渠段均位于基岩中，多为在岸坡刻槽修建，渠道基础稳固。该类渠段地层岩性均为片麻岩，块状构造，节理发育，局部渠段砌浆脱落，渠身变形；部分渠道存在变形、错位或渗漏现象。建议对渠道沿线进行清淤，并重新勾缝、铺底。对于存在坍塌、错位段须重新砌筑。

(3) 坚硬岩类渠段地质条件及评价

该类渠段均为层状震旦系石英岩、石英砂岩，渠道多悬挂于岩壁上，除外侧采用砂岩护砌外，内侧局部未护砌，受筑渠时条件限制，采用红土石灰砌筑。运行四十余年来，渠道老化严重，局部砌石错位、脱落，虽经数次维护，但渠道沿线仍出现大面积漏水现象。

该类渠段属于坚硬岩结构类型，共分为 27 段，桩号范围如表 3.3-5 所示，沿线岩体特征基本相近，地层岩性分布情况如下（自新到老）。

① 在平缓段渠道外侧常有少量上更新统坡积砾石土层。

② 震旦系(Z_1)：主要为下统，肉红、灰黄色中—细粒石英岩，夹紫红色、灰绿色泥质页岩，弱—微风化，单层层厚约 0.1～1.0 m，具波痕、泥裂等层理。整体岩性倾向东偏北，倾角较缓，一般小于 5°。岩体较完整，仅个别段受构造影响，岩体较破碎。

该类渠段均位于基岩中，多位于陡峭的岩壁上，渠道基础稳固，但局部地段维护较困难。该类渠段岩性主要为石英岩、石英砂岩，层状构造，节理不发育，地质条件良好。仅局部受构造影响岩体破碎，易产生落石。渠道经四十余年运行，红土石灰砂浆老化脱落，砌石松动，沿砌缝渗漏严重，渠首部分区段有射流现象。部分左岸渠身、渠底已做防渗处理，还存在右岸渠身绕渗现象，建议对渠道沿线进行防渗处理。对于存在坍塌、错位段须重新砌筑。

表 3.3-5　坚硬岩类结构类型工程地质分段表

渠道名称	渠道总长(m)	类型代码	结构类型	段长(m)	起桩号—止桩号
总干渠	70 600	I_3	石英岩	15 849	0+000—0+180 0+439—0+460 1+340—2+300 3+043—3+880 3+890—3+933 5+657—6+680 8+900—9+000 9+190—9+500 10+400—10+800 12+620—13+000 13+070—13+420 14+150—16+100 16+400—19+600 19+950—20+025 20+950—22+200 24+870—25+100 26+500—27+300 27+500—28+750 29+390—30+100 30+900—31+000 37+850—38+050 38+550—38+600 38+800—39+000 39+850—40+030 52+450—52+600 53+100—53+120 59+000—60+780

(4) 硬质岩类渠段地质条件及评价

该类渠段涉及范围较广，主要以寒武系、奥陶系灰岩，泥质灰岩，白云质灰岩为主，岩类结构类型工程地质分段见表 3.3-6。现状渠道两侧多已护砌，砌石材料为就地取材，主要为块状灰岩、白云岩，修筑时条件简陋，勾缝材料多为土制的红土石灰砂浆。其中红旗渠二干渠末端均出现大范围错位、倾斜，甚至坍塌，多处涵洞内存在塌方，渗漏严重。部分渠段穿越村庄，由于填埋生活垃圾，部分渠道已无法运行。

(5) 软岩类渠段地质条件及评价

该类渠段主要以寒武系、奥陶系强风化泥质灰岩、泥灰岩以及泥岩为主，多为遭受强烈构造所致的构造破碎带或侵入岩边界等，现状渠段多呈块状、角砾状或为土状。渠道两侧多已护砌，个别段临山体一侧未护砌，砌石材料为就地取材，主要为块状灰岩、泥质灰岩或白云岩，修筑时条件简陋，勾缝材料多为土制的红土石灰砂浆。现砂浆老化、勾缝脱落严重，现状渠道已出现大范围错位、倾斜，甚至坍塌，多处涵洞内存在塌方，部分渠段淤积较厚。

该类渠段地质条件属于软岩类结构类型，主要分布在表 3.3-7 所示桩号范围。

表 3.3-6 硬质岩类结构类型工程地质分段表

渠道名称	渠道长度(m)	代码	结构类型	段长(m)	起桩号—止桩号
总干渠	70 600	I_4	灰岩、白云岩	5 330	32+850—35+330 61+350—61+470 64+570—67+300
红旗渠一干渠	40 500	I_4		9 250	0+000—4+550 28+000—30+100 36+000—38+600
红旗渠二干渠	46 815	I_4		21 412	0+000—0+12970 23+258—23+655 24+700—25+180 25+980—28+695 32+255—33+255 39+410—40+450 41+960—44+770
红旗渠三干渠	10 863	I_4		5 033	1+990—2+150 3+330—4+250 6+910—10+863

表 3.3-7 软岩类结构类型工程地质分段表

渠道名称	渠道总长(m)	类型代码	结构类型	段长(m)	起桩号—止桩号
总干渠	70 600	I_5	软岩类	2 620	35+900—37+430 37+460—37+700 39+000—39+850
红旗渠一干渠	40 500	I_5		11 500	22+400—28+000 30+100—36+000
红旗渠二干渠	46 815	I_5		3 260	13+700—15+450 40+450—41+960

各渠段虽岩性不甚一致，但工程地质性能基本相近，因此本次评价将这类地质情况统归为软岩类，地层岩性由新到老如下。

① 第四纪上更新统、中更新统：表层多分布有少量的坡积、残积成因的棕红色、灰黄色壤土，厚度一般小于 1 m，位于渠道两侧表层。

② 寒武系和奥陶系：多为泥质灰岩、黄绿色泥质灰岩，以及燕山期侵入岩边界处的变质岩类，本类地层因遭受强烈构造影响易风化，多数呈碎块状、角砾状或土状。

该类渠段均位于软岩中，虽岩体破碎、风化较严重，但渠道基础稳固，无不良地质现象。该类渠段岩性为泥质灰岩、泥灰岩或断层破碎带，渠道以上山体易产生落石，岩石碎屑及角砾易被雨水冲刷淤积渠道。因此渠道沿线大部分需要进行清淤处理。渠道砌石材料多为灰岩、白云岩，砌石材料较好，大部分能够满足砌筑要求。仅部分渠段近期进行了维护，多数渠段砌筑砂浆材料风化脱落，普遍存在坍塌和错位现象，渠道渗漏严重，目前部分渠段已无法使用。建议对渠道沿线进行清淤，并重新勾缝、铺底，对裸露基岩段可统一边坡坡率为原坡率或为 1∶0.5～1∶0.75。对于存在坍塌、错位段须重新砌筑。

(6) 土岩体类渠段地质条件及评价

该类渠段地表多为土层，渠底以下 5 m 范围内见基岩。渠道两侧已护砌，大部分渠道位于自然地面以下，个别段渠道底板高于自然地面或略低于地面。砌石材料多为石英砂岩、灰岩，勾缝材料多为土制的红土石灰砂浆。现在砂浆老化、勾缝脱落严重，导致渠道严重渗漏，致使渠道变形、砌石错位，甚至坍塌。

该类渠段地质条件属于土岩体双层结构类型，主要分布桩号范围如表 3.3-8 所示。

表 3.3-8 土岩体双层结构类型工程地质分段表

渠道名称	渠道总长(m)	类型代码	结构类型	段长(m)	起桩号—止桩号
红旗渠总干渠	70 600	II_3	上黏性土，下岩石	14 019	0+180—0+439 0+460—1+340 4+210—5+490 7+150—7+900 9+000—9+190 9+500—9+800 12+310—12+620 13+420—14+150 16+100—–16+400 22+200—24+870 25+100—26+250 26+400—26+500 27+300—27+500 37+430—37+460 38+600—38+800 41+800—42+900 43+800—44+320 46+680—46+780 48+510—49+310 50+300—50+400 52+600—52+650 68+500—69+000 69+100—70+600

各渠段岩性基本一致，渠底地层均为黏性土，但基岩埋深略有差别，本次评价将这类地质情况统归为上黏性土、下基岩双层结构类型。地层岩性分布如下。

① 第四纪上更新统

以棕黄色、局部为棕红色重粉质壤土为主，硬塑—坚硬状态，含少量灰岩砾石，厚度一般在 1～3 m。

② 奥陶系和寒武系

主要为奥陶系中统马家沟组中厚层石灰岩，夹泥质灰岩、白云质灰岩，一般为弱—微风化，表层为强风化，裂隙较发育。主要分布在总干渠桩号 31+900—70+600 段。

③ 震旦系

主要为下统，肉红、灰黄色中—细粒石英岩，夹紫红色、灰绿色泥质页岩，弱—微风化，单层层厚约 0.1～1.0 m，具波痕、泥裂等层理。整体岩性倾向东偏北，倾角较缓，一般小于 5°。岩体较完整，仅个别段受构造影响，岩体较破碎。主要分布在总干渠桩号 0+000—31

+900 段。

该类渠段基础均位于黏性土层中，该层土工程地质性能尚可。该类渠段多沿山坡或山脚绕行，基础以土层为主，易被山体汇流的雨水冲刷，造成渠道砌体失稳，进而影响渠道砌石稳定；局部渠段一侧为村庄道路，渠道周围土体易受力挤压变形，造成砌石错位、坍塌；另有部分渠段渠底板位于地面附近，受雨水及人为因素影响渠底土体掏空或乱堆乱填，导致渠道侧壁受力不均，而造成渠道底部砌石脱落、坍塌。渠道砌石材料多为石英砂岩、灰岩、白云岩，砌石材料较好，大部分能够满足砌筑要求。多数渠段砌筑砂浆材料风化脱落，普遍存在坍塌和错位现象，渠道渗漏严重。建议对渠道进行防渗处理，重新勾缝、铺底，对渠底位于地面附近的，可加固地基或加厚两侧护角，对于存在坍塌、错位段须重新砌筑加固。

(7) 均一黏性土类渠段地质条件及评价

该类渠段渠底以下 5 m 范围内未见基岩，仅局部夹薄层砾石层。渠道两侧均已护砌，大部分渠道位于自然地面以下，个别段渠道底板位于自然地面或略低于地面。砌石材料多为灰岩，勾缝材料多为土制的红土石灰砂浆。现在大部分渠段砂浆老化、勾缝脱落严重，致使渠道变形、砌石错位，甚至坍塌。渠道渗漏严重。

该类渠段地质条件属于黏性土均一结构类型，主要分布桩号范围如表 3.3-9 所示。

表 3.3-9　黏性土均一类型工程地质分段表

渠道名称	渠道总长(m)	类型代码	结构类型	段长(m)	起止桩号
总干渠	70 600	III_1	黏性土 均一结构	7 364	3+933—4+210 7+900—8+350 10+800—11+420 13+000—13+070 20+025—20+700 28+750—29+390 31+150—31+450 40+670—40+750 44+900—45+430 46+100—46+350 46+500—46+550 47+000—47+100 47+310—47+600 47+970—48+510 51+948—52+450 52+750—52+950 53+900—54+150 57+510—57+750 67+300—68+500 69+000—69+100
红旗渠 二干渠	46 815	III_1	黏性土 均一结构	16 803	12+970—13+700 20+790—23+258 23+655—24+700 25+180—25+980 28+695—32+255 33+255—39+410 44+770—46+815

续表

渠道名称	渠道总长(m)	类型代码	结构类型	段长(m)	起止桩号
三干渠	10 863	$Ⅲ_1$	黏性土 均一结构	5 830	0+000—1+990 2+150—3+330 4+250—6+910

表 3.3-9 中各渠段渠底地层均为黏性土，土体工程地质性能基本相近，尽管物理力学指标略有差异，但本阶段仍将这类地质情况统归为黏性土单一结构类型。地层岩性按时代从新到老依次如下。

① 第四纪上更新统(alelQ_3)

以棕黄色重粉质壤土为主，硬塑—坚硬状态，局部夹砂砾石薄层，厚度一般在 0.5～5 m 不等。

② 第四纪中更新统(alelQ_2)

以棕红色重粉质壤土为主，硬塑—坚硬状态，含少量砾石，遇水呈黏性，干燥时呈块状。厚度一般为 2～10 m。

该类渠段基础均位于壤土层中，该层土工程地质性能尚可。该类渠段多位于丘陵岗坡，渠道周围土体易被岗坡汇流的雨水冲刷或土体易遭受重物碾压变形致使勾缝损坏脱落、砌石错位甚至坍塌。

渠道砌石材料多为灰岩，砌石材料较好，大部分能够满足砌筑要求。多数渠段砌筑砂浆材料风化脱落，普遍存在坍塌和错位现象，渠道渗漏严重。建议对渠道进行防渗处理，重新勾缝、铺底。对于存在坍塌、错位段须重新砌筑加固。

(8) 单一碎石土类渠段地质条件及评价

该类渠段多为冲洪积的碎石土。渠道两侧已护砌，大部分渠道位于自然地面以下，个别段渠道底板高于自然地面或略低于地面。砌石材料多为石英岩、石英砂岩、板岩，勾缝材料多为土制的红土石灰砂浆。现在砂浆老化、勾缝脱落严重，导致渠道严重渗漏，局部渠道砌石错位，甚至坍塌。

该类渠段地质条件属于碎石土单一结构类型，主要分布桩号范围如表 3.3-10 所示。地层岩性按时代从新到老依次如下。

① 第四纪全新统(alplQ_4)

主要为漂石层，中密。砾石分选不一，山前砾径偏大，分选性差，砾径以 5～100 cm 为主，充填物多为棕黄色或棕红色壤土；冲洪积扇前缘砾径略小，分选性较好，砾径以 1～10 cm为主，个别较大，局部夹壤土薄层。本层主要出露在太行山山前冲洪积扇、总干渠、一干渠，自然出露厚度一般为 3～10 m。

② 第四纪上更新统(alelQ_3)

主要为杂色冲积、残积卵石混合土，中密，砾石含量大于 50%。砾径一般 1～5 cm，多为次棱角状，分选性差，充填物多为棕黄色壤土。本层主要出露在抗日渠西支，自然出露厚度一般为 5～10 m。

③ 第四纪下更新统(glQ_1)

岩性为杂色混合土卵石，密实，钙质、泥质胶结，半成岩，混粒结构。砾径一般 1～20 cm，个别漂石直径约为 1 m 左右，砾石多为次棱角状，分选性较差。主要成分以石英岩、砂岩、片麻岩以及灰岩为主。

表 3.3-10 碎石土单一结构类型工程地质分段表

渠道名称	渠道总长(m)	类型代码	结构类型	段长(m)	起桩号—止桩号
总干渠	70 600	Ⅲ$_2$	碎石土 单一结构	13 470	2+300—3+043 3+880—3+890 5+490—5+657 6+680—7+150 8+350—8+900 9+800—10+400 11+420—12+310 20+700—20+950 26+250—26+400 30+250—30+900 31+000—31+150 31+450—31+720 35+330—35+900 37+700—37+850 38+050—38+550 41+350—41+800 42+900—43+800 44+320—44+900 45+430—46+000 46+370—46+450 46+550—46+680 46+780—47+000 50+400—51+000 52+950—53+100 60+780—61+350 61+470—64+570
一干渠	40 500	Ⅲ$_2$	碎石土 单一结构	19 750	4+550—22+400 38+600—40+500

该类渠段基础均位于碎石土中，该层土工程地质性能尚可。该类渠段均位于冲洪积扇上。基础位于半成岩的胶结层中，但因分选性差，砾径大小不一，局部渠段胶结差，易风化，渠底可见少量掏空现象；其余渠道砾石多与壤土混合充填，相对较密实。仅部分渠段受人为因素影响或水流冲刷而有砌石错位现象。渠道砌石材料多为石英岩、石英砂岩、板岩，砌石材料较好，能够满足砌筑要求。但渠道砌筑砂浆材料老化脱落、渠道渗漏严重。建议对渠道进行防渗处理，重新勾缝、铺底，对渠底位于地面附近的，可加固地基或加厚两侧护角。对于存在坍塌、错位段须重新砌筑加固。

(9) 土砾双层结构类渠段地质条件及评价

该类渠段地表及渠底均为土层，局部为渡槽基础，渠底(或渡槽基础)以下 5 m 范围内见碎石土，主要分布在如表 3.3-11 所示桩号内。渠道两侧已护砌，大部分渠道位于自然地面以下，个别段渠道底板高于自然地面或略低于地面。砌石材料多为石英岩、砂岩等，勾缝材料多为土制的红土石灰砂浆。现在砂浆老化、勾缝脱落严重，导致渠道严重渗漏，致使渠道变形、砌石错位，甚至坍塌。

表 3.3-11　黏性土、下碎石土双层结构类型工程地质分段表

渠道名称	渠道总长(m)	类型代码	结构类型	段长(m)	起止桩号
总干渠	70 600	$Ⅲ_4$	上黏性土，下碎石土	5 160	19+600—19+950 30+100—30+250 31+720—32+850 46+450—46+500 53+120—53+900 54+150—54+850 55+650—57+510 59+760—59+900

地层岩性为第四系全新统(alplQ_4)。

① 重粉质壤土层：以暗黄色重粉质壤土为主，硬塑—坚硬状态，厚度一般在 0.5～2 m 不等。

② 卵石混合土层：主要为杂色卵石，中密。砾石分选性一般，砾径以 1～10 cm 为主，为砂质或泥质充填，一般存在一个或多个钙质或泥质胶结层，胶结厚度 0.3～0.5 m 不等。本层厚度不一，一般 2～5 m 不等。

该类渠段基础均位于黏性土层中，该层土工程地质性能尚可。渠道砌石材料多为石英岩、砂岩，砌石材料较好，一般能够满足砌筑要求。多数渠段砌筑砂浆材料风化脱落，普遍存在坍塌和错位现象，渠道渗漏严重。建议对渠道进行防渗处理，重新勾缝、铺底，对渠底位于地面附近的，可加固地基或加厚两侧护角。对于存在坍塌、错位段须重新砌筑加固。

3.3.1.6　渠道的工程地质问题

(1) 渠道边坡稳定问题

影响渠道边坡稳定的主要因素有：地层结构、地质构造、岩层的产状、成岩及风化程度、岩性组合特征、土岩的工程特性、边坡高度、地下水及地表水对土岩体的影响以及排水方式等。工程地质段边坡稳定性分析如下。

总干渠：第四系地层一般分布在河谷岸边或山坡上，发育不良，局部松散，有明显架空现象。砂卵石一般分布于河谷两岸，桩号 2+600、4+000、7+000、8+500、11+800、13+000、45+000 附近，表层为黄土状中—重粉质壤土，垂直节理发育，坡度陡，易产生湿陷。黏性土碎石一般分布于山谷盆地交界边缘，桩号 28+100—29+450 段、30+700、43+700、62+200 附近，碎石有明显架空现象，易坍塌。

一干渠：桩号 28+000—30+100 为断层破碎带，充填土夹碎块石，边坡不稳定。第四系地层一般分布广泛，主要为块石夹壤土，地面坡度 5°～10°，局部岸坡有坍塌失稳现象。

二干渠：桩号 6+200、10+100、14+100 附近岩石倾角 20°～35°，倾向渠道，走向与渠线夹角 0～30°，影响渠道稳定。

三干渠：沿线主要为低矮山丘及山前冲洪积、堆积坡地，桩号 0+000—1+990、2+150—3+330、4+250—6+910 段局部为黄土状壤土，质地疏松，具孔状构造，具湿陷性，影响岸坡稳定。

（2）渠道渗漏问题

渠道渗漏主要受控于岩土体的渗透性、结构类型、地下水位、渠水位等因素。页岩、石英岩及变质岩等渗透性差，可视为相对隔水层，其渗漏量忽略不计。卵（砾）石、砂、砂壤土、砂砾岩和裂隙岩溶发育的碳酸盐岩，渗透性较好。

当地下水位高于渠道运行水位时，不存在渗漏问题；当地下水位低于渠道运行水位而高于渠底板时，以侧向渗漏为主；当地下水位低于渠底板时，主要发生垂直渗漏。由于红旗渠渠道地势较高，地下水低于渠道运行水位，主要发生垂直渗漏、沿岩层裂隙绕渗。

渠道渗漏易导致特殊土性质的改变，产生渗透变形，影响边坡稳定和渠道正常运行。因此，建议对渠道进行防渗衬砌处理。

（3）地震液化问题

渠线起源于中山区，沿山脉顺势向下过渡至低山区，大部分位于基岩中，第四系全新统（Q_4）地层主要分布于河流两岸及河谷部位，以重粉质壤土和粗粒土为主，可不考虑液化影响。

3.3.2 渠道安全检测

3.3.2.1 渠墙渗漏检测

在渠墙渗漏调查资料的基础上，对渠墙渗漏区进行地质雷达检测，查明渠墙渗漏的类型和范围；同时对渠底进行全程检测，探测渠底的淤积范围，特别对空心坝进行详细检测，检测空心坝隧洞下方地层的密实性。总干渠标准段渠底宽 8.0 m，渠墙高 4.5 m，检测时水深大约为 1.6～2 m。

依据地质雷达的工作原理和地质雷达资料解释的原则和主要依据，结合现场渠墙的渗漏特征，对渠墙的地质雷达检测数据进行处理并提取异常特征雷达信号，来判定渠墙的渗漏性质和规模。图 3.3-2—图 3.3-7 是总干渠的典型渠墙地质雷达检测图像。

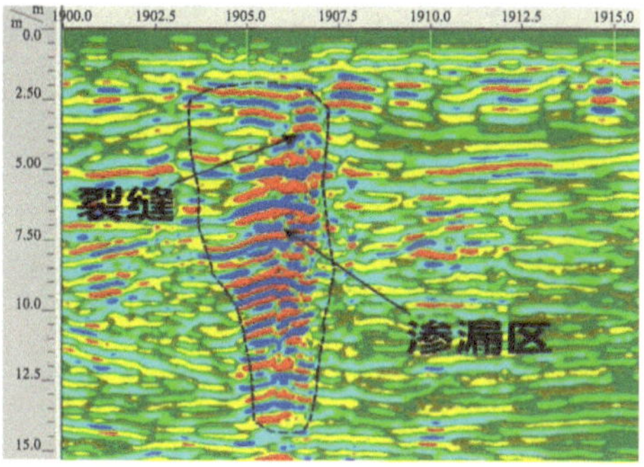

图 3.3-2　桩号 1+900—1+930 雷达图像

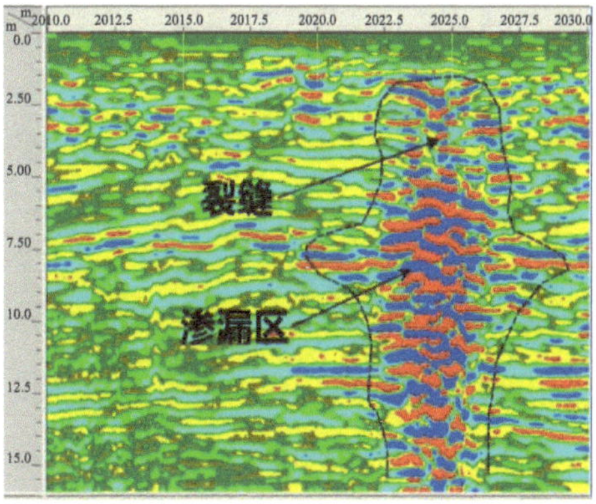

图 3.3-3　桩号 2+010—2+030 雷达图像

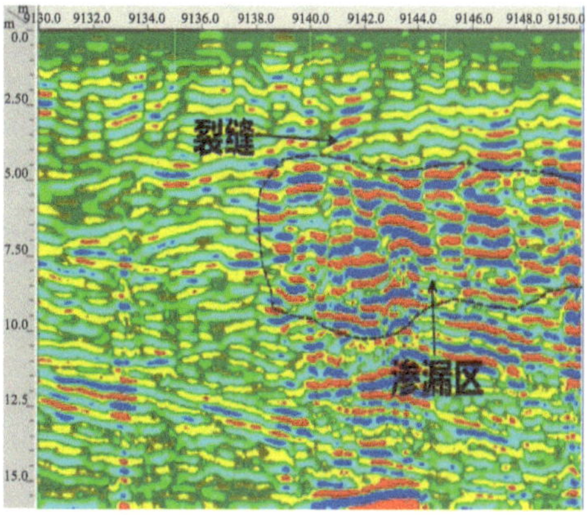

图 3.3-4　桩号 9+030—9+150 雷达图像

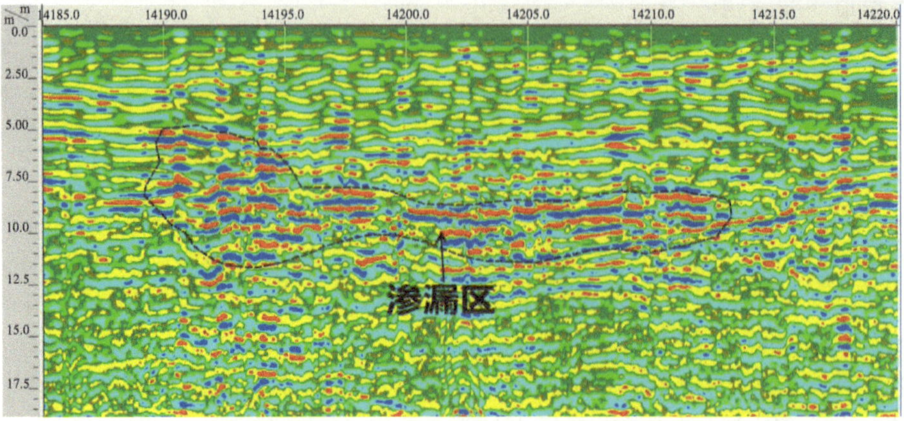

图 3.3-5　桩号 14+185—14+200 雷达图像

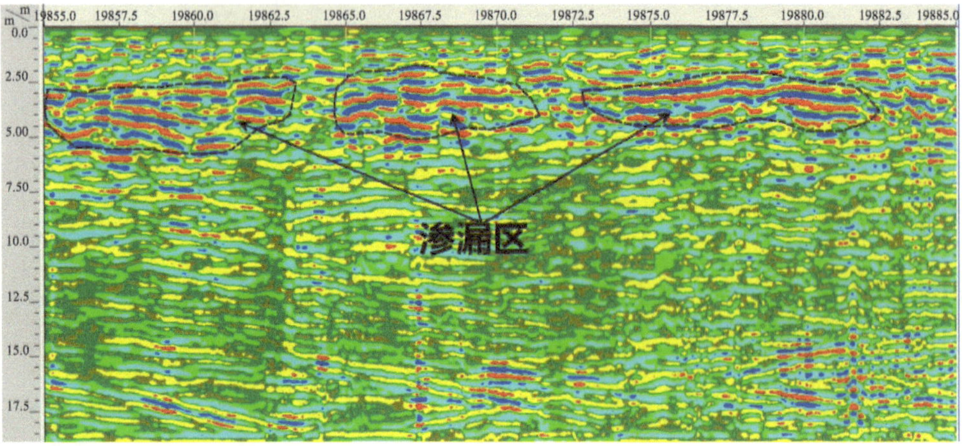

图 3.3-6　桩号 18+855—19+885 雷达图像

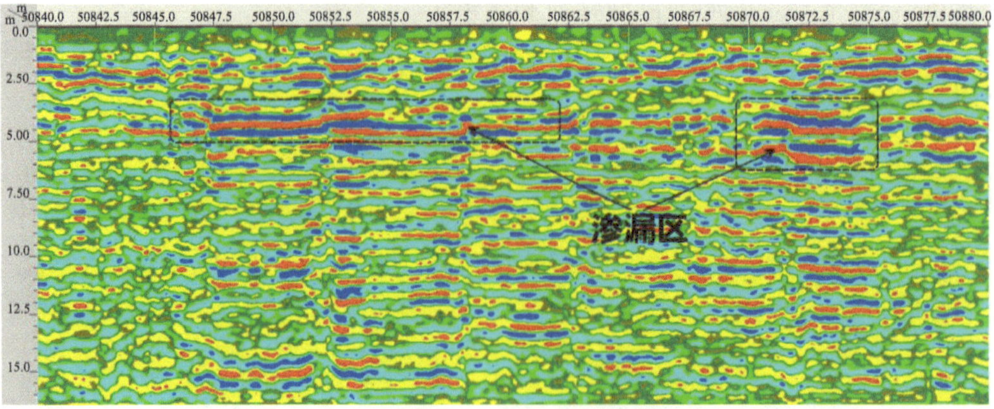

图 3.3-7　桩号 50+840—50+880 雷达图像

对地质雷达检测图像中所反映的渠墙渗漏信息进行了判定和解释，渠墙渗漏的类型主要是渠墙漏水、渠墙裂缝渗漏、渠墙底部墙角渗漏，导致渠墙渗漏的原因主要是渠墙出现了裂缝，或是渠墙的勾缝砂浆脱落，防渗功能缺失，渠墙检测成果见统计表 3.3-12。

表 3.3-12 渠墙地质雷达检测成果统计表

序号	桩号	隐患情况
1	1+242	渠墙渗漏
2	1+247—1+255	渠墙墙角渗漏
3	1+800—1+807	渠墙渗漏、渠墙墙角渗漏
4	1+902—1+907	渠墙裂缝渗漏、渠底墙角渗漏
5	2+020—2+030	渠墙裂缝渗漏、渠底墙角渗漏
6	3+077—3+087	渠墙渗漏
7	9+138—9+150	渠墙裂缝渗漏、渠底墙角渗漏
8	14+190—14+212	渠底渗漏
9	16+580—16+605	渠底墙角裂缝渗漏
10	16+710—16+720	渠墙渗漏
11	18+855—19+862	渠墙渗漏
12	18+864—19+871	渠墙渗漏
13	18+872—19+882	渠墙渗漏
14	20+701	渠墙裂缝渗漏
15	20+717	渠墙裂缝渗漏
16	22+217—22+230	渠墙渗漏
17	31+165—31+177	渠墙和渠底墙角渗漏
18	31+193	渠墙裂缝渗漏
19	31+198	渠墙裂缝渗漏
20	31+204—31+210	渠墙和渠底墙角渗漏
21	38+642—38+652	渠墙和渠底墙角渗漏
22	50+845—50+861	渠墙横向渗漏
23	50+870—50+875	渠墙横向渗漏
24	56+061	渠墙裂缝渗漏
25	56+066—56+072	渠墙裂缝渗漏
26	63+400—63+410	渠墙和渠底墙角渗漏

3.3.2.2 渠底淤积和冲刷检测

通过地质雷达对红旗渠渠底全段进行检测，渠底基本上没有淤积，全段仅存在一处淤积，范围为桩号 53+000—53+370，淤积厚度大约 10～15 cm，地质雷达图像表现为渠底界面强反射同相轴消失，渠底变浅，雷达波呈低频低速特征。图 3.3-8—图 3.3-9 为该段渠道淤积地质雷达检测剖面图像。

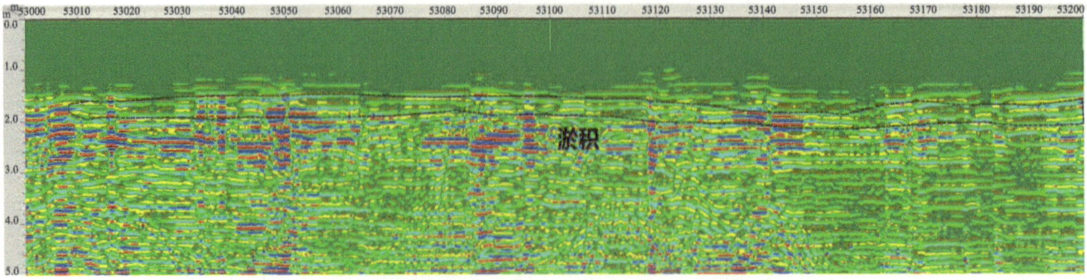

图 3.3-8　桩号 53+000—53+200 雷达图像

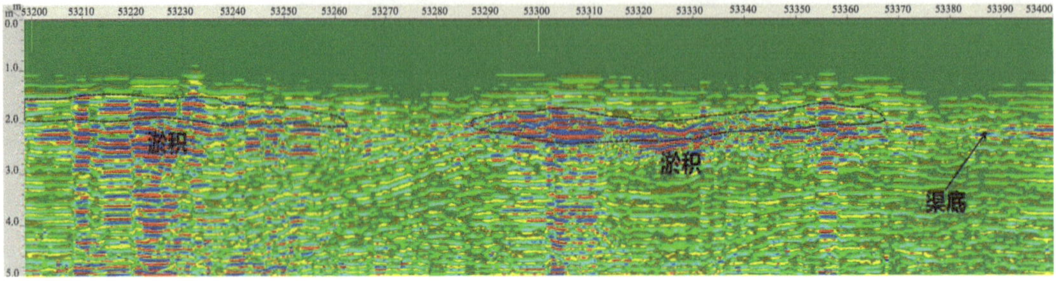

图 3.3-9　桩号 53+200—53+400 雷达图像

3.3.2.3　渠道耐久性评估

红旗渠有效灌溉面积 54 万亩，根据《水利水电工程等级划分及洪水标准》(SL 252—2017)，红旗渠工程等级为Ⅱ等，红旗渠灌区属大(2)型灌区，一、二、三干渠建筑物级别可参照灌溉工程中的渠道及渠系永久性水工建筑物级别确定，一、二干渠建筑物级别为 4 级，三干渠建筑物级别为 5 级。根据《水利水电工程合理使用年限及耐久性设计规范》(SL 654—2014)规定，对于 4 级、5 级灌排建筑物的合理使用年限为 30 年，4 级、5 级建筑物中的闸门合理使用年限应为 30 年。目前红旗渠工程已运行超过 50 年，过了规范规定的合理使用年限。但该标准适用于新建的水利水电工程合理使用年限确定和耐久性设计，对已建的水利水电工程进行改建、扩建，也可参照执行，耐久性评价结论可供本工程后续除险加固设计参考。

渠道为砌石结构，主要是块石、勾缝浆料，渠底水泥混凝土衬砌，部分渠段渠墙有混凝土衬砌。

(1) 渠墙砌石

渠墙砌石为就地取材石料，主要为石英砂岩、石灰岩、片麻岩等，块石坚硬，根据地勘报告，岩石指标见表 3.3-13。由岩石的力学指标可知，块石抗压强度均在 5 MPa 以上，结合后文结构计算，经过五十余年的运行，块石的抗压强度仍然远大于墙体的最大压力值，因此，块石的使用年限应远大于五十年的设计使用年限。

(2) 勾缝材料

勾缝材料采用的是石灰，因条件简陋，砂浆标号较低，经过 50 余年的运行，受水流冲刷、风化、雨水等作用，大多已失效。因此，由于石灰勾缝基本已失效，渠道水流可由块石之间渗漏。在现场调查中，发现多处渗水，大多是块石之间勾缝失效所致。运行管理单位多次对块石之间的勾缝采用砂浆等进行修补。

表 3.3-13 岩石力学指标

名称	块体密度(g/cm^3)	抗压强度(MPa)	弹性模量	抗剪系数	抗剪断强度	
	干/饱和	干/饱和	($\times 10^3$ MPa)	f	f'	C'
弱风化片麻岩	2.69～2.71/2.78～2.80	112.8/77.1	30.0	0.60～0.70	0.80	0.85
弱风化石英砂岩	2.64～2.66/2.70～2.73	80.7/62.6	12.0	0.50～0.60	0.60	0.70
石英砂岩	2.64～2.66/2.70～2.73	151.5/81.7	15.0	0.60～0.70	1.0	1.3
弱风化石灰岩	2.70～2.73	34.0	13.0	0.55～0.60	1.0	1.2

(3) 混凝土衬砌

由于渠墙块石之间石灰勾缝基本失效，管理单位对渠道进行了维修加固。渠底采用混凝土衬砌，厚 10～20 cm；部分段渠墙内壁采用混凝土衬砌，厚约 10 cm，维修时间自 20 世纪 90 年代起至今。采用混凝土衬砌的渠段，一般没有渗水现象，说明混凝土衬砌很好地起到了防渗效果。混凝土衬砌的合理使用年限为 30 至 50 年，目前，总干渠做了混凝土衬砌的渠段防渗效果较好。

综上，总干渠主体由块石砌筑而成，岩石使用年限远超过 50 年，可以继续使用；由于勾缝基本已失效，为保证渠墙的不渗漏，可以采用混凝土衬砌或对砂浆勾缝等进行维修，使得总干渠可以继续使用。

3.3.3 渠系建筑物安全检测

红旗渠灌区安全鉴定时，对总干渠 3 个重点建筑物(空心坝、南谷洞渡槽和分水闸)，17 个一般建筑物(2 座渡槽、5 座水闸、10 座涵洞)，及一、二、三干渠 10 个渠系建筑物开展了安全检测，以下以总干渠南谷洞渡槽、分水闸，一干渠砦门渡槽、桃园渡槽为例说明安全检测内容、方法和主要成果。

3.3.3.1 总干渠南谷洞渡槽

(1) 补充地质勘察

南谷洞渡槽的各勘探点地面标高在 464.22～473 m。单元场地地貌属河谷地貌。根据区域地质资料，场地区域属太行山中山区。

在 30.0 m 的勘探深度范围内，地层由第四系全新统(Q_4^{al+pl})、震旦系石英砂岩(Z)所组成。根据不同时代、成因类型和岩土工程地质性能，将地层划分为两个岩土工程地质单元，自上而下分别叙述如下。

杂色卵石单元(Q_4^{al+pl})稍密—中密，成分主要以灰岩为主，含少量石英砂岩，亚圆状，磨圆度较好，粒径一般为 20～80 mm，最大粒径大于 150 mm，粒径大于 20 mm 的含量约为 60%，充填物主要为中、粗砂，充填程度中密。本单元 NGD1、NGD3、NGD4 号钻孔揭穿，NGD2 号钻孔未揭穿，层底埋深 30.0 m 以下，最大揭露厚度 28.5 m，层底分布高程在 440.47 m 以下。

①$_1$中砂单元(Q_4^{al+pl})中砂，褐黄—黄色，中密，粒径大于 0.25 mm 的颗粒质量大于总质量的 50%，钻进速度快。本单元层底埋深 18.0～22.5 m，层厚 1.0～2.0 m，平均厚度 1.52 m，层底分布高程 443.22～455.00 m。

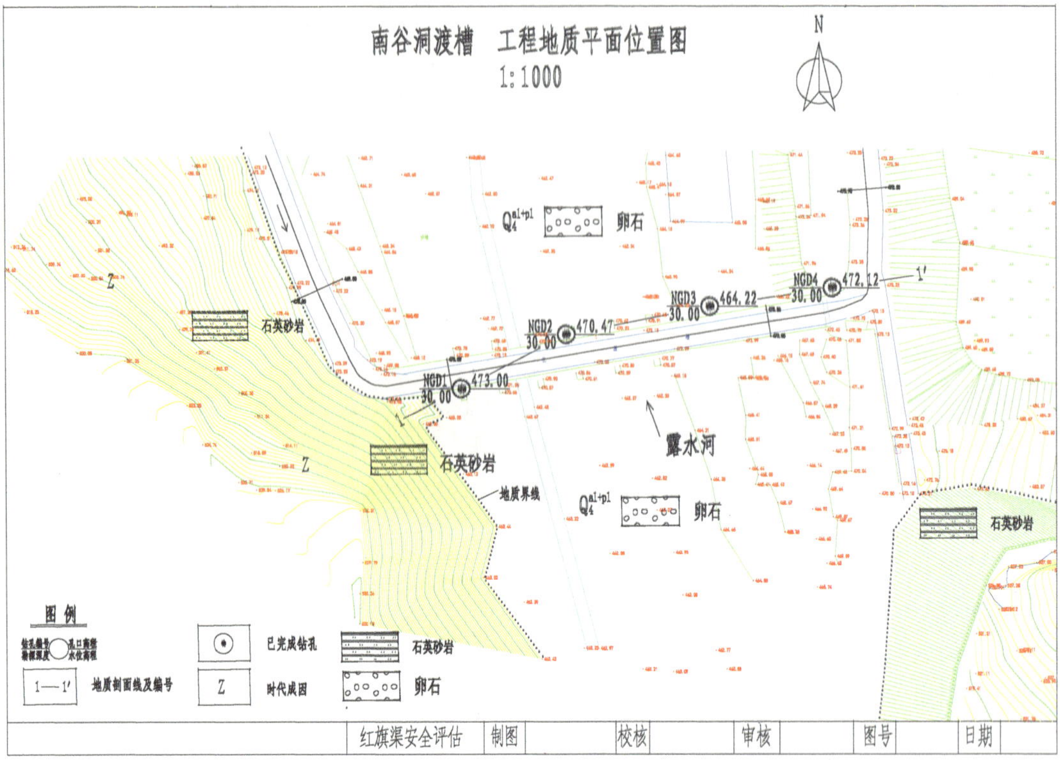

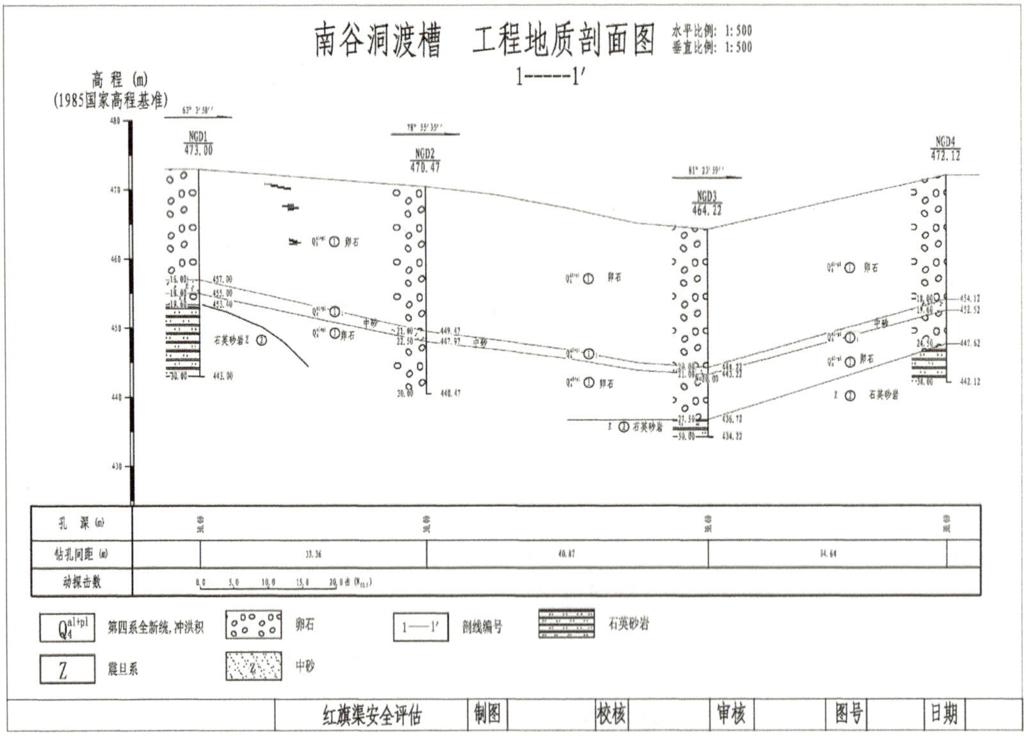

图 3.3-10　红旗渠南谷洞渡槽地质剖面图

震旦系石英砂岩单元(Z)弱风化，层状结构，块状构造，矿物成分主要是长石、石英。岩芯呈 40～60 cm 长柱状，采取率 80%，RQD 为 76，岩石质量指标较好。本单元未揭穿，层底埋深 30.0 m 以下，最大揭露厚度 10.40 m，层底分布高程在 434.22 m 以下。

本次勘探对获得的原位测试数据和岩土试验结果分别进行了数理统计，各层土的物理力学性指标统计见表 3.3-14，岩石试验建议值见表 3.3-15。

表 3.3-14　物理力学指标建议值

单元编号			① 卵石	①$_1$ 中砂
名称项目		单位	Q_4^{al+pl}	Q_4^{al+pl}
粒径	>200 mm	%	—	—
	60～200 mm	%	60	—
	2～60 mm	%	30	—
	<2 mm	%	10	12.8
	<0.5 mm	%	—	85.8
	<0.75 mm		—	1.4
黏聚力	C	kPa	0	0
内摩擦角	ϕ	°	30	28
承载力特征值	f_{ak}	kPa	250～350	220

表 3.3-15　岩体物理力学性设计参数建议值表

名称	块体密度(g/cm^3) 干/饱和	抗压强度(MPa) 干/饱和	弹性模量 (×10^3 MPa)	抗剪系数 f	抗剪断强度 f'/C'
弱风化 石英砂岩	2.64～2.66/2.70～2.73	80.7/62.6	12.0	0.50～0.60	0.60/0.70

据分析南谷洞渡槽基础均位于砂卵石，卵石承载力尚可，但厚度分布不均匀。渡槽槽身块石为石英砂岩，抗风化能力强。但由于年代久远，部分砌浆风化脱落，建议及时修复加固。

(2) 结构和变形测量

以 1#、3# 拱圈为例说明。

为了测量 1# 孔拱圈变形情况，选取槽身(拱圈)左侧、中部、右侧 3 个断面(垂直拱轴线)对拱圈在 y 轴向的距离进行量测，因无法获取工程竣工时的拱圈尺寸初始值，故本次以拱身中部的拱圈变形量作为基准值，计算其他断面的相对变形量。

测量结果见表 3.3-16、表 3.3-17，变形图见图 3.3-11。由结果可知，拱圈存在变形，整体呈现中部高，两侧低，推断拱圈环向裂缝导致拱身两侧段下沉。经测量，拱顶部位(3.5～6.0 m 范围)的相对最大变形量为 25.6 cm，发生在拱圈左侧断面 5.5 m 处。下游拱腰部位最大变形量为 40.6 cm，发生在拱圈左侧断面 2.0 m 处。上游拱腰部位最大变形量为 17.0 cm，发生在拱圈右侧断面 7.5 m 处。考虑到工程施工年代的技术水平，结构尺寸可能存在一定初始误差，该变形量包含初始尺寸误差。

表 3.3-16　1# 拱圈 y 向净距测值统计表　　单位：m

x	0.5	1.0	1.5	2.0	2.5	3.0	3.5	4.0	4.5
$y_{左}$	2.456	2.871	3.346	3.658	4.011	4.319	4.559	4.726	4.796
$y_{中}$	2.506	3.220	3.659	4.064	4.383	4.587	4.793	4.942	4.986
$y_{右}$	2.458	3.067	3.603	3.796	4.267	4.573	4.780	4.862	4.912
x	5.0	5.5	6.0	6.5	7.0	7.5	8.0	8.5	9.0
$y_{左}$	4.860	4.737	4.643	4.516	4.289	3.914	3.503	3.019	2.274
$y_{中}$	5.032	4.993	4.832	4.632	4.402	4.084	3.583	3.227	2.347
$y_{右}$	4.947	4.846	4.787	4.583	4.369	4.047	3.701	3.202	2.435

表 3.3-17　1# 拱圈 y 向净距差值(相对变形量)计算结果表　　单位：m

x	0.5	1.0	1.5	2.0	2.5	3.0	3.5	4.0	4.5
$y_{中}-y_{左}$	0.050	0.349	0.313	0.406	0.372	0.268	0.234	0.216	0.190
$y_{中}-y_{右}$	0.048	0.153	0.056	0.268	0.116	0.014	0.013	0.080	0.074
x	5.0	5.5	6.0	6.5	7.0	7.5	8.0	8.5	9.0
$y_{中}-y_{左}$	0.172	0.256	0.189	0.116	0.113	0.170	0.080	0.208	0.073
$y_{中}-y_{右}$	0.085	0.147	0.045	0.049	0.033	0.037	−0.118	0.025	−0.088

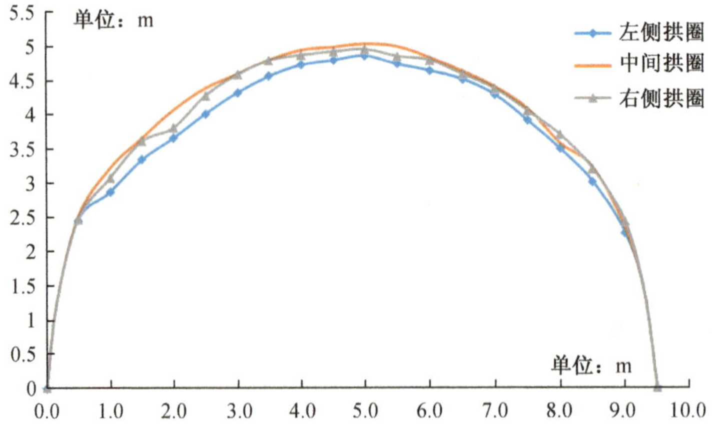

图 3.3-11　1# 拱圈相对变形图

为了测量 3# 孔拱圈变形情况，选取槽身(拱圈)左侧、中部、右侧 3 个断面(垂直拱轴线)对拱圈在 y 轴向的距离进行量测，因无法获取工程竣工时的拱圈尺寸初始值，故本次以拱身中部的拱圈变形量作为基准值，计算其他断面的相对变形量。

测量结果见表 3.3-18、表 3.3-19，变形图见图 3.3-12。由结果可知，拱圈存在变形，整体呈现左侧低，右侧高的趋势。经测量，拱顶部位(3.0～6.0 m 范围)的相对最大变形量为

21.0 cm，发生在拱圈左侧断面 3.0 m 处。下游拱腰部位最大变形量为 17.3 cm，发生在拱圈右侧断面 1.5 m 处。上游拱腰部位最大变形量为 24.0 cm，发生在拱圈右侧断面 7.5 m 处。考虑到工程施工年代的技术水平，结构尺寸可能存在一定初始误差，该变形量包含初始尺寸误差。

表 3.3-18 3# 孔拱圈 y 向净距测值统计表 单位：m

x	0.5	1.0	1.5	2.0	2.5	3.0	3.5	4.0	4.5
$y_{左}$	1.698	2.459	3.00	3.346	3.535	3.655	3.823	3.965	3.992
$y_{中}$	1.665	2.424	3.02	3.441	3.645	3.865	4.021	4.105	4.154
$y_{右}$	1.677	2.457	3.193	3.502	3.759	3.959	4.057	4.145	4.174
x	5.0	5.5	6.0	6.5	7.0	7.5	8.0	8.5	/
$y_{左}$	3.945	3.858	3.68	3.411	3.066	2.741	2.299	1.477	/
$y_{中}$	4.096	3.969	3.86	3.632	3.303	2.981	2.497	1.708	/
$y_{右}$	4.129	4.006	3.882	3.69	3.373	2.96	2.419	1.721	/

表 3.3-19 3# 孔拱圈 y 向净距差值(相对变形量)计算结果表 单位：m

x	0.5	1.0	1.5	2.0	2.5	3.0	3.5	4.0	4.5
$y_{中}-y_{左}$	−0.033	−0.035	0.020	0.095	0.110	0.210	0.198	0.140	0.162
$y_{中}-y_{右}$	−0.012	−0.033	−0.173	−0.061	−0.114	−0.094	−0.036	−0.040	−0.020
x	5.0	5.5	6.0	6.5	7.0	7.5	8.0	8.5	/
$y_{中}-y_{左}$	0.151	0.111	0.18	0.221	0.237	0.240	0.198	0.231	/
$y_{中}-y_{右}$	−0.033	−0.037	−0.022	−0.058	−0.070	0.021	0.078	−0.013	/

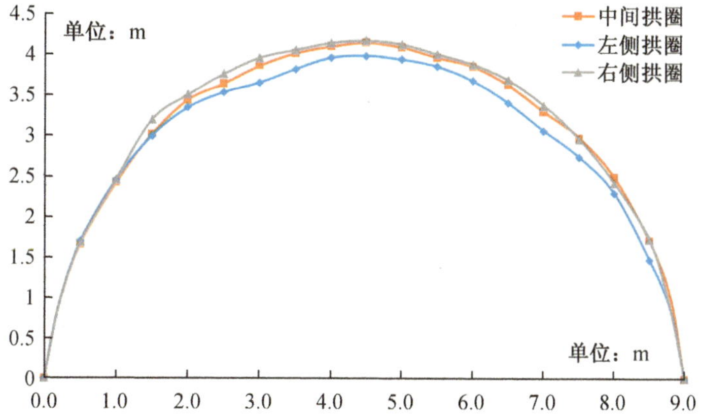

图 3.1-12 3# 拱圈相对变形图

(3) 砂浆强度检测

采用回弹法检测槽身砌缝砂浆现有强度，1#、3# 拱圈砌缝砂浆现有强度检测结果见表

3.3-20。

表 3.3-20 拱圈砂浆现有强度检测结果 单位：MPa

结构部位	现有强度				
	平均值	标准差	变异系数	最小值	推定值
1# 下游侧挡墙	4.2	1.48	0.36	3.1	4.1
3# 下游侧挡墙	5.0	1.77	0.36	3.7	4.9

3.3.3.2 分水闸

(1) 补充地质勘察

总干渠分水闸的各勘探点地面标高在 469.9～476.03 m。单元场地地貌属山麓斜坡堆积地貌。根据区域地质资料，场地区域属太行山中山区。

在 30.0 m 的勘探深度范围内，地层由第四系全新统（Q_4^{pal}）、奥陶系石灰岩（O_2m）所组成。根据不同时代、成因类型和岩土工程地质性能，将地层划分为两个岩土工程地质单元，自上而下分别叙述如下。

人工填筑土（Q_4^{ml}）以碎石为主，局部含少量砖渣，结构疏松，硬质含量约占 60%～80%；充填少量黄色粉质黏土，充填程度中密。本单元层底埋深 1.8～5.1 m，层厚 1.8～5.1 m，平均厚度 2.9 m，层底分布高程 466.09～474.03 m。

奥陶系石灰岩（O_2m），弱风化，块状结构，矿物成分主要是方解石、白云石。岩芯整体呈长柱状，采取率 90%，RQD 为 86，岩石质量指标较好；透水率为 6.7～21.1 Lu，为弱—中

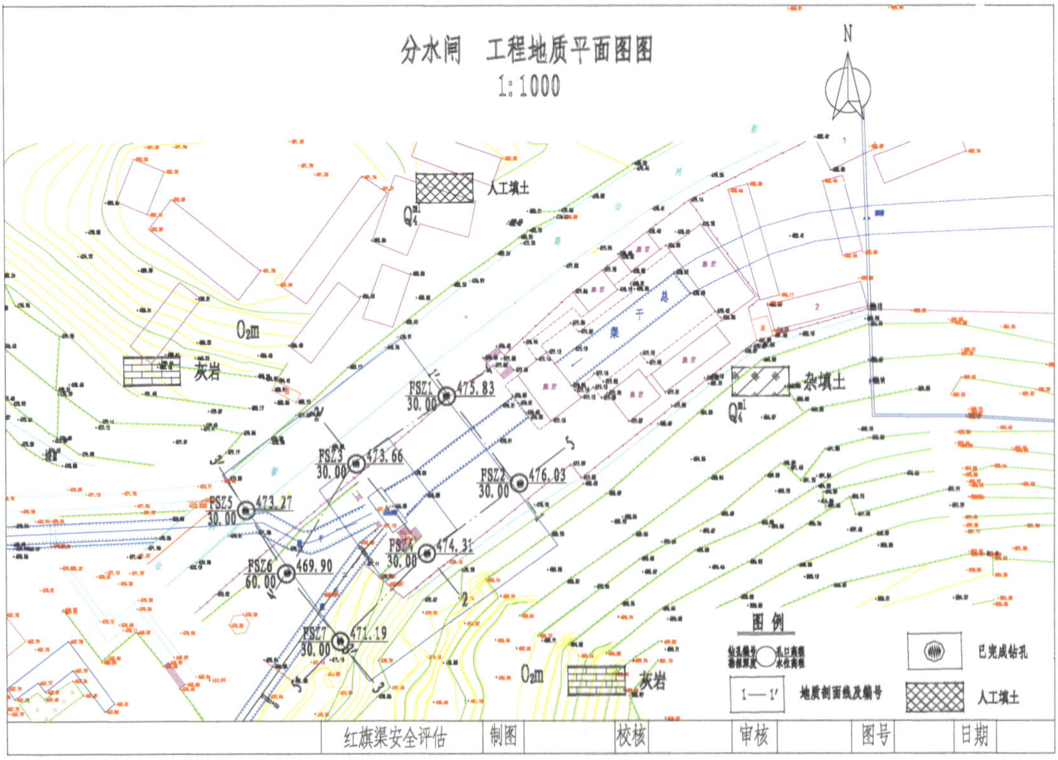

(a) 工程地质平面图

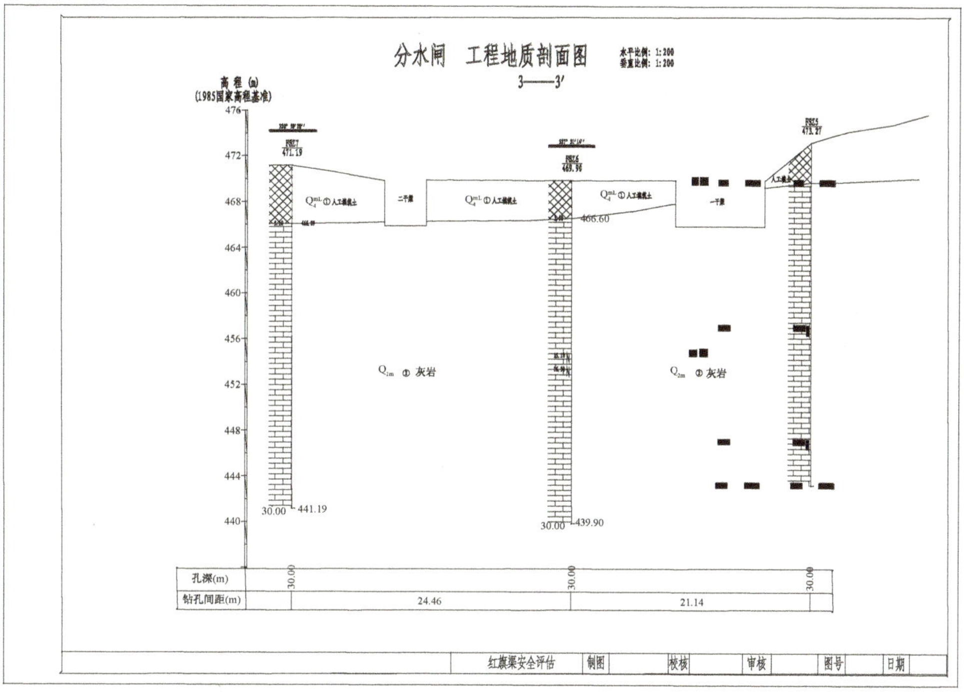

(b) 地质剖面图 3-3′

图 3.3-13 分水闸工程地质图

等透水性。本单元未揭穿，层底埋深 30 m 以下，最大揭露厚度 29.6 m，层底分布高程 439.90～446.03 m。

抽取岩石进行了试验，岩石试验建议值见表 3.3-21。

表 3.3-21 岩体物理力学性设计参数建议值表

名称	块体密度(g/cm^3) 干/饱和	抗压强度(MPa) 饱和	弹性模量 ($\times 10^3$ MPa)	抗剪系数 f	抗剪断强度 f'/C'
弱风化石灰岩	2.64～2.66/2.70～2.73	42.8	13.0	0.55～0.60	0.55/0.60

对部分钻孔做了压水试验，结合以往地质资料经验，进行适当工程类比，提出原位渗透试验建议值，见表 3.3-22。

表 3.3-22 原位渗透试验建议值表

单元	土体名称	注水(cm/s)	压水试验(Lu)	渗透等级
②	弱风化石灰岩	/	13.9	中等

分水闸基础位于具有中等渗透性的石灰岩上，存在少量渗漏。石灰岩强度较高，表层有轻微溶蚀现象。

(2) 专项检测

采用回弹法检测启闭机房侧墙、闸墩勾缝砂浆现有抗压强度。经检测，启闭机房侧墙勾缝砂浆现有强度为 2.0 MPa，闸墩勾缝砂浆现有强度为 4.8 MPa，详细结果见表 3.3-23。

表 3.3-23　砂浆现有强度检测结果汇总　　单位：MPa

结构部位	现有抗压强度				
	平均值	标准差	变异系数	最小值	推定值
启闭机房右侧墙	2.1	0.85	0.40	1.5	2.0
下游闸墩	4.9	3.27	0.67	3.6	4.8

（3）结构测量

分水闸结构测量结果见图 3.3-14—图 3.3-16。

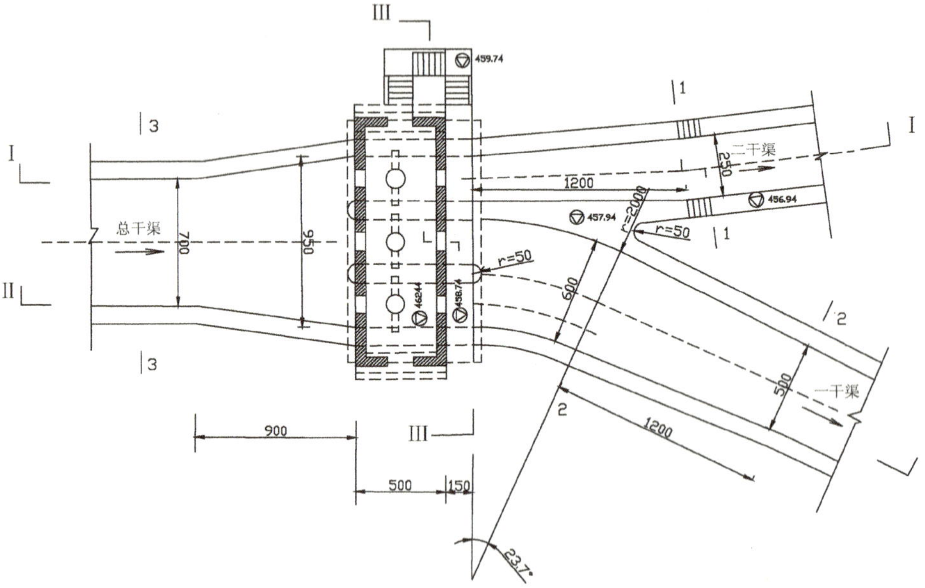

图 3.3-14　分水闸平面布置图

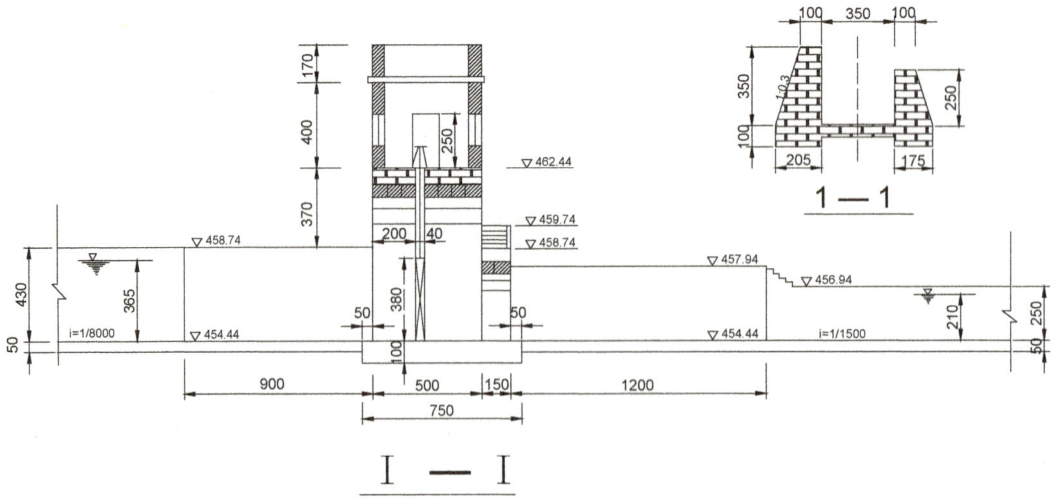

（a）分水闸Ⅰ-Ⅰ剖面布置图

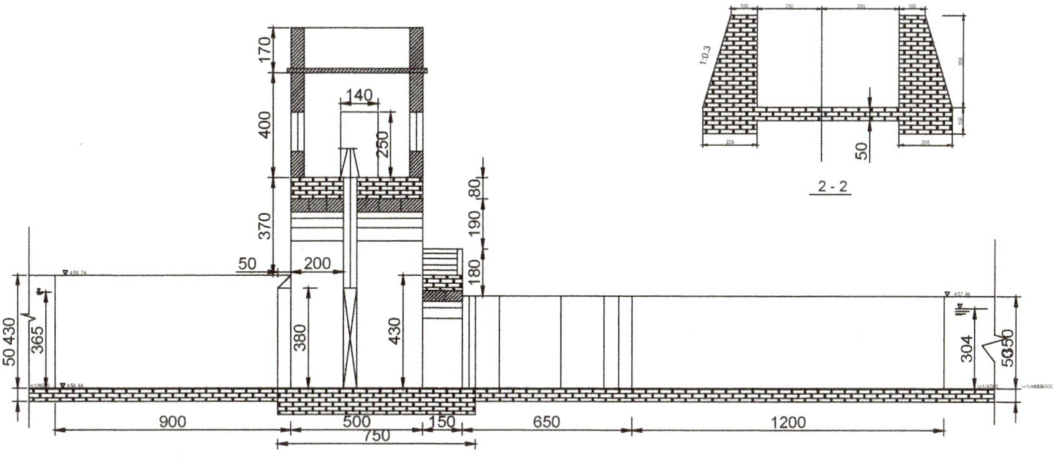

Ⅱ - Ⅱ

(b) 分水闸Ⅱ-Ⅱ剖面

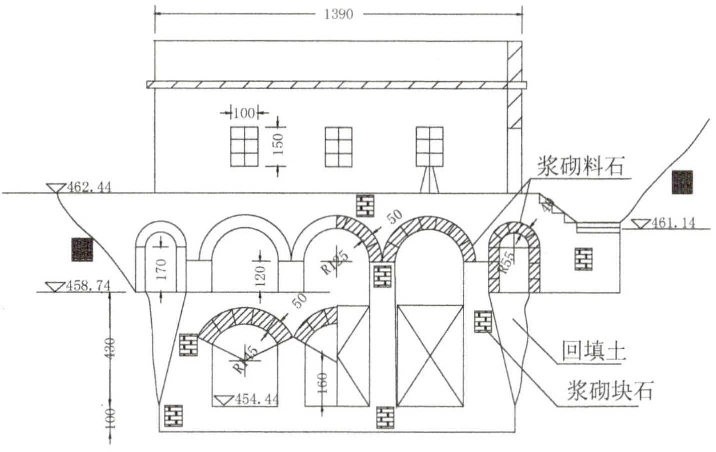

(c) 分水闸纵剖面

图 3.3-15 分水闸剖面图

图 3.3-16 分水闸结构形式示意

3.3.3.3 一干渠砦门渡槽

(1) 补充地质勘察

单元场地地貌属太行山东麓低山地貌。根据区域地质资料，拟建场地区域属太行山低山区。在 20.0 m 的勘探深度范围内，地层由第四系全新统人工填土(Q_4^{ml})、坡积物(Q_4^{dl})和太古界片麻岩(A_r)所组成。根据不同时代、成因类型和岩土工程地质性能，将地层划分为三个岩土工程地质单元，自上而下分别叙述如下。

人工填土(Q_4^{ml})以紫红色石英砂岩为主，呈棱角状，粒径一般 20～80 mm，大者可见 12～16 cm，充填少量黄色重粉质壤土，充填程度中密，该单元夹有 0.7 m 的漂石。本单元在砦门渡槽中墩下游 2 号钻孔揭露，层底埋深 2.2 m，层厚 2.2 m，层底分布高程 456.56 m。

碎石土坡积物(Q_4^{dl})以肉红色、紫红色石英砂岩为主，呈棱角状，粒径一般 50～120 mm，充填少量黄色重粉质壤土，充填程度中密。本单元层底埋深 1.0～4.1 m，层厚 1.0～1.9 m，平均层厚 1.5 m，层底分布高程 454.66～457.89 m。

全—强风化太古界片麻岩(A_r)全—强风化，呈灰黄—灰绿色，密实，底部具片麻状构造，局部变褐色，有锈斑，岩芯呈短柱状、饼状或碎块状与砂状。本单元未揭穿，层底埋深在 20.0 m 以下，最大揭露厚度 19.0 m，层底分布高程 438.76 m 以下。

砦门渡槽位于砦门沟上，一干渠桩号 10+352—10+385，全长 33 m，单孔 4 m，共 2 孔，渠宽 3 m，渠墙高 3 m。砦门沟下游已修有渠畔路，各勘探点地面标高在 458.76～458.89 m。

将获得的原位测试数据、土工试验结果及钻探岩芯情况，结合空心坝岩石试验，进行适当工程类比，各层岩土的物理力学性指标统计见表 3.3-24，岩石试验成果见表 3.3-25，原位渗透试验建议值见表 3.3-26。

表 3.3-24 物理力学指标建议值

单元编号			②	③ 全风化
项目 \ 名称		单位	Q_4^{dl}	
粒径	>200 mm	%	—	
	60～200 mm	%	45.0	
	2～60 mm	%	35.0	
	<2 mm	%	20.0	
黏聚力	C	kPa	10	5
内摩擦角	ϕ	°	25	28
承载力特征值	f_{ak}	kPa	200～300	220

表 3.3-25 岩体物理力学性设计参数建议值表

名称	块体密度(g/cm³) 干/饱和	抗压强度(MPa) 干/饱和	弹性模量 (×10³ MPa)	抗剪系数 f	抗剪断强度 f'/C'
强风化片麻岩	2.64～2.66/2.73～2.75	41.1/27.1	15.0	0.50～0.60	0.60/0.70

表 3.3-26 原位渗透试验建议值表

单元	土体名称	注水(cm/s)	压水试验(Lu)	渗透等级
③	全风化片麻岩	6.82×10^{-3}	—	中等
③	强风化片麻岩	—	13.3	中等

根据调查和钻探揭露地层，砦门渡槽中墩基础位于坡积碎石中，边墩位于全风化片麻岩中。渡槽砌浆风化脱落严重，槽身漏水，建议进行防渗处理。

(2) 结构尺寸与变形测量

结构变形测量采用瑞士徕卡 ScanStation C10 三维激光扫描仪，仪器扫描速度 50 000 点/s，模型精度 2 mm/50 m 距离，扫描距离 1～300 m，视场角 360°×270°，水平系统采用双轴倾斜补偿器。三维激光扫描测量全貌、渡槽拱底三维激光扫描测量如图 3.3-17、图 3.3-18 所示。

图 3.3-17 三维激光扫描测量全貌

图 3.3-18 渡槽拱底三维激光扫描测量

本次测量采用独立坐标系进行测量，测量范围包括渡槽槽身与下部槽墩的外部轮廓、主拱圈结构变形。

扫描结果如图 3.3-19—图 3.3-23 所示，具体测量数据列于表 3.3-27。

图 3.3-19　砦门渡槽左侧三维扫描

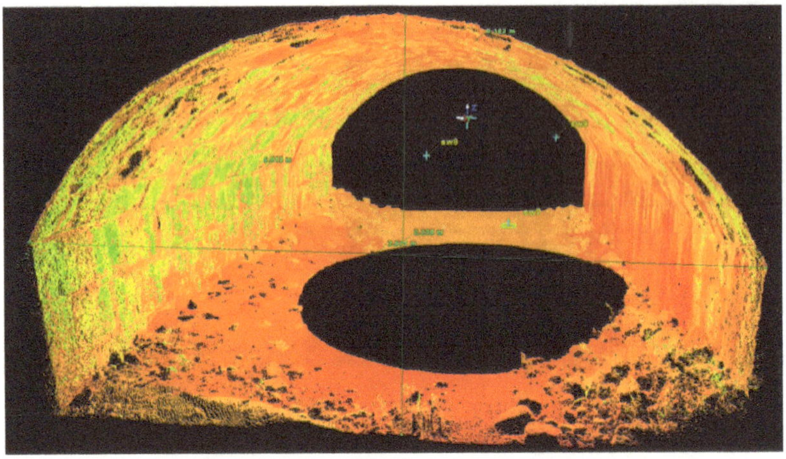

图 3.3-20　砦门渡槽 1# 孔拱顶三维扫描

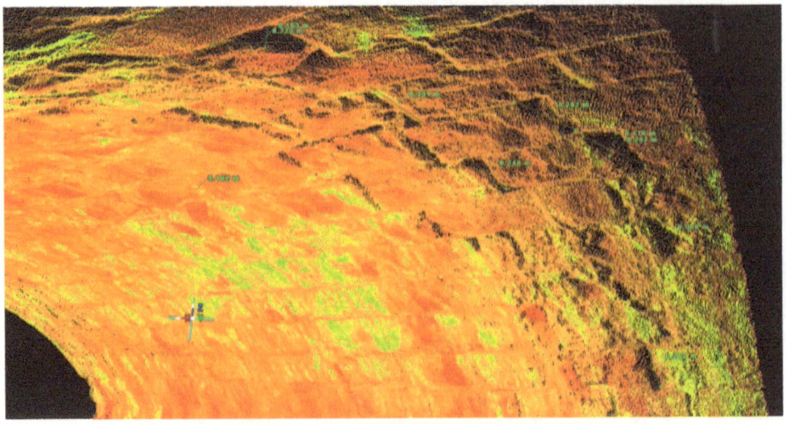

图 3.3-21　砦门渡槽 1# 孔拱顶局部孔洞

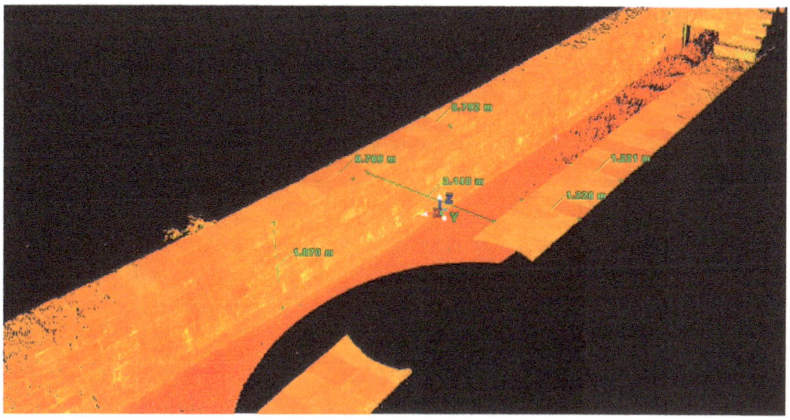

图 3.3-22 上部槽身断面尺寸扫描

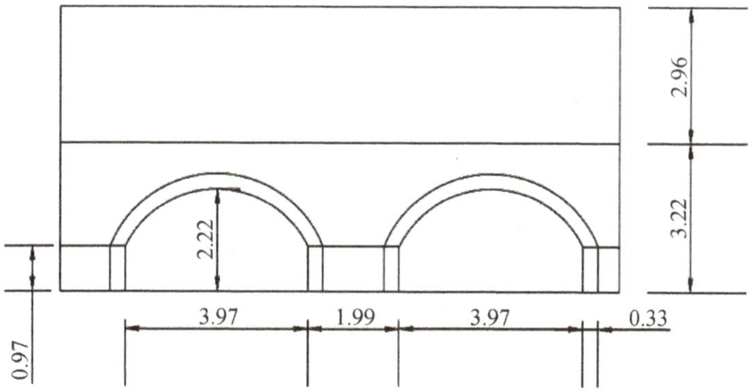

图 3.3-23 砦门渡槽左侧立面外形几何尺寸示意图(单位:m)

表 3.3-27 砦门渡槽结构外形尺寸测量结果

构件尺寸	外形尺寸	备注
拱圈跨度(m)	3.97	
拱顶高度(m)	2.22	
拱圈厚度(m)	0.33	
两拱之间间距(m)	1.99	
渡槽下部结构高度(m)	3.22	
渡槽整体高度(m)	6.18	
渡槽上部结构(山体侧)倾角(°)	73.75	
渡槽上部结构(公路侧)倾角(°)	87.90	
槽身边墙(山体侧)厚度(m)	0.79	
槽身边墙(公路侧)厚度(m)	1.22	
槽身顶部净宽(过流断面)(m)	3.14	

由主拱圈裂缝测量结果表 3.3-28 可以得出，1# 孔主拱圈测量最大裂缝宽度、长度、深度分别为 153 mm、287 mm、162 mm，2# 孔主拱圈测量最大裂缝宽度、长度、深度分别为 114 mm、575 mm、224 mm。

表 3.3-28　砦门渡槽主拱圈裂缝测量　　单位：mm

构件	裂缝宽度	裂缝长度	裂缝深度
1# 孔主拱圈	40	126	162
	110	287	104
	153	220	/
	84	282	/
	98	264	/
2# 孔主拱圈	114	339	161
	81	241	224
	73	238	103
	67	342	191
	61	575	171

采用三维激光扫描测量得到渡槽结构表面点云坐标信息，通过断面分析和主拱圈结构线性平顺假设，分析主拱圈结构变形。1# 孔主拱圈分别截取 5 个横断面，分别如图 3.3-24—图 3.3-28 所示。变形分析结果如表 3.3-29 所示，从分析结果可以看出，1# 孔主拱圈最大变形为 50 mm，2# 孔主拱圈最大变形 77 mm。

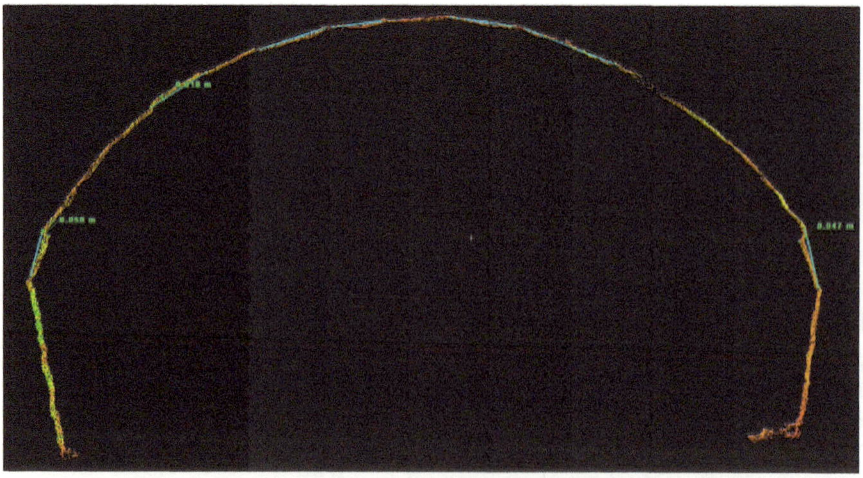

图 3.3-24　砦门渡槽 1# 孔主拱圈断面 1 变形分析图

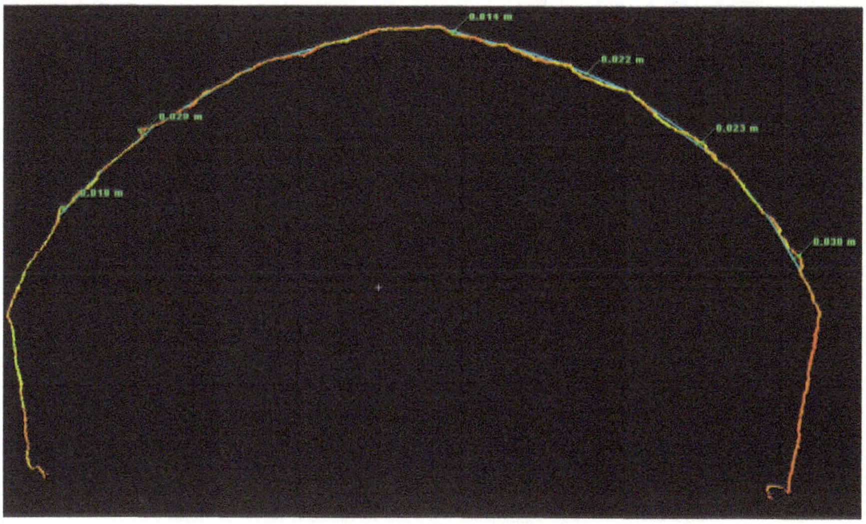

图 3.3-25　砦门渡槽 1# 孔主拱圈断面 2 变形分析图

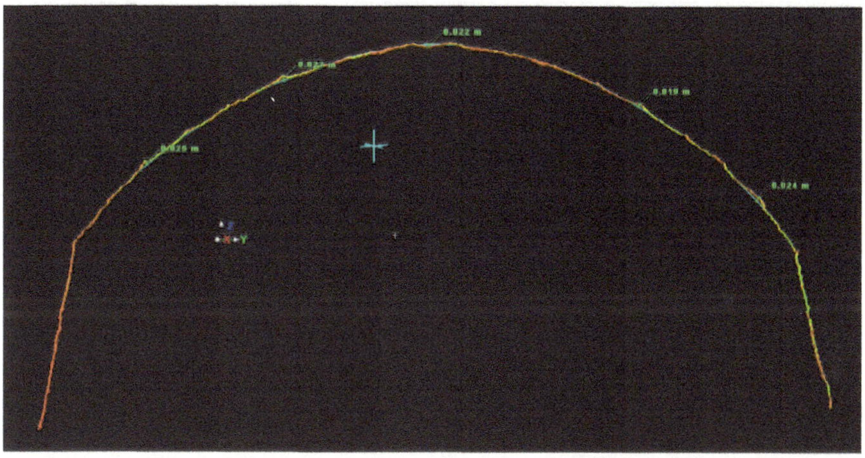

图 3.3-26　砦门渡槽 1# 孔主拱圈断面 3 变形分析图

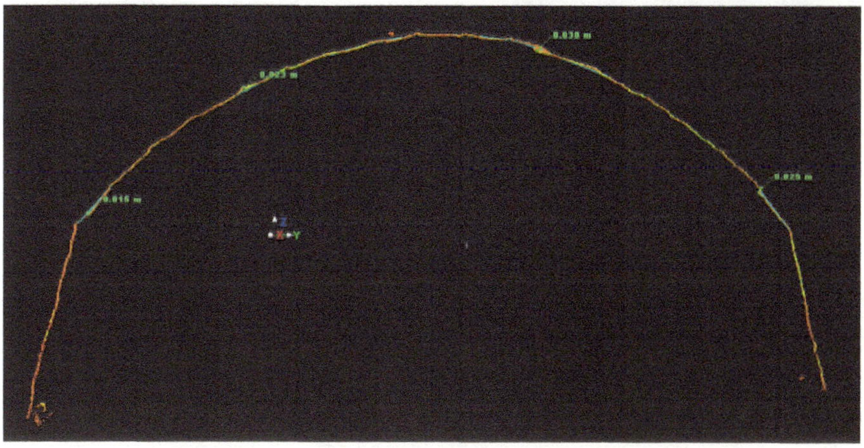

图 3.3-27　砦门渡槽 1# 孔主拱圈断面 4 变形分析图

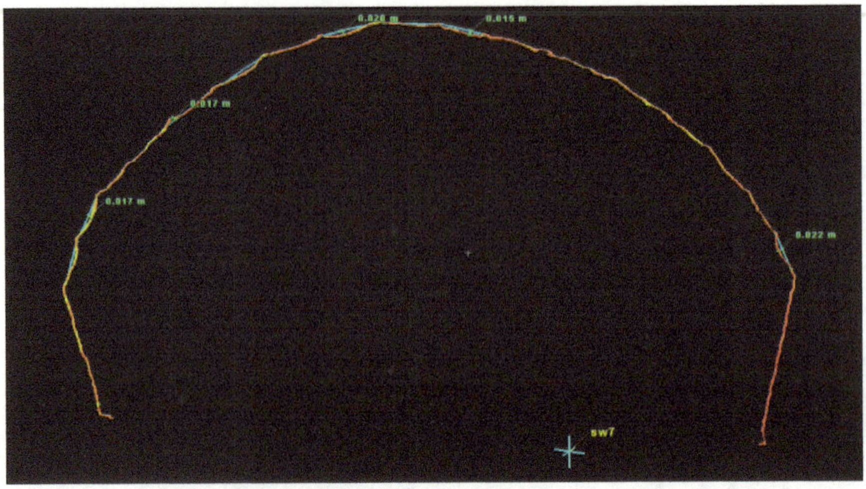

图 3.3-28　砦门渡槽 1# 孔主拱圈断面 5 变形分析图

表 3.3-29　砦门渡槽主拱圈变形分析

单位：mm

孔号	断面	断面最大变形	备注
1# 孔主拱圈	断面 1	50	
	断面 2	30	
	断面 3	27	
	断面 4	30	
	断面 5	22	
2# 孔主拱圈	断面 1	25	
	断面 2	31	
	断面 3	26	
	断面 4	77	
	断面 5	41	

(3) 专项检测

根据现场检测回弹值和碳化深度，砦门渡槽泄洪闸启闭机房砌筑砂浆强度推定值大于 15.0 MPa，节制闸启闭机房、渡槽槽身砂浆强度推定值分别为 12.0 MPa、2.1 MPa，具体检测结果列于表 3.3-30。

表 3.3-30　砦门渡槽砌筑砂浆强度检测结果

构件	砂浆强度(MPa)				变异系数
	平均值	标准差	最小值	推定值	
泄洪闸启闭机房	>15.0	/	>15.0	>15.0	/
节制闸启闭机房	13.2	3.5	12.0	12.0	0.3
渡槽槽身	3.3	1.3	2.1	2.1	0.4

3.3.3.4 一干渠桃园渡槽

(1) 补充地质勘察

桃园渡槽位于城郊乡桃园村南，横跨桃园河，全长 100 m，宽 6 m，最高 24 m。单孔跨 8 m，共 7 孔，120°石砌圆弧拱，拱券厚 0.5 m，渡槽两侧挡水墙高 2.5 m，底宽 2 m，顶宽 1 m，槽底宽 2.6 m，纵坡 1/1 700，设计流量 14 m^3/s。工程 1965 年 9 月 1 日动工，1966 年 4 月 5 日竣工。

桃园渡槽的各勘探点地面标高在 438.73～461.50 m。场地地貌单元属太行山东麓低山地貌。根据区域地质资料，拟建场地区域上属太行山低山区。

在 30.0 m 的勘探深度范围内，地层由第四系全新统(Q_4^{al+pl})、更新统(Q_p^{dl})所组成。根据不同时代、成因类型和岩土工程地质性能，将地层划分为二个岩土工程地质单元，自上而下分别叙述如下：

全新统卵石(Q_4^{al+pl})以冲洪积卵石为主，中密，粒径一般为 2～15 cm 之间，个别漂石粒径较大，可见 30～100 cm。成分以石英砂岩、片麻岩为主。本单元主要为河道冲洪积层，在 2 号钻孔揭露，层底埋深 2.6 m，层厚 2.6 m，层底分布高程 436.13 m。

卵(碎)石单元(Q_p^{dl})主要为半胶结—胶结状卵(碎)石层，钙质胶结，密实，主要成分为石英砂岩、片麻岩、灰岩等，棱角-次棱角状，分选性差，一般为上部粒径略小、下部粒径略大。粒径一般为 2～15 cm，个别漂石大于 50 cm，最长岩芯为 18 cm。充填物多为岩屑及粗砂。本单元层底埋深在 30.0 m 以下，最大揭露厚度 30.0 m，层底分布高程在 423.73 m。

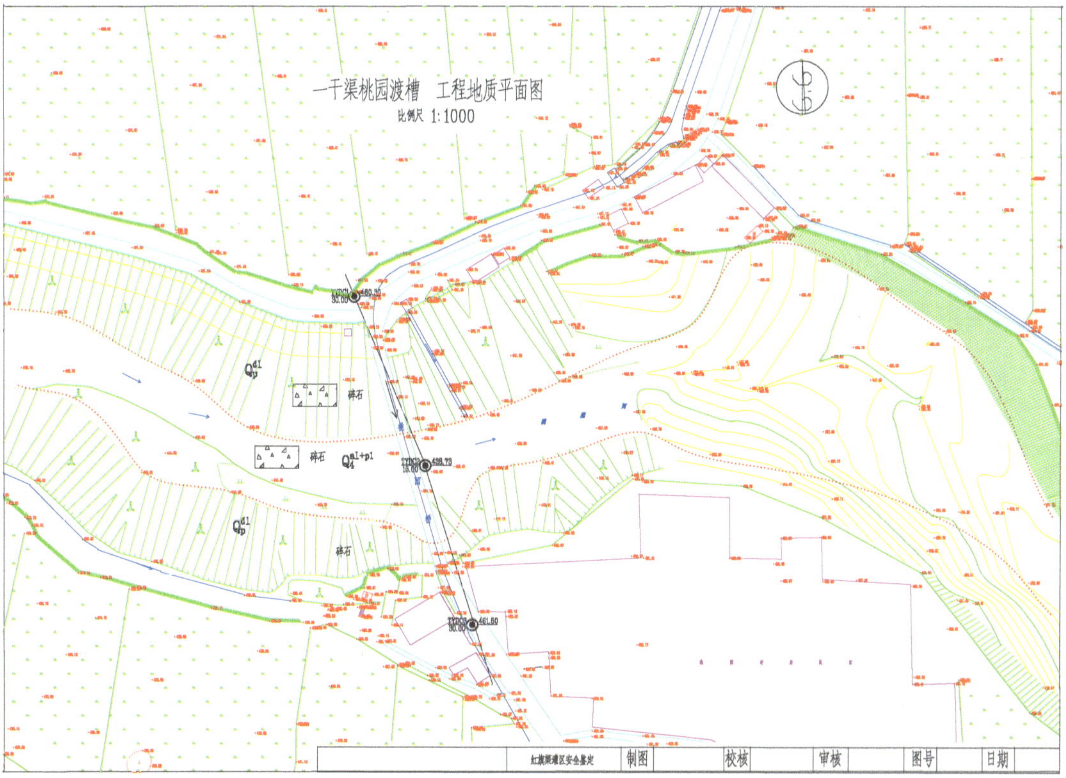

(a) 工程地质平面图

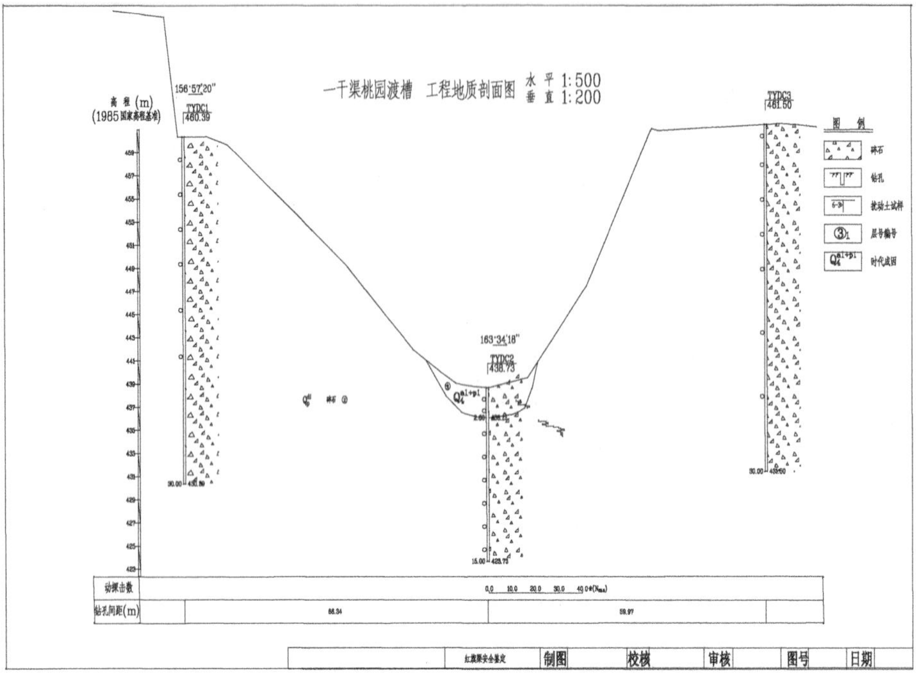

（b）地质剖面图

图 3.3-29 红旗渠桃园渡槽地形图和地质剖面图

对获得的原位测试数据和土工试验结果分别进行了数理统计，各层土的物理力学性指标统计见表 3.3-31。

表 3.3-31 物理力学指标建议值

单元编号			②
项目 \ 名称		单位	Q_p^{dl}
粒径	＞200 mm	%	43
	60～200 mm	%	35
	2～60 mm	%	7
	＜2 mm	%	15
黏聚力	C	kPa	20
内摩擦角	ϕ	°	30
承载力特征值	f_{ak}	kPa	400～450

桃园渡槽基础均位于太行山东麓坡积第②单元卵（碎）石之上，半胶结—胶结状，基础较稳定。渡槽槽身块石为石英砂岩，抗风化能力强。但由于年代久远，部分砌浆风化脱落，局部渗水，建议及时修复加固。

（2）结构测量

本次测量采用独立坐标系进行测量，测量范围为渡槽 4# 孔槽身与下部槽墩的外部轮廓。

分析结果如图 3.3-30—图 3.3-32 所示，具体测量数据列于表 3.3-32。

图 3.3-30　三维激光扫描测量点云图

图 3.3-31　三维激光扫描外形尺寸分析图

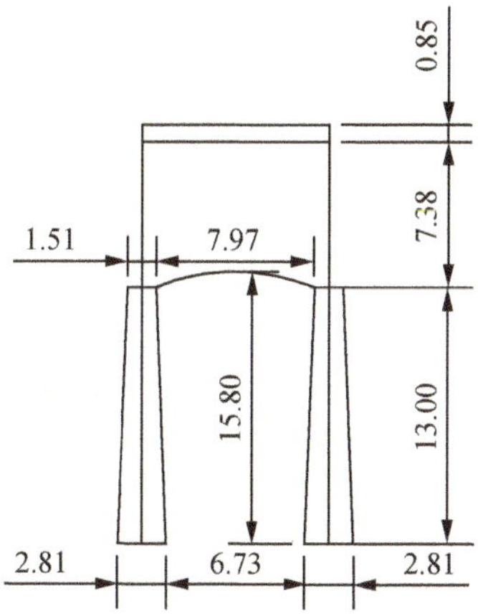

图 3.3-32　4# 孔外形尺寸示意图(单位:m)

表 3.3-32　桃园渡槽 4# 孔外形尺寸测量结果　　单位：m

构件尺寸	外形尺寸	备注
槽墩底部厚度	2.81	
槽墩顶部厚度(拱脚处)	1.51	
两槽墩底部跨度	6.73	
两槽墩顶部(拱脚处)跨度	7.97	
槽墩高度	13.00	
拱顶至底部河谷高度	15.80	
槽墩至槽身顶部高度	7.38	
顶部护栏高度	0.85	

(3) 专项检测

根据现场检测回弹值和碳化深度，桃园渡槽槽墩砌筑砂浆强度推定值小于 2.0 MPa，具体检测结果列于表 3.3-33。

表 3.3-33　桃园渡槽砌筑砂浆强度检测结果

构件	砂浆强度(MPa)				变异系数
	平均值	标准差	最小值	推定值	
槽墩	2.5	2.2	0.0	<2.0	0.9

参考文献

[1] 马福恒，李子阳，徐国龙，等. 大坝安全检测与监测技术标准化及应用[M]. 中国水利水电出版社，2018.

[2] 谢雄耀，卢晓智，田海洋，等. 基于地面三维激光扫描技术的隧道全断面变形测量方法[J]. 岩石力学与工程学报，2013，32(11)：2214-2224.

[3] 郭良林，周大伟，张德民，等. 基于激光点云的巷道变形监测及支护研究[J]. 煤矿安全，2020，51(8)：178-183.

[4] 喻江，明攀，陆俊，等. 基于 RTK-GPS 技术船闸闸室段水下泥沙淤积测绘研究[J]. 工程技术研究，2020(18)：249-250.

[5] 喻江，范向前，董茂干，等. 基于示踪-雷达融合诊断技术堤坝裂缝探测研究[J]. 工程技术研究，2019，52(20)：10-11.

[6] 贾海磊，李军，张敏，等. 高密度电法在堤防渗漏抢险探测中的应用[J]. 水利水电技术，2018，49(10)：165-172.

[7] 徐咏. 回弹法检测非烧结砖砌体工程中砂浆强度的研究[D]. 成都：西华大学，2013.

[8] 刘辉. 砌体砂浆强度检测的原位拔出法研究[D]. 青岛：中国海洋大学，2015.

[9] 侯高峰. 砌筑砂浆抗压强度现场检测技术方法研究[J]. 混凝土与水泥制品，2019(1)：79-84.

[10] 李军，贾海磊，潘文明，等.红旗渠总干渠建筑物安全检测与评估报告[R].南京：南京水利科学研究院，2019.

[11] 顾培英，邓昌，王海军，等.红旗渠一、二、三干渠水工建筑物检测与安全评价报告[R].南京：南京水利科学研究院，2019.

[12] 马福恒，胡江，陆俊，等.红旗渠安全评价报告[R].南京：南京水利科学研究院，2019.

4 大型复杂灌区工程安全复核

4.1 渠道安全复核

4.1.1 渠道过流能力

依据《灌溉与排水工程设计标准》(GB 50288—2018),续灌渠道应按设计流量、加大流量进行水力计算,轮灌渠道可只按设计流量进行水力计算。正常工作条件下的各级渠道水力要素按设计流量计算确定,续灌渠道的岸顶超高和渠深应按加大流量计算。

依据《灌溉与排水工程设计标准》(GB 50288—2018),各级渠道的平均流速可按下式计算确定:

$$V = \frac{1}{n}R^{2/3}i^{1/2} \tag{4.1-1}$$

式中:V—渠道的平均流速,m/s;

R—渠道的水力半径,m;

i—渠底比降;

n—渠床糙率。

当槽身长度大于或等于渡槽进口渐变段前上游渠道正常水深的 15 倍时,也按明渠均匀流公式(4.1-1)计算。

浑水渠道的允许不淤流速应根据水流挟沙能力,按各地区经验公式计算确定。渠底比降应根据渠道沿线地形、地质条件、设计流量和含沙量等因素,通过计算分析确定。

渠道岸顶高程设计是渠道断面设计的一项重要内容,影响到渠道的安全。

依据《灌溉与排水工程设计标准》(GB 50288—2018),4、5 级渠道岸顶超高应符合下列规定:

$$F_b = \frac{1}{4}h_b + 0.2 \tag{4.1-2}$$

式中:F_b—渠道岸顶超高,m;

h_b—渠道通过加大流量时的水深,m。

1~3 级渠道岸顶超高应按土石坝设计要求经论证确定。浑水渠道岸顶超高的确定尚应考虑渠底可能产生泥沙淤积的影响。

梯形渠道水力最佳断面水力要素计算公式:

$$h_0 = 1.189\left\{\frac{nQ}{[2(1+m^2)^{1/2}-m]\sqrt{i}}\right\}^{3/8} \tag{4.1-3}$$

$$b_0 = [2(1+m^2)^{1/2} - m]h_0 \tag{4.1-4}$$

$$A_0 = b_0 h_0 + m h_0^2 \tag{4.1-5}$$

$$x_0 = b_0 + 2(1+m^2)^{1/2} h_0 \tag{4.1-6}$$

$$R_0 = A_0 / x_0 \tag{4.1-7}$$

$$V_0 = Q/A_0 \tag{4.1-8}$$

式中：h_0—水力最佳断面水深，m；

n—渠床糙率；

Q—渠道设计流量，m^3/s；

m—渠道内边坡系数；

i—渠底比降；

b_0—水力最佳断面底宽，m；

A_0—水力最佳断面的过水断面面积，m^2；

x_0—水力最佳断面湿周，m；

R_0—水力最佳断面的水力半径，m；

V_0—水力最佳断面流速，m/s。

依据《灌溉与排水工程设计标准》(GB 50288—2018)，按续灌方式设计干、支渠，采用按设计流量、加大流量和最小流量进行水力计算，即以设计流量计算确定各级渠道在正常工作条件下的水力要素；以加大流量计算确定渠道的岸顶超高和高度，并验算渠道的不冲条件；以最小流量确定渠道的最低控制水位，并验算渠道的不淤条件。

依据《灌溉与排水工程设计标准》(GB 50288—2018)，渠道衬砌超高值在设计水位以上可取 0.3～0.8 m，并满足加大水位运行要求，兼作行洪用的傍山灌溉渠道时，其衬砌超高宜选高值。5 级渠道超高不应小于 0.1 m。

依据《灌溉与排水工程设计标准》(GB 50288—2018)，续灌渠道加大流量的加大百分数，可按表 4.1-1 采用，湿润地区可取小值，干旱地区可取大值。红旗渠所处属半湿润地区，总干渠加大百分数取 15%；干渠设计流量 5～20 m^3/s 时加大百分数取 20%；干渠设计流量 1～5 m^3/s 时加大百分数取 25%。

表 4.1-1 续灌渠道加大流量的加大百分数

设计流量(m^3/s)	<1	1～5	5～20	20～50	50～100	100～300	>300
加大百分数(%)	35～30	30～25	25～20	20～15	15～10	10～5	<5

4.1.2 渠道边坡整体稳定计算

边坡天然地下水的分布状况应通过勘察确定。必要时，可通过反演分析确定。渗流计算应求出地下水水面线、等势线、渗透比降和渗流量等成果。对易受降雨影响的边坡，宜考虑其对地下渗流场的影响。

经稳定性初步判别有可能失稳的边坡均应进行稳定计算。初步判别难以确定稳定性状的边坡也应进行稳定计算。进行稳定计算时，应根据边坡的地形地貌、工程地质条件以及工程布置方案等，分区段选择有代表性的剖面。若某一种运用条件下存在多种工况，应首先分析选定最危险工况。对于同一运用条件，应计算出最危险工况的稳定安全系数。当最危险工况难以确定时，应对同一运用条件下的不同工况分别进行稳定计算。对于临水边坡，宜通过试算求出不利水位。

抗滑稳定计算应以极限平衡方法为基本计算方法。对于复杂条件的边坡，可同时采用强度指标折减的有限元法验算其抗滑稳定性。

对于土质边坡和呈碎裂结构、散体结构的岩质边坡，当滑动面呈圆弧形时，宜采用简化毕肖普(Simplified Bishop)法、摩根斯顿-普赖斯(Morgenstern-Price)法进行抗滑稳定计算，当滑动面呈非圆弧形时，宜采用摩根斯顿-普赖斯法和不平衡推力传递法进行抗滑稳定计算。对于呈块体结构和层状结构的岩质边坡，宜采用萨尔玛法(Sarma)和不平衡推力传递法进行抗滑稳定计算。对由两组及以上节理、裂隙等结构面切割形成楔形潜在滑动体的边坡，宜采用楔体法进行抗滑稳定计算。

4.1.3 渠墙稳定安全计算

(1) 渠墙基底应力计算：

$$P_{\min}^{\max} = \frac{\sum G}{A} \pm \frac{\sum M}{W} \tag{4.1-9}$$

式中：$P_{\min}^{\max}$—渠墙基底应力的最大值或最小值，kPa；

$\sum G$— 作用在挡土墙上全部垂直于水平面的荷载，kN；

$\sum M$— 作用在挡土墙上全部荷载对于水平面平行前墙墙面方向形心轴的力矩之和，kN·m；

A—挡土墙墙基底面的面积，m^2；

W—挡土墙基底面对于基底面平行前墙墙面方向形心轴的截面矩，m^3。

(2) 土质地基上渠墙沿基底面的抗滑稳定安全系数应按式(4.1-10)或式(4.1-11)计算，其中黏土地基上的1级、2级渠墙，沿其基底面的抗滑稳定安全系数宜按式(4.1-11)计算：

$$K_c = \frac{f\sum G}{\sum H} \tag{4.1-10}$$

$$K_c = \frac{\tan\phi_0 \sum G + C_0 A}{\sum H} \tag{4.1-11}$$

式中：K_c—渠墙沿基底面的抗滑稳定安全系数；

f—渠墙基底面与地基之间的摩擦系数；

$\sum H$— 作用在渠墙上的全部平行于基底面的荷载，kN；

ϕ_0—渠墙基底面与土质地基之间的摩擦角，°；

C_0—渠墙基底面与土质地基之间的黏结力，kPa。

（3）岩石地基上渠墙沿基底面的抗滑稳定系数，应按式（4.1-10）或式（4.1-12）计算：

$$K_c = \frac{f'\sum G + C'A}{\sum H} \tag{4.1-12}$$

式中：f'—渠墙基底面与岩石地基之间的抗剪断摩擦系数；

C'—渠墙基底面与岩石地基之间的抗剪断黏结力，kPa。

（4）当渠墙基底面向填土方向倾斜时，沿该基底面的抗滑稳定安全系数按式（4.1-13）计算：

$$K_c = \frac{f(\sum G\cos\alpha + \sum H\sin\alpha)}{\sum H\cos\alpha - \sum G\sin\alpha} \tag{4.1-13}$$

式中：α—基底面与水平面的夹角，°，土质地基不宜大于7°，岩石地基不宜大于12°。

4.2　渠系建筑物安全复核

4.2.1　渡槽安全复核

4.2.1.1　水力复核

槽身过流能力复核

（1）槽身长度不小于渡槽进口渐变段前上游渠道正常水深的15倍时，按明渠均匀流公式计算：

$$Q = \frac{1}{n}AR^{\frac{2}{3}}i^{\frac{1}{2}} \tag{4.2-1}$$

式中：Q—渡槽的过水流量，m^3/s；

A—槽身过水断面面积，m^2；

R—水力半径，m；

i—槽底比降；

n—槽身过水断面的壁面糙率，钢筋混凝土槽身可取 n=0.013～0.015；砌石槽身可取 $n\geqslant 0.017$。

（2）槽身长度小于渡槽进口渐变段前上游渠道正常水深的15倍时，按淹没宽顶堰流公式计算。

① 槽身为矩形断面时：

$$Q = \varepsilon\sigma_s mB\sqrt{2g}H_0^{\frac{3}{2}} \tag{4.2-2}$$

$$\varepsilon = 1.071\left(1-\frac{b_0}{b_s}\right)\sqrt[4]{\frac{b_0}{b_s}} \tag{4.2-3}$$

$$H_0 = h' + \frac{v_1^2}{2g} \tag{4.2-4}$$

式中：H_0—渡槽进口水头，m；

v_1—渡槽进口渐变段前渠道断面平均流速，m/s；

B—矩形槽身底宽，m；

h'—渡槽进口渐变段前渠道断面平均水深，m；

m—流量系数，渡槽进口较平顺时取 $m=0.35\sim0.38$，进口不平顺可取 $m=0.32\sim0.34$；

ε—侧向收缩系数，可取 $\varepsilon=0.80\sim0.92$；

b_s—渡槽进口前渠道水面宽度与渠底宽度的平均值，m；

σ_s—淹没系数。

② 槽身为U形或梯形断面时：

$$Q_m=\varepsilon\varphi A\sqrt{2gZ_0} \tag{4.2-5}$$

$$Z_0=Z_1+\frac{v_1^2}{2g} \tag{4.2-6}$$

式中：φ—流速系数，可取 $\varphi=0.89\sim0.95$；

Z_0—计入行进流速水头的渡槽上、下水位差（上、下游总水面降落），m；

Z_1—渡槽上、下水位差（上、下游总水面降落），m，初步估算时，可取 $Z_1=0.10\sim0.15$ m；

g—重力加速度，m/s^2。

4.2.1.2 结构安全复核

渡槽结构安全评价应包括结构强度、变形和稳定复核，应根据不同结构型式确定安全复核内容。对于受冰冻影响的渡槽，复核时应考虑冰冻荷载作用。槽身、支承结构的结构安全评价以及桩、墩基础的抗冻拔稳定和强度验算，应符合《水工建筑物抗冰冻设计规范》（GB 50662—2011）的有关规定；对采用预应力钢筋混凝土的渡槽，应根据安全监测或检测资料，评价时计入预应力损失情况。

（1）渡槽稳定性复核

包括抗滑和抗倾覆稳定、基底应力和地基沉降等内容。其中，梁式渡槽槽墩（或槽架）的刚性基础需进行抗滑稳定验算，结合河道冲刷情况，复核桩基础的承载能力，并应结合沉降监测资料，评价渡槽结构整体稳定性。涵洞（箱基）式渡槽应进行滑动分析，判别其是发生基底面滑动还是深层滑动，并进行抗滑稳定计算。基底面抗滑稳定、深层滑动复核计算按《水闸设计规范》（SL 265—2016）进行；浅基础渡槽（落地槽）的基底应力复核亦按《水闸设计规范》（SL 265—2016）进行。刚性基础底面下有软土层时，应验算软土层顶面的承载力；除地基土为岩石地基或持力层中无软弱下卧层的砾卵石、中粗砂地基外，均应进行沉降量复核。地基沉降量计算及地基容许最大沉降量和沉降差控制应按《水闸设计规范》（SL 265—2016）规定进行。

（2）梁式渡槽结构计算

根据槽身结构型式采用空间结构力学法或三维有限元法进行结构应力和变形复核。在各种荷载组合下，槽身内壁表面不允许出现拉应力，槽身外壁表面拉应力不大于混凝土轴心抗拉强度设计值的0.9倍。预应力荷载计算按《水工混凝土结构设计规范》（SL 191—2008）规定执行。下部结构计算主要是双排架或墩台及桩基础的内力计算。墩帽可按局部承压计算。多柱、多横梁的双排架是空间结构，宜采用空间杆系有限元法计算。实体墩或空心墩可按偏心受压构件进行结构计算，对于空心墩墩帽，可按双向板或单向板进行结构计算。对于桩，主要是承载力及受力验算。

(3) 涵洞(箱基)式渡槽结构计算

涵洞式渡槽的无肋侧墙沿纵向取单宽按悬臂梁计算，有肋侧墙的竖肋按悬臂梁算，槽侧墙按板计算。涵洞式渡槽的下部洞身为箱涵式，可简化为刚结点框架进行结构计算。箱涵的内力可采用结构力学法计算，当采用框架模型计算时，断面应力分布可按材料力学法求得。涵洞式渡槽的结构和作用复杂时，除采用结构力学法进行计算外，还应采用三维有限元法进行结构应力和变形复核。涵洞式渡槽的下部箱涵与上部渡槽底板、侧墙为一个整体结构，可与地基一起联合建模。

(4) 拱圈横向稳定性复核

① 宽跨比小于 1/20 的板拱或采用单肋合拢的拱肋，可按下面公式进行拱圈(肋)的横向稳定复核：

$$N_m \leqslant \frac{1}{K_H} N'_L \tag{4.2-7}$$

$$N'_L = \frac{H'_L}{\cos\varphi_m} \tag{4.2-8}$$

$$H'_L = K'_L \frac{EI_y}{8fL} \tag{4.2-9}$$

式中：K_H—横向稳定安全系数，可采用 4～5；

N'_L—拱圈(肋)丧失横向稳定时的临界轴向压力，kN；

H'_L—临界推力，kN；

I_y—拱圈(肋)截面对其自身竖直轴的惯性矩，m^4；

f、L—拱圈(肋)的计算矢高和计算跨度，m；

E—拱圈(肋)材料的弹性模量，kN/m^2；

K'_L—临界荷载系数；

N_m—计算荷载作用下的平均轴向压力，kN；

φ_m—半拱的弦与水平线的夹角，°。

② 具有横向联系构件的肋拱或无支架施工时采用双肋合拢的拱肋，在验算横向稳定时，可将拱展开成一个与拱轴等长的平面桁架，按组合压杆进行计算，组合杆的长度等于拱轴线长度 S_a。拱圈(肋)的横向稳定验算公式与公式(4.2-7)相同，但式中临界轴向压力 N'_L 为：

$$N'_L = \frac{\pi^2 E_a I'_y}{(L')^2} \tag{4.2-10}$$

$$L' = \alpha' S_a \sqrt{1 + \frac{\pi^2 E_a I'_y}{(\alpha' S_\alpha)^2}\left(\frac{a'b'}{12E_b I_b} + \frac{a'^2}{24E_a I_a}\right)} \tag{4.2-11}$$

式中：I'_y—两拱肋截面对其公共竖直轴的惯性矩，m^4；

E_a—拱肋材料的弹性模量，kN/m^2；

L'—组合压杆计算长度，m；

S_a—拱轴线长度，m；

α'—系数，无铰拱为 0.5，双铰拱为 1.0；

a'，b'—横系梁（或夹木）中距和两拱肋中距，m；

I_a，I_b——一个拱肋和一根横系梁（或夹木）对自身竖向轴的惯性矩，m^4；

E_b—横系梁（或夹木）材料的弹性模量，kN/m^2。

4.2.2 倒虹吸安全复核

4.2.2.1 水力复核

倒虹吸管过流能力计算：

$$Q = \omega v = \mu\omega\sqrt{2g\Delta Z_2} \tag{4.2-12}$$

其中

$$\mu = \frac{1}{\sqrt{\sum \xi_i \frac{\omega^2}{\omega_i^2} + \sum \frac{2gL_i}{C_i^2 R_i^2}\frac{\omega^2}{\omega_i^2} + 1 - \frac{\omega^2}{\omega_2^2}}} \tag{4.2.13}$$

式中：Q—管道的泄流量，m^3/s；

ω—管道出口的横断面面积，m^2；

v—管道的断面平均流速，m/s；

ΔZ_2—进口渐变段末端断面至管道出口断面的水面落差，m；

g—重力加速度，m/s；

μ—流量系数；

ω_2—进口渐变段末端的过水面积，m^2。

4.2.2.2 渗流安全复核

倒虹吸渗流安全复核内容包括进出口渐变段、进出口闸室段和管身段渗流安全，重点复核进出口闸室段的基底渗流稳定、侧向渗流稳定，及相关建筑物和渠道接头部位的渗流稳定。应复核混凝土结构裂缝或伸缩缝有无漏水，岩（土）体与管（涵）结合带是否有水流渗出，出口有无反滤保护，建筑物外围结合带有无接触冲刷等渗透稳定问题，以及建筑物自身断裂（含止水破坏）漏水产生的基础冲刷问题。应分析进、出口闸室段以及管身段等的渗流监测资料，评价内外水压力是否在设计允许范围内，必要时还应分析建筑物及其连接段的变形和应力应变（含压力）监测资料。当出现渗流条件变化、存在渗流安全隐患时，应进行渗流安全复核，渗流分析计算宜采用三维有限元法。渗流计算工况根据运行条件和设计工况选取，计算参数应采用反演值或现场检测、勘探试验值，并分析参数选取的合理性。

4.2.2.3 结构安全复核

倒虹吸结构安全评价应包括结构强度、变形和稳定性等。应根据地形地质条件、荷载组合、构件尺寸选择典型断面进行强度和稳定复核，可采用结构力学法，必要时可采用有限元法建立建筑物和地基整体模型进行结构强度、变形和稳定分析。

（1）1～2 级和重要倒虹吸管的钢筋混凝土圆管管身内力应按弹性理论空间问题求解；3～5 级钢筋混凝土圆管宜简化为管身纵、横向两个平面问题分别计算，管身横向按封闭圆环结构计算。管壁厚度 δ 与管壁平均半径 r_c 比值 $\delta/r_c \leqslant 1/8$ 的薄壁管宜采用结构力学的弹性中心法计算内力，$\delta/r_c > 1/8$ 的厚壁管宜按弹性力学平面问题计算，或采用将均匀内(外)水压力荷载所产生的内力(应力)按弹性力学平面问题计算，而其余荷载所引起的内力按结构力学法计算之后再迭加的方法；对有连续式刚性管座的钢筋混凝土管管身纵向内力可不进行计算。对布置于间断式管座上的管身纵向内力，应根据管道跨长 L 与管身内径 D(宽度)的比值采用不同方法计算：当 $L/D \geqslant 3$ 时为长壳但可近似地按梁理论计算，当 $0.5 < L/D \leqslant 3$ 时按圆柱形中长壳的弯曲理论或半弯曲理论计算，当 $L/D < 0.5$ 时按短壳的弯曲理论或半弯曲理论计算。

(2) 对单孔或等跨多孔等截面的钢筋混凝土矩形倒虹吸管的横向内力宜按闭合刚架采用结构力学方法计算，对于不等跨或不等截面的除采用结构力学力法或变位法计算外，对 1～2 级和重要倒虹吸管必要时宜采用有限元法进行应力分析。根据内力计算结果，按 SL 191—2008 的规定进行抗裂验算。

(3) 钢管横断面管壁各计算点的应力计算公式及方法按 SL 281—2003 的规定，并应满足第四强度理论条件。

① 按平面问题计算时

$$\sqrt{\sigma^2 + \sigma_\theta^2 - \sigma_\theta\sigma_\chi + 3\tau_{\chi\theta}^2} \leqslant \phi[\sigma] \tag{4.2-14}$$

② 按空间结构计算时

$$\sqrt{\sigma_\chi^2 + \sigma_\theta^2 + \sigma_\gamma^2 - \sigma_\theta\sigma_\chi - \sigma_\theta\sigma_\gamma - \sigma_\chi\sigma_\gamma + 3(\tau_{\theta\chi}^2 + \tau_{\theta\gamma}^2 + \tau_{\chi\gamma}^2)} \leqslant \phi[\sigma] \tag{4.2-15}$$

式中：σ_χ、σ_θ、σ_γ—轴向、环向、径向正应力，N/mm²，以拉为正；

$\tau_{\theta\chi}$、$\tau_{\theta\gamma}$、$\tau_{\chi\gamma}$—剪应力，N/mm²；

ϕ—焊缝系数，单面对接焊 $\phi=0.9$，双面对接焊 $\phi=0.95$；

$[\sigma]$—相应计算工况的允许应力，N/mm²。

(4) 镇墩应按 GB/T 50265—2010 规定进行抗滑、抗倾稳定及地基强度验算。

4.2.2.4 消力能防冲计算

倒虹吸管出口与下游渠道之间，常以渐扩式扭曲面连接，并根据需要在该连接段内设置消力池，边界条件比较复杂。初步估算时，可取池长 $L \geqslant (3\sim4)h$(h 为渠道设计水深，单位为 m)，池深 $T \geqslant (0.5D+\delta+0.3\ \text{m})$($D$ 为管内径或管高，δ 为管壁厚度，单位均为 m)。

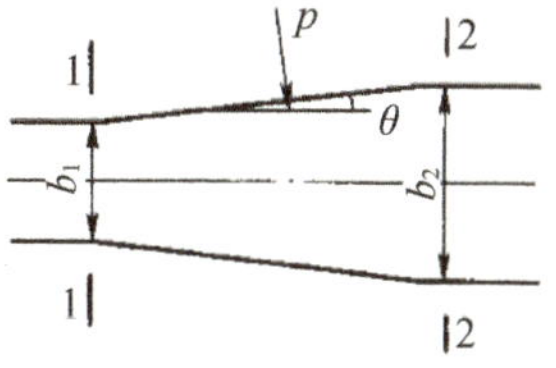

为检验消力池的尺寸是否满足效能要求，如图 4.2-1 所示，尚可采用计及铅直边墙阻力的理论公式进行近似估算。

(1) 扩散式消力池的共轭水深表达式为：

$$4Fr^2 = \frac{\beta\eta}{\beta\eta - 1}[(1+\beta)(\eta^2 - 1)] \tag{4.2-16}$$

$$Fr = \frac{v_1}{\sqrt{gh'}} \tag{4.2-17}$$

$$\beta = \frac{b_2}{b_1} \tag{4.2-18}$$

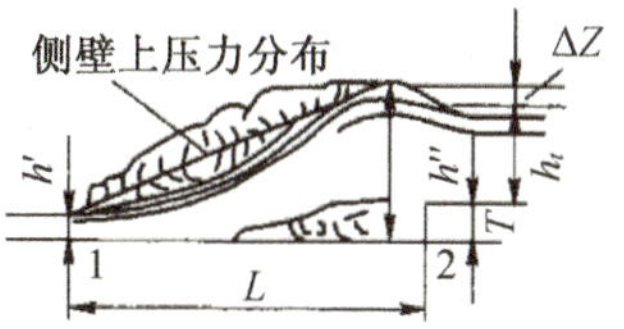

图 4.2-1 计及铅直边墙阻力算法示意图

$$\eta = \frac{h''}{h'} \tag{4.2-19}$$

式中：F_r—跃前断面弗劳德数；

υ_1、h'—跃前断面平均流速和水深，m/s，m；

β—共轭断面底宽比；

b_1、b_2—跃前与跃后断面的宽度，m；

η—共轭断面水深比；

h''—跃后断面第二共轭水深，m。

为方便计算，$\eta=f(F_r,\beta)$的关系可由图 4.2-2 查算。

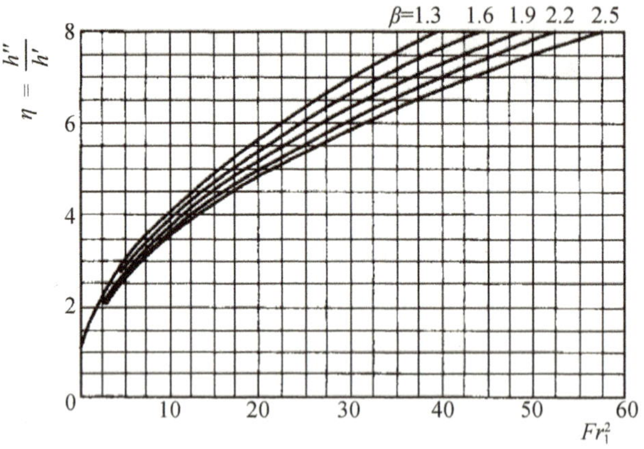

图 4.2-2 $\eta=f(F_r,\beta)$关系查算图

(2) 消力池池深 T 计算：

$$T = \sigma h'' - h_t - \Delta Z \tag{4.2-20}$$

$$\Delta Z = \frac{Q^2}{2gb_2^2}\left(\frac{1}{\psi^2 h_t^2} - \frac{1}{\sigma^2 h''^2}\right) \tag{4.2-21}$$

式中：σ—安全系数，可取 σ=1.05～1.10；

ΔZ—消力池出口水面落差，m；

Q—倒虹吸管过流量，m^3/s；

b_2—消力池出口宽度，m；

ψ—水流自消力池出流的流速系数，一般取 ψ=0.95；

h_t—消力池出口渠底以上水深，m。

(3) 水跃长度 L' 计算：

当 $3<Fr_1^2<6$ 时

$$L' = (1+0.6Fr_1^2)h'' \tag{4.2-22}$$

当 $6<Fr_1^2<17$ 时

$$L' = 4.6h'' \tag{4.2-23}$$

池长可取
$$l=(0.7\sim0.8)L' \tag{4.2-24}$$

4.2.3 水闸安全复核

4.2.3.1 水力复核

(1) 对于平底闸，当为堰流时，过流能力计算如下：

$$Q=B_0\sigma\varepsilon m\sqrt{2g}H_0^{3/2} \tag{4.2-25}$$

单孔闸

$$\varepsilon=1-0.171\left(1-\frac{b_0}{b_s}\right)\sqrt[4]{\frac{b_0}{b_s}} \tag{4.2-26}$$

多孔闸，闸墩墩头为圆弧形时

$$\varepsilon=\frac{\varepsilon_z(N-1)+\varepsilon_b}{N} \tag{4.2-27}$$

$$\varepsilon_z=1-0.171\left(1-\frac{b_0}{b_0+d_z}\right)\sqrt[4]{\frac{b_0}{b_0+d_z}} \tag{4.2-28}$$

$$\varepsilon_b=1-0.171\left(1-\frac{b_0}{b_0+\frac{d_z}{2}+b_b}\right)\sqrt[4]{\frac{b_0}{b_0+\frac{d_z}{2}+b_b}} \tag{4.2-29}$$

$$\sigma=2.31\frac{h_s}{H_0}\left(1-\frac{h_s}{H_0}\right)^{0.4} \tag{4.2-30}$$

式中：B_0—闸孔总净宽，m；

Q—过闸流量，m^3/s；

H_0—计入行进流速水头的堰上水深，对于闸前水面较宽的水闸，不应计入行进流速，m；

g—重力加速度，可采用 9.81，m/s^2；

m—堰流流量系数，可采用 0.385；

ε—堰流侧收缩系数；

b_0—闸孔净宽，m；

b_s—上游河道一半水深处的宽度，m；

N—闸孔数；

ε_z—中闸孔侧收缩系数；

d_z—中闸墩厚度，m；

ε_b—边闸孔侧收缩系数；

b_b—边闸墩顺水流向边缘线至上游河道水边线之间的距离，m；

σ—堰流淹没系数；

h_s—由堰顶算起的下游水深，m。

(2) 对于平底闸，当堰流处于高淹没度($h_s/H_0\geqslant0.9$)，过流能力计算可按公式(4.2-31)或者公式(4.2-32)计算：

$$Q = B_0\mu_0 h_s \sqrt{2g(H_0 - h_s)} \tag{4.2-31}$$

其中

$$\mu_0 = 0.877 + \left(\frac{h_s}{H_0} - 0.65\right)^2 \tag{4.2-32}$$

式中：μ_0—淹没堰流的综合流量系数。

4.2.3.2 渗流安全复核

(1) 当岩基上水闸闸基设有水泥灌浆帷幕和排水孔时，闸底板底面上游端的渗透压力作用水头为$H-h_s$，排水孔中心线处水头为$a(H-h_s)$，下游端为零，其间各段依次以直线连接。作用于闸底板底面上的渗透压力计算如下：

$$U = \frac{1}{2}\gamma(H - h_s)(L_1 + \alpha L) \tag{4.2-33}$$

式中：U—作用于闸底板底面上的渗透压力，kN/m；

L_1—排水孔中心线与闸底板底面上游端的水平距离，m；

α—渗透压力强度系数，可采用 0.25；

L—闸底板底面的水平投影长度，m。

(2) 当岩基上水闸闸基设有水泥灌浆帷幕而未设排水孔，或排水幕失效时，闸底板底面上游端的渗透压力作用水头为$H-h_s$，帷幕中心线处水头为$a(H-h_s)$，下游端为零，其间各段依次以直线连接。作用于闸底板底面上的渗透压力计算如下：

$$U = \frac{1}{2}\gamma(H - h_s)(L_1 + \alpha L) \tag{4.2-34}$$

式中：U—作用于闸底板底面上的渗透压力，kN/m；

L_1—帷幕中心线与闸底板底面上游端的水平距离，m；

α—渗透压力强度系数，可采用 0.5；

L—闸底板底面的水平投影长度，m。

(3) 当岩基上水闸闸基未设水泥灌浆帷幕和排水孔时，闸底板底面上游端的渗透压力作用水头为 $H-h_s$，帷幕中心线处水头为 $a(H-h_s)$，下游端为零，其间各段依次以直线连接。作用于闸底板底面上的渗透压力计算如下：

$$U = \frac{1}{2}\gamma(H - h_s)L \tag{4.2-35}$$

4.2.3.3 结构安全复核

(1) 闸室基底应力应根据结构布置及受力情况，分别按照式(4.2-36)或式(4.2-37)进行计算。

① 当结构布置和受力情况对称时：

$$P_{\min}^{\max} = \frac{\sum G}{A} \pm \frac{\sum M}{W} \tag{4.2-36}$$

式中：$P_{\min}^{\max}$—闸室基底应力的最大值或最小值，kPa；

$\sum G$— 作用在闸室上的全部竖向荷载(包括闸室基础底面上的扬压力在内)，kN；

$\sum M$— 作用在闸室上的全部竖向和水平向荷载对于基础底面垂直水流方向的形心轴的力矩，kN·m；

A—闸室基底面的面积，m^2；

W—闸室基底面对于该底面垂直水流方向的形心轴的截面矩，m^3。

② 当结构布置及受力情况不对称时：

$$P_{\min}^{\max}=\frac{\sum G}{A}\pm\frac{\sum M_x}{W_x}\pm\frac{\sum M_y}{W_y} \tag{4.2-37}$$

式中：$\sum M_x$、$\sum M_y$— 作用在闸室上的全部竖向和水平向荷载对于基础底面形心轴 x、y 的力矩，kN·m；

W_x、W_y— 闸室基底面对于该底面形心轴 x、y 的截面矩，m^3。

(2) 土基上沿闸室基底面的抗滑稳定安全系数，应按式(4.2-38)或式(4.2-39)计算，黏性土地基上的大型水闸，沿闸室基底面的抗滑稳定安全系数宜按式(4.2-39)计算：

$$K=\frac{f\sum G}{\sum H} \tag{4.2-38}$$

$$K_c=\frac{\tan\varphi_0\sum G+C_0A}{\sum H} \tag{4.2-39}$$

式中：K_c—沿闸室基底面的抗滑稳定安全系数；

f—闸室基底面与地基之间的摩擦系数；

$\sum H$— 作用在闸室上的全部水平向荷载，kN；

φ_0—闸室基础底面与土质地基之间的摩擦角，°；

C_0—闸室基底面与土质地基之间的黏结力，kPa。

(3) 岩基上沿闸室基底面的抗滑稳定系数计算：

$$K_c=\frac{f'\sum G+C'A}{\sum H} \tag{4.2-40}$$

式中：f'—闸室基底面与岩石地基之间的抗剪断摩擦系数；

C'—闸室基底面与岩石地基之间的抗剪断黏结力，kPa。

(4) 当闸室设有两道检修闸门或只设有一道检修闸门，利用工作闸门与检修闸门进行检修时应进行抗浮稳定计算：

$$K_f=\frac{\sum V}{\sum U} \tag{4.2-41}$$

式中：K_f—闸室基底面与岩石地基之间的抗剪断摩擦系数；

$\sum V$— 作用在闸室上全部向下的铅直力之和，kN；

$\sum U$— 作用在闸室基底面上的扬压力，kN。

4.2.3.4 消能防冲复核

(1) 消力池深度按式(4.2-42)复核：

$$d = \sigma_0 h''_c - h'_s - \Delta Z \tag{4.2-42}$$

$$h''_c = \frac{h_c}{2}\left(\sqrt{1 + \frac{8\alpha q^2}{g h_c^3}} - 1\right)\left(\frac{b_1}{b_2}\right)^{0.25} \tag{4.2-43}$$

$$h_c^3 - T_0 h_c^2 + \frac{\alpha q^2}{2g\varphi^2} = 0 \tag{4.2-44}$$

$$\Delta Z = \frac{\alpha q^2}{2g\varphi^2 h_s'^2} - \frac{\alpha q^2}{2g h_c''^2} \tag{4.2-45}$$

式中：d—消力池深度，m；

σ_0—水跃淹没系数，可采用1.05～1.10；

h''_c—跃后水深，m；

h_c—收缩水深，m；

α—水流动能校正系数，可采用1.0～1.05；

q—过闸单宽流量，$m^3/(s \cdot m)$；

b_1—消力池首端宽度，m；

b_2—消力池末端宽度，m；

φ—孔流流速系数，可采用0.95～1.0；

T_0—由消力池底板顶面算起的总势能，m；

ΔZ—出池落差，m；

h'_s—出池河床水深，m。

(2) 消力池长度按式(4.2-46)复核：

$$L_{sj} = L_s + \beta L_j \tag{4.2-46}$$

$$L_j = 6.9(h''_c - h_c) \tag{4.2-47}$$

式中：L_{sj}—消力池长度，m；

L_s—消力池斜坡段水平投影长度，m；

β—水跃长度校正系数，可采用0.7～0.8；

L_j—水跃长度，m。

(3) 消力池底板厚度可根据抗冲和抗浮要求，分别按照式(4.2-48)或式(4.2-49)计算，并取大值：

抗冲
$$t = k_1 \sqrt{q\sqrt{\Delta H'}} \tag{4.2-48}$$

抗浮
$$t = k_2 \frac{U - \gamma h_d \pm P_m}{\gamma_b} \tag{4.2-49}$$

式中：t—消力池底板始端厚度，m；

$\Delta H'$—闸孔泄水时的上、下游水位差，m；

k_1—消力池底板计算系数，可采用0.15～0.20；

k_2—消力池底板安全系数，可采用 1.1～1.3；

U—作用在消力池底板底面的扬压力，kPa；

γ—水的重力密度，kN/m³；

h_d—消力池内水深，m；

P_m—作用在消力池底板上的脉动压力，kPa，其值可取跃前收缩断面流速水头值的 5%；计算消力池底板前半部的脉动压力时取"＋"号，计算消力池底板后半部的脉动压力时取"—"号；

γ_b—消力池底板的饱和容重，kN/m³。

(4) 当$(q_s\times(\Delta H')^{1/2})^{1/2}=1\sim9$，且能扩散良好时，海漫长度复核如下：

$$L_p = K_s\sqrt{q_s\sqrt{\Delta H'}} \tag{4.2-50}$$

式中：L_p—海漫长度，m；

q_s—消力池末端单宽流量，m³/(s·m)；

K_s—海漫长度计算系数，可由表 4.2-1 查得。

表 4.2-1　K_s 值查表

河床土质	粉砂、细砂	中砂、粗砂、粉质壤土	粉质黏土	坚硬黏土
K_s	14～13	12～11	10～9	8～7

4.2.4　涵洞安全复核

4.2.4.1　水力复核

应由涵洞水流流态决定计算过流能力所采用的公式。涵洞水流流态根据进口水深(从进口洞底算起的上游进口水深)、出口水深(从出口洞底算起的下游出口水深)与洞高的关系，分为无压流、半压力流、非淹没压力流及淹没压力流，其判别标准如下。

① 进口水深 $H\leqslant1.2D$(D 为洞高，H、D 单位均为 m)时：当出口水深 $h<D$，为无压流；当 $h\geqslant D$，为淹没压力流。

② $1.2D<H\leqslant1.5D$ 时：当 $h<D$，为半压力流；当 $h\geqslant D$，为淹没压力流。

③ $H>D$ 时：当 $h<D$，为非淹没压力流；当 $h\geqslant D$，为淹没压力流。

无压流涵洞水流流态还与洞身长度有关，分为长洞与短洞，其判别标准为：$L<8H$ 时为短洞；$L\geqslant8H$ 时为长洞。L 为洞身长度，单位为 m。

涵洞过流能力应按下列不同流态分别计算。

(1) 无压流涵洞过流能力计算：

$$Q = \sigma\varepsilon mB\sqrt{2g}H_0^{\frac{3}{2}} \tag{4.2-51}$$

$$H_0 = H+\frac{\alpha v^2}{2g} \tag{4.2-52}$$

$$\sigma = 2.31\frac{h_s}{H_0}\left(1-\frac{h_s}{H_0}\right)^{0.4} \tag{4.2-53}$$

$$h_s = h - iL\text{（短洞）} \tag{4.2-54}$$

式中：Q—涵洞过流量，m^3/s；

B—洞宽，m；

m—流量系数，可近似采用 $m=0.36$；

ε—侧收缩系数，可近似取 $\varepsilon=0.95$；

H_0—包括行进流速水头在内的进口水深，m

g—重力加速度，$g=9.81$，m/s^2；

σ—淹没系数，可计算求得，或按表 4.2-2 查得；

h_s—洞进口内水深，m，对长洞需以出口水深为控制水深，从出口断面向上游推算水面线以确定洞进口内水深；

v—上游行进流速，m/s；

α—动能修正系数，可采用 $\alpha=1.05$。

表 4.2-2　淹没系数 σ 值表

h_s/H_0	≤0.72	0.75	0.78	0.80	0.82	0.84	0.86	0.88	0.90	0.91
σ	1.00	0.99	0.98	0.97	0.95	0.93	0.90	0.87	0.83	0.80
h_s/H_0	0.92	0.93	0.94	0.95	0.96	0.97	0.98	0.99	0.995	0.998
σ	0.77	0.74	0.70	0.66	0.61	0.55	0.47	0.36	0.28	0.19

（2）半压力流涵洞过流能力计算：

$$Q = m_1 A\sqrt{2g(H_0 + iL - \beta_1 D)} \tag{4.2-55}$$

式中：m_1—流量系数，由表 4.2-3 查取；

A—洞身断面面积，m^2；

β_1—修正系数，由表 4.2-3 查取；

i—洞底坡降。

表 4.2-3　流量系数 m_1 及修正系数 β_1 值表

进口型式	m_1	β_1
圆锥形护坡	0.625	0.735
八字墙、扭曲面翼墙	0.670	0.740
走廊式翼墙	0.576	0.715

（3）压力涵洞过流能力应按非淹没压力流与淹没压力流分别进行计算。

① 非淹没压力流涵洞过流能力计算：

$$Q = m_2 A\sqrt{2g(H_0 + iL - \beta_2 D)} \tag{4.2-56}$$

$$m_2 = \frac{1}{\sqrt{1 + \sum\xi + \frac{2gL}{C^2 R}}} \tag{4.2-57}$$

$$R = \frac{A}{\chi} \tag{4.2-58}$$

$$C = \frac{1}{n}R^{\frac{1}{6}} \tag{4.2-59}$$

$$\sum \xi = \xi_1 + \xi_2 + \xi_3 + \xi_5 + \xi_6 \tag{4.2-60}$$

式中：m_2—流量系数；

β_2—修正系数，可采用 $\beta_2=0.85$；

R—水力半径，m；

χ—湿周，m；

C—谢才系数，$m^{1/2}/s$；

n—糙率，混凝土洞可采用 0.014；

$\sum \xi$— 除出口损失系数以外的局部水头损失系数总和；

ξ_1—进口损失系数，顶部修圆的进口可采用 0.1～0.2；

ξ_2—拦污栅损失系数，与栅条形状尺寸及间距有关，一般可采用 0.2～0.3；

ξ_3—闸门槽损失系数，可采用 0.05～0.1；

ξ_5—进口渐变段损失系数，可按表 4.2-4 查得；

ξ_6—出口渐变段损失系数，可按表 4.2-4 查得。

表 4.2-4 渐变段水头损失系数

渐变段型式	进口	出口
扭曲面	0.1～0.2	0.3～0.5
八字斜墙	0.2	0.5
圆弧直墙	0.2	0.5

② 淹没压力流涵洞过流能力计算：

$$Q = m_3 A\sqrt{2g(H_0 + iL - h)} \tag{4.2-61}$$

$$m_3 = \frac{1}{\sqrt{\sum \xi + \frac{2gL}{C^2 R}}} \tag{4.2-62}$$

$$\sum \xi = \xi_1 + \xi_2 + \xi_3 + \xi_4 + \xi_5 + \xi_6 \tag{4.2-63}$$

$$\xi_4 = \left(1 - \frac{A}{A_{下}}\right)^2 \tag{4.2-64}$$

式中：m_3—流量系数；

$\sum \xi$— 局部水头系数的总和；

$A_{下}$—出口后下游过水断面面积，m^2；

ξ_4—出口损失系数，当出口后下游过水断面较大，比值 $A/A_{下}$ 很小时，ξ_4 可近似取为 1。

4.2.4.2 渗流安全复核

涵洞渗流安全评价主要内容为涵洞的基础渗流，重点分析结构伸缩缝的渗流安全和涵洞上浮段的渗流安全。当存在内水外渗时，应分析内水外渗对涵洞围岩（土）的影响，判断涵洞外围结合带有无接触冲刷等渗透稳定问题。当结合部存在渗漏时，应判断周围土体是否存在集中渗漏冲刷，并分析集中渗漏冲刷对建筑物安全的影响。应分析工程所在地工作条件、地区气候和环境等情况，评价涵洞结构缝和止水的抗渗性能和耐久性。当有可靠的监测资料时，宜结合渗流监测资料，分析评价涵洞外地下水的渗流性态及其对建筑物的影响。当出现渗流条件变化、存在渗流安全隐患时，应进行渗流安全复核，渗流分析计算宜采用三维有限元法。渗流计算工况根据运行条件和设计工况选取，计算参数应采用反演值或现场检测、勘探试验值，并分析参数选取的合理性。

4.2.4.3 结构安全复核

涵洞结构安全评价应包括地基稳定，涵洞顶板、底板、边墙和中墙结构安全，进出口顶部渠（路）边坡稳定，以及进出口建筑物、陡坡工程的结构安全等。地基稳定评价应搜集各地层土体的力学参数，必要时进行补充地质勘测，分析评价基底应力及地基沉降量是否满足规范要求。结构安全复核应考虑自重、内水压力、外水压力、围岩（土）压力和地面荷载等。计算工况应包括运行期、检修期等各阶段可能出现的典型工况。当结构两侧基础存在不对称荷载或约束条件时，除应计入横向非对称荷载和约束外，还应考虑地基横向变形作用对结构的影响。

结构安全复核应包括以下内容：管段及镇墩的抗滑稳定、抗浮稳定；地基纵向沉降变形。对于地基条件复杂或特殊管段应复核结构纵向内力（或应力）、变形、强度、抗裂（或裂缝开展宽度）和稳定性等，结构截面内力（或应力）、变形、截面强度（配筋或预应力配束）、抗裂（或裂缝开展宽度）、结构稳定性等。

圆管涵、盖板涵、拱涵及箱涵均应取单位长度的横断面，采用结构力学方法或查表法计算内力，圬工侧墙可采用材料力学方法验算稳定性和截面应力。当涵洞穿越的地形条件较为复杂，涵洞段内存在较大的不均匀变形或地基纵向变形参数差别较大时，应针对该涵洞进行专门的纵向结构分析计算。当有可靠的监测资料时，应结合监测资料以及涵洞上部回填土厚度等进行强度复核，分析各部位沉降量及不均匀沉降是否满足规范要求。

岩石地基上的涵洞，应采用有限元法分析纵向变形，应重点分析地质缺陷部位和岩性变化部位的变形；软基上的1级、2级涵洞应进行沉降变形计算。对软土地基上的涵洞，纵向地基沉降变形可采用分层总和法计算，必要时可采用非线性有限元法进行对比分析；应根据地基条件和荷载条件进行地基承载能力验算。

钢筋混凝土顶板、底板、边墙及中墙结构安全评价应按《水工混凝土结构设计规范》（SL 191—2008）或其他标准的有关规定执行。应根据涵洞孔数、孔径、洞顶填土厚度、各部位的结构特点及荷载作用形式等，依据规范选取合适的计算方法和计算工况，评价其结构强度和裂缝控制是否满足要求。

涵洞穿越河道时，应复核河道冲刷深度，可参照《铁路桥渡勘测设计规范》（TB J17—86）的规定进行计算，并根据计算结果评价河道及河岸的防护措施。

4.2.4.4 涵洞消能防冲复核

涵洞的消能设施多采用深挖式消力池的布置形式，在此主要介绍深挖式消力池的计算。涵洞的消能防冲复核与一般水闸等输水泄水建筑物的下游消能防冲计算基本相同。

同时，涵洞复核计算时应考虑以下两点。

(1) 上游总势能确定原则

水闸消能计算时，上游总势能是按闸前断面的水位及流速计算的，而涵洞消能计算时的上游总势能 T_0 除无压流短洞按涵洞进口前断面的能量计算外，其余各种流态的涵洞均按出口端断面的能量计算，即各流态涵洞上游总势能 T_0 确定的原则如下。

① 无压短洞的流态类似于宽顶堰及开敞式水闸，因此其上游总势能的确定与水闸相同，按进口前断面的水位及流速计算。

② 无压流长洞的上游总势能按洞出口端断面计算，当出口水深 h 大于临界水深 h_k 时，出口端断面的水深为 h；当出口水深 h 小于临界水深 h_k 时，出口端断面的水深为 h_k，其中矩形断面临界水深由下式计算：

$$h_k=\sqrt[3]{\frac{\alpha(Q/b_2)^2}{g}} \tag{4.2-65}$$

式中：Q—为设计流量，m^3/s；

g—为重力加速度，其值为 9.81 m/s^2；

b_2—为消力池末端宽度，m。

③ 半压力流涵洞的上游总势能按洞出口端断面计算，出口端断面的水深为 $\beta_1 D$，其中 β_1 为修正系数，可查表 4.2-5 获得。

表 4.2-5　修正系数 β_1 值表

进口型式	β_1 值
圆锥形护坡	0.735
八字墙、扭曲面翼墙	0.740
走廊式翼墙	0.715

④ 非淹没压力流涵洞的上游总势能按洞出口端断面计算，出口端断面的水深为 0.85D，其中 D 为洞高。

⑤ 淹没压力流涵洞的上游总势能为按涵洞进口断面计算的总势能减去洞身进口局部水头损失及沿程水头损失。

对于上下游水位差及流速较大的半压力流及压力流涵洞，洞身进口局部水头损伤及沿程水头损失较大，如不考虑这部分水头损失，直接按进口断面水深及流速计算上游总势能，将使采用的上游总势能偏大，相应下游跃后水深及消力池深度计算值也偏大。

(2) 下游尾水深 h_s 小于临界水深 h_k 时的计算控制条件

有的排水涵洞下游无排水沟道时，消力池出口后水流呈无约束的漫流状，水深可能小于临界水深 h_k，在这种情况下应注意两个问题。

① 消力池出口的流态相当于宽顶堰，消力池深度计算的边界条件即按宽顶堰考虑，当下游尾水深 h_s 大于临界水深 h_k 时，相当于淹没式宽顶堰，消力池出口后(堰顶)的控制水深即为下游水深 h_s；如果下游尾水深 h_s 小于临界水深 h_k，则消力池出口的流态相当于非淹没宽顶堰，消力池出口后(堰顶)的控制水深不再是下游尾水深，而应为临界水深 h_k，如果仍以下游尾水深 h_s 作为消力池出口后的控制水深，消力池深度的计算值将偏大。

② 在这种情况下，即使设置了消力池，消减了出洞水流的部分能量，但由于下游尾水深 h_s 小于临界水深 h_k，出池水流还会形成由临界水深跌落至下游尾水深 h_s 的急流，因此消力池后在急流影响范围内还应加强防冲护砌。

4.3 数值复核方法

4.3.1 结构和渗流安全复核的有限元法

(1) 渗流计算原理

非饱和渗流是一个非常复杂的问题，从物理上考虑是一个多因素互相耦合的过程，其影响因素包括固、液、气三相的体积比、空气压力、土骨架体变、可溶盐含量、温度等。假设水在非饱和土中的渗流也服从达西定律，但与饱和土中渗流不同之处是非饱和土的渗流系数不是常量，而是土体饱和度的函数。

非饱和渗流基本微分方程是在假定达西定律同样适用于非饱和渗流情况的前提下通过与饱和渗流相同的方法推导出来的。非稳定饱和-非饱和渗流基本微分方程如下：

$$\frac{\partial}{\partial x_i}\left[k_{ij}^s k_r(h_c)\frac{\partial h_c}{\partial x_j}+k_{i3}^s k_r(h_c)\right]-Q=[C(h_c+BS_s)]\frac{\partial h_c}{\partial t} \tag{4.3-1}$$

式中：h_c—压力水头，m；

k_{ij}^s—饱和渗透系数张量；

k_{i3}^s—饱和渗透系数张量中仅和第 3 坐标轴有关的渗透系数值；

k_r—相对透水率，为非饱和土的渗透系数与同一种土饱和时的渗透系数的比值，在非饱和区 $0<k_r<1$，在饱和区 $k_r=1$；

C—比容水度，$C=\partial\theta/\partial h_c$，在正压区 $C=0$；

β—饱和-非饱和选择常数，在非饱和区等于 0，在饱和区等于 1；

S_s—弹性贮水率，饱和土体的 S_s 为一个常数，在非饱和土体中 $S_s=0$，当忽略土体骨架及水的压缩性时对于饱和区也有 $S_s=0$；

Q—源汇项。

非稳定饱和-非饱和渗流微分方程的定解条件包括初始条件和边界条件，简述如下。

① 初始条件

$$h_c(x_i,0)=h_c(x_i,t_0),i=1,2,3 \tag{4.3-2}$$

② 边界条件

$$h_c(x_i,t)|_{\Gamma_1}=h_{c1}(x_i,t) \tag{4.3-3}$$

$$-\left[k_{ij}^s k_r(h_c)\frac{\partial h_c}{\partial x_j}+k_{i3}^s k_r(h_c)\right]n_i|_{\Gamma_2}=q_n \tag{4.3-4}$$

$$-\left[k_{ij}^s k_r(h_c)\frac{\partial h_c}{\partial x_j}+k_{i3}^s k_r(h_c)\right]n_i|_{\Gamma_3}\geqslant 0 \text{ 且 } h_c|_{\Gamma_3}=0 \tag{4.3-5}$$

$$-\left[k_{ij}^s k_r(h_c)\frac{\partial h_c}{\partial x_j}+k_{i3}^s k_r(h_c)\right]n_i|_{\Gamma_4}=q_r(t) \tag{4.3-6}$$

式(4.3-2)—式(4.3-6)中：

n_i—边界面外法线方向余弦；

t_0—初始时刻，s；

h_{c1}—已知水头，m；

q_n—已知流量，m^3/s；

$q_r(t)$—降雨入渗流量，m^3/s；

$h_c(t_0)$—初始 t_0 时刻渗流场水头，m；

Γ_1—已知水头边界；

Γ_2—已知流量边界；

Γ_3—降雨入渗边界；

Γ_4—饱和逸出面边界。

(2) 静力计算原理

静力有限元法的支配方程为

$$[K]\{\delta\} = \{R\} \tag{4.3-7}$$

式中：$[K]$—整体劲度矩阵；

$\{R\}$—等效节点荷载列阵；

$\{\delta\}$—待求解节点位移列阵，由此可以计算得到各单元内的位移和应力。

其中，$[K]$和$\{R\}$是由相应的单元矩阵组装而成的。

$$[K] = \sum_{\varepsilon}[X]^{\mathrm{T}}[K]^{\varepsilon}[X] \tag{4.3-8}$$

$$[R] = \sum_{\varepsilon}\{R\}^{\varepsilon} \tag{4.3-9}$$

$$[K]^{\varepsilon} = \int_{\Omega_c}[B]^{\mathrm{T}}[D][B]\mathrm{d}\Omega \tag{4.3-10}$$

式中：$[X]$—单元选择矩阵；

$[D]$—弹塑性矩阵；

$[B]$—应变矩阵。

(3) 动力计算原理

自 20 世纪 20 年代起，拟静力法已经用于结构地震稳定性分析，拟静力法沿用边坡静力稳定性分析的基本思想，将地震的瞬时作用等效为一个水平方向和竖向的单向加速度作用，并施加在潜在不稳定滑体重心上，加速度的方向取为使边坡失稳的方向。

根据极限平衡理论，求解潜在不稳定滑体的静力平衡或力矩平衡方程，便可以确定滑体的拟静力安全系数。安全系数与边坡材料特性、破坏面形状和位置以及地震力大小相关。在拟静力分析中，边坡材料特性值可以通过现场或实验室相应实验测定，而破坏面形状和位置常常根据边坡地质条件采用经验或工程类比来确定。

在拟静力法抗震计算中，各质点水平向地震惯性力代表值根据式(4.3-11)计算：

$$F_i = \alpha_h \xi G_{Ei} \alpha_i g \tag{4.3-11}$$

式中：F_i—作用在质点 i 的水平向地震惯性力代表值；

ξ—地震作用的效应折减系数，除另有规定外，取 $\xi=0.25$；

α_i—质点 i 的动态分布系数；

g—重力加速度，m^2/s。

质点的动力分布系数应按下式确定：

$$\alpha_i = 1.4\frac{1+4(h_iH)^4}{1+4\sum_{j=1}^{n}\frac{G_{Ej}}{G_E}(h_jH)^4} \tag{4.3-12}$$

式中：n—坝体计算质点总数；

H—坝高，本工程空心坝计算至溢流面顶，m；

h_i、h_j—分别为质点 i、j 的高度，m；

G_E—产生地震惯性力的建筑物总重力作用的标准值。

4.3.2　结构稳定性分析的离散元法

砌石结构分析的重点为稳定性。砌石结构在长期服役下，已出现较为严重的病害，包括砂浆参数劣化、砂浆脱落流失、砌石错动、拱圈与上部结构脱空，等等。因此，对于此类长期服役结构的稳定复核计算，必须选择能够充分反映其各类病害特点的理论和方法。

为此，选择非连续介质力学中离散元方法进行计算，和连续介质力学理论不同，非连续介质力学理论相对容易体现砌石结构的各类病害特点。浆砌石结构，经历漫长的服役期，砂浆逐渐出现劣化、脱落、失效等病害，砌石和砌石之间发生错动等，呈现出离散化特征。一方面，砌石和砂浆所构成的结构力学特性已不符合连续介质力学的基本假设，如变形协调条件，非连续介质力学计算理论更容易模拟裂隙开裂、非连续及碎裂块体滑移错动等大变形现象。另一方面，如传统的强度理论、塑性区判断失稳等，已不适用于砌体结构稳定性判断：① 因为砌体结构自身建成之初也往往存在“接触面”，一定程度上可视为“裂纹”，此类结构正常“错动”也会成为“大变形”，按传统强度理论或塑性区贯穿失稳角度来判断，本身就已破坏，非连续介质力学的离散元更擅长处理此问题；② 砌石结构往往存在砂浆脱落流失、砌石错动、拱圈与上部结构脱空现象，这些病害致使结构错动及大变形等不连续现象更突出。因此，选择非连续介质力学理论以充分反映砌石结构的各类病害特点。

同时，《砌体结构设计规范》(GB 50003—2011)中无筋砌体构件设计中，仍然是以抗压、抗拉、抗剪强度控制设计，无论是计算参数还是计算项中都未包含砂浆参数劣化、砂浆脱落流失、砌石错动、拱圈与上部结构脱空等病害。因此，设计规范中的计算方法也难以体现砌石结构的病害影响。

所以，选择以非连续介质力学为基础的离散元软件对砌石结构进行稳定性分析。

材料本构模型主要采用经典的传统弹塑性模型，屈服准则采用 Mohr-Coulomb 准则。此准则假定破坏面是直线型，其公式为

$$f^s = \sigma_1 - \sigma_3 N_\varphi + 2c\sqrt{N_\varphi} \tag{4.3-13}$$

$$N_\varphi = (1+\sin\varphi)/(1-\sin\varphi) \tag{4.3-14}$$

式中：σ_1—最大主应力(压应力为负值)，kPa；

σ_3—最小主应力，kPa；

φ—内摩擦角，°；

c—内聚力，kN。

离散元法是专门解决不连续介质问题的数值模拟方法，基本思想是把不连续体分离为刚性元素的集合，使各个刚性元素满足运动方程，用时步迭代法求解各刚性元素运动方程，继而求得不连续体整体运动形态。

基本方程：在解决连续介质力学问题时，除满足边界条件外，还必须满足平衡方程、变形协调方程和本构方程。变形协调方程保证介质变形的连续性，对于离散元法而言，由于假设介质为离散的块体集合，故块体之间没有变形协调约束，因此不需满足变形协调方程。本构方程即物理方程，表征介质应力和应变间的物理关系。另外，相对于每一块体的平衡方程，还应满足物理方程——力和位移的关系，即

$$F_n = K_n U_n \tag{4.3-15}$$

式中：F_n—块体之间法向力，kN；

U_n—法向叠合位移，m；

K_n—法向刚度系数。

运动方程满足牛顿第二运动定律，在块体形心上，

$$F_I = \sum F_i, M = \sum e_{ij} x_j F_j, u_i = F_i/m, \theta = M/I \tag{4.3-16}$$

式中：m—砌石质量，kg，重心坐标(x,y)；

I—砌石绕其重心的转动惯量，kg·m^2；

M—砌石力矩，kN·m；

θ—颗粒转角，°；

F_i—颗粒所受到的外力的法向或切向分量，kN；

e_{ij}—颗粒形心位置。

4.4 红旗渠灌区渠道安全复核

4.4.1 渠道过流能力

4.4.1.1 参数选取

当槽身长度大于或等于渡槽进口渐变段前上游渠道正常水深的15倍时，也按明渠均匀流公式(4.1-1)计算。

表4.4-1 石渠糙率

渠槽表面的特征	糙率
经过良好修整	0.025 0
经过中等修整无凸出部分	0.030 0
经过中等修整有凸出部分	0.033 0
未经修整有凸部分	0.035 0～0.045 0

表 4.4-2　防渗衬砌渠槽糙率

防渗衬砌结构类别及特征		糙率
黏土、黏沙混合土、膨润混合土	平整顺直，养护良好	0.022 5
	平整顺直，养护一般	0.025 0
	平整顺直，养护较差	0.027 5
灰土、三合土、四合土	平整，表面光滑	0.015 0～0.017 0
	平整，表面较粗糙	0.018 0～0.020 0
水泥土	平整，表面光滑	0.014 0～0.016 0
	平整，表面较粗糙	0.016 0～0.018 0
砌石	浆砌料石、石板	0.015 0～0.023 0
	浆砌块石	0.020 0～0.025 0
	干砌块石	0.025 0～0.033 0
	浆砌卵石	0.023 0～0.027 5
	干砌卵石，砌工良好	0.025 0～0.032 5
	干砌卵石，砌工一般	0.027 5～0.037 5
	干砌卵石，砌工粗糙	0.032 5～0.042 5
混凝土	抹光的水泥砂浆面	0.012 0～0.013 0
	金属模板浇筑，平整顺直，表面光滑	0.012 0～0.014 0
	刨光木模板浇筑，表面一般	0.015 0
	表面粗糙，缝口不齐	0.017 0
	修整及养护较差	0.018 0
	预制板砌筑	0.016 0～0.018 0
	预制渠槽	0.012 0～0.016 0
	平整的喷浆面	0.015 0～0.016 0
	不平整的喷浆面	0.017 0～0.018 0
	波状断面的喷浆面	0.018 0～0.025 0

重要干、支渠的允许不冲流速，应根据渠床材料、过水断面水力要素及泥沙等条件通过试验或选择相应的经验公式计算确定，也可按表 4.4-3 选用。

表 4.4-3 防渗衬砌渠道允许不冲流速

<table>
<tr><th colspan="3">防渗衬砌结构类别</th><th>允许不冲流速(m/s)</th></tr>
<tr><td rowspan="5">砌石</td><td colspan="2">干砌卵石(挂淤)</td><td>2.50～4.00</td></tr>
<tr><td rowspan="2">浆砌石</td><td>单层</td><td>2.50～4.00</td></tr>
<tr><td>双层</td><td>3.50～5.00</td></tr>
<tr><td colspan="2">浆砌料石</td><td>4.0～6.0</td></tr>
<tr><td colspan="2">浆砌石板</td><td><2.5</td></tr>
</table>

浑水渠道的允许不淤流速应根据水流挟沙能力，按各地区经验公式计算确定。渠底比降应根据渠道沿线地形、地质条件，设计流量和含沙量等因素，通过计算分析确定。

依据《灌溉与排水工程设计标准》(GB 50288—2018)，续灌渠道加大流量的加大百分数，可按表 4.1-1 采用，湿润地区可取小值，干旱地区可取大值。红旗渠所处属半湿润地区，总干渠加大百分数取 15%；干渠设计流量 5～20 m^3/s 时加大百分数取 20%；干渠设计流量 1～5 m^3/s 时加大百分数取 25%。

需要指出的是，灌区渠道勾缝砂浆老化缺失严重，当水位超过衬砌高度时，渠墙渗漏严重。考虑到节水改造与续建配套衬砌高度，红旗渠灌区管理处采取了控制水位运行，这里，加大流量时的水深仅作参考。

4.4.1.2 总干渠过流能力

总干渠渠道标准段见图 4.4-1，标准段高 4.5 m，净宽 8.0 m，墙厚 1.2 m。总干渠的渠墙为砌石结构。

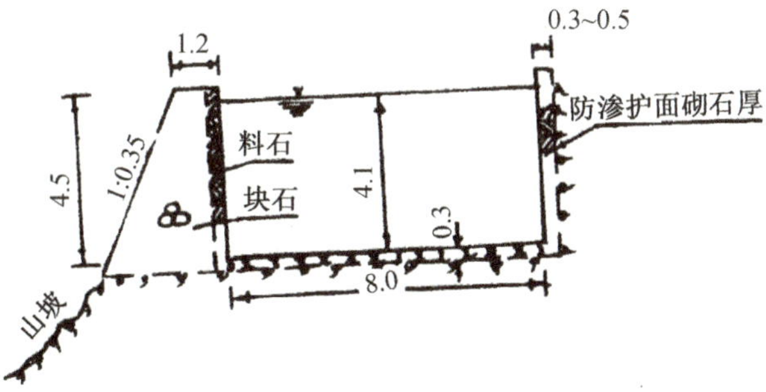

图 4.4-1 总干渠渠道矩形断面图(单位:m)

总干渠的坡降由渠首引水高程和灌区制高点分水岭海拔 450 m 所决定，渠首山西省平顺县石城镇候壁断崖下海拔高程为 465 m，设计渠首渠底为海拔 464.75 m。总干渠采取比较平缓的坡降 1/8 000，各大型建筑物则采取了 1/3 500 左右或更陡的坡降，以减少工程方量。

总干渠为灌区的控制工程，已于 2005—2010 年对其影响渠道正常运行的险工险段进行了除险加固，对部分里外渠墙进行了混凝土衬砌，同时对部分坍塌部位进行了翻砌处理。依据本次安全评价现状调查和现场检测成果，总干渠渠道总体较为完整，局部存在变形，左侧渠墙除部分段外，已衬砌至桩号 56+050；右侧渠墙部分渠段岩石质量较好，未衬砌，其余衬砌。本次复核考虑节水改造和续建配套衬砌的影响，认为总干渠糙率系数取值为 0.02，以此复核总干渠的过流能力。

根据现状调查和安全检测成果，考虑各渠道的糙率系数以及淤积的设计情况，结合设计流量，以此计算得到现状过流能力和设计水位，列于表 4.4-4。

4.4.1.3 干渠过流能力

一干渠沿太行山东麓向南至合涧与英雄干渠汇流，全长 39.4 km，设计纵坡 1/4 000～1/5 000，设计流量 6.8～14 m^3/s。一干渠于 1992—1997 年改造完毕，进行了渠道加固及防渗处理。

二干渠沿林州盆地东北边山腰蜿蜒东去至马店，全长 47.6 km，设计纵坡 1/1 000～1/5 000，加大流量 8.6～2.3 m^3/s。于 2005 年对二干渠部分渠段进行了技术改造。

三干渠从总干渠分水岭上游 560 m 的左侧引水，至东岗盆地，全长 10.9 km，设计纵坡明渠为 1/3 000，曙光隧洞为 1/1 000，设计流量 2.81～3.11 m^3/s，加大流量 3.24～3.59 m^3/s。三干渠现状淤积堵塞，部分渠墙错缝变形，甚至坍塌。

英雄干渠渠首位于山西、河南两省交界处的苏家坪，沿淅河左岸下行，穿过弓上水库二级输水洞，经河西、茶饭庄、大安，到上庄村西穿过英雄洞，至合涧大桥北全长 13.8 km。渠底纵坡 1/1 000，渠底宽 3.2 m，渠深 2.1 m，过水能力 8 m^3/s。目前英雄干渠已停止输水。

红英干渠为英雄干渠与一干渠汇流后名称，经南山到油村，全长 11.8 km，设计纵坡 1/2 000，设计流量 8.9 m^3/s。在 2008—2010 年度工程中对红英干渠全线、红英北分干（0+000—13+760 段）和红英南分干的部分渠段进行加固防渗处理。红英北分干（13+760—30+200 段）已于 2010—2013 年林州市水利大会战期间治理完毕。目前红英干渠、红英北分干运行良好。红英南分干部分渠段未进行技术改造，现状淤积严重，部分渠墙坍塌、渗漏严重，影响渠道正常运行。

依据现场检测成果，可知如下情况。

一干渠渠墙总体上较为完整，仅部分渠段两侧渠墙未衬砌。为此，本次复核认为一干渠糙率系数取值为 0.02。

二干渠渠道结构较为完好；但是部分渠段也存在如下问题：① 部分渠段淤积较严重；② 梯形渠开始处，左、右渠墙勾缝脱落、变位；③ 底部砌石勾缝脱落严重；④ 渠墙出现沉降迹象，如桩号 19+550 附近，两侧渠墙沉降位置对称，长约 14 m，沉降量约为 15 cm 和 10 cm；渠墙底部勾缝脱落、错位变形，如桩号 27+450—27+675 段，渠墙变位问题最为严重，在水流冲刷与冻融作用下，多块块石掉落。为此，本次复核认为二干渠糙率系数取值为 0.02，并考虑局部段沉降情况。

三干渠破损、变形、开裂等病害较多；几乎全线均存在渠墙倒塌、勾缝脱落、变位、开裂、块石移动或缺失、不均匀沉降等问题。具体如下：① 右侧渠墙普遍存在砌石变位甚至倒塌的现象，如桩号 0+080—0+307 段，右渠墙下有两砌石向渠内变位，约 5～15 cm；② 渠墙倒塌，桩号 0+100 处渠墙倒塌，长约 2 m，高约 60 cm；桩号 0+120 处渠墙倒塌，长约 4.1 m，高约 60 cm；③ 渠道内存在一定的淤积或长满杂草，如桩号 0+250、桩号 0+280—0+290 段，因雨水冲刷土质边坡，渠道内淤积；桩号 1+110 转弯处，渠内淤积，土、石块厚约 20～40 cm；④ 沿线存在多处沉降，如桩号 1+040 处左右渠墙均存在沉降及渠墙向渠内变位的问题，长约 30 m，最大沉降约 20 cm，变位约 10～20 cm。为此，本次复核认为二干渠糙率系数取值为 0.025，并考虑淤积情况。

根据现状调查和安全检测成果，考虑各渠道的糙率系数以及淤积的实际情况，结合设计流量，以此计算得到现状过流能力和设计水位，列于表 4.4-4。

表 4.4-4 红旗渠灌区总干渠及干渠水力要素统计表

序号	渠名	桩号		长度	浇地面积	底宽	渠深	水深 (m)		纵坡 i	糙率 n	加大流量水力要素				流量(m^3/s)	
		起	止	(m)	(亩)	(m)	(m)	设计	加大			过水断面 (m^2)	湿周 (m)	水力半径 (m)	流速 (m/s)	设计	加大
1	总干渠																
	渠首—分水岭	0+000	70+635	70 635		8.0	4.3	3.09	3.43	1/8 000	0.02	27.44	14.86	1.85	0.84	20.00	23.00
2	红旗渠一干渠																
	分水岭—红英汇流	0+000	39+717	39 717	35 1530												
	分水岭—水河	0+000	4+450	4 450		5.0	3.5	2.53	2.88	1/4 000	0.02	14.40	10.76	1.34	0.96	11.60	13.80
	水河—邢家堫	4+450	15+503	11 053		6.5	3.0	2.14	2.42	1/5 000	0.02	15.73	11.34	1.39	0.88	11.60	13.80
	邢家堫—黄华洪闸	15+503	22+342	6 839		6.5	2.8	2.03	2.31	1/5 000	0.02	15.02	11.12	1.35	0.86	10.80	12.96
	黄华洪闸—桃园渡桥	22+342	27+506	5 164		6.0	1.92	2.18	2.37	1/5 000	0.02	13.08	10.36	1.26	0.83	9.00	10.80
	栗园坡—红英汇流	27+900	30+717	2 817		4.7	2.6	1.77	2.02	1/5 000	0.02	9.49	8.74	1.09	0.75	5.90	7.08
3	红旗渠二干渠																
	分水岭—马店东	0+000	47+625	47 625	115 670												
	分水岭—分水岭电站	0+000	2+150	2 150		3.5	2.5	1.71	1.96	1/1 500	0.02	6.86	7.42	0.92	1.23	7.00	8.40
	分水岭电站—龙山沟	2+150	15+600	13 450		3.5	2.2	1.57	1.72	1/1 000	0.02	6.02	6.94	0.83	1.39	7.00	8.40
	龙山沟—庞村	15+600	22+238	6 638		2.8	1.95	1.40	1.65	1/1 000	0.02	4.62	6.10	0.76	1.31	5.00	6.00
	庞村—皇墓西洪闸	22+527	28+661	6 134		2.4	1.9	1.22	1.45	1/1 000	0.02	3.48	5.30	0.66	1.19	3.33	4.13
	夺丰渡槽—张家井	28+661	35+945	7 284		2.7	1.9	1.36	1.63	1/3 000	0.02	2.77	4.96	0.56	1.13	2.5	3.13
	张家井—马店东	35+945	47+625	11 680		2.5	1.8	1.18	1.38	1/3 000	0.02	3.73	5.46	0.68	0.71	2.1	2.63

续表

序号	渠名	桩号		长度	浇地面积	底宽	渠深	水深(m)		纵坡 i	糙率 n	加大流量水力要素				流量(m^3/s)	
		起	止	(m)	(亩)	(m)	(m)	设计	加大			过水断面(m^2)	湿周(m)	水力半径(m)	流速(m/s)	设计	加大
4	红旗渠三干渠																
	分水岭—曙光洞	0+000	10+910	10 910	45 932												
	分水岭—曙光洞入口	0+000	6+942	6 942		2.5	2.0	1.97	2.35	1/3 000	0.025	4.90	6.42	0.76	0.68	3.0	3.75
	曙光洞入口—二三支分水闸	6+942	10+910	3 968		2.0	2.0	1.41	1.68	1/1 000	0.025	2.82	4.82	0.59	0.88	2.5	3.13
5	英雄干渠																
	嘴上—红英汇流	0+000	11+415	11 415		3.2	1.68		1.8	1/1 000	0.018	5.38	6.56	0.82	1.54		8.26
6	红英干渠																
	红英汇流—油村	0+000	11+794	11 794	160 000	4.0	2.3		1.85	1/2 000	0.018	7.40	7.70	0.96	1.21		8.94
	油村—景色岭	0+000	30+200	30 200	50 168	2.4	2.0	1.48	1.75	1/2 000	0.018	3.55	5.36	0.66	0.94	7.76	9.31
	油村—邓家	0+000	38+037	38 037	61 504	2.7	2.2		1.76	1/2 000	0.018	4.73	6.20	0.76	1.04	3.34	4.18
7	淅南干渠																
	弓上水库—栗园岭	0+000	29+364	29 364	30 160	1.5	1.8		1.5	1/820	0.020	2.25	4.50	0.50	1.10		2.47

4.4.1.4　过流能力复核结果与分析

由表 4.4-4 可以看出：三干渠分水岭—曙光洞入口段因现状淤积、勾缝脱落、变形等原因，设计流量时所需水深为 1.97 m，按现行规范加大流量取 25%时，加大水深为 2.35 m。安全检测表明，三干渠桩号 1+000 处，原为沟口，经采用人工回填土（含碎石）处理后，修建三干渠。该段渠道发生沉降，长约 25 m，最大沉降约 20 cm，现状渠深为 2.0 m。为此，三干渠的断面能满足设计流量时的过流要求，但不能满足加大流量时过流要求。各段的流速均小于允许冲刷流速。

4.4.2　渠坡稳定复核

根据《水利水电工程边坡设计规范》（SL 386—2007），渠道、建筑物级别为 3 级，同时，边坡级别应根据相关水工建筑物级别及边坡与水工建筑物相互关系确定，由于边坡失事对水工建筑物危害程度严重，因此总干渠边坡级别按 3 级考虑。

根据地勘资料，本段地震设防烈度按Ⅶ度考虑，动峰值加速度处于 0.10～0.15g 的界线上，大致自任村镇—市区—合涧镇—原康镇一线以西为 0.10g，以东为 0.15g。计算采用基于极限平衡理论的边坡稳定计算软件，计算方法包括简化 Bishop 法和摩根斯坦—普赖斯法，计算工况包括正常运行工况和地震工况。

总干渠共选取 4 处进行稳定计算，分别为王家庄改线段、牛岭山渡槽段、圪针林段和赵所段。

4.4.2.1　王家庄改线段

王家庄改线段位于桩号 11+320 附近，该处由于旧渠道地质条件不良而改线。该处新渠道右岸为粉土高陡边坡，长约 30 m，坡高 10 m。根据地勘报告，平面图和地质剖面图分别见图 4.4-2、图 4.4-3，各岩土层及参数见表 4.4-5。

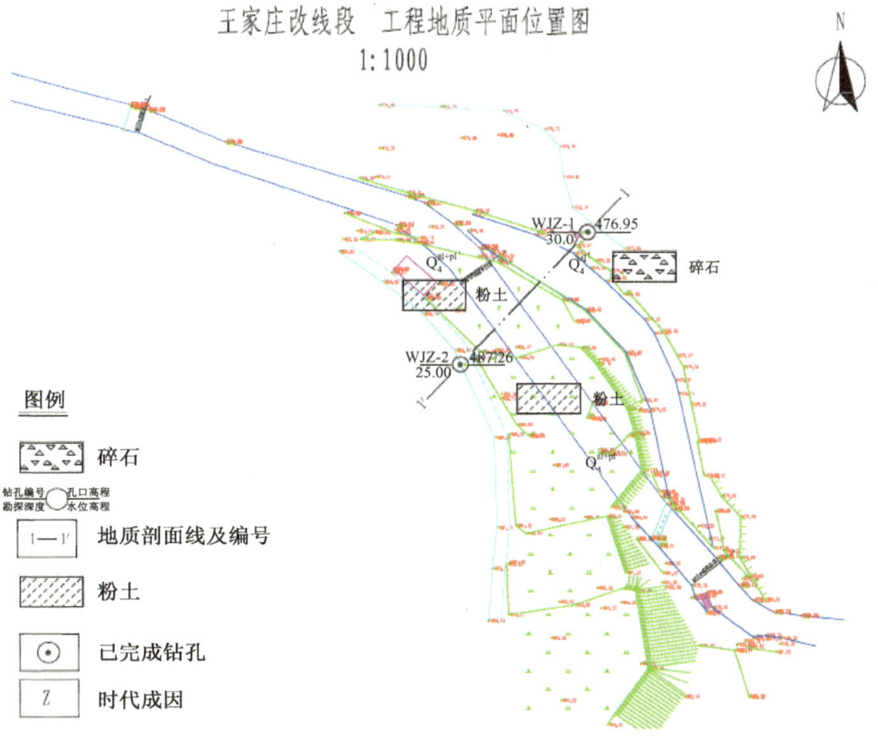

图 4.4-2　王家庄改线段平面位置图

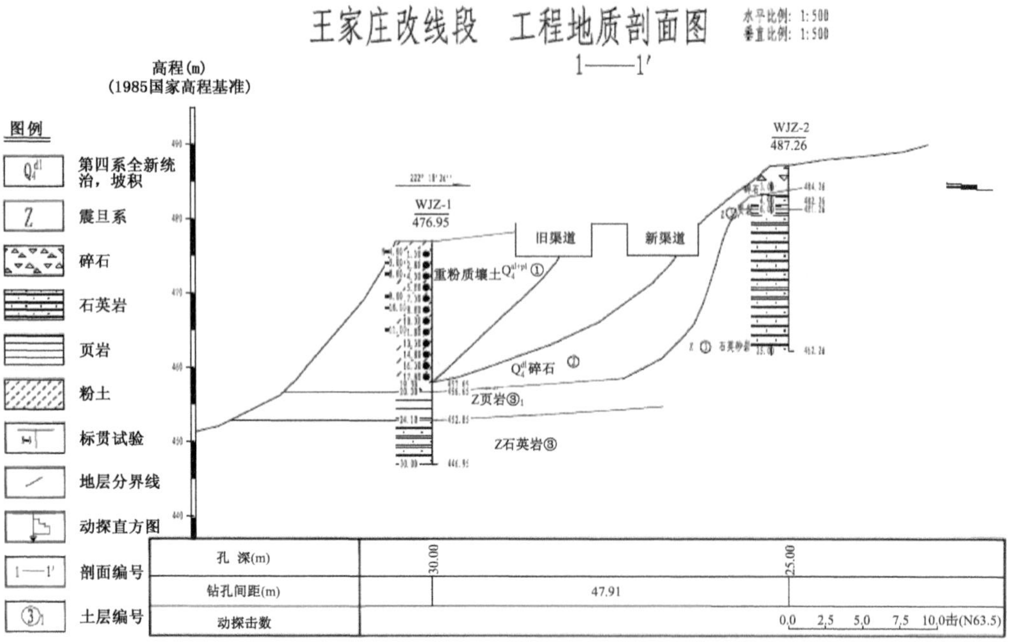

图 4.4-3 王家庄改线段地质剖面图

表 4.4-5 王家庄改线段岩土层及参数

岩土层名称		性状描述	计算参数(饱和指标)				
编号	名称		重度(kN/m³)	黏聚力(kPa)	内摩擦角(°)	抗剪断强度	
						f	C
①	重粉质壤土	浅黄色，重粉质壤土，局部为中粉质壤土，稍湿—湿，可—硬塑，含少量白色钙质斑纹	18.3	20.7	17.2	/	/
①1	重粉质壤土夹碎石	浅黄色，重粉质壤土，夹碎石，稍湿—湿，充填程度中密	19.0	15	19	/	/
②	碎石	以肉红色、紫红色石英砂岩为主，呈棱角状，粒径一般 20～100 mm，大者可见 12～15 cm，充填少量黄色重粉质壤土，充填程度中密	20.0	10	25	/	/
③	震旦系石英砂岩	震旦系石英砂岩，弱风化，块状结构，矿物成分主要是长石、石英。岩芯呈 30～60 cm 长柱状，采取率 85%，RQD 为 87，岩石质量指标属较好	26.3	/	/	0.6	0.7
③1	震旦系砂质页岩	风化面土青色，新鲜面蛋青色，含粉砂泥质结构，水平纹层构造，主要为粉砂碎屑，其碎屑粒径一般 0.06～0.03 mm，含量 20%左右，其他为泥质碎屑组成，含少量黏土矿物	26.0	/	/	0.45	0.3

王家庄改线段边坡现状、建立的计算模型见图 4.4-4，计算结果见表 4.4-6。稳定计算结果显示，现有渠道右岸高陡碎石坡积物边坡两种工况下稳定安全系数均小于 1，处于不安

全的状态。旧渠道左侧壤土边坡两种工况下稳定安全系数均大于规范允许值，说明左侧边坡安全。

(a) 现状

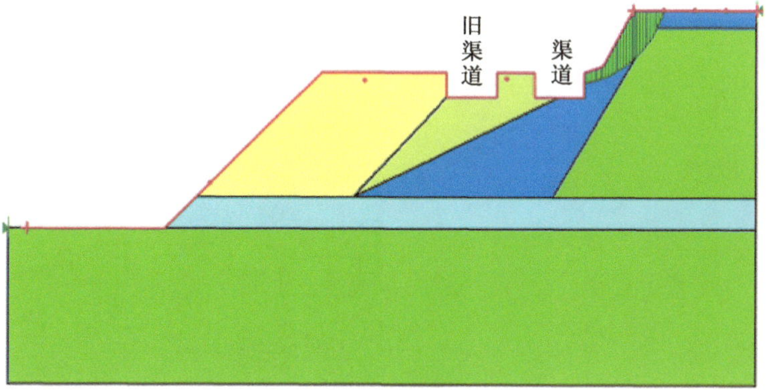

(b) 计算模型

图 4.4-4　王家庄改线段计算模型

表 4.4-6　王家庄改线段稳定计算结果

<table>
<tr><th rowspan="2">位置</th><th colspan="2">正常工况</th><th colspan="2">地震工况</th></tr>
<tr><th>计算值</th><th>规范允许值</th><th>计算值</th><th>规范允许值</th></tr>
<tr><td>渠道右岸</td><td>0.864</td><td rowspan="2">1.20～1.15</td><td>0.740</td><td rowspan="2">1.10～1.05</td></tr>
<tr><td>渠道左岸</td><td>1.529</td><td>1.220</td></tr>
</table>

4.4.2.2 牛岭山渡槽段

牛岭山渡槽上游，桩号 20+700—20+950 范围内，冲洪积物覆盖层边坡高达 27 m，边坡较陡。根据地勘报告，平面图和地质剖面图分别见图 4.4-5、图 4.4-6，各岩土层及参数见表 4.4-7。

表 4.4-7 牛岭山渡槽段岩土层及参数

岩土层名称		性状描述	计算参数(饱和指标)				
编号	名称		重度(kN/m³)	黏聚力(kPa)	内摩擦角(°)	抗剪断强度	
						f	C
①	杂色卵石层	杂色，卵石，半胶结～微胶结，中密，成分主要以灰岩为主，亚圆状、磨圆度较差，粒径一般为 20～80 mm，最大粒径可见大于 150 mm，粒径大于 20 mm 的含量约为 78%，充填物主要为中、粗砂，充填程度中密	20	18	20	/	/
②	震旦系石英砂岩	震旦系石英砂岩，弱风化，块状结构，矿物成分主要是长石、石英。岩芯呈 30～70 cm 长柱状，采取率 90%，RQD 为 90，岩石质量指标属较好	26.0			1.0	1.3

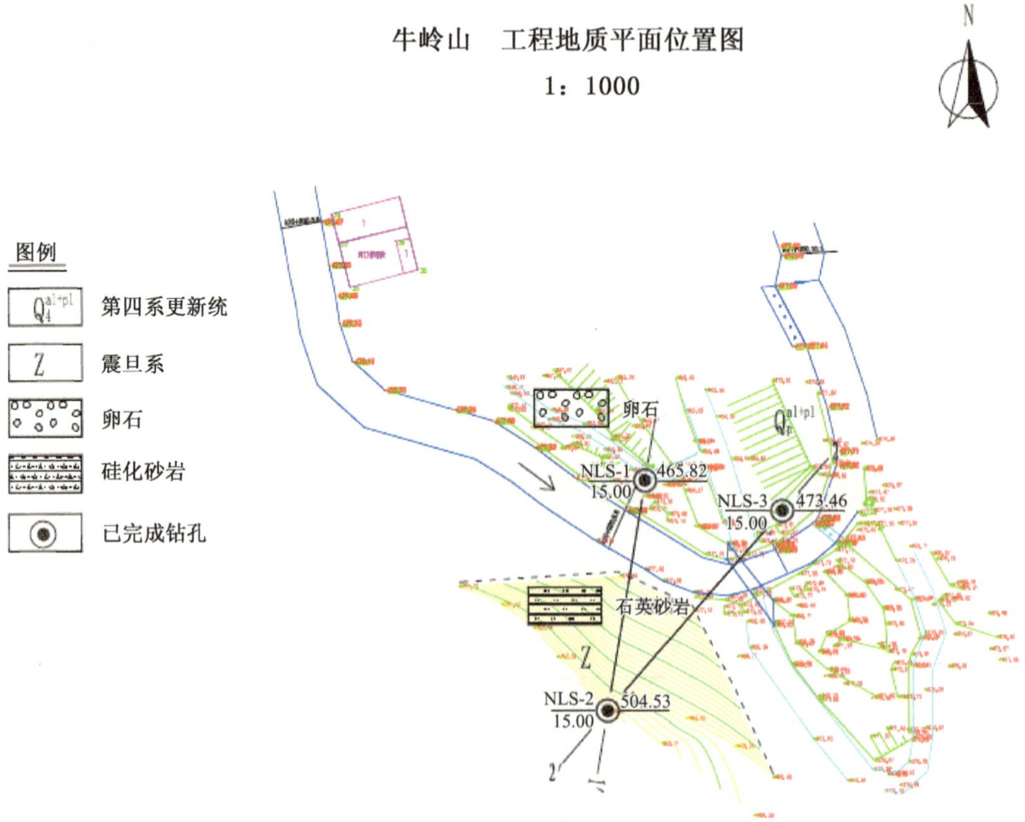

图 4.4-5 牛岭山段平面位置图

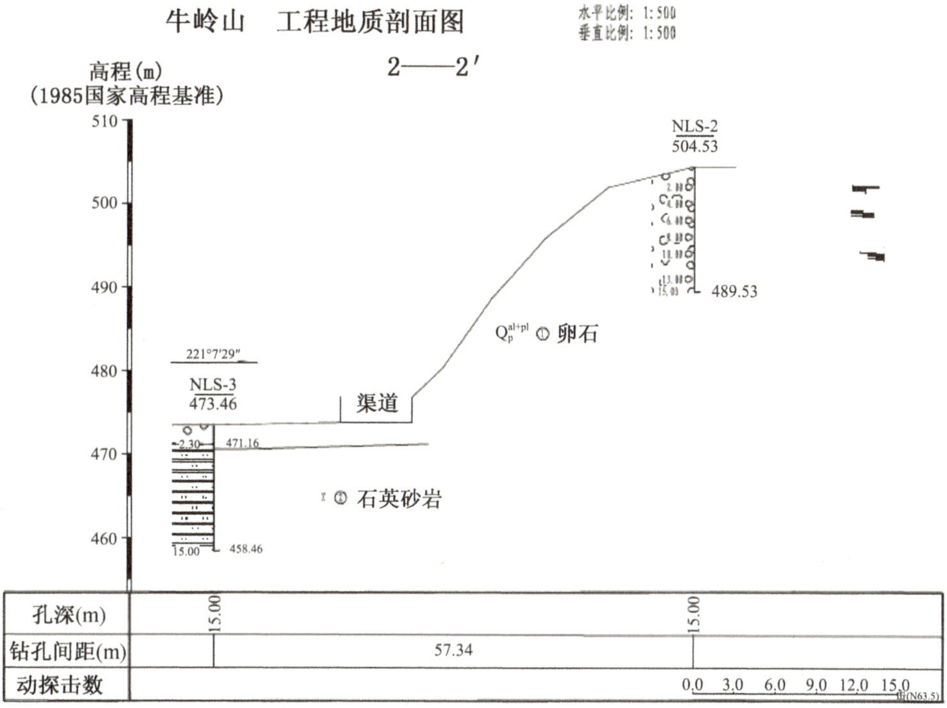

图 4.4-6 牛岭山段地质剖面图

牛岭山段边坡现状、建立的计算模型见图 4.4-7，计算结果见表 4.4-8。稳定计算结果显示，渠道右岸高陡冲洪积物边坡两种工况下稳定安全系数均小于 1，处于不安全的状态，遭遇降雨后，在雨水冲刷导致颗粒间黏结作用减弱后，极易发生滑坡事故。

(a) 现状　　(b) 计算模型

图 4.4-7 牛岭山段计算模型

表 4.4-8 牛岭山段稳定计算结果

正常工况		地震工况	
计算值	规范允许值	计算值	规范允许值
0.738	1.20～1.15	0.616	1.10～1.05

4.4.2.3 圪针林段

圪针林暗涵位于任村镇圪针林村南部，总干渠桩号 44＋900 附近渠墙砌浆脱落，外渠墙存在渗漏现象。右岸为冲洪积物高陡边坡，高 16 m。根据地勘报告，钻孔 15 m 均为卵石冲洪积物，平面图和地质剖面图分别见图 4.4-8、图 4.4-9，各岩土层及参数见表 4.4-9。

表 4.4-9 圪针林段岩土层及参数

岩土层名称		描述	计算参数(饱和指标)				
编号	名称		重度(kN/m³)	黏聚力(kPa)	内摩擦角(°)	抗剪断强度	
						f	*C*
①	杂色卵石层	杂色，卵石，中密，成分主要以灰岩为主，亚圆状、磨圆度较好，粒径一般为 20～70 mm，最大粒径可见大于 130 mm，粒径大于 20 mm 的含量约为 59%，充填物主要为中、粗砂，充填程度中密。本单元未揭穿，层底埋深 15 m 以上	20	10	30	/	/

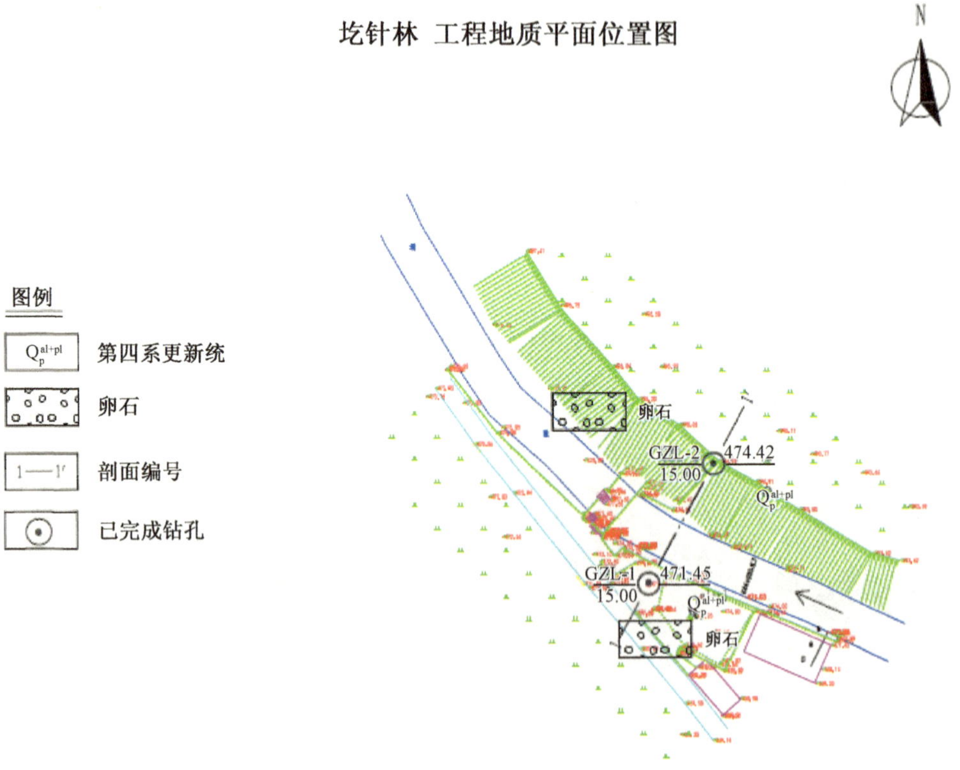

图 4.4-8 圪针林段平面位置图

圪针林段边坡现状、建立的计算模型见图 4.4-10，计算结果见表 4.4-10。稳定计算结果显示，渠道右岸高陡冲洪积物边坡两种工况下稳定安全系数均小于 1，处于不安全的状态，在降雨后，在雨水冲刷导致颗粒间黏结作用减弱后，极易发生滑坡、冲刷事故。

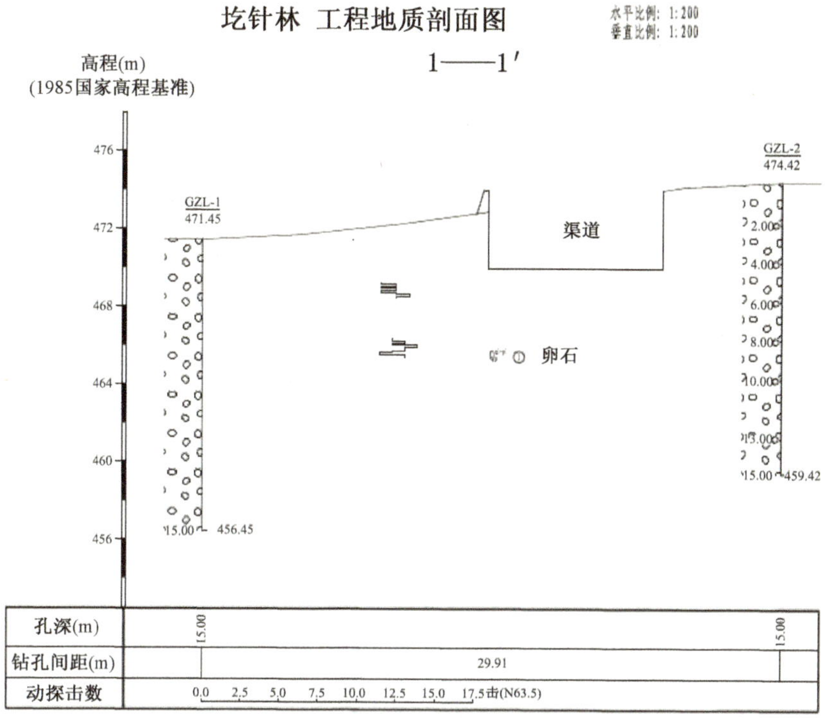

图 4.4-9　圪针林段地质剖面图

(a) 现状　　(b) 计算模型

图 4.4-10　圪针林段计算模型

表 4.4-10　圪针林段稳定计算结果

正常工况		地震工况	
计算值	规范允许值	计算值	规范允许值
0.752	1.20～1.15	0.637	1.10～1.05

4.4.2.4 赵所段

本区段位于总干渠桩号 35+700 附近(赵所段),2014 年 6 月 26 日凌晨,该处发生渠岸坍塌,渠水水位约 2~3 m,渠水从决口处下泄,并冲蚀渠道基础,形成约 34 m 宽决口,下游道路冲毁,村庄受淹,损失严重。在此之前,自上游桥涵处渠线流向由正南转向 SE115°,在决口处转向 SE150°绕山包而行,至山包最东侧转至 SW215°,随后折返向 NW280°,最终在改线段下游转向 SW245°,改为箱涵的渠道见图 4.4-11。因受复杂地质条件及渠线绕流角度大等因素影响,本段多次发生渠岸滑塌、决口事故。据查阅相关资料,在 1964 年通水以来,桩号 35+700 附近漏水比较严重,岸坡坍塌,滑坡时有发生,1973 年 11 月 29 日溃决失事,修复后又在缝合线桩号 35+691—35+742 范围出现裂缝,后多次灌浆处理。2014 年滑坡后,渠道进行了改线,改为在右侧箱涵渠道。

图 4.4-11　赵所段改为箱涵的渠道

现渠道改为了混凝土箱涵结构,并对山坡做了削坡处理,但在渠道后方原渠道处,坡度较大,仍然有滑坡的隐患。该处地质平面图和剖面图见图 4.4-12、图 4.4-13,岩土层参数见表 4.4-11。

表 4.4-11　赵所段岩土层参数

岩土层名称		计算参数(饱和指标)				
		重度 (kN/m³)	黏聚力 (kPa)	内摩擦角 (°)	抗剪断强度	
编号	名称				*f*	*C*
①	壤土夹碎(块)石	26	18	14	/	/
②	壤土夹碎(块)石	25	17	15	/	/
③	页岩坡积物夹角砾	24	15	20	/	/
④	土含砾石	21	19	16	/	/
⑤	破碎灰岩	26	/	/	0.57	0.3
⑥	页岩	25	/	/	0.17	0.2
⑦	灰岩	26	/	/	0.65	0.35

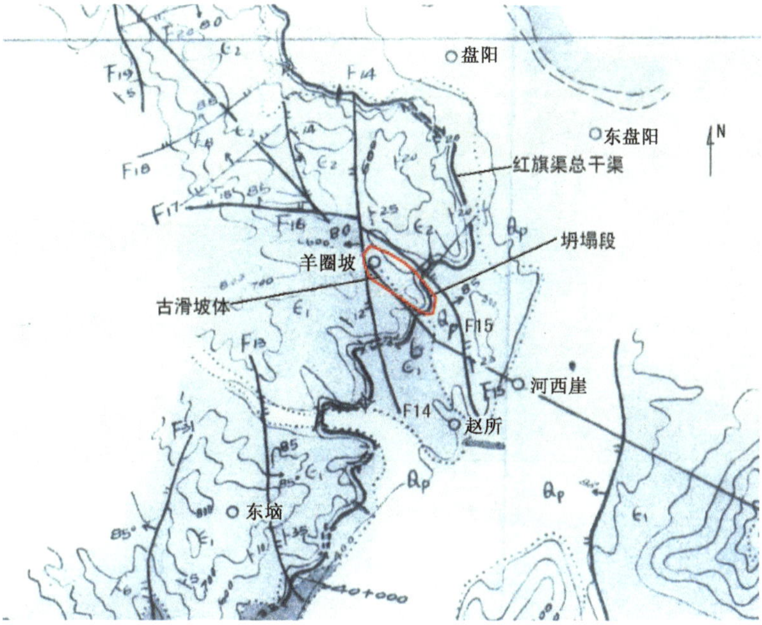

图 4.4-12　赵所段平面图

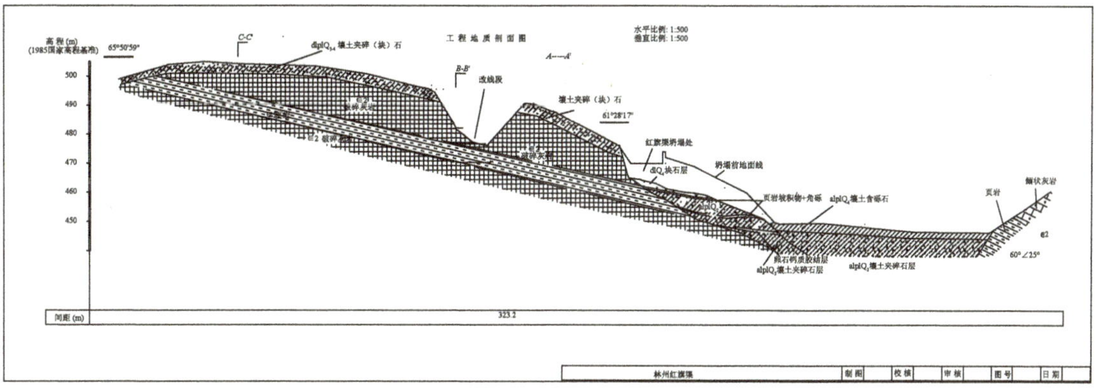

图 4.4-13　赵所段地质剖面图

为此本书计算了现渠道左侧、右侧，及包含渠道在内的整体稳定性，建立了计算模型，见图 4.4-14，结果见表 4.4-12。从结果可见，渠道左侧边坡稳定性差，在两种工况下，稳定性都不能满足要求。渠道右侧边坡稳定性满足要求，包含渠道在内的整体稳定性满足要求。

表 4.4-12　赵所段稳定计算结果

位置	正常工况		地震工况	
	计算值	规范允许值	计算值	规范允许值
渠道左侧	0.952	1.20～1.15	0.807	1.10～1.05
渠道右岸	1.285		1.140	
整体	1.547		1.155	

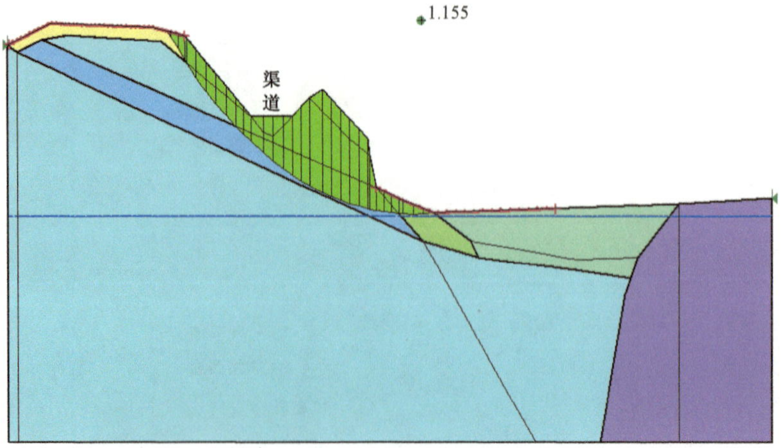

图 4.4-14　赵所段计算模型

4.4.3　渠墙

4.4.3.1　渠墙强度数值分析

以总干渠桩号 20+060 段为例说明渠墙强度和稳定成果。

(1) 二维模型及网格剖分

二维模型图中，取水平方向为 x 方向，竖直方向为 y 方向。采用有限元分析软件进行计算分析。本次建模设置网格数为 4 558 个。二维模型包括干渠外侧渠墙 1 主体及部分地基。模型地基深度取 2 m，右岸地基延伸范围约取 2 m，左岸地基延伸范围约取 2 m。

二维模型图与二维有限元网格剖分见图 4.4-15。

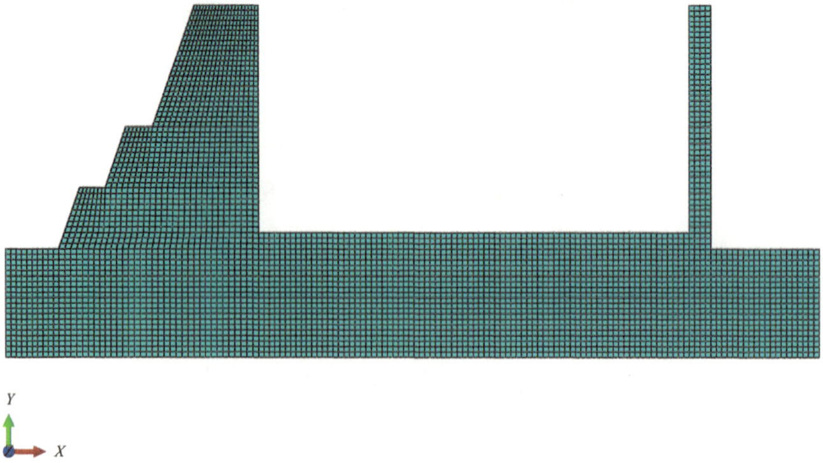

图 4.4-15　网格剖分图

(2) 强度复核结果

工况 1 为基本组合，即正常运行工况。所考虑的荷载包括渠墙 1 结构自重、渠道内水荷载。工况 2 为温降工况，温度荷载为降低 15 ℃。所考虑的荷载包括渠墙 1 结构自重、渠道内水荷载、温降荷载。工况 3 为温升工况，温度荷载为升高 15 ℃。所考虑的荷载包括渠墙 1 结构自重、渠道内水荷载、温升荷载。以工况 2 为例，外侧渠墙应力分布见图 4.4-16。

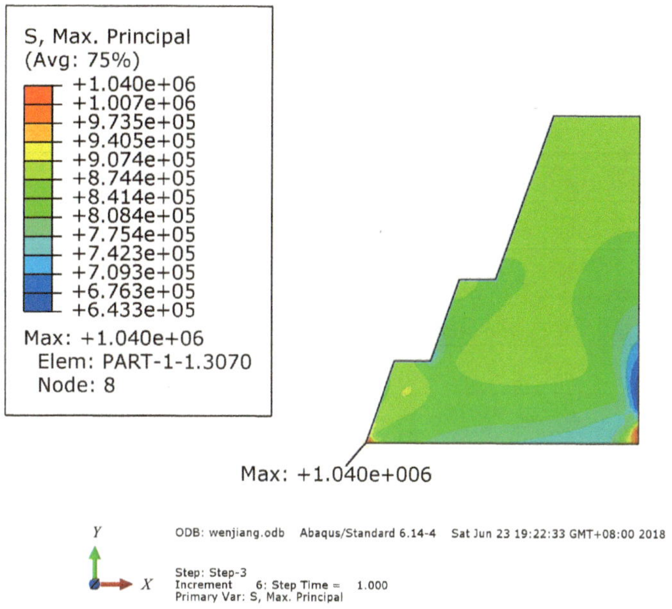

(a) 第一主应力图(单位:Pa)

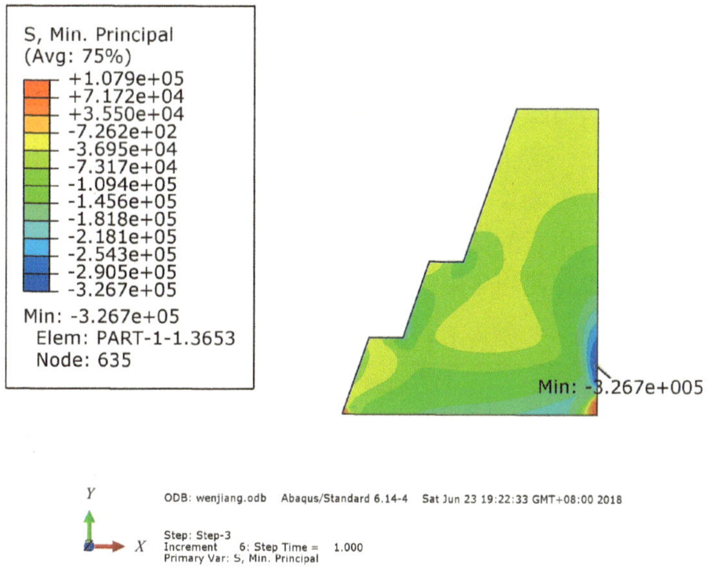

(b) 第三主应力图(单位:Pa)

图 4.4-16 工况 2 外侧渠墙 1 第一和第三主应力图

工况 1 下外侧渠墙第一主应力出现在渠墙外侧底部位置，值约为 3.09 kPa，小于浆砌石抗拉强度 340 kPa，满足强度要求。外侧渠墙第三主应力出现在渠墙内侧底部处，值约为－0.19 MPa，小于浆砌石抗压强度 5.00 MPa，满足强度要求。工况 2 下外侧渠墙第一主应力出现在渠墙内侧底部位置，值约为 1 040.0 kPa，大于浆砌石抗拉强度 340 kPa，部分墙体的砌石体灰缝可能因为拉应力过大产生裂缝。外侧渠墙第三主应力出现在渠墙内侧底部处，值约为−0.33 MPa，小于浆砌石抗压强度 5.00 MPa，满足强度要求。工况 3 下外侧渠墙第一主应力出现在渠墙外侧底部位置，值约为 204.7 kPa，小于浆砌石抗拉强度 340 kPa，满足强度要求。外侧渠墙第三主应力出现在渠墙内侧底部处，值约为−1.43 MPa，小于浆砌石抗压强度 5.00 MPa，满足强度要求。各工况下的渠墙应力分布如表 4.4-13 所示。

表 4.4-13 各工况应力分布表(单位:kPa)

类型		最大值	位置
工况 1	第一主应力	3.086	渠墙外侧中部
	第三主应力	−188.1	渠墙内侧底部
工况 2	第一主应力	1 040.0	渠墙外侧底部
	第三主应力	−326.6	渠墙内侧底部
工况 3	第一主应力	204.7	渠墙外侧底部 1/3 处
	第三主应力	−1 432.0	渠墙内侧底部

4.4.3.2 渠道耐久性评估

红旗渠灌区属于大型灌区，根据 SL 654—2014，渠道合理使用年限为 50 年。干渠始建设于 1960 年，1969 年干渠支渠等全部建成，至今运行了 50 年以上，超过了规范规定的合理使用年限。干渠渠道为砌石结构，主要是块石、勾缝浆料、渠底水泥混凝土衬砌，部分干渠或部分段渠墙有混凝土衬砌。

(1) 渠墙砌石

渠墙砌石为就地取材石料，一、二干渠主要为块状灰岩、泥质灰岩或白云岩、石英砂岩；三干渠主要为灰岩；红英干渠及南北分干渠主要为灰岩、白云岩、石英砂岩等。块石坚硬，根据地勘报告，岩石指标见表 4.4-14。由岩石的力学指标可知，块石抗压强度均在 5 MPa 以上，经过 50 余年的运行，块石的抗压强度仍然远大于墙体的最大压力值，因此，块石的使用年限应远大于 50 年的设计使用年限。

表 4.4-14 岩石力学指标

名称	块体密度(g/cm^3) 干/饱和	抗压强度 (MPa)干/饱和	弹性模量 ($\times 10^3$ MPa)	抗剪系数 f	抗剪断强度 f'/C'
白云岩	2.65～2.68/ 2.75～2.78	23.8	10.0	0.60～0.65	0.60/0.65
石英砂岩	2.64～2.66/ 2.70～2.73	151.5/81.7	15.0	0.60～0.70	1.0/1.3
弱风化石灰岩	2.70～2.73	47.2/37.5	13.0	0.55～0.60	1.0/1.2

(2) 勾缝材料

勾缝材料采用的是红土石灰，因当时条件简陋，砂浆标号较低，经过 50 余年的运行，受水流冲刷、风化、雨水等作用，大多已失效。因此，由于红土石灰勾缝基本已失效，渠道水流可通过块石之间渗漏。在现场调查中发现多处渗水，大多由块石之间勾缝失效所致。运行管理单位多次对块石之间的勾缝采用砂浆等进行修补。

(3) 混凝土衬砌

由于渠墙块石之间红土石灰勾缝基本失效，管理单位对渠道进行了维修加固。渠底采用混凝土衬砌，厚 10～20 cm；部分段渠墙内壁采用混凝土衬砌，厚约 10 cm，维修时间自 20 世纪 90 年代至今。采用混凝土衬砌的渠段，几乎没有渗水现象，说明混凝土衬砌很好地起到了防渗效果。混凝土衬砌的合理使用年限为 30～50 年。目前，干渠做了混凝土衬砌的渠段防渗效果较好。

综上，干渠主体由块石砌筑而成，岩石使用年限远超过 50 年，可以继续使用；由于红土勾缝基本已失效，为保证渠墙的不渗漏，可以采用混凝土衬砌或砂浆勾缝等进行维修，使得干渠可以继续使用。

4.5 红旗渠灌区典型渠系建筑物安全复核

红旗渠灌区安全鉴定时，对总干渠 3 个重点建筑物(空心坝、南谷洞渡槽和分水闸)，17 座一般建筑物(2 座渡槽、5 座水闸、10 座涵洞)，及一、二、三干渠 10 个渠系建筑物开展了安全复核，以下仍以总干渠南谷洞渡槽、分水闸，一干渠砦门渡槽、桃园渡槽为例说明安全检测内容、方法和主要成果，同时考虑到红旗渠灌区结构的特殊性，主要以数值模拟分析的方式进行。

4.5.1 总干渠南谷洞渡槽

红旗渠南谷洞渡槽均为砌石结构，运行时间较长，砌石间的勾缝材料老化风化明显，各渡槽结构均出现了不同程度的裂缝，存在一定安全隐患。为此，本次主要开展如下计算分析工作。

(1) 计算渡槽过流能力，评价槽顶安全超高。

(2) 根据红旗渠南谷洞渡槽的实际情况，建立南谷洞渡槽及其地基的结构分析三维有限元模型，分析研究南谷洞渡槽结构的应力变形及分布规律。

(3) 复核南谷洞渡槽的结构强度及其抗滑、抗倾覆稳定性及地基承载力等，分析渡槽的工作性态，评价其强度和稳定安全性。

(4) 综合计算分析成果，结合现场安全检查和检测结果，对红旗渠南谷洞渡槽建筑物的安全性态进行评价。

4.5.1.1 过流能力

根据《灌溉与排水工程设计标准》(GB 50288—2018)，总干渠加大流量为 23 m^3/s，渠道及渠道建筑物级别为 3 级，南谷洞渡槽级别为 3 级。2005 年红旗渠进行续建配套与节水改造工程，对南谷洞渡槽进行了钢筋混凝土衬砌处理，糙率取 0.015。计算可得过流能力为 23 m^3/s，相应的水深为 2.52 m。可见，过流能力满足设计要求。槽身过水断面通过设计流量时矩形断面的超高不应小于槽内水深的 1/12 加 0.05 m。通过加大流量时槽中水面与无栏杆槽身顶部或有栏杆槽身的拉杆底部高差不应小于 0.10 m。由此，计算得到槽身顶高程应为 2.78 m。渡槽挡水墙高 4.3 m，槽身顶高程满足规范要求。

4.5.1.2 数值模型

渡槽结构安全复核包括抗滑稳定、抗倾稳定、地基承载力、地基沉降、结构强度、结构变形和抗裂验算等。根据本次安全检测结果，复核分析结构安全。

采用有限元法计算，所得应力成果应避免特别不利的应力分布状态。槽身应力应符合下列要求：(1) 在各种荷载(地震荷载除外)组合条件下，槽墩与地基接触面垂直正应力应小于砌石体容许压应力和地基的容许承载力。(2) 槽身最大主应力应小于砌石体容许压应力。

1) 计算模型及参数

渡槽砌石体结构采用线弹性本构模型。在用超载法计算安全系数时，地基土体采用理想弹塑性本构模型，屈服破坏准则选用 D-P 准则。

进行渡槽结构的三维有限元法静动力分析和稳定性分析。渡槽槽身、槽墩及地基网格总体采用六面体单元，局部采用楔形体单元过渡，生成高质量的三维实体单元。南谷洞渡槽单项荷载作用效应分析模型坐标系遵守右手法则，x 为顺渡槽方向，y 为渡槽横向，z 铅直向上。x 方向计算范围为渡槽结构向两侧各延伸 40 m，y 方向计算范围取渡槽结构向两侧各延长 40 m 范围，z 方向计算范围选取承台以上所有渡槽结构体及槽墩底部以下 60 m 以内的地基岩体。整体有限元网格见图 4.5-1(a)，其中节点总数 431 294，单元总数 368 642，六面体单元总数为 361 083，楔形体网格为 7 559，六面体单元占 97.9%。局部有限元单元见图 4.5-1(b)、(c)，其中黄色单元代表裂缝区砌石体，裂缝区位置根据安全检测情况确定。

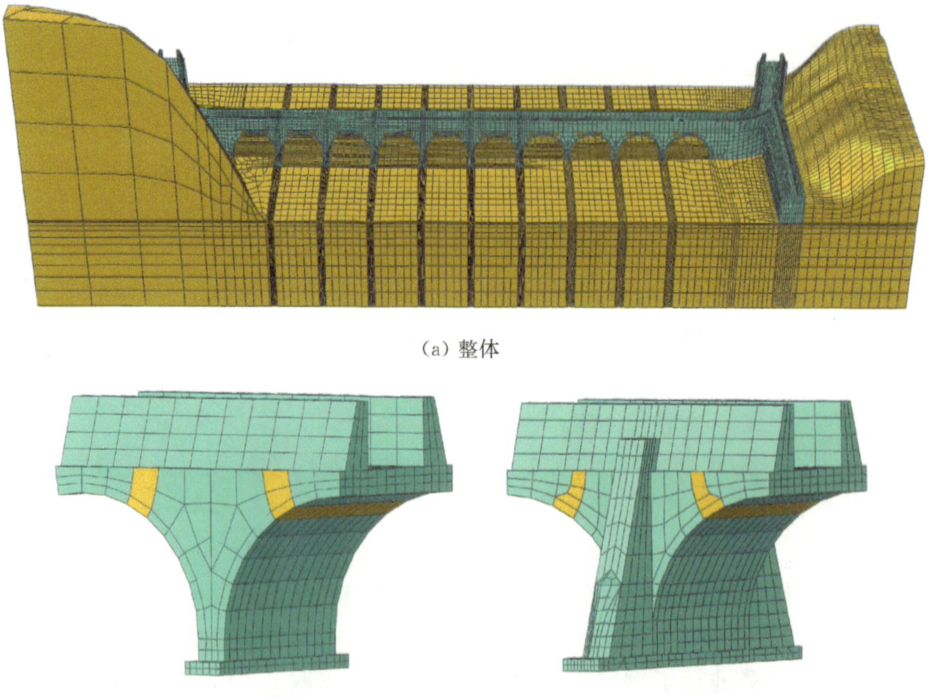

(a) 整体

(b) A2 槽段　　(c) A7 槽段

图 4.5-1　红旗渠南谷洞渡槽有限元网格

为便于成果叙述，对渡槽槽身及槽墩典型截面编号如下：顺 y 轴向，即渡槽顺水流方向，槽墩编号分别为 P1—P8，槽墩正上方的槽身编号分别为 C1—C8。槽墩 P4、P5 之间的单跨槽身各典型面分别编号 A1—A9。槽墩底面典型点位编号分别为 1—4,承台底面典型点位编号分别为 1—4,具体位置见图 4.5-2。

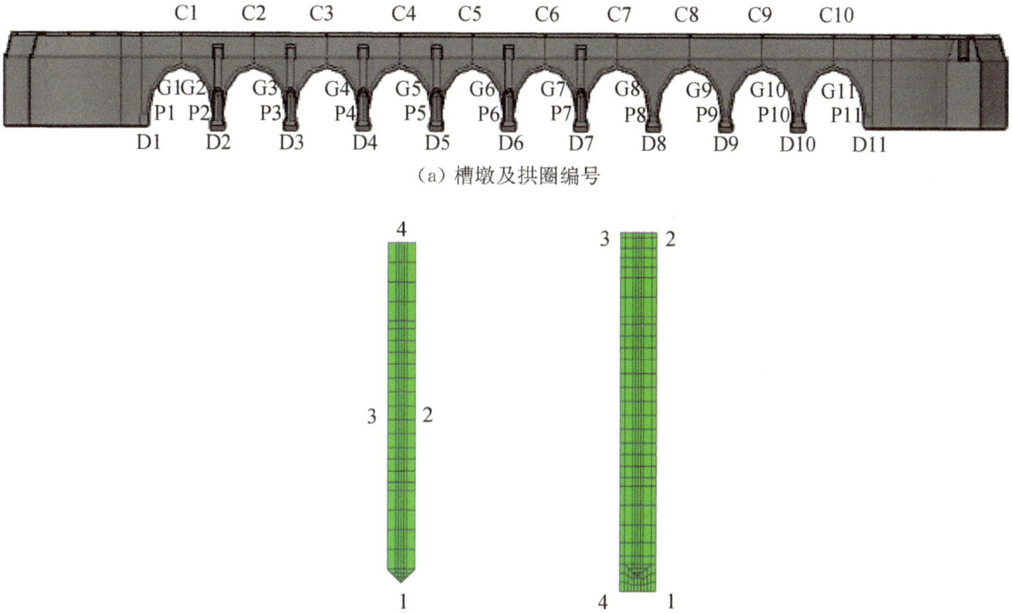

(a) 槽墩及拱圈编号

(b) 典型截面典型点编号　(c) 承台典型点编号

图 4.5-2　槽墩及拱圈编号和截面、承台典型点编号

根据《红旗渠安全评估项目工程地质勘察报告》与工程经验,确定红旗渠南谷洞渡槽模型的力学参数,见表 4.5-1。

表 4.5-1　南谷洞渡槽砌石体与地基材料力学参数

参数	密度(kg/m³)	弹模(kPa)	泊松比	黏聚力(kPa)	内摩擦角(°)	线膨胀系数(1/℃)
浆砌石	2 400	3 500	0.21	/	/	8×10^{-6}
岩石地基	2 500	10 000	0.20	25	35	6×10^{-6}
杂色卵石	1 960	10	0.31	20.6	38	1×10^{-3}
中砂	1 960	10	0.30	20.6	28	1×10^{-3}

计算所使用的温度荷载考虑 2 种情况,分别为体系升温 15 ℃、体系降温 15 ℃。

规定应力以拉为正、压为负,单位采用 kPa;位移单位为 mm。位移、应力分量及主应力分量及主应力名称约定见表 4.5-2。

表 4.5-2　采用的位移、应力分量及主应力名称约定

中文名	字母表示	字母表示	描述
x 向位移	u_x	U1	顺渡槽纵向的位移,简称"顺槽向位移"
y 向位移	u_y	U2	渡槽横向的位移,简称"横槽向位移"
z 向位移	u_z	U3	铅直方向的位移,简称"竖向位移"

续表

中文名	字母表示	字母表示	描述
大主应力	σ_1	Max Principal	材料力学中大主应力
小主应力	σ_3	Min Principal	材料力学中小主应力

2）计算工况和荷载

根据规范，渡槽静动力工作性态分析考虑的计算工况见表 4.5-3。由单项荷载作用效应，按表 4.5-3 的荷载组合要求，将各荷载效应量组合，可得到各工况下渡槽结构的变形和应力。

表 4.5-3　荷载效应量组合工况表

荷载组合	计算情况	荷载工况	荷载						
			自重	水重	静水压力	风压力	温度荷载		地震
							温升	温降	
基本组合	设计水深	工况一	√	√		√	√		
		工况二	√	√		√		√	
	空槽	工况三	√			√	√		
		工况四	√			√		√	
偶然组合	满槽水深	工况五	√	√		√	√		
		工况六	√	√		√		√	
	地震情况	工况七	√	√		√	√		√
		工况八	√	√		√		√	√

结构自重包括槽身、槽墩、墩台、拱腹填料及主拱圈的重量。

统计了林州市 2012 年 1 月至 2017 年 7 月每天的最高气温与最低气温，其最高温度为 40 ℃，最低温度为−13 ℃，具体见图 4.5-3。根据《建筑结构荷载规范》(GB 50009—2012)，南谷洞渡槽所在地区基本气温最高为 36 ℃，最低气温为−8 ℃。根据《灌溉与排水工程设计标准》(GB 50288—2018)，计算超静定渡槽结构收缩的附加应力，应按温度降低作用考虑，并规定砌石拱圈计算混凝土收缩附加应力时按温度降低作用考虑，参考表 4.5-4 进行取值。红旗渠南谷洞渡槽温度荷载引起的应力变形，分为 2 种情况进行计算分析：①计算体系一天内升温 15 ℃；②计算体系一天内降温 15 ℃。

表 4.5-4　计算附加应力时温度降低的取值

拱结构型式		相当温度降低值(℃)
整体现浇混凝土拱	一般地区	20
	干燥地区	30
整体现浇钢筋混凝土拱		15～20
分段浇筑的混凝土及钢筋混凝土拱		10～15
装配式钢筋混凝土拱		5～15

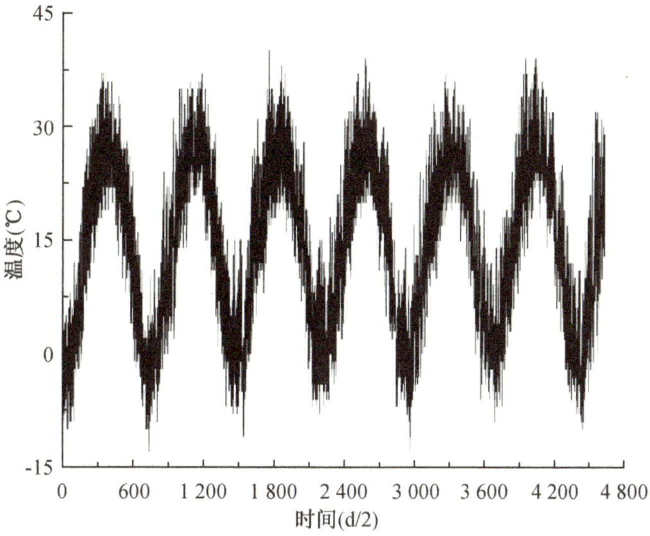

(a) 日最高与最低温度

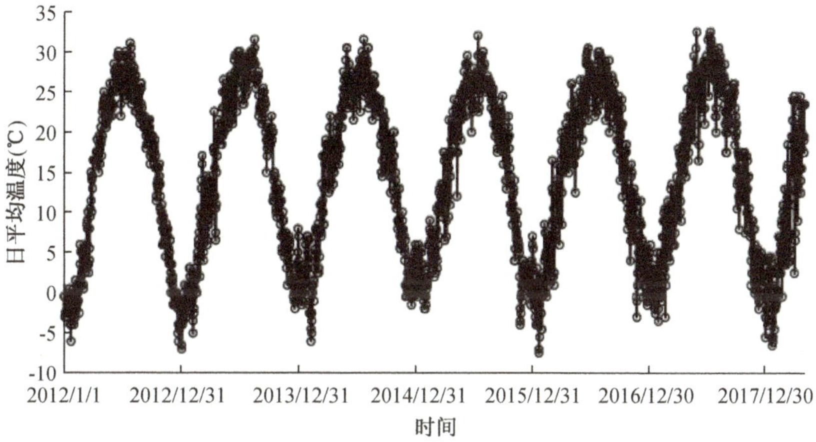

(b) 日平均温度

图 4.5-3　林州市 2012 年 1 月至 2018 年 4 月期间气温统计值

风压力根据《灌溉与排水工程设计标准》(GB 50288—2018)横槽方向垂直于渡槽表面的风压力计算公式计算。对于高度较大的排架、梁式渡槽，当结构的基本自振周期 T 大于 0.25 s 时，应计入风振影响，并按表 4.5-5 取值，不属于上述情况者可不考虑风振影响。由于南谷洞渡槽属于拱式渡槽，故风振系数取为 1.0。

表 4.5-5　风振系数

T(s)	0.25	0.50	1.00	1.50	2.00	3.50	5.00
β_z	1.25	1.40	1.45	1.48	1.50	1.55	1.60

依据《灌溉与排水工程设计标准》(GB 50288—2018)规定，μ_s 为风载形体系数，对于槽墩而言，取为 1.1；对于槽身而言，由于红旗渠南谷洞渡槽槽身高宽比接近于 0.9，渡槽槽身截面为矩形，渡槽槽内水流视为平稳流畅，故当空槽时 μ_s 取为 1.88，当满槽时 μ_s 取为

1.87;对于拱圈而言,μ_s 取为 1.30。μ_z 为风压高度变化系数,按表 4.5-6 选用,在有限元计算中,取每个单元的节点到地面的高度,并采取线性插值的方法计算 μ_z,即本次计算中,风压高度变化系数 μ_z 的选取见图 4.5-4。

表 4.5-6 风压高度变化系数

离地面高度(m)	5	10	15	20	30	40	50	60	70	80	90
μ_z	0.80	1.00	1.14	1.25	1.42	1.56	1.67	1.77	1.86	1.95	2.02

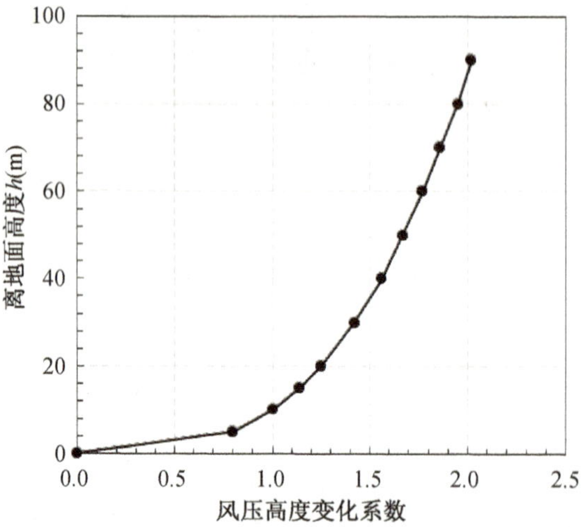

图 4.5-4 风压高度变化系数

根据《中国地震动参数区划图》(GB 18306—2015),南谷洞渡槽位于的林州市东岗镇地震烈度为Ⅶ度,按Ⅱ类场地取值,水平向地震加速度代表值为 0.15 g,竖向地震加速度代表值取为水平向峰值加速度代表值的 2/3,反应谱特征周期为 0.40 s。根据《水工建筑物抗震设计标准》(GB 51247—2018),对槽墩和槽身模型采用拟静力法进行计算,并应同时考虑顺槽向、横槽向和竖向的地震作用。

4.5.1.3 变形和应力分析

(1) 变形

变形计算结果见图 4.5-5、图 4.5-6。

静荷载组合工况中,各工况下南谷洞渡槽的横向位移、纵向位移及竖向位移均不大。横向位移最大值为 2.67 mm,位于拱身;纵向位移最大值为 1.00 mm,位于拱身;竖向位移最大值为 11.70 mm,位于槽身。地震作用引起的横向位移最大值为 2.43 mm,位于拱身;纵向位移最大值为 1.02 mm,位于拱身;竖向位移最大值为 11.98 mm,位于槽身。

由于南谷洞渡槽相邻墩台间最小跨径长度最大值为 20 m,小于 25 m,故相邻墩台间最小跨径长度取为 25 m,计算所得各墩台地基沉降量与相邻墩台基础的沉降差允许值分别为 100 mm 与 50 mm。采用有限单元法计算南谷洞渡槽运行期各墩台地基沉降量与相邻墩台基础的沉降差。

静荷载作用下,最大沉降为 2.15 mm,出现在工况六,即偶然组合下的满槽温降荷载组合;地震荷载作用下,墩台基础的沉降最大值为 3.05 mm,出现在工况七,即偶然组合下的

图 4.5-5 基本组合的空槽温降荷载组合竖向位移

图 4.5-6 偶然组合的设计水深温降地震工况竖向位移

地震温升工况。可知,各工况墩台基础的沉降均小于规范允许沉降值,符合规范要求。

静荷载作用下,沉降差最大为 0.42 mm,出现在工况四基本组合的空槽温降荷载组合;地震荷载作用下,沉降差最大为 0.43 mm,出现在工况八偶然组合的设计水深温降地震工况。可知,各相邻墩台基础的沉降差均小于规范允许沉降差,满足规范要求。

(2) 应力

应力计算结果见图 4.5-7—图 4.5-10。在静荷载作用下,南谷洞渡槽结构的拉应力最大值超过了抗拉强度,主要位于槽身处。在地震荷载作用下,南谷洞渡槽结构的最大拉应力位于槽身处,其值超过了砌石的抗拉强度。

依据《砌石坝设计规范》(SL 25—2006)的规定,确定砌石体胶凝材料的抗拉强度,结合安全检测情况,确定南谷洞渡槽胶凝材料标号抗压强度为 2 MPa,抗拉强度为 0.10 MPa。

表 4.5-7 大小主应力极值分布情况

工况	大主应力最大值(MPa)	大主应力最大值出现部位	小主应力最小值(MPa)	小主应力最小值出现部位
工况一	0.69 MPa	上游侧裂缝区砌石体上方的 C1 槽身内侧壁底部	−3.01 MPa	下游侧 D10 槽墩底部
工况二	1.30 MPa	上游侧裂缝区砌石体上方的 C1 槽身内侧壁底部	−2.31 MPa	下游侧 D11 槽墩下部
工况三	0.50 MPa	上游侧裂缝区砌石体上方的 C1 槽身内侧壁底部	−2.55 MPa	下游侧 D11 槽墩底部
工况四	1.03 MPa	上游侧 G2 槽墩上方的渠道内侧壁顶部	−1.88 MPa	下游侧 D11 槽墩底部
工况无	1.88 MPa	上游侧裂缝区砌石体上方的 C1 槽身内侧壁底部	−2.88 MPa	下游侧 D10 槽墩底部
工况六	1.93 MPa	上游侧裂缝区砌石体上方的 C1 槽身内侧壁底部	−2.20 MPa	下游侧 D9 槽墩底部
工况七	0.78 MPa	上游侧裂缝区砌石体上方的 C1 槽身内侧壁底部	−4.56 MPa	下游侧 D9 槽墩底部
工况八	1.58 MPa	上游侧裂缝区砌石体上方的 C1 槽身内侧壁底部	−3.93 MPa	下游侧 D9 槽墩底部

在静荷载作用下，南谷洞渡槽结构的拉应力最大值为 1.93 MPa，其值超过了砌石的抗拉强度 0.10 MPa，局部分布于上游侧裂缝区砌石体上方的 C1 槽身内侧壁底部，对槽身及渡槽的整体结构影响较小；压应力最大值为 3.01 MPa，大于浆砌石的抗压强度 2.0 MPa。

在地震荷载作用下，南谷洞渡槽结构的拉应力最大值为 1.58 MPa，其值超过了砌石的抗拉强度 0.10 MPa，局部分布于上游侧裂缝区砌石体上方的 C1 槽身内侧壁底部，对槽身及渡槽的整体结构影响较小；压应力最大值为 4.56 MPa，大于浆砌石的抗压强度 2.0 MPa。

渡槽结构的拉应力最大值超过了砌石的抗拉强度。但分析工况可知主要由温度应力引起，而温度应力可以通过材料变形释放并形成新的应力平衡，且拉应力仅局部分布于上游侧裂缝区砌石体上方的 C1 槽身内侧壁底部，且深度较浅，分布范围很小，不会对结构造成危害。

(a) 渡槽整体结构第一主应力

(b) 渡槽整体结构第三主应力

图 4.5-7 工况一应力分布云图(kPa)

(a) 渡槽整体结构第一主应力

(b) 渡槽整体结构第三主应力

图 4.5-8 工况六应力分布云图(kPa)

(a) 渡槽整体结构第一主应力

(b) 渡槽整体结构第三主应力

图 4.5-9 工况七应力分布云图(kPa)

(a) 渡槽整体结构第一主应力

(b) 渡槽整体结构第三主应力

图 4.5-10 工况八应力分布云图(kPa)

(3) 地基承载力

南谷洞渡槽所在场地的持力层为震旦系石英砂岩。各槽墩基础基底最大压应力运用材料力学法求取,荷载组合为工况一—工况八,各工况基底最大平均竖向应力见表 4.5-8。

表 4.5-8 各工况下基底最大平均竖向应力

工况	工况一	工况二	工况三	工况四	工况五	工况六	工况七	工况八
基底最大平均竖向应力(kPa)	213.5	211.7	205.8	200.1	219.7	230.9	331.2	324.9

由表 4.5-8 可知,静荷载作用下,基底最大压应力为 219.7 kPa,为工况五,即偶然荷载组合下的满槽温升荷载组合。地震作用下,基底最大压应力为 331.2 kPa,为工况七,即地震温升荷载组合。

4.5.1.4 稳定分析

根据《灌溉与排水工程设计标准》(GB 50288—2018)规定,浅基础应与墩台一起进行抗滑动稳定和抗倾覆稳定验算。抗滑动稳定的安全系数 K_c 和抗倾覆稳定的安全系数 K_0 应不小于 1.3、1.5。

各槽墩的抗滑稳定安全系数最小值为 10.1,大于规范允许值 1.3,满足规范要求;各槽墩抗倾覆稳定安全系数最小值为 2.4,大于规范允许值 1.5,满足规范要求。

4.5.1.5 复核计算结果

根据上述南谷洞渡槽现场安全评价及渡槽结构三维有限元计算分析,对南谷洞渡槽结构安全性态评价,具体如下。

(1) 渡槽的过流能力满足设计和规范要求。

(2) 沉降分析结果表明,各荷载组合下,墩台基础的沉降和相邻墩台基础的沉降差均小于规范允许值,符合规范要求。墩台沉降方面,静荷载作用下,最大沉降为 2.15 mm,发生在工况六,即偶然组合下的满槽温降荷载组合;地震荷载作用下,墩台基础的沉降最大值为

3.05 mm，发生在工况七，即偶然组合下的地震温升工况。相邻墩台基础沉降差均方面，静荷载作用下，沉降差最大为 0.42 mm，发生在工况四，即基本组合的空槽温降荷载组合；地震荷载作用下，沉降差最大为 0.43 mm，发生在工况八，即偶然组合的设计水深温降地震工况。

(3) 应力分析结果表明，各荷载组合下，渡槽的最大压应力大于抗压强度，最大拉应力大于抗拉强度，但仅局部分布于槽身侧壁。在静荷载作用下，南谷洞渡槽结构的压应力最大值为 3.01 MPa，发生在工况一，即设计水深温升荷载组合，出现在下游侧的槽墩下部；最大拉应力为 1.93 MPa，发生在工况六，即偶然组合下的满槽温降荷载组合，超过抗拉强度的拉应力出现在上游侧裂缝区砌石体上方的槽身内侧壁底部和上游侧槽墩上方的渠道内侧壁顶部。地震工况下，渡槽的最大压应力值为 4.56 MPa，发生在工况七，即偶然组合下的地震温升工况，出现在下游侧的槽墩下部；最大拉应力值为 1.58 MPa，发生在工况八，即偶然组合下的满槽温降荷载组合，超过抗拉强度的拉应力出现在上游侧裂缝区砌石体上方的槽身内侧壁底部。

(4) 地基承载力校核结果表明，各荷载组合作用下，渡槽基底应力符合规范要求，小于地基承载力。静荷载作用下，基底最大压应力为 219.7 kPa，为工况五，即偶然荷载组合下的满槽温升荷载组合；地震作用下最大基底平均压应力为 331.2 kPa，为工况七，即地震温升荷载组合。

(5) 采用材料力学法计算结构稳定性，结果表明，各槽墩的抗滑稳定安全系数最小值为 10.1，大于规范允许值 1.3，满足规范要求；各槽墩抗倾覆稳定安全系数最小值为 2.4，大于规范允许值 1.5，满足规范要求。

(6) 因缺少露水河的相关特征数据，没对槽下净空进行复核和评价。

4.5.2 总干渠分水闸

4.5.2.1 过流能力

根据规范《灌溉与排水工程设计标准》(GB 50288—2018)计算分水闸过流能力。结果见表 4.5-9，过流能力满足要求。

表 4.5-9 过流能力计算结果

项目	$A(m^2)$	$C(m^{-2}/s)$	$R(m)$	n	$V(m/s)$	$Q(m^3/s)$
计算结果	24.5	1.026	1.167	0.25	0.82	22.28

4.5.2.2 闸基抗渗稳定

采用三维有限元法进行闸基抗渗稳定计算分析和评价。渗流分析模型为等效连续模型，利用渗透张量反映裂隙岩体的渗透性，将非连续裂隙岩体等效为连续的导水介质，使渗流现象可以在区域的任意一点存在。计算程序为用 Visual C++开发的三维非稳定饱和-非饱和渗流有限元计算分析程序 CNPM3D。该程序可结合 AutoCAD 和 Surfer 等商用图形处理软件，形成了一套较为完善的渗流分析软件包，并结合国内外工程实践不断进行完善。

为了使计算模型从规模、结构和内涵上能够符合实际情况，满足设计提出的要求，对计算模型涉及的水文地质和工程地质等基础资料进行深入分析，建立总干渠分水闸三维有限元模型，考虑了地形、地质和主要结构。

(1) 计算模型坐标系和范围

根据渗流分析的一般原则和计算要求，结合工程的实际情况，构建三维有限元分析模型。计算坐标系原点取坐标$(x,y)=(x=-50.518\,8, y=7.151\,3)$，模型中：$x$轴指向东偏南30°为正，$y$轴指向北偏东30°为正，$z$轴垂直向上为正。上、下游边界分别截取至$x$轴和分水闸沿$y$轴正方向98 m；左、右岸边界分别截取至$y$轴和分水闸沿$x$轴正方向150 m；顶边界高程截至476 m，底边界高程截至426.56 m。根据建筑物布置、岩体分层、建筑物结构及计算要求等信息，共选取9个典型控制断面进行建模。模型截取范围及剖面位置见图4.5-11。

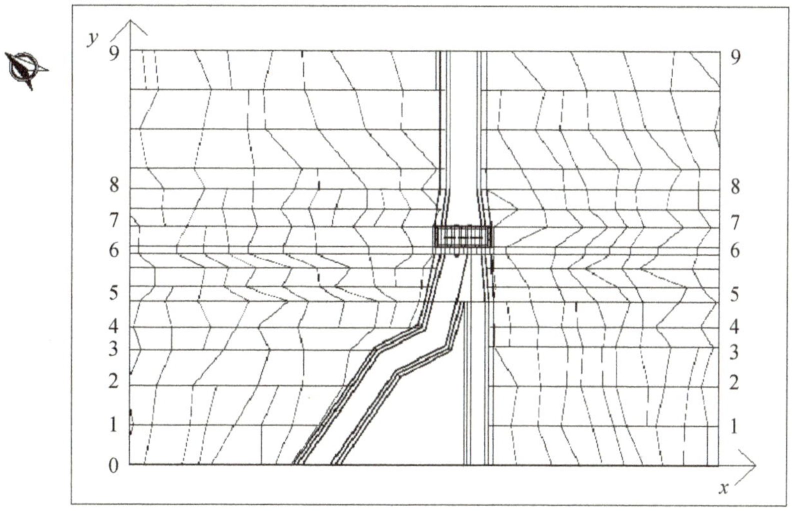

图 4.5-11　计算模型截取范围及剖面位置示意图

根据提供的工程地质和水文地质资料，将计算范围内的岩体按水文地质情况进行分层，并按照不同渗透系数进行分区。

利用有限元法进行数值模拟计算，首先需要根据计算对象和计算内容对计算区域进行离散，生成计算信息(结点信息、单元信息、边界信息等)，又称有限元计算前处理。这项工作的难度和强度，会随着计算对象规模尺寸的增大，以及结构形状复杂性和不均匀性的增强而急剧提高。这里采用"控制断面超单元有限元网格自动剖分法"进行有限元网格剖分，生成有限元计算信息。该法主要流程是：在细致分析计算区域各种地质结构和建筑结构的基础上建立少量的典型控制断面，利用这些控制断面构成超单元，用自编网格自动剖分程序对超单元进行细剖，从而最终生成有限元网格。首先形成三维超单元网格，其结点总数为2 519个，超单元总数为3 192个。加密细分后形成三维有限元网格，生成的有限元网格结点总数为35 132个，单元总数为31 315个。部分控制断面位置及有限元网格、三维有限元模型网格见图4.5-12。

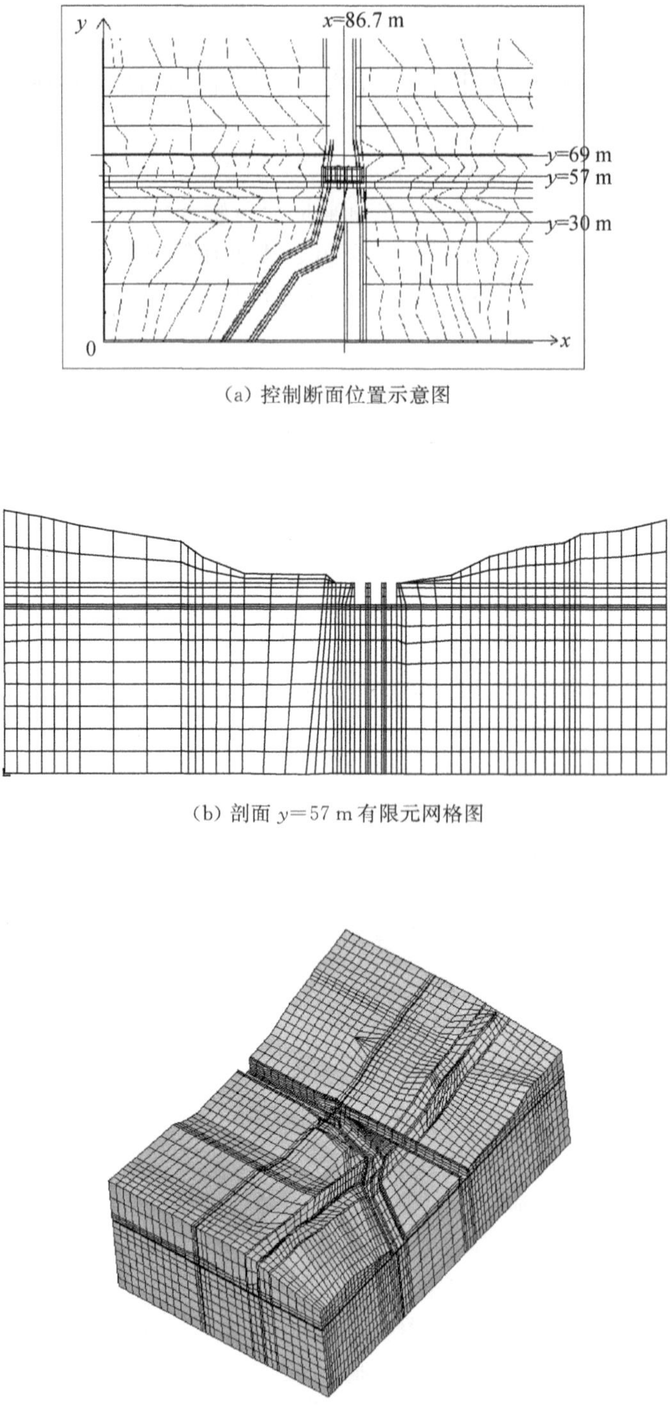

(a) 控制断面位置示意图

(b) 剖面 $y=57$ m 有限元网格图

(c) 三维有限元模型网格图

图 4.5-12　控制断面位置及有限元网格、三维有限元模型网格图

考虑稳定渗流场的边界类型主要有已知水头边界、不透水边界和出渗边界三种：① 渠道及分水闸的底板及翼墙位于渠道水位以下的表面，为已知水头边界；② 计算模型截取边界的左侧、右侧视山体地下水位情况而定，地下水位高于渠道水位时，亦为已知水头边界；③ 不透水边界包括模型底面以及模型上下游截取边界；地下水位低于渠道水位时，模型左、右侧截取边界亦为不透水边界。

(2) 渗流特性分析

根据水文地质资料及工程经验，材料渗透系数见表 4.5-10。

表 4.5-10 材料渗透系数

材料	灰岩	人工填土	浆砌块石
渗透系数(cm^3/s)	2.03×10^{-4}	8×10^{-4}	5×10^{-5}

正常水位 457.44 m，设计水位 457.94 m。

根据分水闸的实际情况和评价要求，拟定以下工况进行计算分析，见表 4.5-11。

表 4.5-11 计算工况

编号	工况	说明
Ⅰ	正常水位	总干渠及第一、第二干渠水位 457.44 m
Ⅱ	设计水位	总干渠及第一、第二干渠水位 457.94 m
Ⅲ	关闸检修	第一、第二干渠检修关闭闸门，总干渠水位 457.44 m，第一、第二干渠水位与闸室底板高程 454.44 m 平齐

经三维有限元计算和分析整理，各剖面位置见图 4.5-13，以工况Ⅱ为例，各剖面地下水等势线分布见图 4.5-14，计算模型的地下水位等值线图见图 4.5-15。

总干渠闸在设计防洪水位下，其上下游水位差为 $\Delta H=3.5$ m，依据《水闸设计规范》(SL 265—2016)，其允许渗径系数 $C=3.5$，计算得所需防渗长度 12.25 m。该闸实际防渗长度 14 m，满足要求。由于分水闸位于灰岩基础上，因此不必设置防渗反滤层，防渗稳定满足要求。

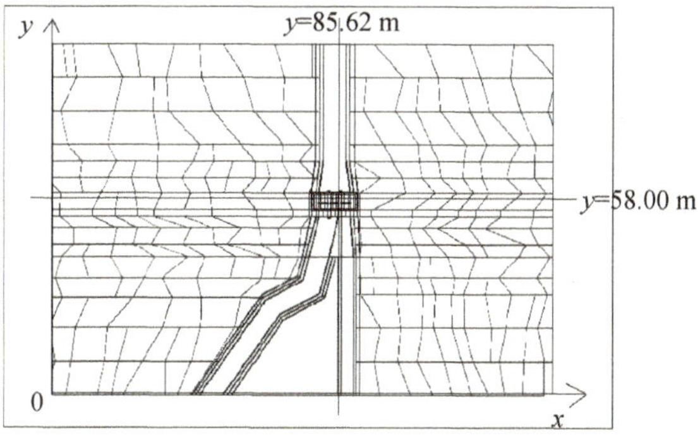

图 4.5-13 剖面位置示意图

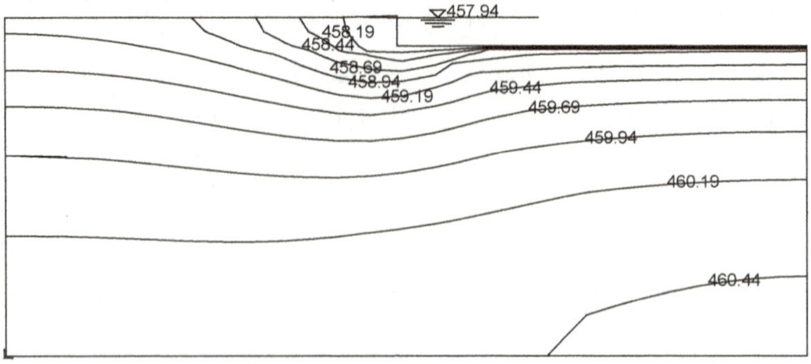

(a) 剖面 x=85.62 m

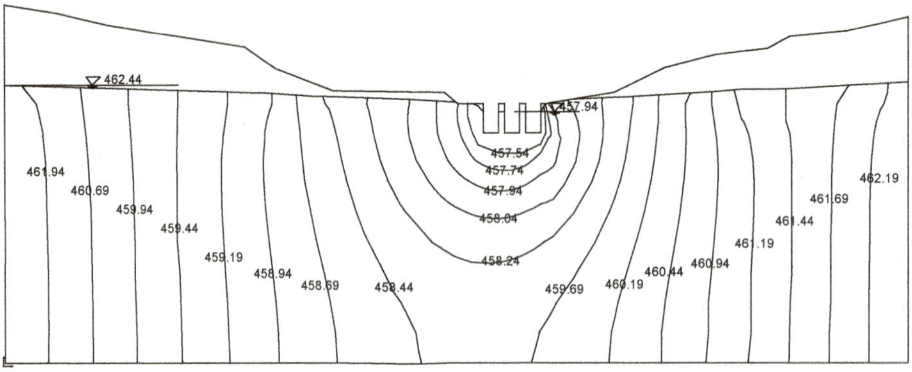

(b) 剖面 x=58.00 m

图 4.5-14　工况Ⅱ剖面地下水等势线分布图

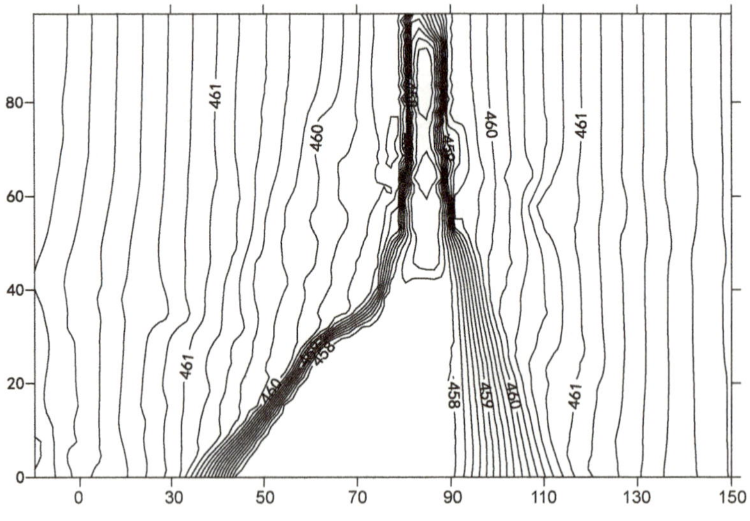

图 4.5-15　地下水位等值线图

4.5.2.3　结构稳定

(1) 计算工况

根据《水闸设计规范》(SL 265—2016)，结构计算工况为：

① 建成无水；

② 设计关门挡水，上游水位 457.94 m，下游水位 453.44 m；

③ 设计关门挡水+顺水流地震，上游水位 457.94 m，下游水位 453.44 m；

④ 设计关门挡水+垂直水流地震，上游水位 457.94 m，下游水位 453.44 m。

(2) 计算荷载

结合总干渠分水闸实际情况，考虑荷载种类主要有水闸自重、土压力、水重、静水压力、土压力、扬压力、人群荷载等，荷载组合见表 4.5-12。

表 4.5-12 荷载组合表

荷载组合	主要考虑情况	荷载						
		自重	水重	静水压力	土压力	扬压力	人群荷载	地震荷载
基本组合	完建情况	√			√		√	
	设计关门挡水情况	√	√	√	√	√	√	
特殊组合	顺水流地震	√	√	√	√	√		√
	垂直水流地震	√	√	√	√	√		√

闸室的自重荷载包括闸底板、闸墩、拱圈、机架桥、闸门、启闭机房、交通桥、启闭机等的重量。

土压力荷载包括边墩左右侧土重及土的水平推力。

静水压力包括闸前水的重量及水推力。

扬压力包括浮托力或渗透压力，渗透压力取闸基渗透稳定的计算结果。

对于人群荷载，考虑到红旗渠分水闸参观人数众多，在完建情况和设计关门挡水情况时，按照《建筑结构荷载规范》(GB 50009—2012)民用建筑楼面均布活荷载，选用礼堂、剧场、影院、有固定座位的看台类别，取人群荷载标准值 3.0 kN/m^2。

(3) 计算模型

模型计算坐标系与计算范围同渗流模型。在综合分析计算区域内的地形、岩层等特征的基础上形成三维有限元单元网格。根据建筑物布置、岩体分层以及计算要求等信息，建立三维整体有限元计算模型见图 4.5-16，各构件有限元网格见图 4.5-17。

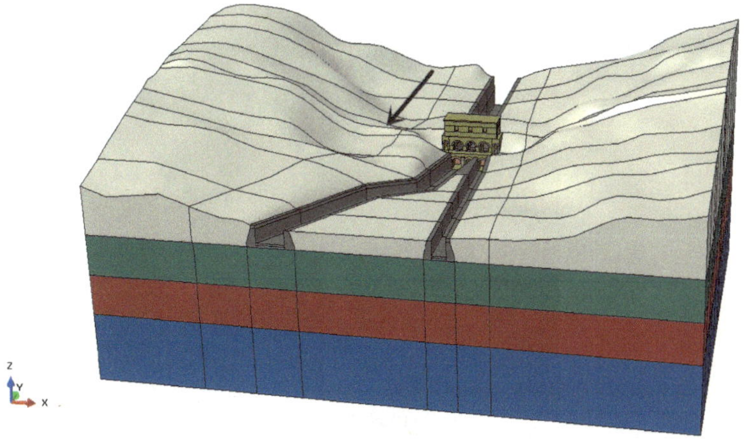

(a) 整体布置图

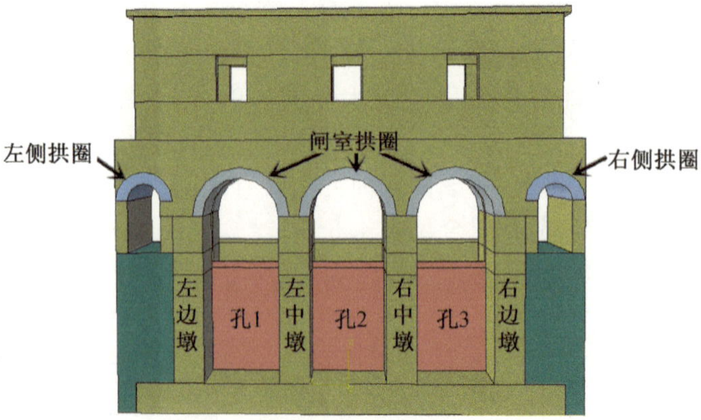

(b) 闸室及启闭机房

图 4.5-16　分水闸三维有限元模型

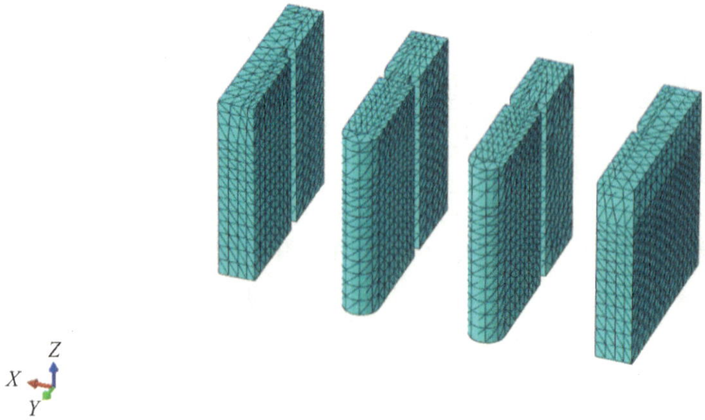

(a) 边墩和中墩有限元网格图

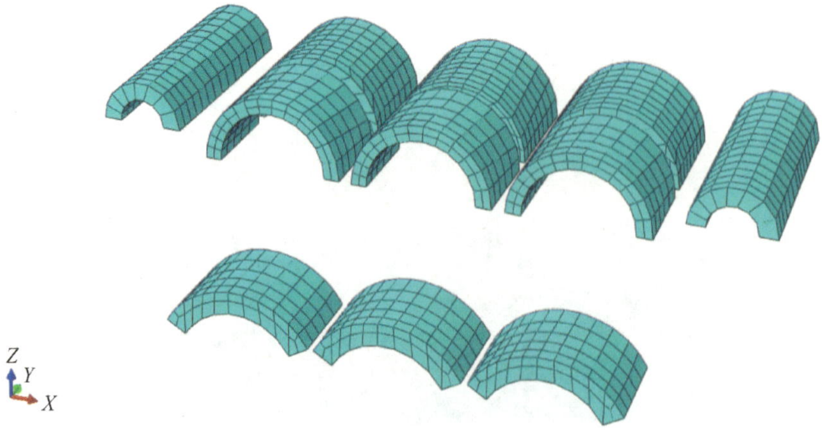

(b) 拱圈有限元网格

图 4.5-17　分水闸主要构件有限元网格

(4) 计算参数

结构计算参数见表 4.5-13。

表 4.5-13 结构计算参数

材料	密度(kg/m^3)	弹性模量(GPa)	泊松比
人工填土	1 850	0.1	0.30
灰岩	2 600	15	0.28
闸室砌石	2 500	3.5	0.21
闸室拱圈	2 500	3.5	0.21
交通桥拱圈	2 500	3.5	0.21
闸室侧拱圈	2 500	3.5	0.21
渠道砌石	2 500	3.5	0.21
铸铁闸门	7 210	130	0.3
混凝土闸门	2 500	30	0.18

该闸处于地震Ⅶ度区，按照《中国地震动峰值加速度区划图》(GB 18306—2015)，该闸地震动峰值加速度为 0.1 g。

(5) 闸室稳定计算结果

《水闸设计规范》(SL 265—2016)规定的抗滑稳定安全系数和地基不均匀系数见表 4.5-14。浆砌石允许抗压、抗拉强度参考《砌石坝设计规范》(SL 25—2006)，铸铁闸门允许抗压、抗拉强度参考《水利水电工程钢闸门设计规范》(SL 74—2013)，具体值见表 4.5-15，结构承载力安全系数参考《水闸安全评价导则》(SL 214—2015)，承载力安全系数具体值见表 4.5-14。

表 4.5-14 抗滑稳定安全系数和地基应力不均匀系数

荷载组合	基本组合	特殊组合
地基应力	$\sigma_{max}<[\sigma]$;$\sigma_{min}\geqslant 0$	>-100 kPa
抗滑稳定安全系数	3.00	2.50
分水闸承载力安全系数	1.25	1.10
渠道承载力安全系数	1.25	1.05

表 4.5-15 材料允许应力

材料	允许抗压强度(MPa)	允许抗拉强度(MPa)
砌石	5.0	0.34
铸铁(HT200)	150	45

闸室地基承载力根据《水闸设计规范》(SL 265—2016)，分水闸位于灰岩基础上，其饱和单轴抗压强度为 42.8 MPa，属于较硬岩，因此地基承载力取 3 000 kPa。

闸室稳定复核计算结果见表 4.5-16。

表 4.5-16　闸室稳定复核计算结果

计算情况	垂直力(kN)	水平力(kN)	基底最大应力(kPa)	基底最小应力(kPa)	地基允许承载力(kPa)	基底应力比	抗滑稳定安全系数	规范允许值	复核结果
完建情况	11 964.42	0.00	123.65	112.68	3 000	1.10	大于 10	3.00	满足要求
关门挡水	10 153.56	476.28	129.74	106.59	3 000	1.22	4.26	3.00	满足要求
顺水流地震	10 153.56	688.45	132.97	103.36	3 000	1.29	2.95	2.50	满足要求
垂直水流地震	10 153.56	476.28	114.40	121.93	3 000	0.94	4.26	2.50	满足要求

复核计算结果表明：基本组合工况下抗滑稳定安全系数大于 3.0，特殊组合工况下大于 2.5，抗滑稳定安全系数均满足规范要求。在上述计算工况下，闸室最大基底应力小于地基允许承载力，平均基底应力小于地基允许承载力且为压应力，满足规范要求。可见，抗滑稳定满足规范要求。

（6）闸室结构应力计算结果

以大主应力为例，各工况下，闸室底板最大主应力（拉应力）见图 4.5-18。

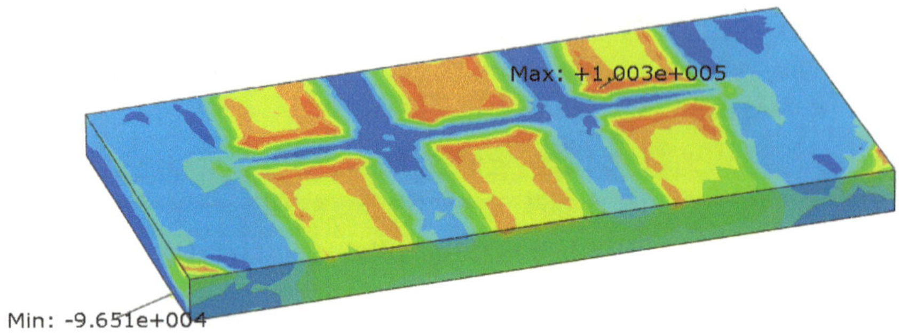

(a) 完建情况下底板最大主应力图

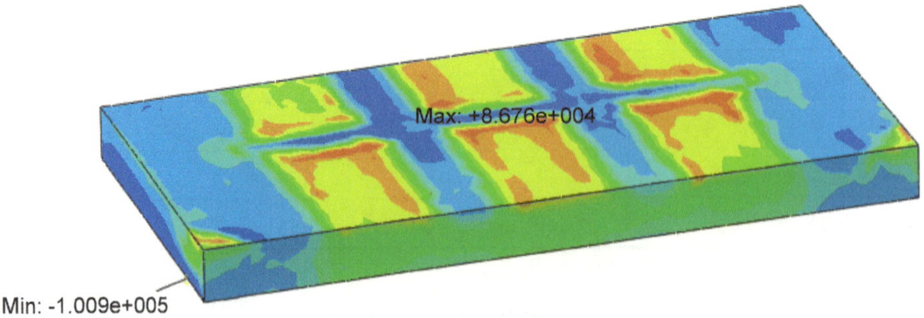

(b) 正常蓄水情况下底板最大主应力图

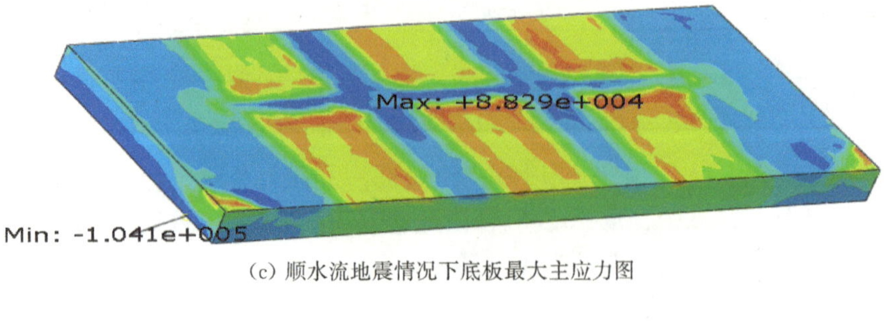

(c) 顺水流地震情况下底板最大主应力图

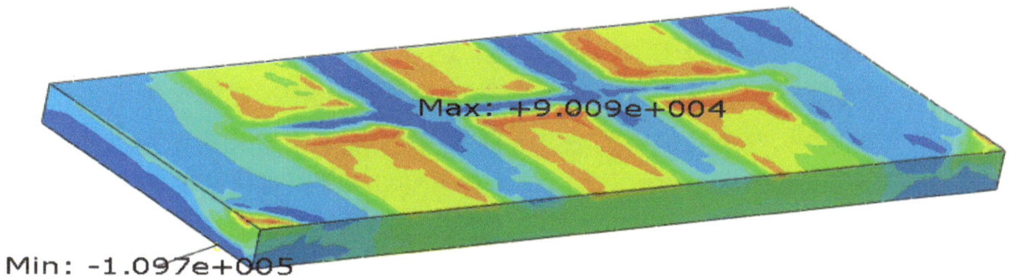

(d) 垂直水流地震情况下底板最大主应力图

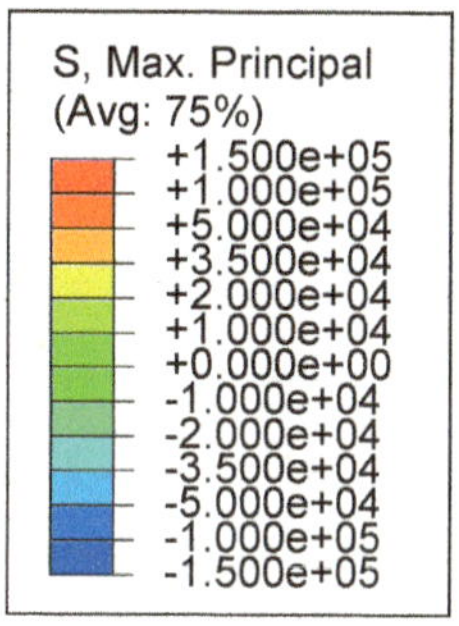

(e) 各工况下底板大主应力图例

图 4.5-18 各工况下闸室底板最大主应力图

从各工况大主应力和小主应力分布中可以看出，各工况下底板应力分布基本一致，各工况下最大拉应力和压应力出现在底板边缘以及底板与闸墩、闸门连接处，在完建情况下，闸室底板最大压应力为 0.386 MPa，最大拉应力为 100.3 kPa，在正常蓄水情况下，闸室底板最大压应力为 0.464 MPa，最大拉应力为 86.76 kPa，出现顺水流方向地震情况下，闸室底板最大压应力为 0.472 MPa，最大拉应力为 88.29 kPa，垂直水流方向地震情况下，闸室底板最大压应力为 0.588 MPa，拉应力为 90.09 kPa，各工况下底板最大压应力均小于允许值 4.9 MPa，最大拉应力均小于允许值 340 kPa，满足承载力要求。

具体结果见表 4.5-17。

表 4.5-17 闸室底板复核结果

计算情况	最大压应力(MPa)	允许承载力(MPa)	最大拉应力(kPa)	允许承载力(kPa)	承载力安全系数	规范允许值	复核结果
完建情况	0.386	4.9	100.3	340	3.39	1.30	满足要求
正常蓄水	0.464	4.9	86.76	340	3.92	1.30	满足要求
顺水流地震	0.472	4.9	88.29	340	3.85	1.10	满足要求
垂直水流地震	0.588	4.9	90.09	340	3.77	1.10	满足要求

经复核计算，闸室段底板强度满足要求，基本组合时承载力安全系数大于 1.30，偶然组合时承载力安全系数大于 1.10。

各工况下边墩和中墩最大主应力(拉应力)图见《红旗渠总干渠分水闸和空心坝安全评估报告》。从大主应力和小主应力分布中可以看出，各工况下最大拉应力出现在门槽处，最大压应力出现在中墩底部，在完建情况下，闸室中墩最大压应力为 0.907 MPa，最大拉应力为 222 kPa，在关门挡水情况下，闸室边墩最大压应力为 0.927 MPa，最大拉应力为 174.4 kPa。顺水流地震情况下闸墩最大压应力为 1.114 MPa，最大拉应力为 231.9 kPa，垂直水流地震情况下闸墩最大压应力为 1.263 MPa，最大拉应力为 255.6 kPa。各工况下中墩和边墩最大压应力均小于允许值 4.9 MPa，拉应力均小于允许值 340 kPa，承载力满足要求。具体结果见表 4.5-18。

表 4.5-18　闸墩复核结果

计算情况	最大压应力（MPa）	允许压应力（MPa）	最大拉应力（kPa）	允许拉应力（kPa）	承载力安全系数	规范允许值	复核结果
完建情况	0.907	4.9	222	340	1.95	1.30	满足要求
正常蓄水	0.927	4.9	174.4	340	1.53	1.30	满足要求
顺水流地震	1.114	4.9	231.9	340	1.47	1.10	满足要求
垂直水流地震	1.263	4.9	255.6	340	1.33	1.10	满足要求

经复核计算，边墩和中墩强度满足要求，在基本工况下承载力安全系数大于 1.30，在偶然情况下承载力安全系数大于 1.10。

各工况下边墩和中墩最大主应力（拉应力）见图 4.5-19。

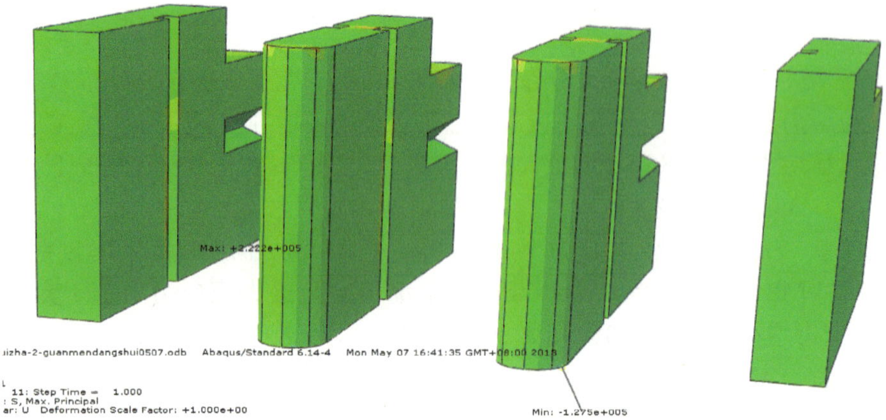

(a) 完建情况下

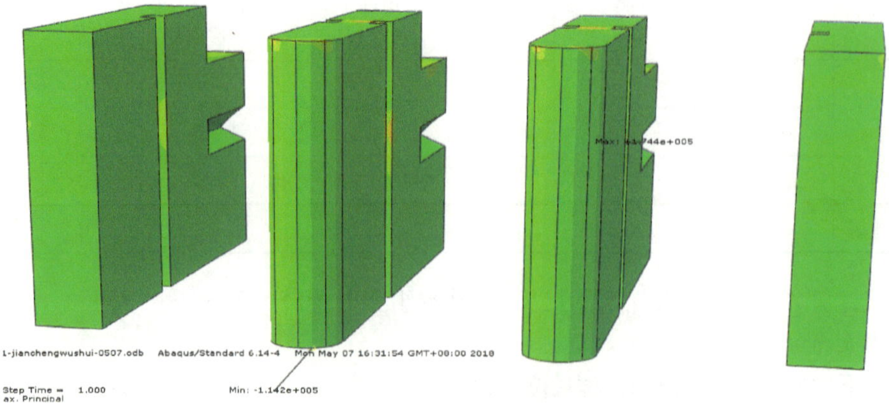

(b) 正常蓄水情况

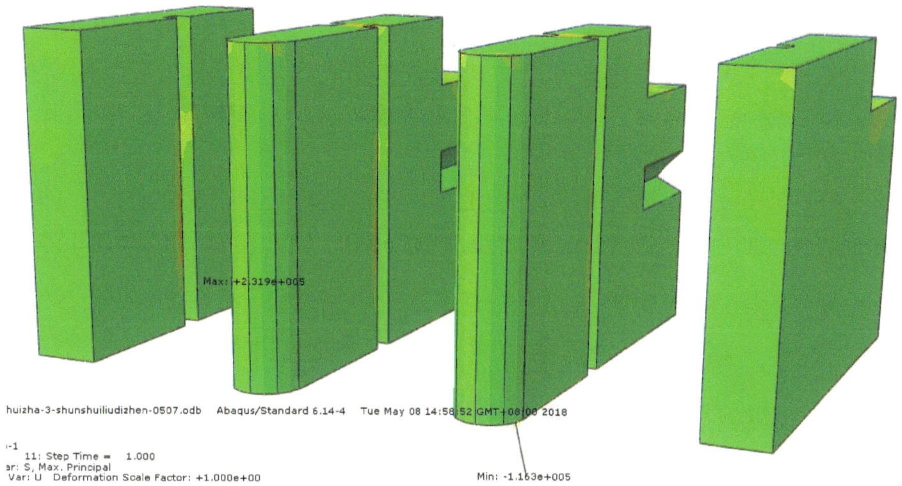

(c) 顺水流地震情况

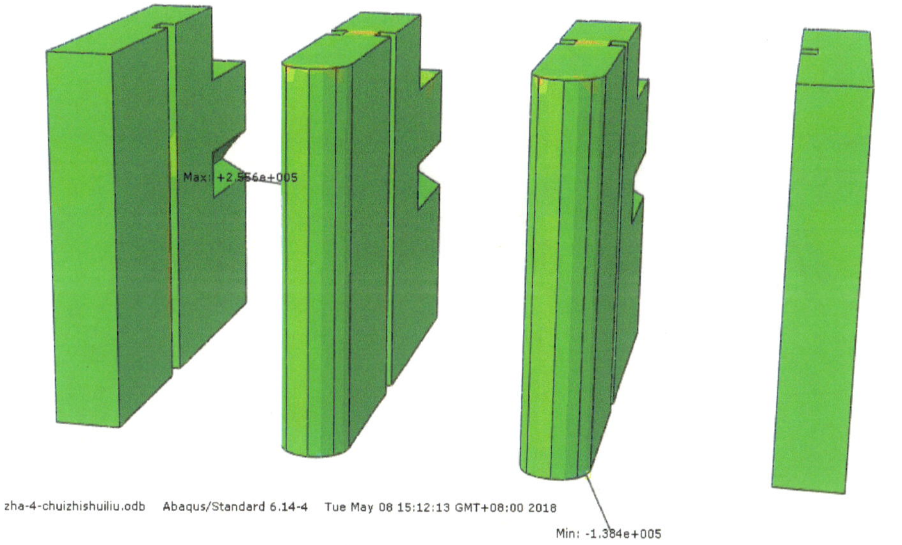

(d) 垂直水流地震情况

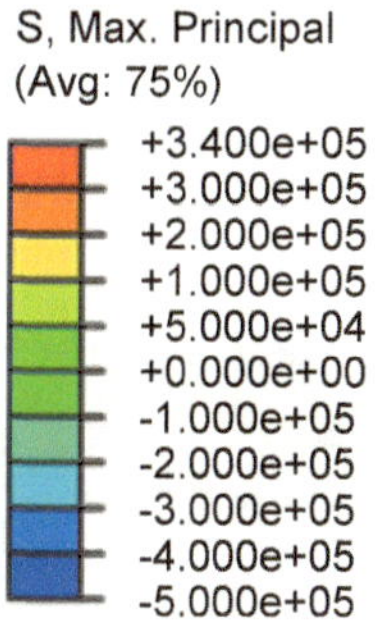

(e) 图例

图 4.5-19 各工况下边墩和中墩最大主应力分布图

各工况下闸室拱圈最大主应力(拉应力)见图 4.5-20。

各工况下闸室侧拱圈最大(拉应力)、最小(压应力)主应力见《红旗渠总干渠分水闸和空心坝安全评估报告》。从大主应力和小主应力分布中可以看出,各工况下闸室侧拱圈应力分布规律基本一致,绝大部分受压,部分工况下拱圈弧顶处出现拉应力,其中,在完建情况下,闸室侧拱圈最大压应力为 0.415 MPa,最大拉应力为 131.1 kPa,在关门挡水情况下,闸室侧拱圈最大压应力为 0.406 MPa,最大拉应力为 139.3 kPa,在顺水流和垂直水流地震情况下,最大压应力分别为 0.420 和 0.450 MPa,最大拉应力分别为 133.3 kPa 和 144.1 kPa。各工况

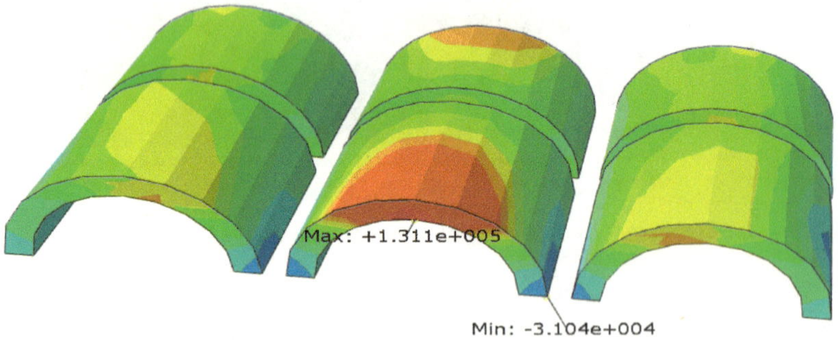

(a) 完建情况

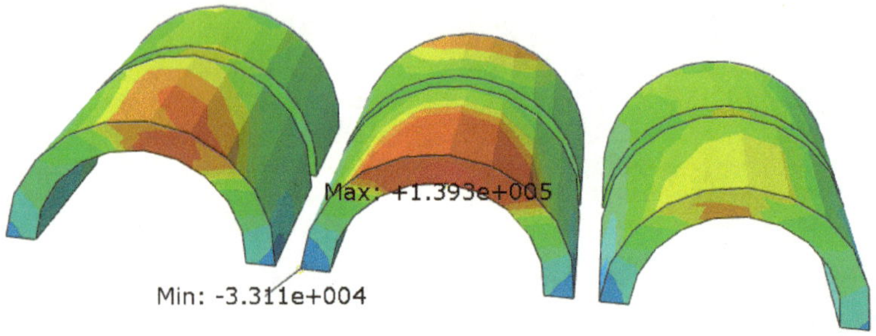

(b) 正常蓄水情况

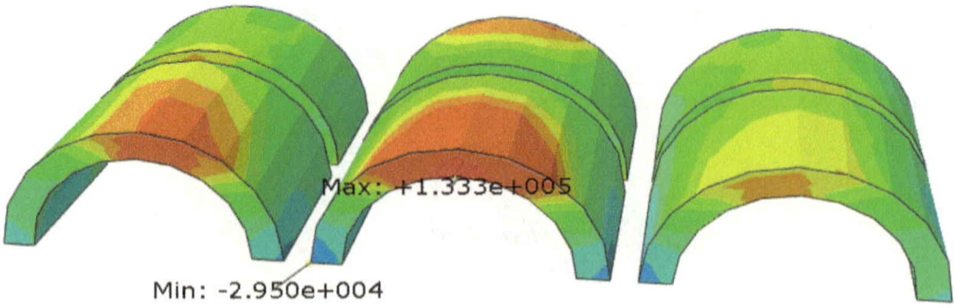

(c) 顺水流地震情况

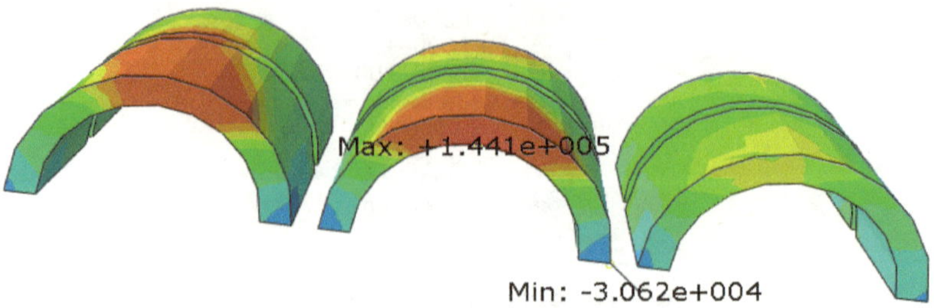

(d) 垂直水流地震情况

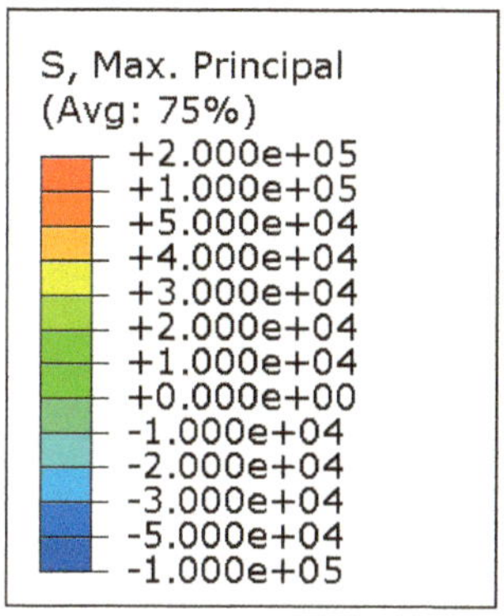

(e) 图例

图 4.5-20　各工况下闸室拱圈最大主应力分布图

下闸室侧拱圈最大压应力均小于允许值 4.9 MPa，最大拉应力小于 340 kPa，满足承载力要求。具体结果见表 4.5-19。

表 4.5-19　闸室侧拱圈复核结果

计算情况	最大压应力(MPa)	允许承载力(MPa)	最大拉应力(kPa)	允许承载力(kPa)	承载力安全系数	规范允许值	复核结果
完建情况	0.415	4.9	131.1	340	2.59	1.3	满足要求
正常蓄水	0.406	4.9	139.3	340	2.44	1.3	满足要求
顺水流地震	0.420	4.9	133.3	340	2.55	1.1	满足要求
垂直水流地震	0.450	4.9	144.1	340	2.36	1.1	满足要求

经复核计算，闸室侧拱圈强度满足要求，在基本工况下承载力安全系数大于 1.30，在偶然情况下承载力安全系数大于 1.10。

4.5.3　一干渠砦门渡槽

4.5.3.1　数值模型

砦门渡槽为 2 拱渡槽，拱跨 3.97 m，矢跨 1.25 m，墩台高 0.97 m，拱圈厚为 0.33 m，具体尺寸见表 3.3-27。砦门渡槽矢跨比为 1/3.176，大于 1/5 为陡拱。数值模型按照砌体尺寸、分布进行建模。地质参数参照地勘与相应规范，土层从上向下分别为人工填筑土层(2.2 m)、碎石土层(1.5 m)、片麻岩层(19.0 m)。根据以上参数构建渡槽边墙计算模型，计算模型进行自由剖分，渡槽网格细化剖分，见图 4.5-21。

4.5.3.2　稳定性分析

(1) 渡槽稳定性分析

砦门渡槽结构为浆砌石结构，即砂浆和砌石，本计算主要充分考虑砂浆参数劣化，开展结构稳定性分析。原因有两方面：① 现场安全检测结果表明，渡槽长期服役下，砂浆病害造成的参数劣化是较为严重问题之一；② 按照《砌体结构设计规范》(GB 50003—2011)，“无筋高强度等级砖石结构经历数百年和上千年的考验其耐久性是不容置疑的”，根据现场安全检测结果，渡槽中砌石病害较轻。因此，对于病害的模拟，重点考虑砂浆病害。

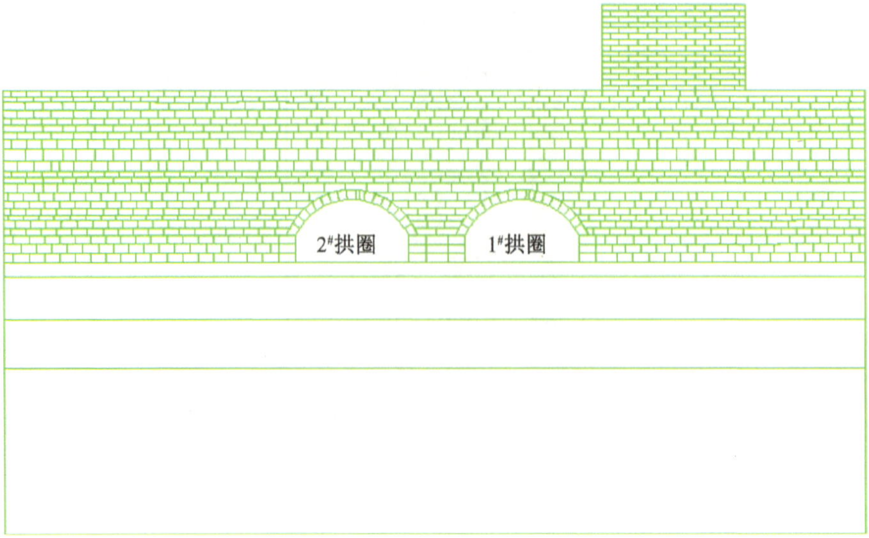

图 4.5-21 砦门渡槽边墙数值模型

根据检测结果,岩体、石灰砂浆选取物理力学参数见表 3.3-24—表 3.3-26。模型左右侧水平方向固定,竖直方向自由,模型底部竖直方向固定,水平方向自由。

渡槽砂浆参数劣化较为严重,同时内部砂浆参数也难以检测。因此,安全起见,对砂浆参数采取最为保守的取值,即砂浆黏聚力劣化至 0,强度劣化至 0,摩擦系数劣化至 0.3,对渡槽稳定性进行计算分析。对于砂浆强度的取值,根据《砌体结构设计规范》(GB 50003—2011),在施工阶段砂浆尚未硬化的新砌砌体强度和稳定性可按砂浆强度为零进行验算,工程服役 50 余年,砂浆不断劣化致参数降低,与上述规范中对于施工阶段砂浆尚未硬化强度取 0 的思路近似。对于摩擦系数取值,则是依据《砌体结构设计规范》(GB 50003—2011)中最不利情况下,即潮湿情况,砌石沿黏性土滑动的摩擦系数为 0.3 取值,为规范中的最小取值。

以数值计算收敛、节点不平衡力与外荷载的比值、变形、应力水平等物理量的变化综合判断结构稳定性。最大节点不平衡力随计算步变化趋势如图 4.5-22 所示,由最初计算的大幅值波动最终趋近于 0,结合后续最终变形图,可以判断此次计算已达收敛,结构整体稳定。

对于 1# 和 2# 拱圈,为便于分析,将 1# 拱圈按逆时针方向划分为 5 个位置,将 2# 拱圈按顺时针方向划分为 5 个位置,拱脚与墩台为 1 号位置,1/4 拱肩为 2 号位置,拱顶为 3 号位置,另一侧拱肩位置为 4 号位置,拱脚与墩台为 5 号位置,如图 4.5-23。

拱圈各位置的最小及最大应力图见图 4.5-24、图 4.5-25 所示,统计值见表 4.5-20。计算结果显示,渡槽结构整体以主压应力为主,符合拱结构受力特点。在砌体之间有小范围的主拉应力,绝对值较小,最大值 0.1 MPa,判断为砌体错动变形所致。对于拱圈应力,1 号与 5 号位置最大主压应力值最大为 1.6 MPa,接下来依次为 4、2、3 号位置。拱圈各位置主应力均小于砂浆检测强度 2.1 MPa,所以 1# 和 2# 拱圈从强度方面分析,为安全。5 号位置出现小范围应力集中,符合拱圈应力分布规律,一方面应力集中值不超过砂浆强度,另一方面应力集中区域较小，不影响结构安全。因此拱圈砌石强度满足要求，砂浆强度满足整体稳定要求。渡槽上部结构应力相比于拱圈受力更小，强度满足要求。

表 4.5-20 拱圈各位置最小应力表

位置	1号	2号	3号	4号	5号
1# 拱圈最小主应力(MPa)	1.60	0.26	0.20	0.28	1.60
2# 拱圈最小主应力(MPa)	1.60	0.24	0.22	0.28	1.60

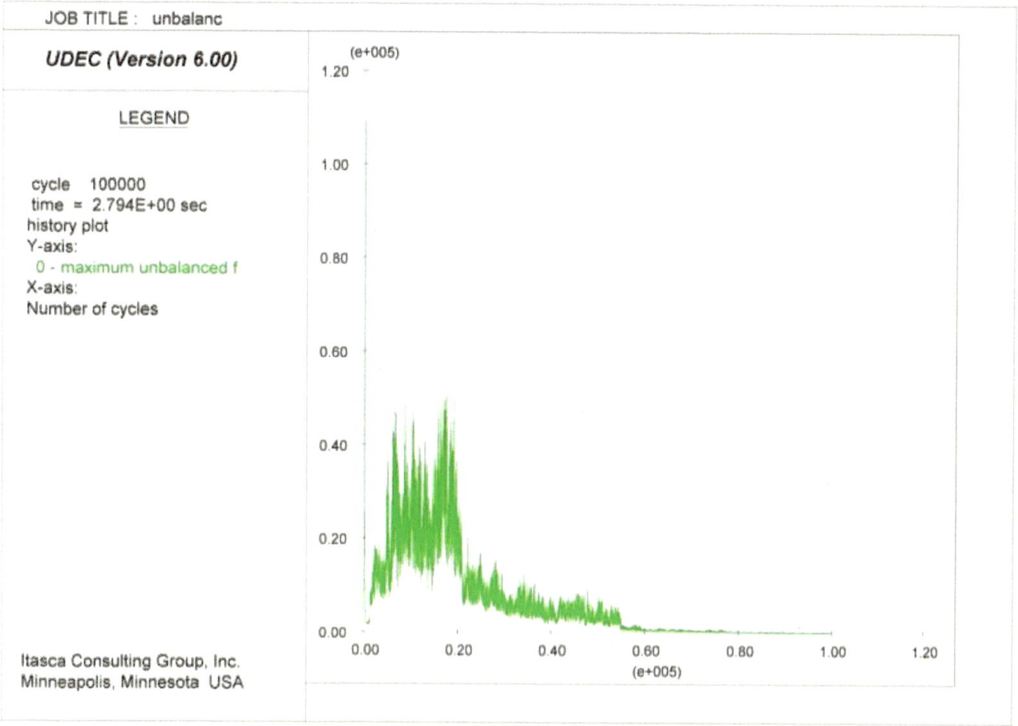

图 4.5-22 不平衡力随计算步变化图

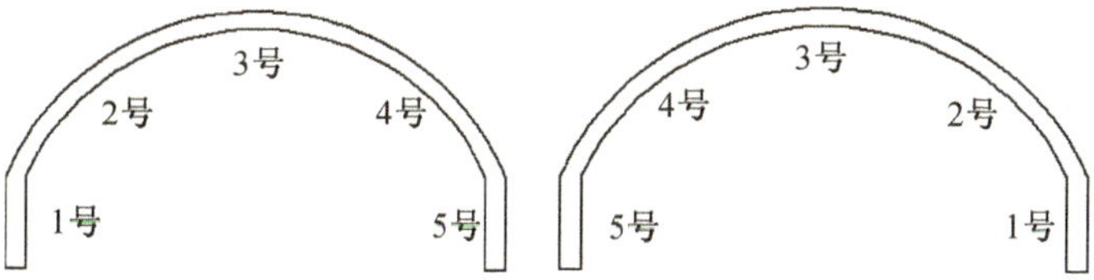

图 4.5-23 1# 拱圈及 2# 拱圈监测位置示意图

但是需要指出，按照《砌体结构设计规范》(GB 50003—2011)对材料强度的一般规定，砦门渡槽结构运行环境属于环境类别二，即潮湿环境，设计使用年限为 50 年时，砌体所用砂浆材料最低强度等级为 M7.5—M5，现场检测砂浆强度推定值为 2.1 MPa，不符合要求。

考虑到砦门渡槽结构为 20 世纪 60 年代建造，设计水平、施工技术与条件、材料质量控制等和现代差距较大，可归为圬工结构，又砦门渡槽为拱涵型式，根据这两个特点，参考《公

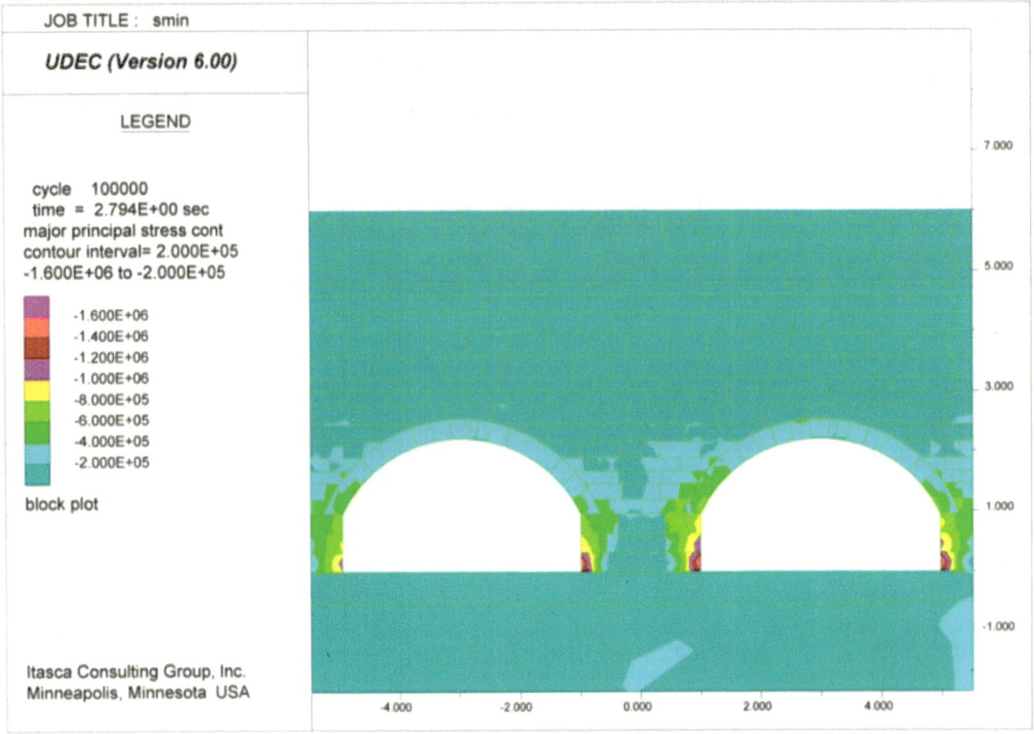

图 4.5-24 渡槽局部最小主应力云图

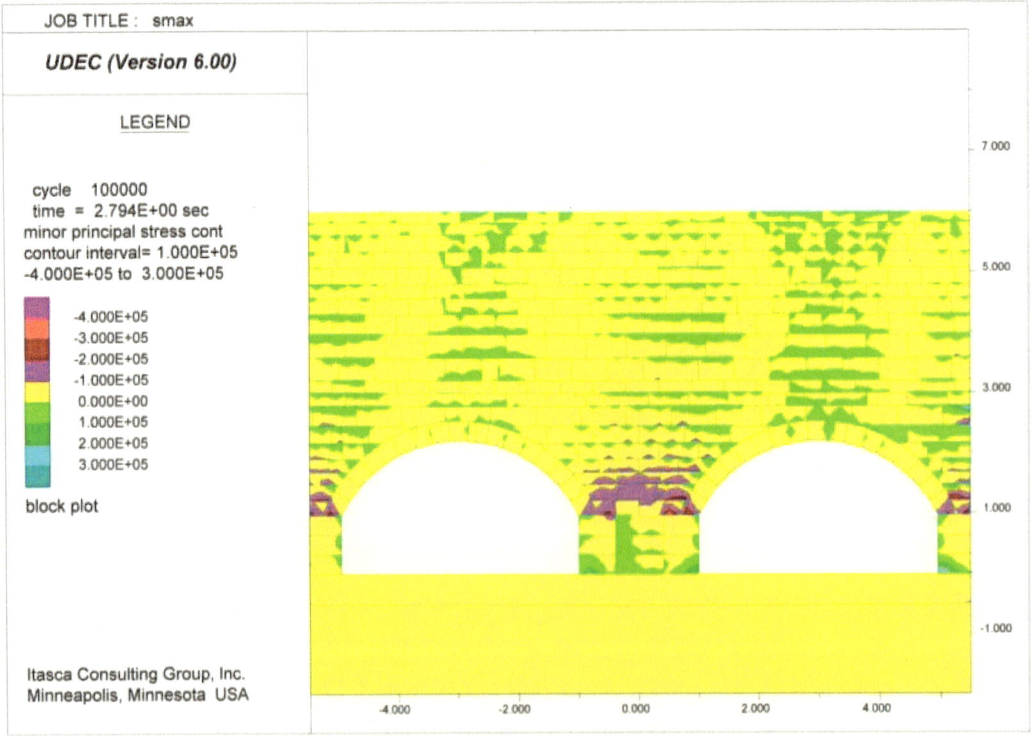

图 4.5-25 渡槽局部最大主应力云图

路圬工桥涵设计规范》(JTG D61—2005)相关规定，对圬工桥涵材料耐久性最低强度等级的一般要求，拱圈砂浆最低强度等级为 M7.5，墩台砂浆强度为 M5，现场检测砂浆强度 2.1 MPa，不能满足上述规范最低强度要求。

(2) 地基稳定性分析

渡槽竖直方向位移图、渡槽墩台地基局部位移图、地基应力云图分别见图 4.5-26—图 4.5-27 所示。地基与渡槽结构最大沉降量为 8 mm，出现 1# 拱圈顶部。地基最小主应力值位置出现在 2 号拱圈的 1 号位置墩台基础处与 5 号位置墩台基础处，大小为 200～230 kPa。根据砦门渡槽地勘资料，参考公路桥梁与基础设计规范《公路桥涵地基与基础设计规范》(JTG 3363—2019)，地基容许承载力特征值可采用 300 kPa，地基承载力满足要求。

为对比分析，采用无铰拱计算方法对地基稳定进行分析验算。渡槽荷载组合考虑两种情况：组合①考虑拱圈自重、拱圈上部砌石重力、渠道边墙压力、半槽水压力，人行压力；组合②考虑拱圈自重、拱圈上部砌石重力、渠道边墙压力、满槽水压力、人行压力。

为便于分析，将受力分解如下：拱顶以上均布荷载 q_1，作用于拱圈的水平均布荷载 q_2，水平分布荷载 q_3，拱背填充砌石重力 W_1，拱自重 W，见表 4.5-21。

表 4.5-21　砦门渡槽荷载表

荷载组合	q_1(kN/m)	q_2(kN/m)	q_3(kN/m)	W_1(kN)	W(kN)
基本组合	84.28	9.48	5.88	21.34	23.10
偶然组合	89.13	10.04	5.88	21.34	23.10

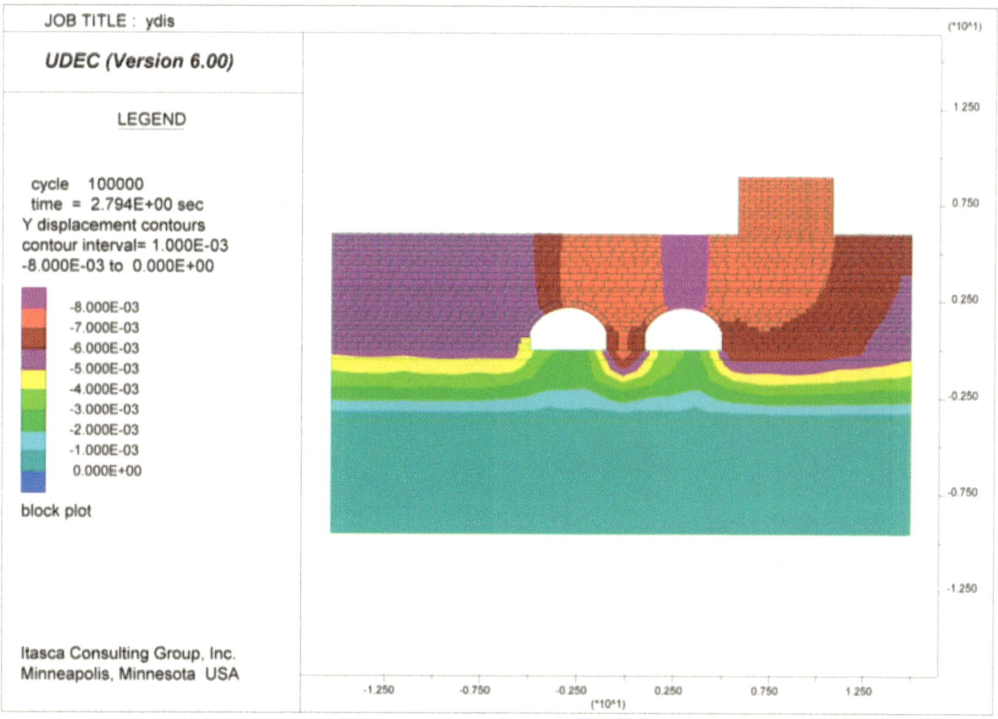

图 4.5-26　渡槽竖直方向位移图

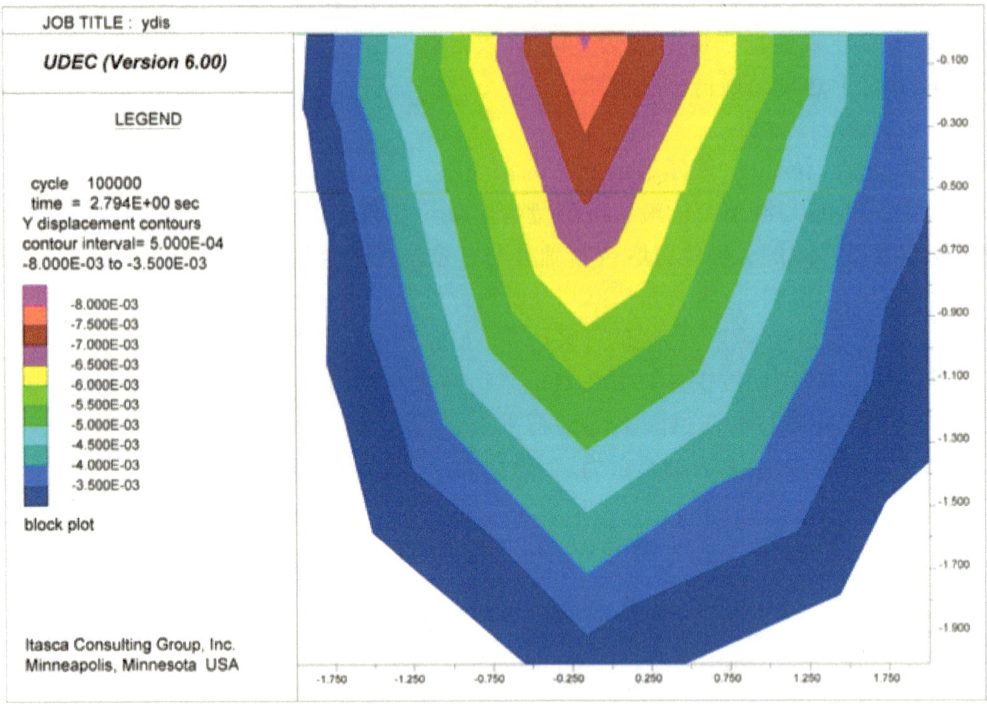

图 4.5-27 渡槽墩台地基局部位移图

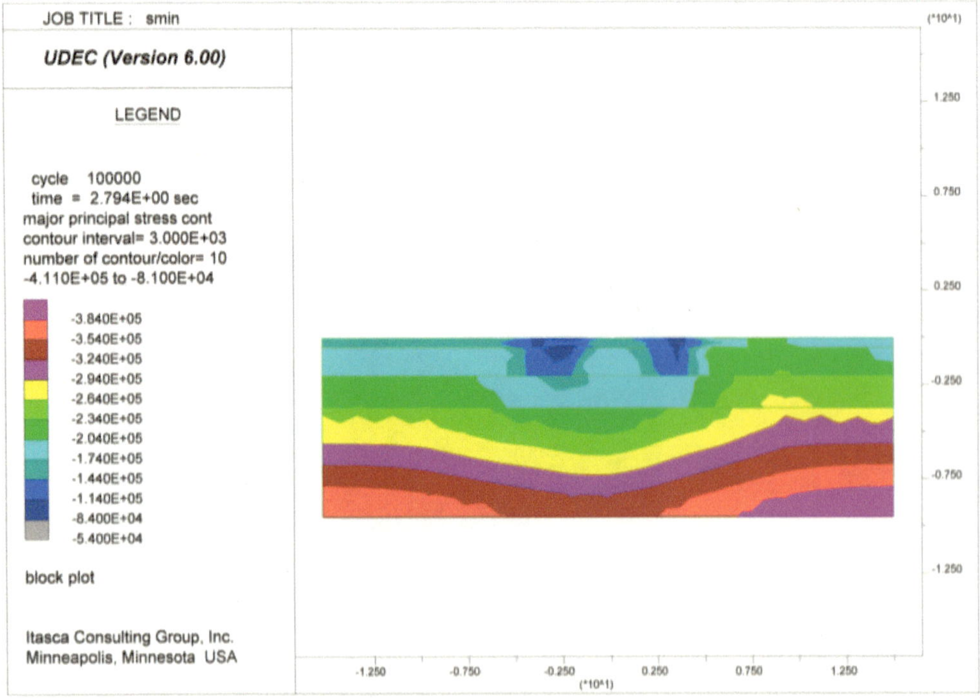

图 4.5-28 地基应力云图

计算可得，在组合②情况下基础应力最大，为 280 kPa，基础地基容许承载力特征值为 300 kPa，地基承载力满足要求。抗滑稳定系数计算结果组合①为 2.79，大于规范要求的 1.3；组合②为 2.69，大于规范要求的 1.2，基础满足要求。

根据现场安全检测结果，服役 50 年后工程病害主要集中在砂浆的劣化，地基主要承受上部结构的重力荷载，而上部结构的各类病害并未导致上部结构发生结构性变化，即目前呈现的病害对上部结构荷载影响较小。上部荷载未发生较大变动，该渡槽结构已服役 50 余年地基未发生较大扰动和险情，由此也可推断地基承载力满足要求。

(3) 整体稳定性分析

充分考虑砂浆参数劣化，以摩擦系数为例，砌体沿砂滑动摩擦系数为 0.5，本次计算取最低值 0.3，以砂浆现状强度为 2.1 MPa，计算参数折减为 0、黏聚力折减为 0 计算，计算参数具备一定的安全储备，因此计算结果属于保守结果。由此，给出结论，现状砂浆参数及砌石参数下砦门渡槽拱圈上部结构稳定，拱圈稳定，渡槽结构整体稳定，地基承载力满足要求。

但根据《砌体结构设计规范》(GB 50003—2011)、《公路圬工桥涵设计规范》(JTG D61—2005)对材料耐久性要求，现状砂浆强度不满规范中材料耐久性最低强度要求。

4.5.3.3 砂浆脱落流失对安全性影响分析

由现场检测可知，砂浆除参数劣化外，另一个主要病害为粉末化、风化、脱缝、白色状物质析出等。这是开展砂浆脱落流失对结构安全性影响计算分析，保守起见，砌石及砂浆参数仍按 3.3 节中取值。

砦门渡槽为拱涵结构，主要承载结构为拱圈，因此砂浆脱落病害聚焦于拱圈不同位置、不同程度的砂浆流失后，主拱圈与拱上结构之间脱缝发展及渡槽结构的稳定性。位置仍然选择典型的拱脚、拱肩、拱顶 1—5 号位置，砂浆脱落程度以流失砂浆厚度计算，分别计算 4 cm、8 cm、12 cm 厚度情况。

现场检测结果表明，拱内渗水严重，且白色析出物明显，所以，开展砂浆均匀流失下的稳定性分析，并与砂浆集中脱落情况下进行比较。

需要指出，对渡槽砂浆流失计算，假定为砂浆一次性失效流失，即瞬间的厚度削减，实际情况中，砂浆多是随长时间服役逐渐失效流失的，因此，本文瞬间去除砂浆的计算结果，相较于漫长时间下砂浆逐渐流失过程更为保守。

1) 不同位置砂浆脱落流失分析

以 1 号位置分析为例。

1 号位置砂浆脱落拱圈变形图、拱圈砌石最大位移柱状图、拱圈与拱上结构最大脱缝距离柱状图、拱圈最大竖向位移柱状图、拱圈砌石位移图、渡槽竖向位移云图见图 4.5-29—图 4.5-34 所示。

1 号位置砂浆脱落 4 cm

1 号位置砂浆脱落 8 cm

1 号位置砂浆脱落 12 cm

图 4.5-29　1 号位置砂浆脱落 12 cm 拱圈变形图柱状图

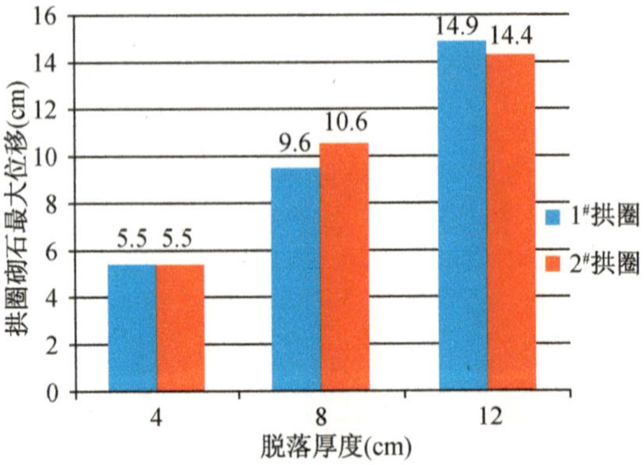

图 4.5-30　1 号位置砂浆脱落拱圈砌石最大位移柱状图

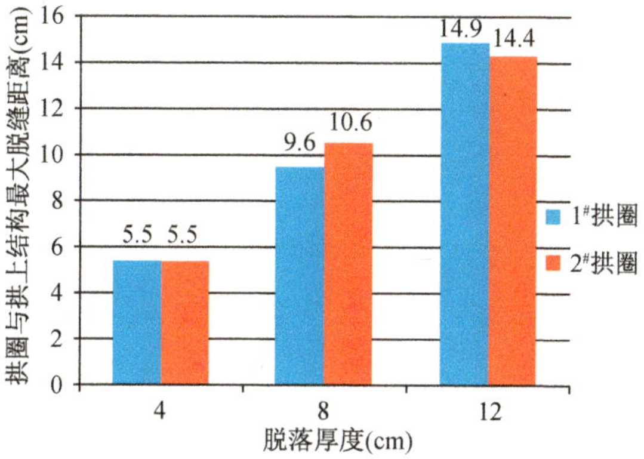

图 4.5-31　1 号位置砂浆脱落拱圈与拱上结构最大脱缝距离柱状图

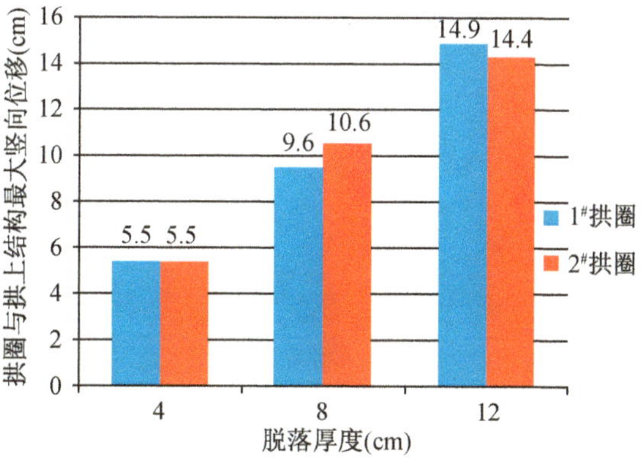

图 4.5-32　1 号位置砂浆脱落拱圈最大竖向位移柱状图

结果分析如下。

(1) 分析 1 号位置砂浆脱落拱圈砌石最大位移柱状图，随砂浆脱落宽度增加，拱圈砌石位移不断增长，砂浆脱落宽度在 4～12 cm 间，拱圈砌石最大位移与砂浆脱落宽度呈线性关系。砂浆脱落 12 cm 时，最大位移 14.9 cm。对比砌石位移图可知，砌石运动方向偏向砂浆脱落位置，最大位移临近拱顶位置。

(2) 分析拱圈与拱上结构最大脱缝距离图，随砂浆脱落宽度增加，拱圈与拱上结构最大脱缝距离不断增长，砂浆脱落宽度在 4～12 cm 间，最大脱缝距离与砂浆脱落宽度呈线性关系。砂浆脱落 12 cm 时，最大脱缝距离 14.9 cm。对比拱圈变形图，最大脱缝距离临近拱顶位置。

(3) 分析 1 号位置砂浆脱落拱圈最大竖向位移柱状图，可得到与拱圈砌石最大位移增长相似的规律，砂浆脱落宽度在 4～12 cm 间，最大竖向位移与砂浆脱落宽度呈线性关系。砂浆脱落 12 cm 时，最大竖向位移 14.9 cm。对比砌石竖向位移云图可知，最大竖向位移临近拱顶位置。

2) 拱圈砂浆均匀脱落流失

砂浆均匀脱落拱圈变形图、拱圈砌石最大位移柱状图、拱圈与拱上结构最大脱缝距离柱状图、拱圈最大竖向位移柱状图、拱圈砌石位移图、渡槽竖向位移云图见图 4.5-35—图 4.5-40 所示。

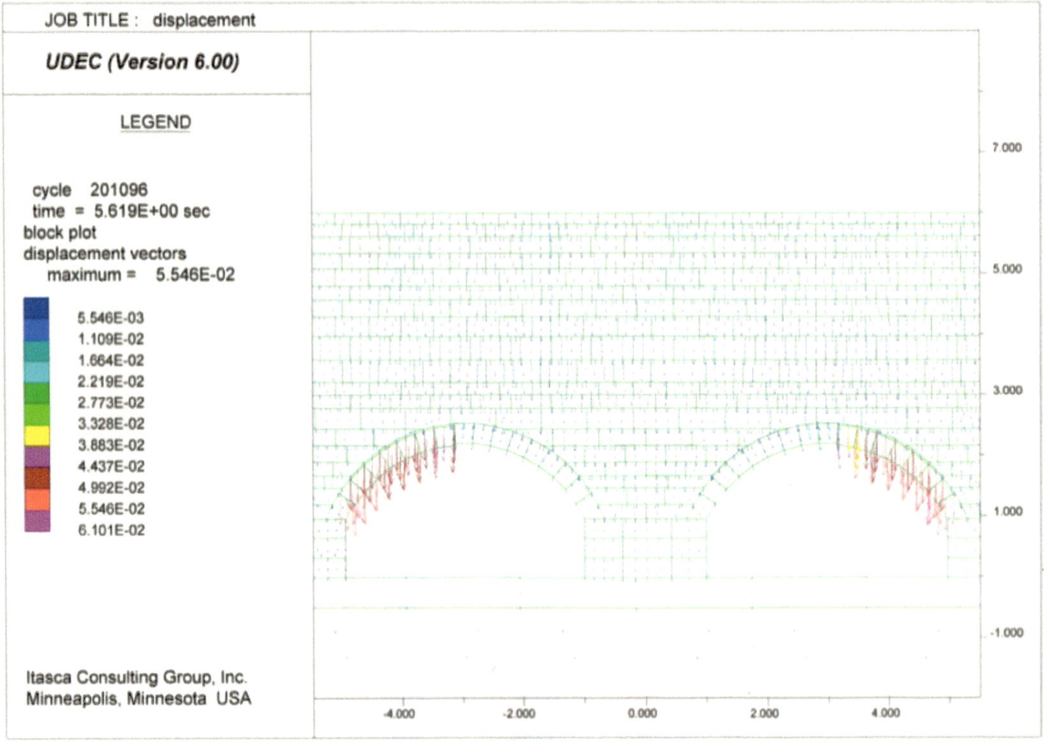

1 号位置砂浆脱落 4 cm

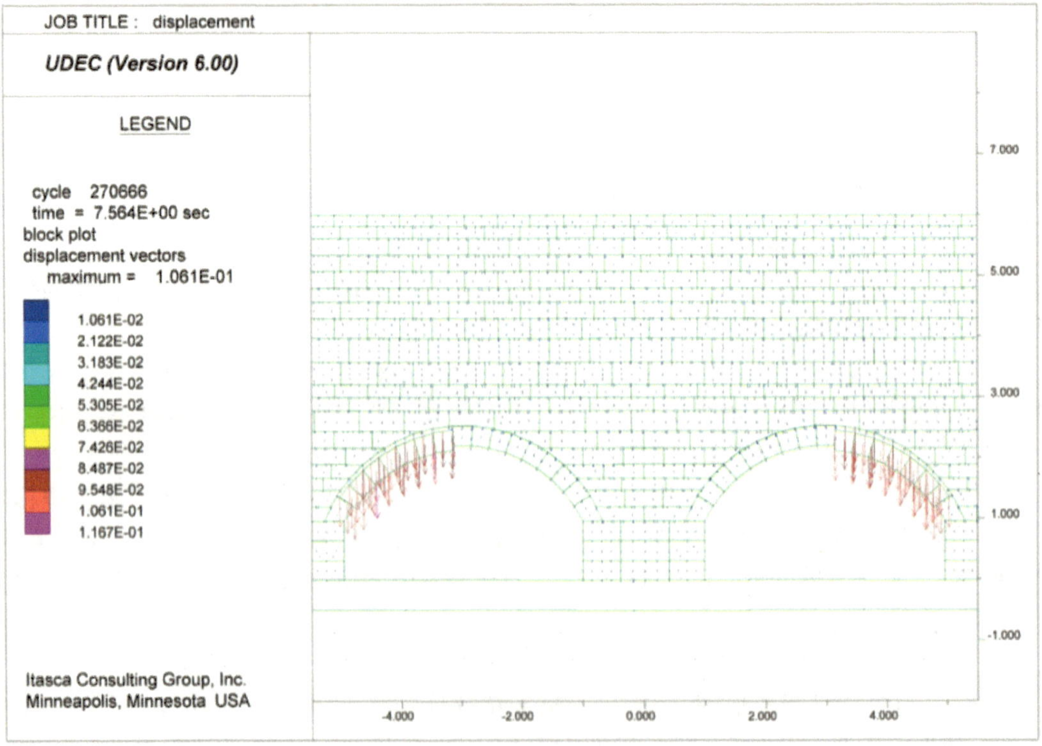

1 号位置砂浆脱落 8 cm

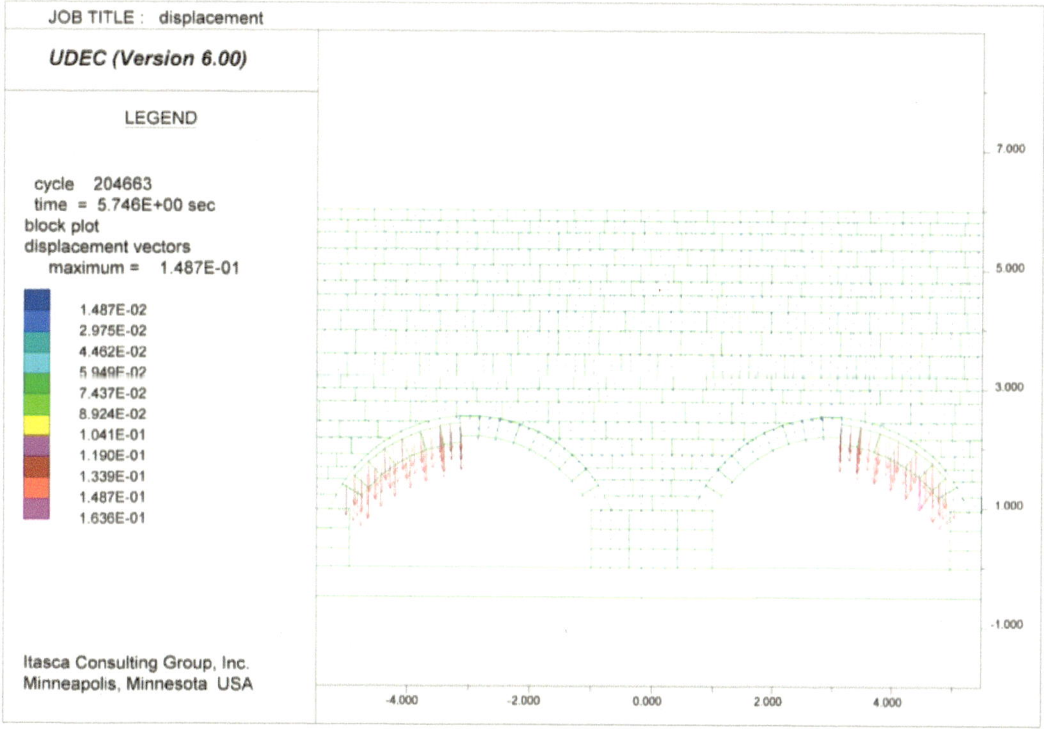

1 号位置砂浆脱落 12 cm

图 4.5-33 1 号位置砂浆脱落拱圈砌石位移图

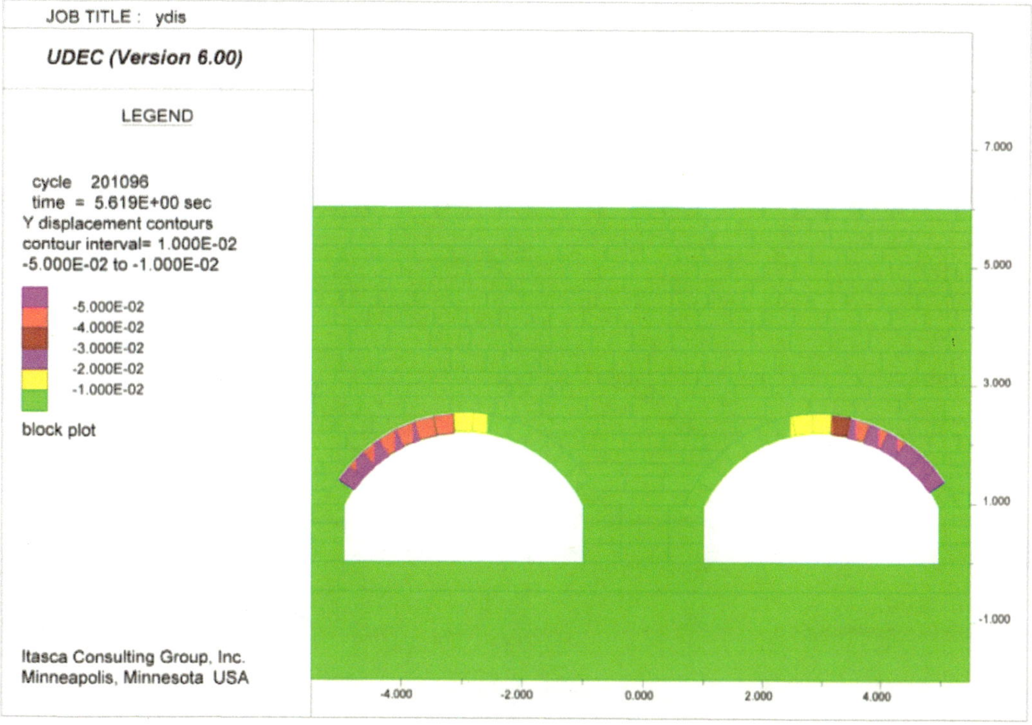

1 号位置砂浆脱落 4 cm

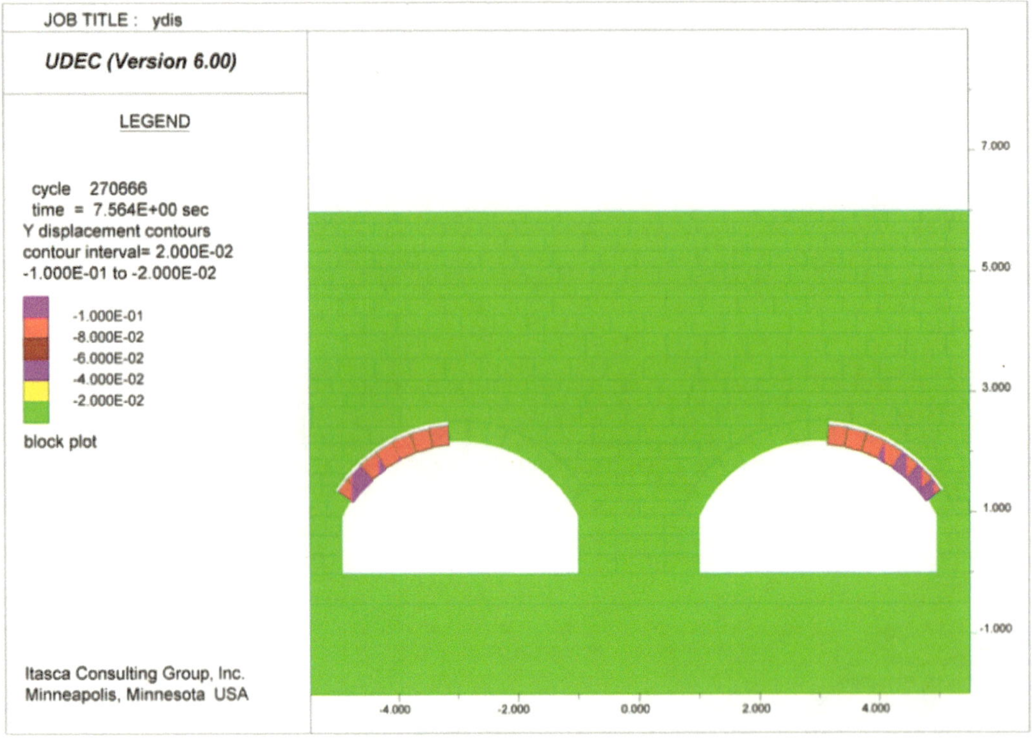

1 号位置砂浆脱落 8 cm

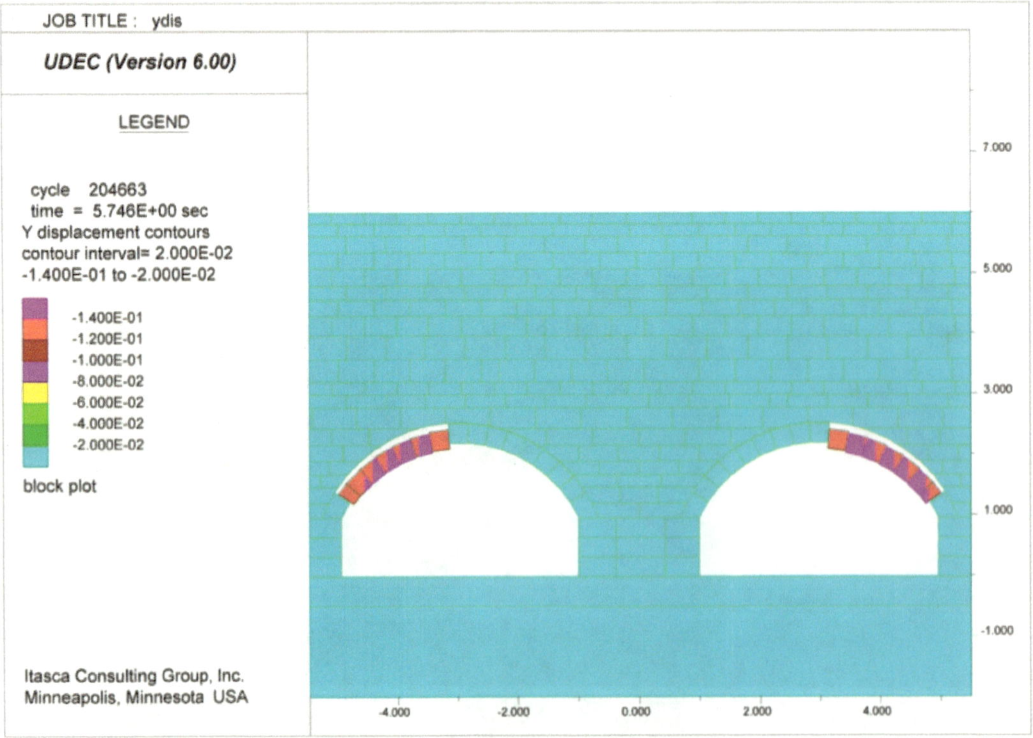

1 号位置砂浆脱落 12 cm

图 4.5-34　1 号位置砂浆脱落渡槽竖向位移云图

砂浆均匀脱落 4 cm

砂浆均匀脱落 8 cm

砂浆均匀脱落 12 cm

图 4.5-35　砂浆均匀脱落拱圈变形图

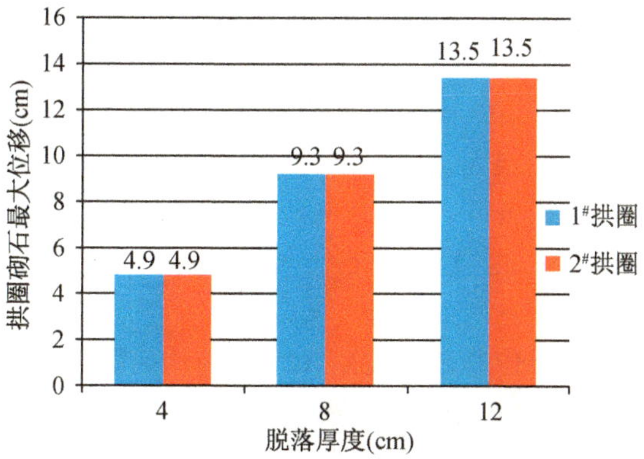

图 4.5-36　砂浆均匀脱落拱圈砌石最大位移柱状图

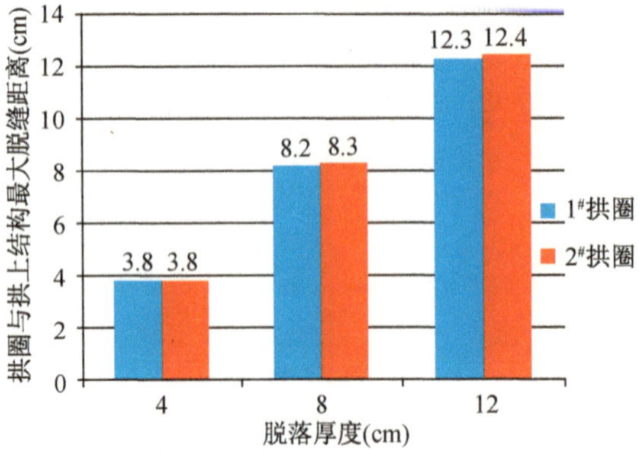

图 4.5-37　砂浆均匀脱落拱圈与拱上结构最大脱缝距离柱状图

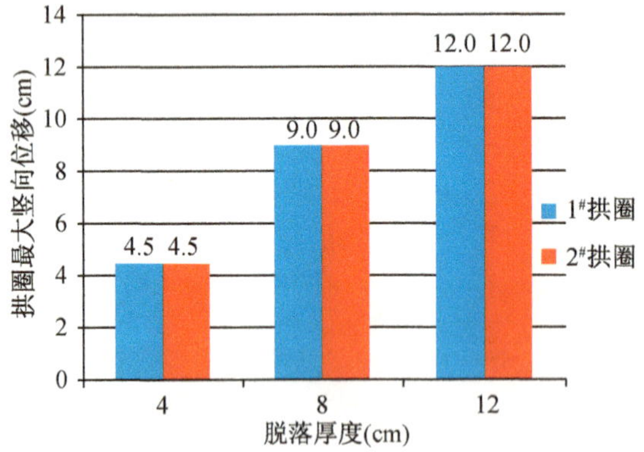

图 4.5-38　砂浆均匀脱落拱圈最大竖向位移柱状图

结果分析如下。

(1) 分析砂浆均匀脱落拱圈砌石最大位移柱状图，随砂浆脱落宽度增加，拱圈砌石位移不断增长，砂浆脱落宽度在 4～12 cm 间，拱圈砌石最大位移与砂浆脱落宽度呈线性关系。砂浆脱落 12 cm 时，最大位移 13.5 cm。对比砌石位移图可知，砌石运动方向偏向砂浆脱落位置，最大位移在拱顶位置。

(2) 分析拱圈与拱上结构最大脱缝距离图，随砂浆脱落宽度增加，拱圈与拱上结构最大脱缝距离不断增长，砂浆脱落宽度在 4～12 cm 间，最大脱缝距离与砂浆脱落宽度呈线性关系。砂浆脱落 12 cm 时，最大脱缝距离 12.4 cm。对比拱圈变形图，最大脱缝距离在拱顶位置。

(3) 分析砂浆均匀脱落拱圈最大竖向位移柱状图，可得到与拱圈砌石最大位移增长相似的规律，砂浆脱落宽度在 4～12 cm 间，最大竖向位移与砂浆脱落宽度呈线性关系。砂浆脱落 12 cm 时，最大竖向位移是 12.0 cm。对比砌石竖向位移云图可知，最大竖向位移在拱顶位置。

3) 各位置拱圈砂浆脱落流失对比分析

主要通过模拟拱圈 1—5 号位置砂浆脱落 12 cm 与均匀脱落 12 cm 时，拱圈砌石最大位移、拱圈与拱上结构最大脱缝距离、拱圈最大竖向位移的变化，具体数据分别见柱状图图 4.5-41、图 4.5-42、图 4.5-43。2# 拱圈各位置砂浆脱落 12 cm 拱圈变形图对比如图 4.4-44 所示。

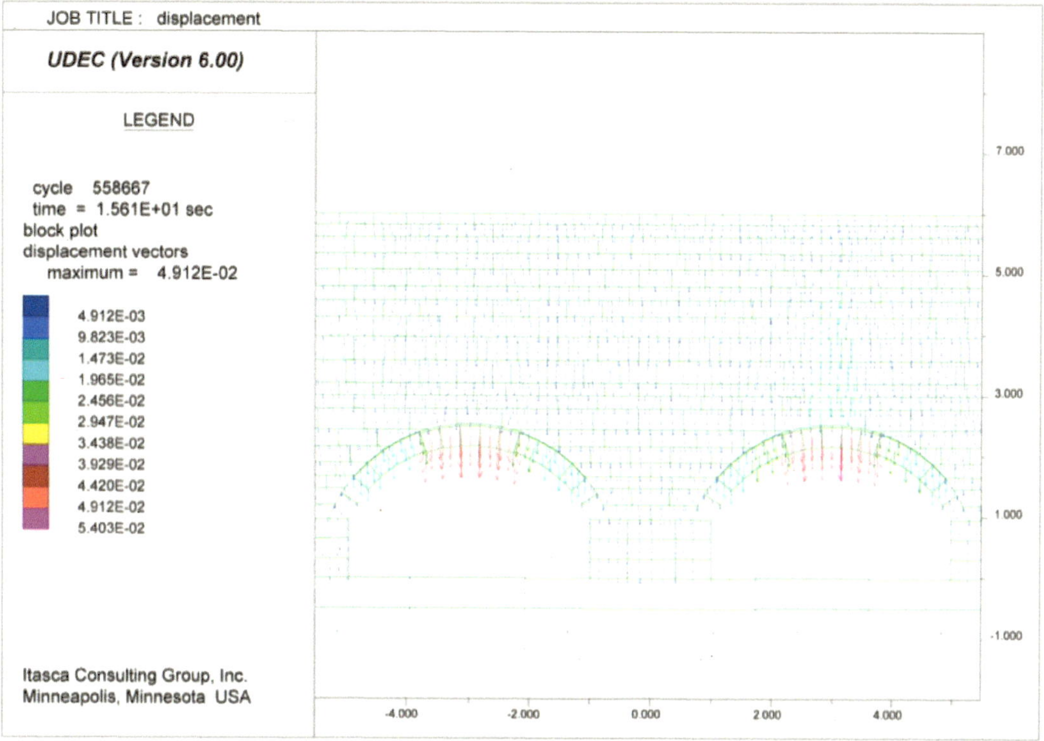

砂浆均匀脱落 4 cm

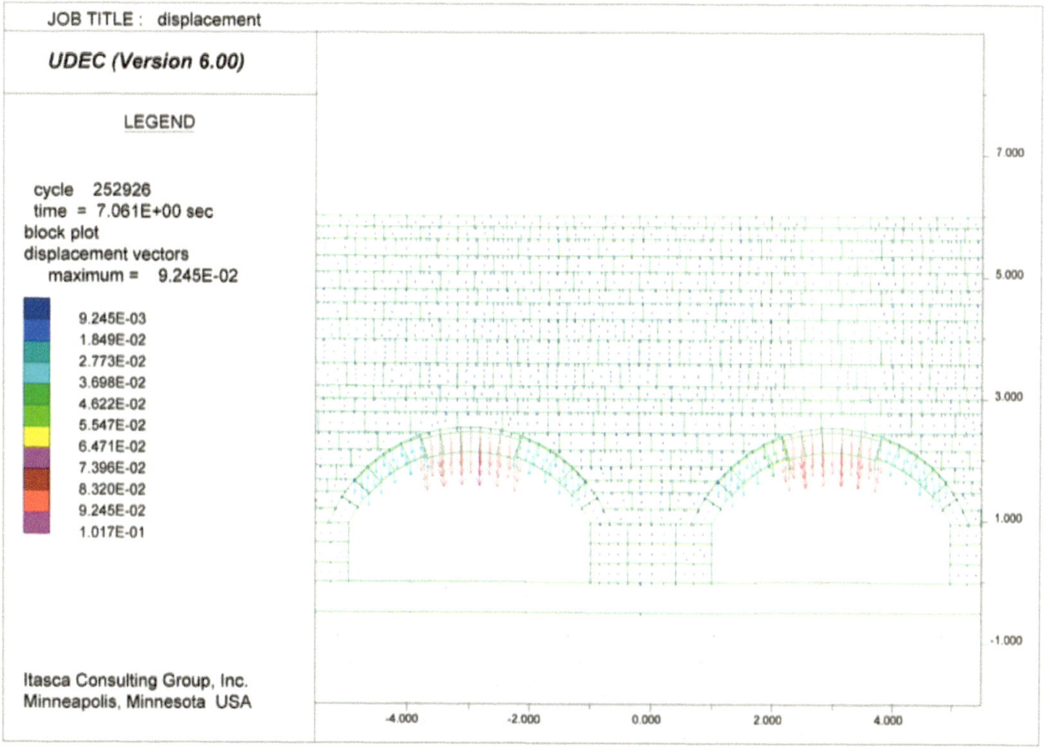

砂浆均匀脱落 8 cm

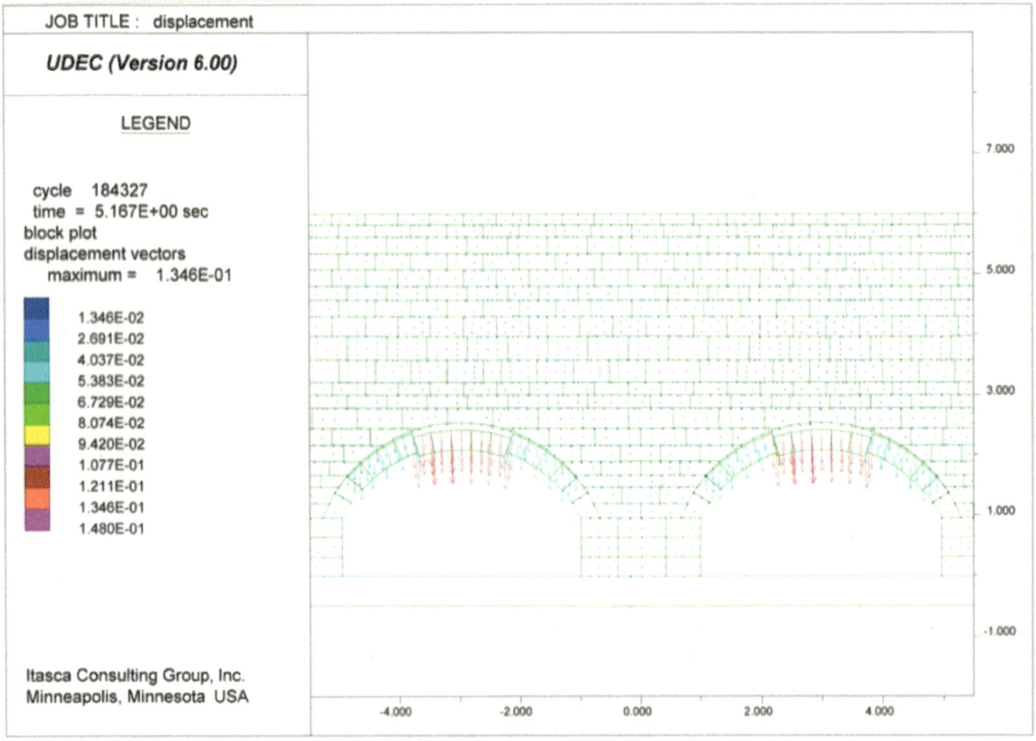

砂浆均匀脱落 12 cm

图 4.5-39　砂浆均匀脱落拱圈砌石位移图

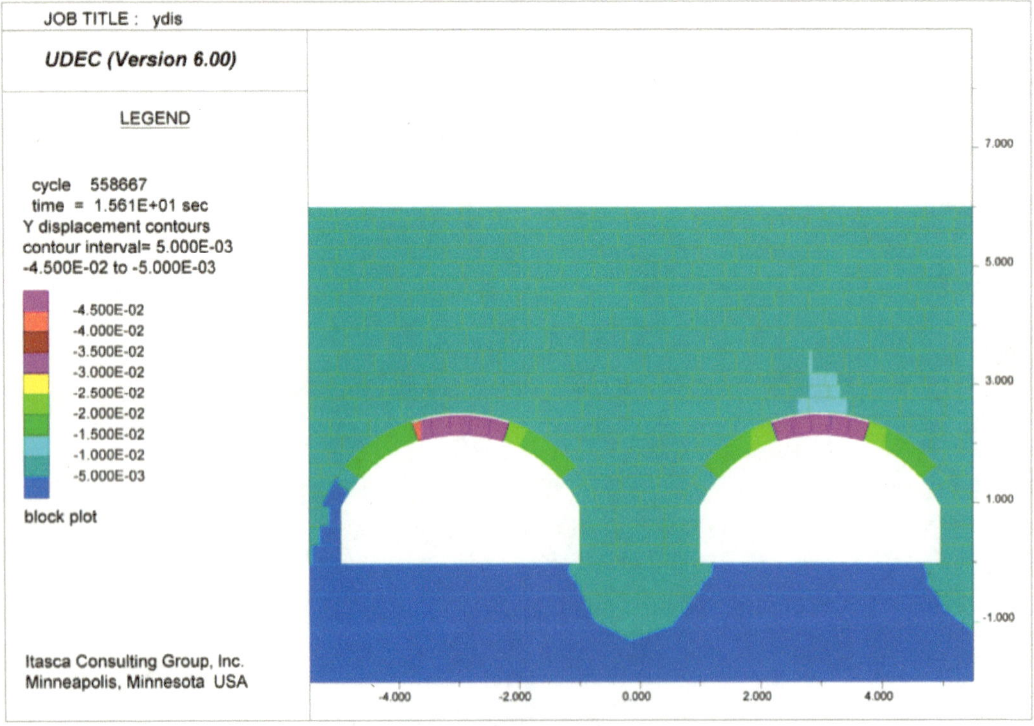

砂浆均匀脱落 4 cm

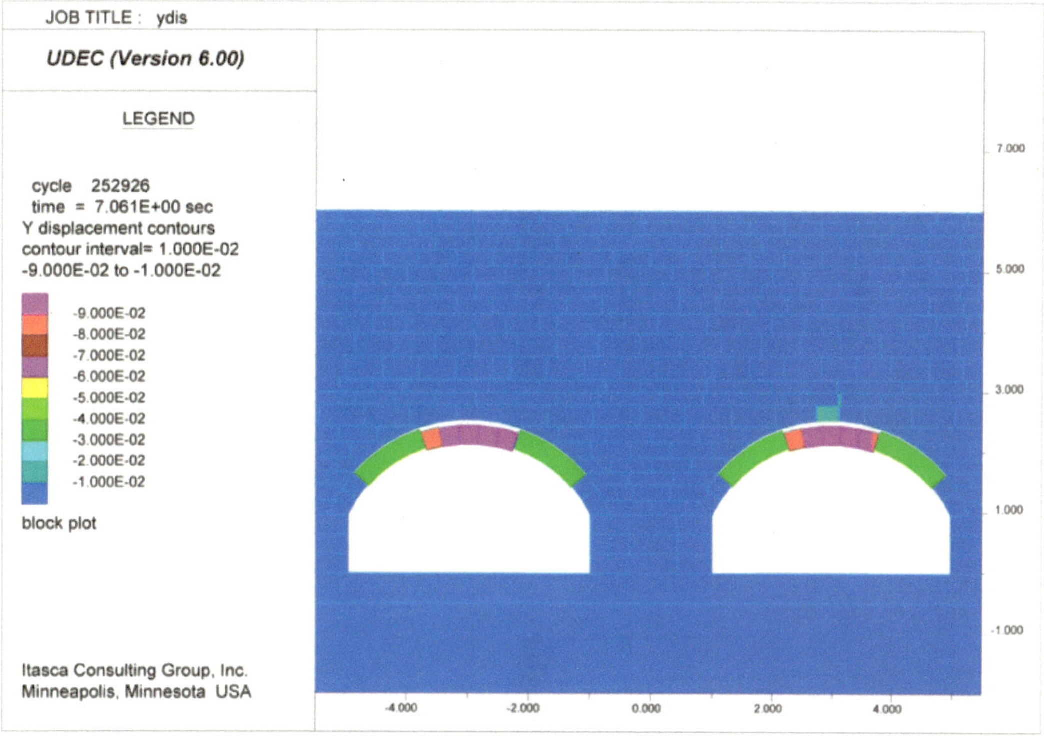

砂浆均匀脱落 8 cm

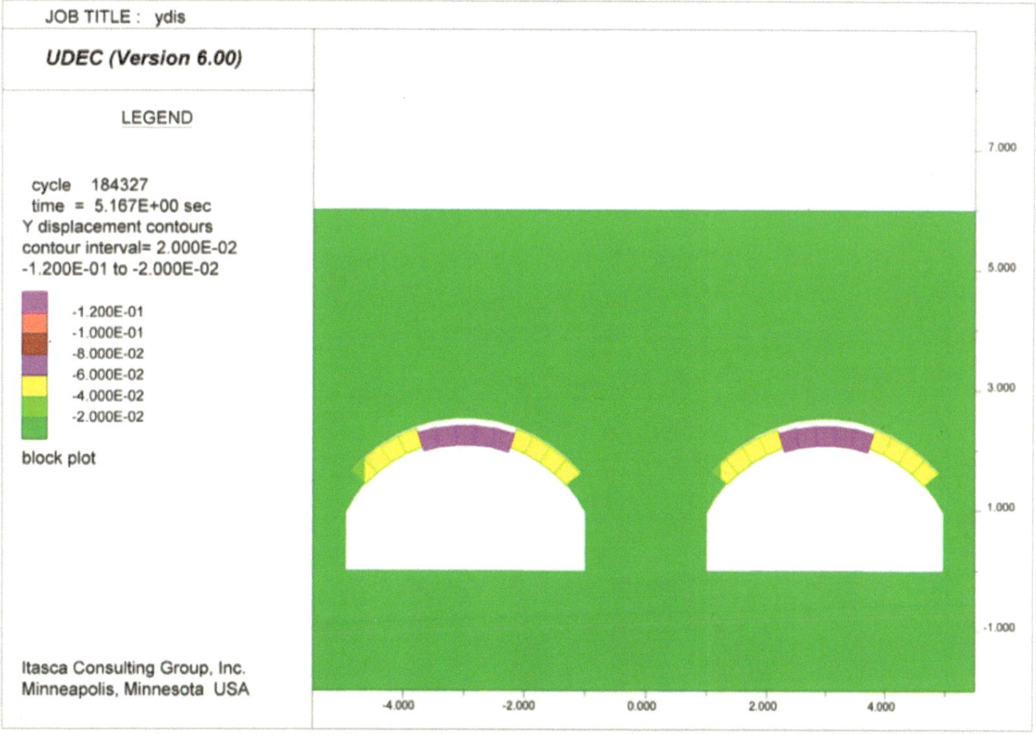

砂浆均匀脱落 12 cm

图 4.5-40 砂浆均匀脱落渡槽竖向位移云图

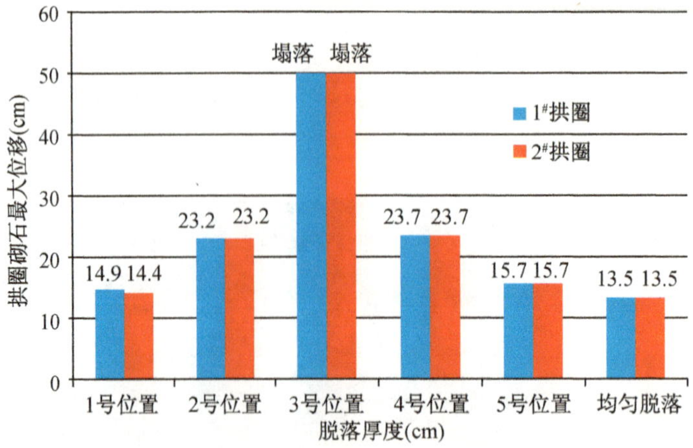

图 4.5-41 各位置砂浆脱落 12 cm 拱圈砌石最大位移柱状图

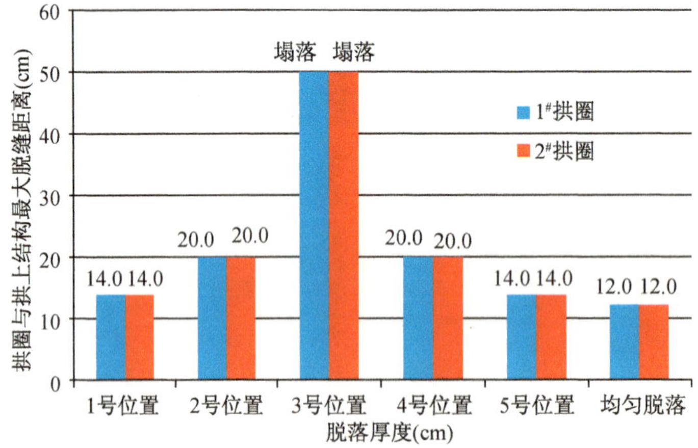

图 4.5-42 各位置砂浆脱落 12 cm 拱圈与拱上结构最大脱缝距离柱状图

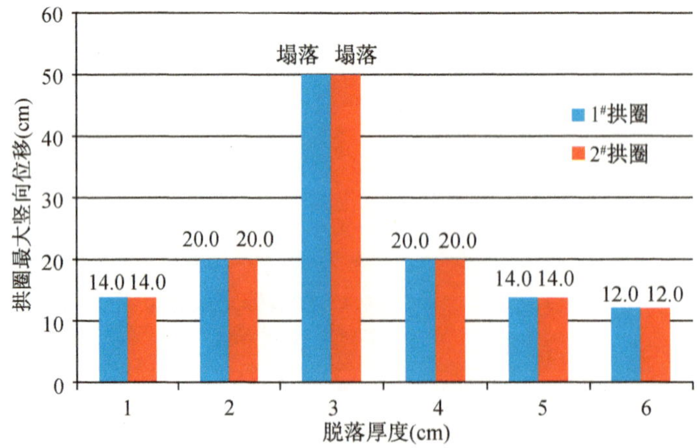

图 4.5-43 各位置砂浆脱落 12 cm 拱圈最大竖向位移柱状图

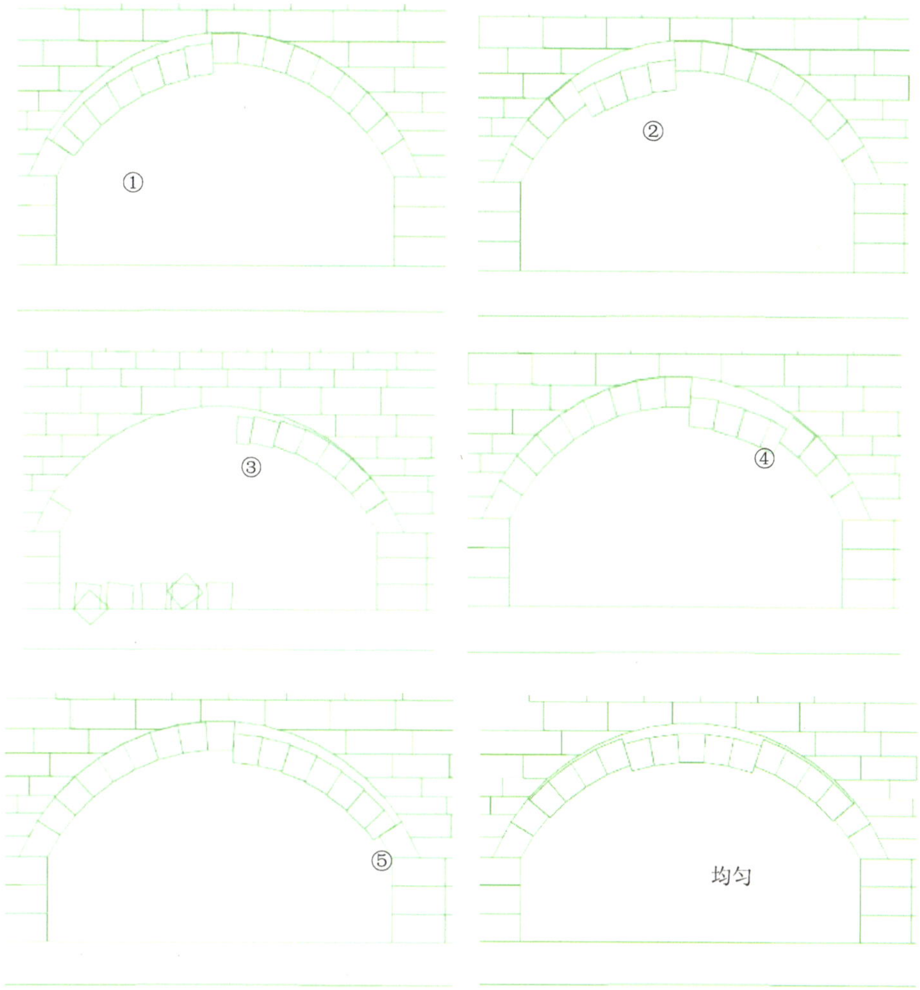

图 4.5-44　2# 拱圈各位置砂浆脱落 12 cm 拱圈变形图对比

砂浆脱落 12 cm 时，均匀脱落时拱圈砌石最大位移、拱圈与拱上结构最大脱缝距离、竖向位移均最小，其次依次为 1、5、2、4、3，即砂浆均匀脱落对拱圈的破坏比砂浆集中脱落破坏小，其次依次为拱脚、拱肩，拱顶砂浆脱落最危险。渡槽服役过程中，拱顶位置砂浆脱落流失应重点关注。

4.5.3.4　复核计算结论

通过复核计算，得到以下结论。

(1) 结合现场检测结果及规范，在砂浆参数劣化情况下，按砂浆保守参数计算，渡槽上部结构稳定，拱圈结构稳定，渡槽整体稳定，地基承载力满足稳定要求。现状渡槽结构虽然在多种病害下稳定性满足要求，但根据现状调查分析，已发现拱圈脱离上部结构、砂浆持续流失脱落等危及渡槽结构安全的隐患，根据《渡槽安全评价导则》(T/CHES 22—2018)，评定为 C 级。

(2) 在充分考虑砂浆强度参数劣化情况下，渡槽稳定性受砂浆流失位置、砂浆不同流失程度影响较大。砂浆集中流失时，拱顶位置最为危险，次之为拱肩，再次之为拱脚部位，在相同的流失厚度下，整体来讲，均匀流失比集中位置处流失危险性小。

(3) 从稳定角度来讲，砂浆参数劣化、砌石块断裂、砌体错动并不是主控因素，主控因素是砂浆脱落流失造成的砌体结构的“致密度和咬合度下降”，只要砂浆不脱落流失，砂浆“物质”的存在对支撑渡槽结构的稳定性起重要作用。

4.5.3.5 建议

根据计算复核结果，提出如下运行和加固建议。

(1) 对于脱缝处实行填充，主要原则在于提高砌体之间的密实度和咬合度，避免由于砂浆物质性流失造成砌体结构松散度增加。对于砂浆脱落较为严重的区域，优先考虑弹模大、强度高、耐久性强的材料对脱缝进行填充，以增加结构密实度和咬合度，配合采用砂浆填充提高参数的措施。

(2) 由于影响安全稳定性的主控因素为砂浆流失，需对渡槽底部进行严格防渗处理，减小长期渗漏及水化学作用导致的砂浆劣化，降低流失条件，由此延长结构的服役时间。

(3) 加强拱圈部位变形的监测，重点部位为拱顶部位的错位、下落及拱圈与上部结构的脱空，次之为拱肩，再次之为拱脚部位。

(4) 由于拱圈物质集中脱落更为危险，因此对于拱圈个别部位的砌石脱落或砂浆穿透性流失应尤为重视，一旦发生，应及时采取措施。

4.5.4 一干渠桃园渡槽

4.5.4.1 安全复核的主要内容

红旗渠桃园渡槽均为砌石结构，运行时间较长，砌石间的勾缝材料老化风化明显，渡槽结构均出现了不同程度的裂缝，存在一定安全隐患。本项目拟根据桃园渡槽的设计与运行背景，采用三维有限元法对渡槽结构进行静动力变形、应力分析，评价跨河渡槽的结构安全及耐久性。主要内容包括如下。

(1) 计算渡槽过流能力，评价渡槽顶高程是否满足运行要求。

(2) 根据红旗渠桃园渡槽的实际情况，建立桃园渡槽及其地基的结构分析三维有限元模型，分析研究渡槽结构的应力变形及其分布规律。

(3) 复核桃园渡槽的结构强度及其抗滑、抗倾覆稳定性及地基承载力等，分析渡槽的工作性态，评价其强度和稳定安全性。

4.5.4.2 槽身过流能力

桃园渡槽两侧挡水墙高 2.5 m，底宽 2 m，顶宽 1 m，槽底宽 2.6 m，纵坡 1/1 700，设计流量 6.8 m^3/s。根据《灌溉与排水工程设计标准》(GB 50288—2018)，桃园渡槽为 4 级建筑物。槽身过水断面的壁面糙率取 0.018，计算可得过流能力为 6.8 m^3/s，相应的水深为 2.2 m。可见，过流能力满足设计要求。

槽身过水断面通过设计流量时矩形断面的超高不应小于槽内水深的 1/12 加 0.05 m。通过加大流量时槽中水面与无栏杆槽身顶部或有栏杆槽身的拉杆底部高差不应小于 0.10 m。由此，计算得到槽身顶高程应为 2.43 m。渡槽挡水墙高 2.5 m，槽身顶高程满足规范要求。

4.5.4.3 结构分析

静力计算采用有限元法。抗震复核采用拟静力法，该法是一种用静力学方法近似解决动力学问题的简易方法，其基本思想是在静力计算的基础上，将地震作用简化为一个惯性力系附加在研究对象上。依据红旗渠管理处提供的资料，桃园渡槽设计流量为 6.8 m^3/s，依据《灌溉与排水工程设计标准》(GB 50288—2018)，桃园渡槽工程等级为 4 级。根据《水工建筑物抗震设计标准》(GB 51247—2018)，设计烈度为Ⅷ、Ⅸ的 1、2 级渡槽或堤基为可液化土的 1、2 级渡槽，应采用动力法进行抗震计算。因此，参照该规范采用拟静力法分析地震作用下的应力和变形。

渡槽砌石体结构采用线弹性本构模型计算。在用超载法计算安全系数时，地基土体采用理想弹塑性本构模型，屈服破坏准则选用 D-P 准则。三维有限元计算网格采用专业网格剖分工具软件进行剖分，渡槽槽身、槽墩及地基网格总体采用六面体单元，局部采用楔形体单元过渡，生成高质量的三维实体单元。根据地质资料提供的材料参数确定初始的计算参数，见表 4.5-22。

表 4.5-22 桃园渡槽砌石体与地基材料力学参数

参数	密度(kg/m^3)	弹模(GPa)	泊松比	黏聚力(kPa)	内摩擦角(°)	线膨胀系数
浆砌石	2 400	3.5	0.167	0.7×10^{-5}	0.10	2.0
黏土防渗层	1 960	0.1	0.300	0.7×10^{-5}	/	/
半胶结—胶结状卵石层	2 000	0.5	0.150	0.7×10^{-5}	/	/

本次计算所使用的温度荷载考虑 2 种情况，分别为体系升温 15 ℃和体系降温 15 ℃。

(1) 有限元网格及计算范围

红旗渠桃园渡槽砌石体及地基模型坐标系遵守右手法则，x 为渡槽横向，y 为顺渡槽方向，z 铅直向上。x 方向计算范围为桃园渡槽结构向两侧各延伸 22 m，z 方向计算范围选取承台以上所有渡槽结构体及槽墩底部以下 45 m 内的地基土体。有限元网格见图 4.5-45，其中总体采用六面体单元，局部采用楔形体单元过渡，节点总数 182 414，单元总数 178 974。

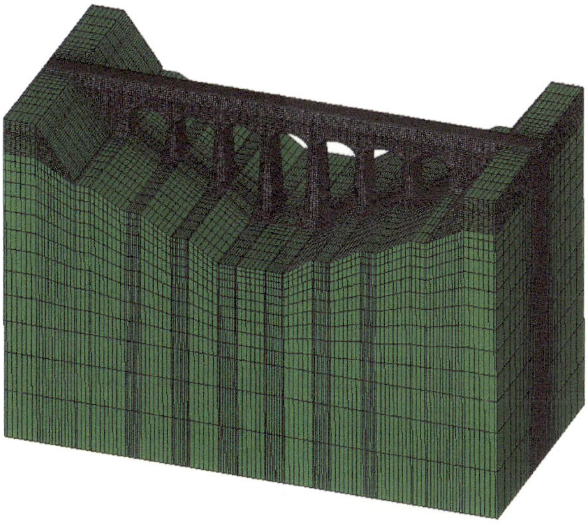

图 4.5-45 桃园渡槽有限元网格

符号规定同 4.5.1 节。

为便于成果叙述，对渡槽槽身及槽墩典型截面编号如下：渡槽顺水流方向，槽墩编号分别为 P1—P8，槽底编号分别为 D1—D8，拱圈编号为 G1—G7，槽墩正上方的槽身编号分别为 C1—C7，槽墩 P4、P5 之间的单跨槽身各典型截面分别编号 A1—A4。其中，A1 是指槽墩与拱圈连接部位处截面，A2 是指拱圈 G4 中心轴处截面，A3 是指槽墩 P4 中心轴对应槽身处截面，A4 是指 A2 正上方槽身处截面，具体位置见图 4.5-46。

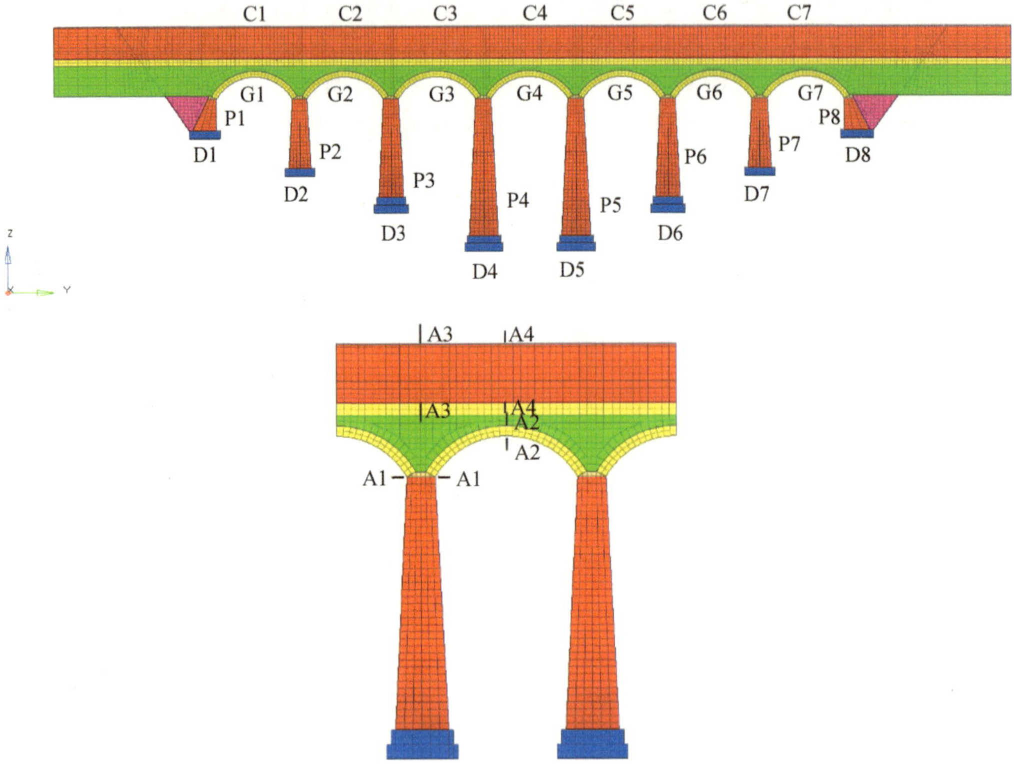

图 4.5-46　典型截面编号

(2) 计算参数及荷载组合

荷载组合同南谷洞渡槽。

渡槽结构的人群荷载均取 2.75 kN/m^2。

依据《砌石坝设计规范》(SL 25—2006)的规定，确定砌石体胶凝材料的抗拉强度，结合安全检测情况，确定桃园渡槽胶凝材料标号抗压强度为 2 MPa，抗拉强度为 0.10 MPa。

(3) 计算成果及分析

计算结果列于表 4.5-23、表 4.5-24，分析如下。

表 4.5-23　最高跨槽身及拱身应力分析(单位：MPa)

位置	类别	工况一	工况二	工况三	工况四	工况五	工况六	工况七	工况八
A1	第一主应力	−0.01	−0.01	0	−0.01	−0.01	−0.01	−0.01	−0.01
	第三主应力	−0.93	−0.93	−0.85	−0.89	−0.92	−0.97	−0.96	−1.00

续表

位置	类别	工况一	工况二	工况三	工况四	工况五	工况六	工况七	工况八
A2	第一主应力	0.01	2.34	0	2.31	0.01	2.34	0.01	2.35
	第三主应力	−1.82	−0.02	−1.85	−0.02	−1.82	−0.02	−1.81	−0.02
A3	第一主应力	0.25	0.81	0.26	0.82	0.25	0.81	0.26	0.25
	第三主应力	−0.81	−0.26	−0.82	−0.30	−0.81	−0.26	−0.81	−0.25
A4	第一主应力	0.27	0.82	0.28	0.83	0.27	0.82	0.27	0.82
	第三主应力	−0.82	−0.19	−0.83	−0.22	−0.82	−0.19	−0.82	−0.20

表 4.5-24 各工况下槽墩承台底部竖向应力分析(单位:MPa)

槽墩编号	工况一	工况二	工况三	工况四	工况五	工况六	工况七	工况八
P1	−0.27	−0.29	−0.25	−0.27	−0.27	0.29	0.28	0.30
P2	−0.31	−0.32	−0.29	−0.30	0.31	0.33	0.32	0.33
P3	−0.30	−0.30	−0.28	−0.28	0.30	0.30	0.30	0.35
P4	−0.28	−0.28	−0.26	−0.26	0.28	0.28	0.28	0.23
P5	−0.32	−0.28	−0.26	−0.26	0.28	0.28	0.28	0.28
P6	−0.30	−0.30	−0.28	−0.28	0.30	0.30	0.30	0.37
P7	−0.31	−0.33	−0.29	−0.30	0.31	0.32	0.32	0.37
P8	−0.27	−0.29	−0.25	−0.27	0.27	0.29	0.28	0.43

在静荷载作用下,桃园渡槽结构的拉应力最大值为 2.34 MPa,其值超过了砌石的抗拉强度,局部分布于槽身外沿,深度较浅,对槽身及渡槽的整体结构影响较小;压应力最大值为 1.85 MPa,小于浆砌石的抗压强度 2 MPa。在地震荷载作用下,桃园渡槽结构的拉应力最大值为 2.35 MPa,其值超过了砌石的抗拉强度,局部分布于槽身外沿,且深度较浅,对槽身及渡槽的整体结构影响较小;压应力最大值为 1.81 MPa,小于浆砌石的抗压强度 2 MPa。桃园渡槽结构的拉应力最大值超过了砌石的抗拉强度。但分析工况可知主要由温度应力引起,而温度应力可以通过材料变形释放并形成新的应力平衡,且拉应力仅局部分布于槽身外沿,深度较浅,分布范围很小,不会对结构造成危害。

参考文献

[1] 顾培英,王岚岚,邓昌,等. 我国渡槽结构典型破坏特征研究综述[J]. 水利水电科技进展,2017,37(5):1-8.

[2] 黄君宝,邓成发. 基于三维激光扫描的老旧渡槽结构性能安全评估[J]. 中国农村水利水电,2020(3):142-145.

[3] 甘磊,马洪影,马泽锴,等. 红旗渠南古洞渡槽应力变形及稳定性分析[J]. 水利水电科技进展,2020,40(5):70-75.

[4] 姚皓铮,沈振中,马福恒,等. 考虑砂浆冻融作用的浆砌石水闸应力变形特性分析[J].

水电能源科学，2019，37(11)：129-132.
[5] 姚皓铮，沈振中，马福恒，等. 考虑砂浆冻融劣化效应的浆砌石渠道抗震安全分析[J]. 三峡大学学报：自然科学版，2020，42(2)：7-11.
[6] 俞昊捷，沈振中，徐力群，等. 基于等效体积单元方法的空心坝工作特性有限元分析[J]. 三峡大学学报：自然科学版，2019，41(4)：16-20.
[7] 张艳萍，邢红芳，杨德锋，等. 渡槽运行期间受温度应力影响的稳定性分析[J]. 人民黄河，2019，41(9)：144-148
[8] 葛新卫，邓世顺. 红旗渠总干渠滑坡成因分析及预防方案探讨[J]. 河南水利与南水北调，2016(1)：92-93.
[9] 李坷凌，宋丽红，魏永齐. 红旗渠总干渠沿线地质灾害现状及防治建议[J]. 中国地质灾害与防治学报，2003，14(4)：128-131.
[10] 柴宏伟，郭昱葵. 红旗渠沿线地质灾害的成因及防治对策[J]. 土工基础，2004，18(4)：54-56.

5 大型复杂灌区工程运行管理能力评价

大型复杂灌区工程体系庞杂且分散，往往由灌溉、排水、机井、沉沙等多套工程系统组成，其中灌溉系统往往又由总干渠、干渠、支渠等多级渠道组成。渠道线路长，各种渠系建筑物数量种类多，灌溉覆盖面广，工程运行管理难度大。运行管理能力评价的目的是评价大型复杂灌区工程现有管理组织、管理设施、管理能力以及运行管理、应急管理等是否满足相关管理法规、办法与技术标准要求，是否满足工程安全可靠供水要求，并为改进工程运行管理工作提供指导性意见和建议。运行管理评价内容应包括整个灌区工程的管理制度与管理体系、巡视检查与工程维护、监测监控与信息化等运行管理能力的评价。

5.1 大型复杂灌区常见管理问题分析

结合大型灌区的管理现状，常见管理问题如下。

(1) 重建轻管现象普遍，尚未从思想上认识到灌区管理的重要性

从建设的情况来看，灌区受益群众以及水管单位对于大型灌区工程建设的积极性较高，大型灌区的建设也得到了主管部门高度重视。同时，从1996年起，国家针对大型灌区长期以来工程老化失修、配套程度差、用水效率较低等问题，实施了大型灌区续建配套与节水改造项目建设，地方支持度也很高，灌区骨干工程老化失修的状况得到了有效改善。但是灌区工程建成或改造之后的后续管理意识普遍不强，由于管理机制或者体制等方面的原因，灌区管理人员缺乏，对于日常监管的责任范围以及责任人不明确，缺少必要的管理措施，当出现问题的时候，很容易出现推诿扯皮的现象，相互推卸责任，最后找不到确定的责任人。随着大型灌区建设和改造项目的完成，现在灌区面临的主要矛盾已逐渐转化为陈旧落后的管理模式、管理手段与现代化管理工作需求之间不相适应的矛盾。

(2) 水管体制改革不到位、不彻底，管理资金难以到位

2002年国务院《水利工程管理体制改革实施意见》(国办发〔2002〕45号)颁布后，水利工程水管体制改革各地进展不平衡，个别地方整体滞后。2004年水利部印发了《水利工程管理单位定岗标准(试点)》，但部分地方因财政困难、地方政府重视不够等，灌区工程管理体制改革进展缓慢。灌区工程水管体制改革存在人员配置不合理和管养分离不到位、不彻底的情况，部分管理单位往往存在人员定编定岗不合理、人员结构老化、专业人员匮乏、技术素质偏低等问题，导致日常运行管理工作开展困难，一些补贴资金没有用到实处；而灌区工程管理体制的不明朗又使得政府的一些公益性的补贴难以得到有效的落实，这对于灌区工程的运行管理产生了很不利的影响。灌区工程多为公益性工程，无稳定收入来源，再加上渠道线路长、工程金属结构和机电设备多，每年维修养护工程量大，所需维修养护资金相对较多，管理资金的不落实或不到位造成维修养护经费缺口大。维修养护不足，给工程运

行带来安全隐患，甚至加剧了工程病险。

(3) 管理政策法规体系不健全，运行管理依据不充分

目前，我国还没有建立健全的灌区管理政策法规体系，灌区管理主要以《中华人民共和国水法》《防洪法》《防汛条例》等法律法规为依据。水利部 1981 年颁布的《灌区管理暂行办法》(水利部〔81〕水农字第 83 号)，从灌区的组织体制、工程管理、用水管理、试验与科学研究、经营管理等方面出发对灌区管理进行了一般性规定，但缺少具体的操作细则，而且至今已近 40 年未进行修订，已不符合现阶段大型复杂灌区的管理情况和需求。部分地区为加强灌区管理，发挥灌区工程的综合效益，促进经济的发展，根据国家法律、法规的有关规定，结合本地区实际，制定了地方灌区管理办法，典型的有 1998 年 12 月 31 日山东省人民政府令第 100 号《山东省灌区管理办法》，并于 2004 年 7 月 15 日山东省政府令第 172 号对其进行修订，2018 年 2 月 11 日省政府令第 311 号对其进行第二次修订；1985 年《黑龙江水利》也刊登了《黑龙江省灌区管理试行办法》等。2019 年 6 月 7 日，水利部办公厅印发了《大中型灌区标准化规范化管理指导意见(试行)》(办农水〔2019〕125 号)，从组织管理、安全管理、工程管理、供用水管理、经济管理等方面提出了灌区管理要求和保障措施，以指导建设"节水高效、设施完善、管理科学、生态良好"的现代化灌区。但在灌区管理法规体系总体缺失的情况下，大型复杂灌区的标准化规范化管理建设目标任重道远，尚需时日。

(4) 灌区管理的基础工作薄弱，节水灌溉设施配套不足

大型灌区的一些管理制度不完善，管理工作较为薄弱，这也导致了灌区经济效益的严重下滑。灌区管理单位对于灌溉制度的研究、面积统计、灌区三情测报、管理台账、产量测定等方面的管理投入严重不足，加上技术干部对于基础工作的认识严重不足，造成了灌区管理基础工作的薄弱。大型复杂灌区的管理任务繁杂，管理工作的难度也很大，灌溉管理中的一些基础性工作得不到充分重视，已使得部分灌区的灌溉面积出现缩减，降低了灌溉用水的效率，造成灌溉效益下降。另一方面，虽然近年来看我国对灌区的节水设施建设投入了大量的资金，但是田间的节水灌溉配套设施仍然存在着很多不足，灌溉的方法也不科学合理。灌区很多群众仍然运用大水漫灌的方式，不仅造成了水资源浪费严重，而且还增加了灌溉电费以及水费的负担，同样也降低了灌区效益的发挥。

(5) 灌区技术管理人员素质不高，相关管理培训力度不够

根据现有大型灌区管理单位的人员结构现状来看，灌区管理条块分割，管理人员配备不足，非技术人员的增加数量以及增加速度明显高于技术人员；由于灌区管理单位缺乏活力，待遇也相对较低，很难吸引人才，很多基层的水管干部已出现了青黄不接甚至断档的现象，很多技术管理工作没有合适的人去干，再加上培训的力度不够，造成了灌区管理单位在技术管理上陷入了困境。当前，即使在一些大型灌区中，部分管理人员的专业素质仍然比较低，在实际的管理过程中不能够很好地发挥作用，从而影响到管理工作的质量。一些地区还存在管理技术人员偏少的情况，导致部门管理工作不能够很好地落实到位。

现有大型复杂灌区管理单位普遍管理技术水平较低，缺乏科学、合理、有效的调度和监管。近年来，国家一直大力提倡和推进灌区水利工程管理标准化、规范化，目的是推进灌区管理水平的提升，同时也推动灌区技术水平的创新。除此之外，以往灌区工程只注重灌溉、供水、排涝等基本功能，现在标准化管理中提出灌区要"景观化"，强调要注重综合功能发挥和环境协调，这给大型灌区的高质量管理更加带来挑战。通过大型复杂灌区工程运行管理评

价可以找出问题，认识差距，为灌区工程运行管理标准化、规范化建设提供支撑和改进方向。

5.2 管理制度与管理体系

管理制度与管理体系评价主要复核灌区运行管理能力、管理机构、管理制度、管理设施等是否符合《灌区管理暂行办法》(水利部〔81〕水农字第 83 号)、《大中型灌区标准化规范化管理指导意见(试行)》(办农水〔2019〕125 号)等相关灌区安全管理规定以及灌区工程管理的实际需求。

5.2.1 运行管理能力

灌区的运行管理能力体现灌区在水资源调配、计划用水、节约用水等方面的功能和任务。灌区的主要任务是按照流域水资源统一管理和规划的要求，科学合理调配水资源，实行计划用水，厉行节约用水，不断提高水的利用效率。除了灌溉、排水、防洪、除涝、供水等主要任务外，有时还兼有治理土壤盐渍化等任务，协调好生活、生产和生态用水，促进水资源的可持续利用。灌区管理单位和职工有依法保护灌区工程和水资源的义务。

运行管理能力评价主要评价灌区工程管理机构、管理制度、管理设施等是否满足相关管理法规、办法与技术标准要求，以及是否满足工程运行管理的实际需要。

5.2.2 管理机构

灌区运行管理主体即管理机构，管理队伍在水库运行管理中占据着核心地位，是保障大型复杂灌区工程安全运行的首要保障。目前，大型灌区一般按灌域或水系组建专业运行管理机构，并根据灌区规模设置二级或三级管理单位(管理局、管理处、管理所等)。受益范围在一个行政区域内的灌区由该行政区水行政主管部门负责行业管理；受益范围跨两个以上行政区的灌区，由上一级行政区水行政主管部门负责行业管理。大型灌区均应设管理委员会，由政府或水行政主管部门负责组建。管理委员会由用水户代表、受益地区地方政府、灌区资产所有者、水行政主管部门、灌区专业管理机构法人代表和熟悉灌区管理的专家等多方面人员组成。委员人数视灌区规模确定，一般不少于 15 人。灌区运行管理单位接受灌区管理委员会的指导。

管理机构评价应评价灌区各级运行管理单位的机构组成及人员配备是否满足有关规定和工程运行管理需要。

5.2.3 管理制度

管理制度建设是灌区规范化管理的需要，目的是将人为因素导致的风险降低到最低程度。与灌区运行管理相关的规章制度包括主管部门制定的灌区管理办法等规章制度和灌区管理单位自行制定的规章制度。大型复杂灌区运行管理单位应根据相关管理法规、办法与技术标准，并结合灌区工程具体情况，制定相应的规章制度，并有专人负责实施。

管理制度评价应评价灌区各级运行管理单位是否按照相关管理法规、办法与技术标准要求，制定适合工程实际的水量调度、水质保障、用水管理、日常检查与安全监测、安全鉴定、维修养护、防汛抢险、安全生产以及行政管理、监督检查、应急预案、技术档案等管理制度并严格执行。

5.2.4 管理设施

管理设施是保障灌区正常运行管理和确保工程安全的必要条件和物质基础。

管理设施评价应评价灌区工程的安全监测设施及自动化系统、防汛交通与通信设施、工程维修养护设备和防汛设施、水质监测设施、运行管理单位办公生产用房等是否满足有关规定和工程运行管理需要，是否处于正常运行状态。灌区管理设施的考核要点包括灌区内渠道、各类渠系建筑物等工程的防洪保安，灌排渠道、渠系建筑物和观测、通信、交通等设施的安全保障。

5.3 巡视检查与工程维护

5.3.1 灌区巡视检查

灌区巡视检查是指运行管理单位对灌区渠道、各类渠系建筑物等工程设施、室外设备、运行环境、水质污染情况等进行的日常巡查，巡查方式主要靠目视、耳听、鼻嗅等直观方法，或辅以锤、钎、卷尺、量杯等简单工具。灌区巡视检查的任务是发现和报告工程保护范围内影响或可能影响工程运行、危害或可能危害工程安全和供水安全的问题。

巡视检查分为日常巡视检查、年度巡视检查和特别巡视检查三类。日常巡视检查应根据灌区工程的具体情况和特点，制定巡视检查制度，包括巡视检查的时间、部位、内容和要求等，并确定日常的巡回检查路线和检查顺序，由有工程经验的技术人员负责。日常巡视检查的次数一般可每周一次，或每月不少于两次，但在汛期或加大流量通水时应增加次数。年度巡视检查一般在每年的汛前、汛后，通水期前后，冰冻较严重的地区的冰冻期和融冰期，有蚁害地区的白蚁活动显著期等，按规定的检查项目，由管理单位负责人组织，对灌区进行比较全面或专门的巡视检查。检查次数视地区不同而异，一般每年不少于 2 次。特别巡视检查一般在灌区工程遇到严重影响安全运用的情况（如发生暴雨、大洪水、有感地震、强热带风暴以及持续大流量通水等），发生比较严重的破坏现象或出现其他危险迹象时，由主管单位负责组织，必要时应组织专人对可能出现险情的部位进行连续监视。当灌区停止输水时亦应进行全面巡视检查。

工程巡查可能发现的常见问题，根据危害程度大小分为“一般”“较重”“严重”三个等级。

(1) “一般”问题指不影响工程正常运行、不危害工程安全和供水安全，无需专项制定处理方案，可立即处理或择机处理的问题。

(2) “较重”问题指暂不影响工程正常运行、暂不危害工程安全和供水安全，但需密切关注发展趋势、专项制定处理方案的问题。

(3) “严重”问题是指影响或可能影响工程正常运行、危害或可能危害工程安全和供水安全，需进行专项评估、专项制定处理方案并尽快或紧急处理的问题。

日常巡视检查中发现异常现象时，应立即采取应急措施，并上报上级主管部门。年度巡视检查和特别巡视检查结束后，应提出简要报告，对发现的问题及时采取应急措施，并进行综合分析比较，写出详细报告，并立即报告上级主管部门。各种巡视检查均应有记录，并整理归档，在安全鉴定时提供给安全评价单位。

大型复杂灌区工程安全巡视检查基本情况表及渠道、各类渠系建筑物、监测监控系统、管理设施等巡视检查表可参见表 5.3-1—表 5.3-11。

表 5.3-1 灌区工程安全巡视检查基本情况

安全检查对象名称及基本情况描述	
主要建筑物	
检查时间	
天气	
检查时渠道水位(m)	
检查时渠道流量(m^3/s)	
检查人员	
安全检查发现的主要问题描述	

注：可根据工程实际情况增减表中内容。

表 5.3-2 渠道安全巡视检查情况

<table>
<tr><th colspan="3">检查部位</th><th>检查情况</th></tr>
<tr><td rowspan="5">渠道</td><td colspan="2">内坡衬砌板</td><td></td></tr>
<tr><td colspan="2">渠道运行维护道路</td><td></td></tr>
<tr><td colspan="2">渠道内坡</td><td></td></tr>
<tr><td colspan="2">渠道外坡</td><td></td></tr>
<tr><td colspan="2">防洪堤</td><td></td></tr>
<tr><td>防护设施</td><td colspan="2">防护设施</td><td></td></tr>
<tr><td>工程管理范围</td><td colspan="2">管理范围内其他设备设施</td><td></td></tr>
<tr><td rowspan="4">渠道与穿渠、跨渠建筑物结合部</td><td rowspan="3">渠道</td><td>外坡</td><td></td></tr>
<tr><td>反滤排水设施</td><td></td></tr>
<tr><td>穿渠建筑物变形缝</td><td></td></tr>
<tr><td>结合部</td><td>墩柱与渠道结合部</td><td></td></tr>
</table>

注：可根据工程实际情况增减表中内容。

表 5.3-3 倒虹吸与暗涵(渠)安全巡视检查情况

<table>
<tr><th colspan="3">检查部位</th><th>检查情况</th></tr>
<tr><td rowspan="4">进口段</td><td rowspan="2">连接段</td><td>翼墙</td><td></td></tr>
<tr><td>填土</td><td></td></tr>
<tr><td rowspan="2">防护工程</td><td>裹头外坡</td><td></td></tr>
<tr><td>排水设施</td><td></td></tr>
</table>

续表

检查部位			检查情况
进口段	检修闸	闸室	
		水流流态	
管身段	顶部防护设施		
	地面		
	洞内		
出口段	连接段	翼墙	
		填土	
	防护工程	裹头外坡	
		排水设施	
	控制闸	闸室	
		水流流态	

注：可根据工程实际情况增减表中内容。

表 5.3-4　渡槽安全巡视检查情况

检查部位			检查情况
进口段	连接段	翼墙	
		填土	
	防护工程	外坡	
		排水设施	
	进口闸	闸室	
		水流流态	
槽身结构	槽身		
	槽内		
支座	支座结构		
	支座钢板		
下部结构	墩柱		
	周边填土		
出口段	连接段	翼墙	
		填土	
	防护工程	裹头外坡	
		排水设施	
	出口闸	闸室	
		水流流态	

注：可根据工程实际情况增减表中内容。

表 5.3-5 隧洞安全巡视检查情况

检查部位			检查情况
进口段	洞脸	支护设施	
		排水设施	
	洞顶	洞顶地表	
	进口闸	闸室	
		水流流态	
洞内	混凝土结构		
	洞顶岩体		
出口段	洞脸	支护设施	
		排水设施	
	洞顶	洞顶地表	
	出口闸	闸室	
		水流流态	

注:可根据工程实际情况增减表中内容。

表 5.3-6 泵站安全巡视检查情况

检查部位		检查情况
主泵站	基础	
	钢筋混凝土结构	
进水池		
出水池		
流道(管道)		
管坡		
管床		
镇墩		
支墩		

注:可根据工程实际情况增减表中内容。

表 5.3-7 退水渠安全检查情况

检查部位		检查情况
进口段	结合部	
退水渠	底板	
	护砌工程	
	渠身	
	渠顶	

续表

检查部位		检查情况
出口段	结合部	
	河道断面状况	

注：可根据工程实际情况增减表中内容。

表 5.3-8　闸室(房)建筑物安全巡视检查情况

检查部位		检查情况
进口段	河床	
	岸坡	
	渠道	
	翼墙	
闸室段	闸室	
	启闭机房	
出口段	河床	
	岸坡	
	渠道	
	翼墙	
	消能防冲设施	

注：可根据工程实际情况增减表中内容。

表 5.3-9　金属结构与机电设备安全巡视检查情况

检查部位			检查情况
闸门	拦污栅		
	检修闸门		
	检修门槽		
	工作闸门		
	工作门槽		
启闭机	卷扬式启闭机	门架	
		启闭机	
		启闭电源	
		备用电源	
	液压启闭机	门架	
		启闭机	
		启闭电源	
		备用电源	

续表

检查部位		检查情况
电气设备	电动机	
	控制柜	
	配电柜	
	变压器	
	开关柜	
	电缆	

注：可根据工程实际情况增减表中内容。

表 5.3-10 监测监控系统安全巡视检查情况

检查内容			检查情况记录
安全监测系统	水雨情测报设施	水情测报设施	
		雨情测报设施	
	监测设施	变形监测设施	
		渗流监测设施	
		应力应变监测设施	
		温度监测设施	
		环境量监测设施	
		其他监测设施	
通信系统	固定电话		
	卫星电话		
	移动电话		
控制系统			
运行调度系统			

注：可根据工程实际情况增减表中内容。

表 5.3-11 管理设施安全巡视检查情况

检查内容		检查情况记录
管理制度	管理制度类型	
	管理制度执行情况	
供电及照明设施	工程区供电	
	工程区照明	
维修养护设备及物资	维修养护机械设备	
	维修养护物资	

注：可根据工程实际情况增减表中内容。

大型灌区巡视检查评价主要评价运行管理单位是否按照相关制度、管理办法和技术标准要求，定期开展巡视检查和安全监测，是否及时发现存在的工程安全问题和供水安全问题。评价内容包括巡查组织、巡查频次、巡查线路、巡查内容、巡查记录与分析及巡查要求等是否符合工程运行管理相关规定和要求等。

5.3.2 工程维护

灌区工程维修养护原则为“经常养护，科学维修，养重于修，修重于抢”，并做到“安全可靠、注重环保、技术先进、经济合理”。工程维修养护项目实施程序包括维修养护项目排查(调查)、立项与审批、项目采购、项目开工、项目过程管理、项目验收、项目实施情况考核等。工程维修养护项目按照性质和规模，分为养护项目、维修项目和应急项目。工程维修养护项目实行预算管理，采用分级管理和专业管护相结合的模式。

大型复杂灌区工程可根据实际情况制定工程运行管理、维修养护实施与管理办法，对具体工作分别按照各自专业体系进行逐层分解，为运行管理工作提供制度基础；研究制定(修订)相关标准、办法，结合现场实际需要，梳理维护项目计划，做好工程日常维护工作；完善工程功能，根据工程需要，增设警示柱、巡视台阶、错车平台等；设立界桩、建筑物标识、河道上下游禁采标识、安全警示标识、穿越工程标识等。对开展的土建、绿化、信息机电等维修养护工作，及时监督、检查实施进展，确保维修养护工作稳步开展，保障工程正常的维修养护。如南水北调中线干线工程结合现场实际情况，基于顶层管理办法，逐步制定、修订完善了渠道工程、输水建筑物、左岸排水建筑物、泵站土建工程、清污机、融冰系统、液压启闭机、单轨移动式启闭机、闸门(弧形、平面)、机电设备、绿化工程、水质和安全生产设施等各专业维修养护标准，对规范工程维修养护发挥了重要作用。

工程维修养护评价主要评价运行管理单位是否按照相关安全管理法规、办法和技术标准要求，组织对工程和相关设施(备)进行经常性的养护和修理，使其处于安全和完整的工作状态。运行管理单位应根据工程运行管理要求编制工程年度维修养护计划，并经上级主管单位审批后组织实施和验收。土建工程维修养护应按照相关技术标准的要求执行，对金属结构、机电设备、监测监控系统等还应定期检查和测试，确保其安全和可靠运行。对工程以往开展的维修养护和加固改造工程及其效果应做详细记载和评价。

5.4 监测监控与信息化

灌区监测监控与信息化是指运用先进的数据采集、传输和管理手段，建立一个以提高灌区管理效率和用水效率为目的的信息监测监控与管理系统。具体来说，就是借助有线、无线网络等数据传输手段，利用计算机技术、数据库技术、遥控遥测技术等现代化手段对水雨情、墒情、水质、地下水、灌区用水、建筑物过水等灌区运行信息和变形、渗流等工程结构安全监测信息等各方面的信息进行获取并存储、动态监测与管理，建立覆盖全灌区的信息化管理平台，为灌区灌溉用水管理和工程安全管理等提供具有较高科学性和预见性的信息服务和决策支持。

5.4.1 灌区监测监控

灌区监测监控是指运行管理单位对工程安全性态和运行状况开展的仪器监测和远程

监控等，大型灌区监测监控评价应评价监测人员、监测项目、监测频次、数据采集与管理、资料分析、安全监测自动化系统管理等是否符合相关管理办法和标准要求。监测监控应重点检查说明工程安全监测的项目、观测布置及观测方法，并进行仪器监测完备性和可靠性评价；日常的监测资料是否进行了整编分析，并对工程安全性态进行初步评价。大型灌区监测监控断面和测点数量相对于工程范围来说一般有限，因此巡视检查也是不可少的，两者应共同进行。

仪器监测监控主要涉及监测监控项目、观测布置、观测和监控设施及安装埋设、观测方法及要求、观测频次等，对于不同建筑形式、不同监测类别可分别按相应监测技术规范执行。

灌区监测监控应根据工程等级、规模、不同结构型式及其地形地质条件等因素，设置必要的监测监控项目及其相应设施，并定期进行系统观测。土建工程安全监测类别一般包括变形监测、渗流监测、压力(应力)监测等，灌区调度运行监控项目主要包括水雨情、土壤墒情、流量、水质、图像及闸门运行状态等。对必须设立的监测项目，如有因实际情况难以实施者，应报上级主管部门批准后缓设或免设。

监测项目可根据工程具体条件，适当增减。各监测仪器、设施的布置，既要能较全面地反映工程的安全和运行状态，又能突出重点，少而精，通过监测资料整编分析，可准确掌握工程工作状况。

对于自动化监测监控系统，其可靠性主要依靠平均无故障工作时间、数据采集缺失率等两个指标进行评价。

5.4.2 监测资料整编分析

灌区管理单位应及时对监测监控资料进行整编分析，以便通过监测资料及时了解工程性状和调度运行情况，为工程安全评价和正常运行提供基本资料。

1) 监测资料整编

监测资料整编包括平时资料整理与定期资料编印。每次观测后应立即对原始数据加以检查和整理，并应及时进行初步分析。大型灌区每年应进行一次资料整编，每年汛前必须将上一年度的监测资料整编完毕。在整理和整编的基础上，应定期进行资料的分析。在资料整理和初步分析中，应做好原始观测数据的检验、观测数据的计算、填表和绘图、初步分析和异常值的判识等工作。如发现异常值，确认后应立即向主管人员报告。

平时资料整理的主要内容如下。

① 适时检查各观测项目原始观测数据和巡视检查记录的正确性、准确性和完整性，如有漏测，误读(记)或异常，应及时补(复)测、确认或更正。

② 及时进行各观测物理量的计(换)算，填写数据记录表格。

③ 随时点绘观测物理量过程线图，考察和判断测值的变化趋势。如有异常，应及时分析原因，并备注文字说明。原因不详或影响工程安全和运行调度时，应及时上报主管部门。

④ 随时整理巡视检查记录(含摄像资料)，补充或修正有关监测系统及观测设施的变动或检验、校(引)测情况，以及各种考证图、表等，确保资料的衔接与连续性。

定期资料编印工作的主要内容如下。

① 汇集工程的基本概况(含各种运行评价指标)，监测监控系统布置和各监测项目的考

证资料,以及各次巡检资料和有关报告、文件等。

② 在平时资料整理基础上,对整编时段内的各项观测物理量按时序进行列表统计和校对。此时如发现可疑数据,一般不宜删改,应加注说明,提醒注意。

③ 绘制出各观测物理量在时间和空间上的分布特征图,以及有关因素的相关关系图。

④ 分析各观测物理量的变化规律及其对工程安全的影响,并对影响工程安全的问题提出运行和处理意见。

⑤ 对上述资料进行全面复核、汇编,并附以整编说明后,刊印成册,建档保存。

大型复杂灌区在做安全评价时,应全面收集整理工程安全监测监控资料,提交监测资料分析报告或总报告,为安全评价提供依据。对于未布置安全监测项目的大型灌区,应加强现状调查,采取必要的补救措施,如临时观测、现场观测等。

2) 监测资料分析

监测资料整编分析首先应严格审查监测资料(数据)的可靠性,并在资料分析的基础上,结合巡视检查结果,从监测角度对工程安全性状和运行调度情况给出总体评价。

(1) 监测资料可靠性分析

监测资料(数据)的可靠性审查很重要。错误(或失真)的资料(数据)会导致错误的结果,无论是危险的、还是保守的,都会给工程带来不利影响,甚至严重的后果。

众所周知,监测资料的观测误差是客观存在、不可避免的。通过计算观测值与真值之差,即真误差,可判断测值系列的可靠性。真误差平方的算术平均值的平方根为一列观测值的标准偏差或标准误差,习惯上常称为观测中误差。对于等精度观测(在同样的观测条件下所进行的观测称为等精度观测)序列,可以用全序列观测值的标准偏差来衡量其观测精度。但是,由于观测值的真误差一般是未知的,为此,通常用观测值的残差代替真误差,对典型观测资料进行误差分析,并以此评价各监测量的精度和可靠性。观测中误差的计算公式如下:

$$\sigma = \pm\sqrt{\frac{\sum_{i=1}^{n}\delta_i^2}{n}} \tag{5.4-1}$$

式中:δ_i—实测值的真误差;n—测值个数。

对于一列测值$\{x_i\}$,被测量的最或然值(最接近于真值的量)就是这列观测值的算术平均值$\overline{x}$,则有残差

$$v_i = x_i - \overline{x} \tag{5.4-2}$$

由上两式得到测值序列$\{x_i\}$用残差表示的标准偏差(即观测中误差)公式为:

$$\sigma = \pm\sqrt{\frac{[v_i^2]}{n}},\text{其中 } i = 1,2,\cdots,n \tag{5.4-3}$$

式中:用高斯符号[ ]表示求和。

根据现场监测、测值历史过程线以及中误差的计算成果,并综合观测仪器的精度、仪器量程、相应的监测技术规范、仪器的厂家资料以及同类仪器对比,可确定如下部分土建工程安全监测观测仪器可靠性评价标准。

表 5.4-1 土建工程观测项目的中误差限值

观测项目	仪器代码	中误差限值		备注
		合格	优良	
多点位移计	BX	0.30 mm	0.15 mm	变形
沉降仪	CS	1.00 mm	0.50 mm	
测缝计	J	0.20 mm	0.10 mm	
界面变位计	JI	0.20 mm	0.10 mm	
渗压计	P、PZ	0.20 m	0.10 m	渗流
测压管	SP	0.20 m	0.10 m	
应变计	S、SS	10 με	5 με	应力应变
低应变计	ES	1.0 με	0.5 με	
无应力计	N	10 με	5 με	
钢筋计	R	10 MPa	5 MPa	
锚杆测力计	RB	10 MPa	5 MPa	
钢板计	PL	5.0 MPa	2.5 MPa	
锚索测力计	PR	5.0 kN	2.5 kN	
土压力计组	PS	10 kPa	5 kPa	
总压力盒	PI	10 kPa	5 kPa	
边界土压力计	PT	10 kPa	5 kPa	
温度计	T	1.0 ℃	0.5 ℃	温度

监测资料的可靠性较差时，应注意从如下几个方面分析原因：① 仪器设备安装埋设考证，重点是埋设位置及起始（零点）的确定；② 仪器设备是否工作正常，传感器精度是否符合要求；③ 观测记录是否符合要求，计（换）算是否正确；④ 经验判断及工程类比等。

（2）监测资料初步分析

资料分析的项目、内容和方法一般应根据工程实际情况而定，但对于变形量、渗流监测量及巡视检查的资料必须进行分析评价。

变形方面。比较同类效应量观测值的变化规律或发展趋势，是否具有一致性和合理性，结构变形（含裂缝或接缝）是否符合一般规律，是否趋于稳定，或有何异常。

渗流方面。可将监测成果与理论计算成果相比较，观察其规律和趋势是否有一致性、合理性；判断结构渗流变化是稳定的（或是向有利方向发展），还是有恶化趋势。

按照分析的深度，监测资料分析分为初步分析和系统分析，初步分析是在对资料进行整理后，采用绘制过程线、分布图、相关图及测值比较等方法对其进行分析，并同时进行监测资料的合理性检查。系统分析是在初步分析的基础上，采用各种方法进行定性、定量以及综合性的分析，并对工作状态作出评价。常用的方法有比较法、作图法、特征值统计法及数学模型法等。

① 比较法,包括监测值与历史极值或警戒值相比较、监测物理量之间的对比、监测成果与理论的或试验的成果(或曲线)相对照等三种。

② 作图法,包括各监测物理量的过程线及特征原因量(如水位等)下的效应量(如变形量、渗透压力等)过程线图,各效应量的平面或剖面分布图,以及各效应量与原因量的相关图等。

③ 特征值统计法,对物理量的历年最大值和最小值(包括出现时间)、变幅、周期、年平均值及年变化趋势等进行统计分析。

④ 数学模型法,建立效应量(如位移、渗透压力等)与原因量(如水位等)之间的定量关系。使用数学模型法做定量分析时,应同时用其他方法进行定性分析,加以验证。

5.4.3 灌区信息化

灌区安全运行与管理所需的支撑信息繁杂且涉及面广,包含工程质量、运行调度、安全管理以及水雨情、水质、土壤墒情等信息。灌区信息化的实现就是在灌区各主要建筑物、灌区沿线安装各种水位、闸位、水质、土壤墒情及安全监测等测量设备,尽可能利用先进的科学采集技术和手段,全面或者较为全面地获取灌区内的水雨情、工情、墒情等信息,并通过通信链路和计算机网络传输给需要这些数据的职能部门和管理人员,使管理单位的相关部门和人员能够快速浏览、查询所需要的信息,并可以统计、汇总、形成报表等,以此作为灌区建设和管理的依据或参考。根据水利部《农村水利信息化建设"十二五"规划》的部署,以及大型灌区骨干工程续建配套的进一步深入,利用现代技术手段提升灌区管理水平与效能,已成为现代化灌区建设的重要内容之一。灌区信息化不仅可以快速、及时采集到各种必要的监测数据,而且能大大提高监测数据的精确性、实用性,保证了灌区运行信息准确、快捷、可靠,为灌区科学调度,有效运用水资源提高科学依据,以确保粮食生产的安全,在实现"节水双控,精确灌溉"的国家战略目标等方面具有重大意义。

灌区信息化系统评价主要包括安全监测自动化系统评价、控制系统评价、通信系统评价、运行调度系统等评价等,其他自动化系统评价可参照执行。

安全监测自动化系统评价包括监测设施运行维护评价和监测自动化系统评价等。监测设施运行维护评价内容包括运行管理、观测与维护等,主要评价监测设施运行维护是否符合工程运行安全监测管理办法等的规定。监测自动化系统评价内容应包括数据采集装置、计算机及通信设施、信息采集与管理软件、运行条件、运行维护等。相关评价可参照《大坝安全监测系统鉴定技术规范》(SL 766—2018)的规定执行。

控制系统包括闸门(泵站)监控系统、视频监视系统及信息管理系统。主要评价内容包括信息采集装置的完备性、控制设备的可靠性、系统功能的实用性、系统管理及维护等方面。

通信系统包括站内通信、系统通信、对外通信及应急通信等。评价内容包括系统完备性评价、通信可靠性评价、通信系统安全性评价、系统管理及维护评价等。

运行调度系统评价包括基础平台完备性评价、实时监控与预警可靠性评价、调度计划准确性评价、调度管理及维护评价、运行调度系统综合评价等。

灌区信息化系统评价结论分为合格、基本合格和不合格三个等级。合格的自动化系统应继续运行;基本合格的自动化系统可继续运行,应及时修复完善;不合格的自动化系统应及时更新改造。灌区信息化系统评价后应及时提出鉴定报告，鉴定报告应包括鉴定范围、内容、人员、主要评价结论、存在问题及建议等。

5.5 红旗渠灌区工程管理能力评价

5.5.1 管理单位

红管处是红旗渠的专管机构，核定岗位 420 个。设置办公室、灌溉科、工程科、人事科、财审科、稽查科、综合经营科等 7 个科室；河口、回山角、分水岭、庞村、桃园、合涧、南峪、岭西等 8 个渠道管理所，共有在职干部职工 290 余人。

河口渠道管理所：位于任村镇牛岭山河口自然村，下设渠首、二闸门、王家庄、谷堆寺、河口、盘阳 6 个渠道管理段，负责管理总干渠首至盘阳 32.1 km 渠道及所属建筑物和总干沿线山西省村庄、任村镇部分村庄农业用水服务工作。

回山角渠道管理所：位于任村镇木秋泉新村南，下设赵所、杨耳庄、石界、南庄庙、回山角、南丰 6 个渠道管理段，负责管理总干渠盘阳至桑耳庄 33.6 km 渠道及所属建筑物和任村镇部分村庄农业用水服务工作。

分水岭渠道管理所：位于任村镇井头村分水岭，下设分水岭、短沟、赶石板、卧虎寨、焦家屯、仙岩 6 个渠道管理段，负责管理总干桑耳庄至分水岭、一干分水岭至邢家曼、二干分水岭至马家山西、三干分水岭至三干一支口 42.5 km 渠道及所属建筑物和东岗、姚村及任村镇部分村庄农业用水服务工作。

庞村渠道管理所：位于河顺镇庞村村北，下设马家山、庞村、皇木、杨家营、沙蒋 5 个渠道管理段，负责管理二干马家山村西至杨北山屯 17.5 km 渠道及所属建筑物和河顺、陵阳、横水镇农业用水服务工作，租赁管理二干 6 支等工程对凤宝钢铁公司、合鑫钢铁公司供水。

桃园渠道管理所：位于黄华镇桃园村南，下设田家沟、黄华、桃园、刘家庄、曲山 5 个渠道管理段，负责管理一干邢家曼至木皂寺、桃园分干渠首至大屯水库 19.5 km 渠道及黄华镇、振林街道等农业用水服务工作。

合涧渠道管理所：位于合涧镇上庄村，下设北小庄、合涧、油村、三井、元家庄 5 个渠道管理段，负责管理一干木皂寺至红英汇流、红英干渠首至油村、红英北分干油村至 5 km 碑、红英南分干油村至大石岭 33.6 km 渠道及合涧、原康、桂林镇农业用水服务工作。

南峪渠道管理所：位于采桑镇南峪村，下设舜王峪、南峪 2 个渠道管理段，负责管理红英南分干 5 km 碑至南峪 8.8 km 渠道及采桑镇狐王洞、大岭沟、舜王峪、南峪、下川、南采桑、龙山街道井院等村农业用水服务工作。

岭西渠道管理所：位于桂林镇岭西村，下设大石岭、土门、东沟、岭西 4 个渠道管理段，负责管理红英南分干大石岭至邓街 24.2 km 渠道及桂林镇北马巷、岭西村和东姚镇农业用水服务工作。

5.5.2 历次改造、加固及续建配套节水改造情况

5.5.2.1 总干渠加固

为提高红旗渠工程质量，增强其寿命，进一步发挥效益，从 1970 年 10 月—1974 年 8

月，对红旗渠总干渠进行了分期维修加固。

第一期，1970 年 10 月—1971 年 4 月，维修加固总干渠林英洞—通天沟一段，共完成挖土石 2.63 万 m^3，砌石 1.08 万 m^3。

第二期，1972 年 10 月—1973 年 6 月，维修加固总干渠阳耳庄—分水岭一段。共完成隧洞拱券 17 个，长 236 m；渠外打戗 20 个；加固里外渠墙 1 372 m；渠道护砌 4 146 m；混凝土打底 5 248 m；维修渡槽 1 个，新修路桥 1 个。共计完成土石 4.38 万 m^3，砌石 2.9 万 m^3，混凝土 4 453 m^3。

第三期，1973 年 10 月—1974 年 8 月，维修加固总干渠河口—阳耳庄段，其中包括总干渠寺沟洞改线工程和赵所滑坡治理工程。红旗渠总指挥部驻盘阳村。本期工程共计完成混凝土浇筑渠底长 4 300 m，石砌渠底 210 m，新修路桥 10 座，重修隧洞 1 个，混凝土浇筑渠墙 639 m，寺沟洞改线 550 m，其中隧洞长 44.5 m。共挖土石 12.62 万 m^3，砌石 3.1 万 m^3，浇筑混凝土 4 649 m^3。

寺沟改线是本次施工中的困难工程。总干渠原来在此为寺沟隧洞，洞中坍塌不便修整，改成绕山开明渠加短距离隧洞通过（洞长 44.5 m）。

5.5.2.2 决口修复

红旗渠总干渠 1962—2018 年共决口 20 次，有自然决口和人为破坏决口。自然决口大部分是由于渠底基础滑动引起。决口给人民财产造成很大损失。

（1）自然决口

1968 年 10 月 14 日，总干渠山西境内西老虎嘴段因渠基滑动，决口 76 m；1969 年 5 月 12 日，总干渠山西境内姐妹桥东段，因山石坍塌阻塞渠道决口 72 m；1969 年 6 月和 1970 年 1 月 4 日，山西境内东老虎嘴段因渠基滑动造成两次决口，决口长度分别是 50 m 和 35 m；1972 年 4 月 13 日，总干渠回山角段因渠基滑动决口 50 m；1972 年 10 月 4 日，总干渠林英渡槽因外墙跨倒决口 60 m；1973 年 11 月 19 日夜，总干渠赵所段发生滑坡决口 70 m；1976 年 11 月 14 日，谷堆寺东因基础滑动决口 74 m。1981 年 8 月 18 日总干渠王家庄村东因黄土渠基滑坡决口，后进行改线处理。

因山洪暴发造成渠道决口严重的是 1982 年汛期 7 月 29 日至 8 月 4 日，7 天时间内，林县（现林州）普降大雨和暴雨，15 个公社中有 8 个公社降雨在 500 mm 以上，石板岩公社降雨量达 1 156.5 mm，其中 8 月 1 日 6 时至 2 日 6 时的 24 h 内，降雨 462.8 mm。连降大雨，山洪暴发，河水猛涨，8 月 1 日，露水河阳耳庄段洪峰流量 1 500 m^3/s，淅河合涧段 1 400 m^3/s。南谷洞水库 8 月 1 日 8 时 20 分，进库最大洪峰 1 600 m^3/s，11 时溢洪道流水深 5.19 m，泄量 870 m^3/s；弓上水库 8 月 1 日 6 时进库最大洪峰 1 346 m^3/s，溢洪道水深 2.94 m，泄量 1 307 m^3/s。县境内遭受严重洪水灾害，受灾面积 23.8 万亩。红旗渠总干渠和一、二、三干渠等主要干渠，普遍遭到洪水冲击。渠里岸滑坡、塌方和渠墙倒塌相当严重，共倒渠墙 818 处，长 11 291 m，冲毁桥梁、涵洞 18 个，塌方淤积 25 处。较大滑坡和塌方地段是总干渠首、二号闸门、林英洞、东老虎嘴、白家庄猴岽等处，每处塌方都有 2 000 m^3 上下，最大的是猴岽西一处塌方在 5 000 m^3 以上。总干渠南谷洞渡槽上游 30 m 处外渠墙决口 70 m，南谷洞水库引水渠被溢洪道宣泄的 870 m^3/s 的洪水冲垮 90 余米，致使水库放水不能输入总干渠。总干渠南谷洞渡槽在洪水面距拱顶只有 50 cm 即将被冲垮的情况下幸存下来，但渡槽拱脚根基被冲掉，空心坝护滩被冲垮。此外，红旗渠一、二、三干渠，红英干渠等都有不同程度的淤塞倒塌。

(2) 人为决口

人为炸渠决口，主要是河南、河北两省边界地区为利用漳河水所引发的矛盾导致的。

1984年1月9日，山西省平顺县石城村在红旗渠首拦河坝左侧动工建电站，本来红旗渠已经很少的水源，又要减少2～3 m^3/s，面临断流危险。林县群众十分恐慌，该事件在当地引起强烈反响。之后，水源矛盾日趋紧张，林县天桥渠数次被炸毁。红旗渠也几次被炸。

1992年8月22日总干渠盘阳段决口，即为人为炸毁导致，损失惨重。第一处高8 m的渠墙被炸塌25 m，第二处高8 m的渠墙被炸塌6 m；两处总长31 m的渠墙被彻底摧毁，60 m渠墙发生移位、裂缝和松动，红旗渠全线断流。干渠被炸后，渠水以74 m^3/s流量、90 m高的落差，咆哮着直泄林县盘阳村的田野、村庄。据统计，这次人为破坏使230亩耕地被冲毁，700多亩秋庄稼被淹，600多间民房、8家企业遭水灾，大批猪、鸡被淹死，直接损失达1 000多万元。当时，正值渠道引水灌溉保秋、蓄水灌库的关键时刻，渠道被炸断流以后，依靠红旗渠吃水的32万名群众生活用水困难；50多家县、乡、村三级企业也因水源断流而停产。1992年9月29日上午，国务院在北京召开了晋、豫、冀三省漳河水事纠纷协调会，会议形成了《漳河水事会议纪要》。《纪要》称：解决漳河水事纠纷，合理开发利用漳河水资源，根本出路在于实施统一管理，计划用水，节约用水。会议决定，由水利部海河水利委员会对漳河侯壁水电站至岳城水库间河段实行统一规划，统一治理，统一调度，统一管理。红旗渠、跃进渠、白芟渠（一、二道渠）、大跃峰渠、小跃峰渠等六条渠道的引水坝渠首节制闸及石城电站引水渠节制闸、马塔电站原水渠节制闸，移交海河水利委员会。设立漳河上游管理局，负责漳河上游管理和分水方案的实施，组织河道的综合开发治理，由漳河上游管理局按经批准的河道治理规划组织沿河各县统一治理开发漳河。

5.5.2.3 工程技术改造

红旗渠工程由于风剥水蚀，渐趋老化，渠道渗漏严重。特别是分干渠砌石勾缝脱落，墙体变形倒塌，影响正常输水。同时灌区通信及量水设施陈旧落后，给管理带来了很大困难。根据红旗渠存在的实际问题，进行工程技术改造，走节水型灌溉道路势在必行。

1989年，林州县委、县政府成立了红旗渠技术改造领导小组，进行可行性研究论证，并请豫北水利勘测设计院进行初设。1991年，红旗渠工程技术改造被列为全县要办的“十件大事”之首。

1992年1月，时任水利部副部长严克强到冀、豫、晋三省沿浊漳河察看水利工程及水源利用情况，对红旗渠水源减少及工程老化问题极为关注，对浊漳河用水矛盾的增加十分忧虑，并同意对红旗渠进行防渗治漏，增加水源。1992年4月，参加全国人大七届五次会议的河南省代表团中林县的王宝莲（女）、安阳市人大常委会副主任洪文广等32位代表，联名提出红旗渠急需更新改造，要求国家给予扶持的议案，引起会议和水利部的高度重视。此间，河南省委、省政府及省计委、省水利厅、安阳市计委、市水利局等主管部门，也多次逐级上报技术性文件，要求对红旗渠进行技改。

1992年7月，河南省计委以豫计字〔1992〕1170号文件批复，同意对红旗渠进行技术改造，并将此正式列入国家计划。整个技改工程工期为5年，预算总投资7 224万元，干渠以上列为国家计划投资2 999万元，其中国家补助1 000万元，省补800万元，市、县自筹1 199万元，干渠以下地方自筹4 225万元。整个技改工程要求从1992年开始到1997年结束。

这次技改原则及指导思想是：着重从除险加固、防渗治漏和节水灌溉两方面进行。全面分析来水、用水，设计合理的节水型灌溉制度，进行灌区水源平衡分析，确定灌溉设计保证率。提出除险加固、防渗治漏措施，提高灌区科学管理水平，使红旗渠灌区真正成为一个引、蓄、排、灌、电等综合利用的现代化灌区。

总干渠技改项目主要有：① 渠道险工段加固处理，包括由于里岸边坡滑塌引起的渠道险工段，采用明渠改暗渠方式，累计长 1 891 m；赵所滑坡段处理；白家庄穿村渠段处理。② 渠道防渗处理，其中渠底防渗累计长 26 167 m，里墙喷浆累计长 21 049 m，里墙勾缝累计长 5 914 m，外墙挂钢筋网防渗，累计长 1 913 m；外墙勾缝累计长 3 917 m。③ 建筑物加固防渗，增建冲沙闸，其中包括 2 座渡槽防渗，累计长 37 m；16 座隧洞喷浆防渗、洞底衬砌累计长 1 544 m；9 座泄洪闸 11 台启闭设备、闸门更新；增建 3 座冲沙闸。④ 退水渠加固、总干渠清淤等。

干渠技改工程项目主要有：① 对变形错位倾斜即将倒塌的渠道进行翻砌，里墙翻砌累计长 42.7 km，外墙翻砌累计长 28.3 km。② 防渗处理，对利用山岩作墙体，日久岩石风化裂缝、渗漏水的渠道用水泥沙浆勾缝，里墙勾缝累计长度 15.9 km，外墙勾缝累计长度 7.6 km；对渠底砌石老化，脱缝漏水严重的渠道渠底采用 150# 混凝土衬砌，累计衬砌长度 22.8 km。③ 对原来没有渠墙，土石混合、断面小、阻水严重的渠道，开挖断面后衬砌，累计新砌里墙 5 km。

支渠技改主要项目有：① 对变形错位倾斜即将倒塌的渠道进行翻砌，整个支渠累计翻砌总长度 220 km。② 对利用山岩作墙体，日久风化裂缝渗漏水的渠墙，用水泥砂浆勾缝，整个支渠累计勾缝长度 245 km。③ 对原渠道渠墙未砌，两岸为土及碎石、断面小、经冲刷坍塌淤积的渠墙新砌，累计新砌长度 30 km。④ 对渠底岩石破碎、勾缝脱落、裂缝裂隙漏水的渠道，渠底采用 150# 混凝土衬砌，累计衬砌渠底长 364 km。

蓄水工程技改项目主要有：现有 394 座小型水库与塘、堰的加固防渗，使其兴利库容由目前的 1 500 万 m^3，达到规划兴利库容 2 318 万 m^3；新建兴利库容达 433 万 m^3 的小库塘；南谷洞水库溢洪道修建闸门，达到规划兴利库容。

为监控总干渠的安全运行和灌区的科学用水管理，在工程管理设计中，考虑增设总干渠段的无线电通信和水位流量遥测设施，改善干、支渠量测水设施，同时根据管理需要，考虑了对原有危房改建翻修和新建办公、生活用房以及购置交通工具等。

干渠、分干渠技改。1991 年 10 月，对红英北分干渠从小店乡油村到采桑乡南峪白甘岭东，全长 14 km 进行了技改施工。1992 年 4 月，对红英南分干渠从小店乡油村到采桑乡大石岭止，长 18.3 km 进行了技改。是年 10 月，对桃园分干渠从桃园到曲山响岭洞，全长 12 km，进行了技改。

红旗渠总干渠技改一期工程。此期工程从河口至南谷洞渡槽段，全长 33 km，于 1993 年 4 月 15 日全线停水动工，5 月 3 日胜利竣工，5 月 5 日正式开闸放水。

红旗渠总干渠技改二期工程。此期工程从渠首至河口段，全长 21 km，主要任务是清淤、水泥铺底、里岸坡降防渗。工程于 1994 年 3 月 15 日动工，4 月 2 日竣工通水。

5.5.2.4 灌区续建配套及节水改造

大型灌区作为我国耕地最集中、土地最肥沃的地区，是粮食生产的主力军，以不足八分之一的耕地，生产了超四分之一的粮食。但大部分灌区建设年代较早，建设标准低，运行期间管护不到位，存在渗漏严重、险工险段多，配套不完善等问题；部分新建灌区未完全建成，严重影响工程效益的发挥。进入 21 世纪，国家推进了灌区续建配套及节水改造。

2000年5月，《林州市红旗渠灌区续建配套与节水改造规划》（以下简称《红旗渠规划》）编制完成。《红旗渠规划》中主要规划对总干、干渠、支渠中由于地质条件和其他因素造成的险工险段进行除险加固、防渗治漏，对部分渠系建筑物进行修缮更新，其中，干支渠道衬砌320.8 km，维修闸、涵165座，维修渡槽、倒虹吸管8座，维修工程管理用房6 000 m^2。对现有部分渗漏严重小型Ⅱ类水库、塘堰等进行防渗加固；完善配套田间斗农渠；发展各种节水灌溉工程。

2000年5月，根据国家大型灌区续建配套及节水改造总体规划安排，林州市红旗渠灌区管理处分别于2003年、2007年、2008年共完成三期灌区续建配套及节水改造可研。

（1）一期工程

一期工程主要工程内容：总干渠、二干渠的衬砌及喷浆防渗，险工段加固，部分建筑物维修、改建。2005—2007年逐年安排资金实施完成。

2005年度实施工程主要内容为：① 总干渠青年洞段（桩号25＋685—26＋775）渠道清淤、部分里渠墙翻砌及混凝土衬砌加固，圪针岭沟段（桩号45＋440—45＋600）渠道护岸固脚加固，白家庄段（桩号51＋336—53＋132）渠道钢筋混凝土衬砌及渠墙外戗台加固；② 二干渠猫岭沟渡槽（桩号5＋168—5＋264）加固，梯形渠道（桩号22＋752—23＋235、24＋776—24＋926）拆除改建；③ 红淅倒虹吸工程（申请调整后列入）；④ 桃园及庞村所、二闸门及河口段管理房建设。2005年度工程已于2005年汛后至2006年汛前实施，工程实施后至今运行良好，取得了良好的经济效益和社会效益。

2006年度一期工程主要内容为：① 总干渠（桩号44＋850—51＋400）部分段里渠墙翻砌，部分段里、外渠墙混凝土衬砌，险工段全断面钢筋混凝土衬砌，三处外渠墙下设置戗台，渠道清淤；② 总干渠（桩号62＋650—65＋650），部分段里渠墙翻砌，部分段里、外渠墙混凝土衬砌，渠道清淤；③ 总干渠桩号48＋080处防洪桥防护工程；④ 合涧管理所、黄华及北小庄段管理房建设。

2008年度一期工程主要内容包括：① 总干渠桩号0＋000—9＋641段，其中明渠改暗渠590 m，外渠墙混凝土衬砌8 938 m，里渠墙翻砌203 m，跨涵渠道全断面钢筋混凝土衬砌180 m，险工段渠墙外设置戗台17 m，渡槽全断面钢筋混凝土衬砌146 m；② 总干渠桩号3＋000处新建排洪桥；③ 路桥维修加固15座；④ 改善2处管理段生产生活条件。

（2）二期工程

二期工程主要工程内容：总干渠（桩号0＋000—20＋365段）工程进行节水改造，解决工程存在的险工险段，渗漏、坍塌，建筑物老化、损坏等问题，提高工程安全性和渠道水利用系数；改造管理设施，改善管理所段生产生活条件。工程内容于2008年实施完成。

2006年度二期工程主要内容为：① 总干渠（桩号20＋485—25＋394）部分段里、外渠墙混凝土衬砌，险工段全断面钢筋混凝土衬砌；② 总干渠（桩号30＋580—35＋253）部分段渠墙翻砌，部分段里、外渠墙混凝土衬砌；③ 更换回山角泄洪闸与南庄庙泄洪闸闸门及启闭设备；④ 回山角管理所、王家庄及土门段管理房建设。

2007年度工程主要内容包括：① 总干渠桩号41＋140—44＋379段部分里、外渠墙混凝土衬砌，部分渠墙翻砌，全断面钢筋混凝土衬砌；② 总干渠桩号53＋132—62＋650段部分里、外渠墙翻砌，部分里、外渠墙混凝土衬砌，险工段渠墙外设置戗台，渡槽全断面钢筋混凝土衬砌；③ 总干渠上杨耳庄泄洪闸与白家庄泄洪闸两座泄洪闸更新闸门及启闭设备；④ 岭西管理所、南峪管理段及舜王峪管理段管理房建设。

2008年度二期工程安排为总干渠桩号9+641—20+365渠段影响输水安全的险工险段,以及总干渠桩号0+000—9+641段部分未衬砌山岩里渠墙。同时对红英干渠上影响输水安全的险工险段,对部分管理所、段的管理房屋和生活条件进行改造和改善。主要工程内容包括:① 总干渠桩号0+000—20+365段(山西境内)工程,其中外渠墙混凝土衬砌10 021 m,里渠墙翻砌889 m,里渠墙混凝土衬砌8 516 m,渡槽全断面钢筋混凝土衬砌69 m,跨涵渠道全断面钢筋混凝土衬砌220 m,隧洞全断面混凝土衬砌271 m,外渠墙新建混凝土栏杆1 729 m,明渠改暗渠510 m,险工段渠墙外设置戗台50 m,路桥维修加固17座,改善2处管理段生产生活条件。② 红英干渠外渠墙混凝土衬砌4 256 m,外渠墙翻砌600 m,里渠墙混凝土衬砌3 438 m,里渠墙翻砌2 902 m,里外渠墙衬砌1 800 m。

2006年度一期、二期工程及2007年度工程已于2008年汛前实施完成。

(3) 三期工程

三期工程主要工程内容:对红英干渠、红英南分干渠、红英北分干渠工程进行节水改造,解决工程存在的渗漏、变形、坍塌等问题,提高工程安全性和渠道水利用系数;改造管理设施,改善管理所段生产生活条件。2008—2010年安排资金实施完成。

2009年度工程主要安排为红英南分干桩号18+300—30+637渠段影响输水安全的险工险段。同时对部分管理段的管理房屋和生活条件进行改造和改善。主要工程内容包括:① 南分干渠桩号18+300—30+637段工程,其中渠墙混凝土衬砌22 320 m,渠墙翻砌2 354 m,新建4处管理段管理房,维修改造2处管理段生产生活条件。② 红英南分干渠桩号24+840—24+890段明渠改暗渠,渠墙防护170 m。

2010年度工程主要安排为红英南分干桩号0+000—18+300渠段和红英北分干桩号0+000—13+764渠段影响输水安全的险工险段。主要工程内容包括:① 红英南分干渠桩号0+000—18+300段工程,其中渠墙混凝土衬砌3 314 m,渠墙翻砌6 100 m。② 红英北分干渠桩号0+000—13+764段工程,其中渠墙混凝土衬砌8 105 m,渠墙翻砌4 000 m,维修改造水池1座,新建生产桥1座,改造红英南北分干渠首。

2012年度补充完善项目主要工程内容为:桃园分干桩号5+000—11+960段,红英北分干桩号5+200—13+764段,二干渠桩号24+310—24+410、25+520—25+620、25+715—27+540段渠道及夺丰渡槽(桩号29+428—30+105)渠道整治工程和灌区信息化建设。工程已于2013—2014年实施完成。

自2005年开始,林州市陆续实施了多期工程,红旗渠总干渠、红英干渠、红英南分干、红英北分干和红旗渠二干渠等严重影响效益发挥的"咽喉工程"得到了治理,完成投资7 898万元。

5.5.2.5 续建配套与节水改造滚动实施工程

由于规划实施安排时间长,工程运行过程中又出现了一些新的问题,自2012年起,编制了《河南省林州市红旗渠灌区续建配套与节水改造项目总体可行性研究报告》和《河南省林州市红旗渠灌区续建配套与节水改造项目年度滚动实施方案》。

1) 2016年度滚动实施项目

2016年5月红旗渠灌区续建配套与节水改造工程经省发改委予以立项,2016年7月份省水利厅批复了滚动实施方案。工程计划投资1.49亿元,分三年实施完成,主要对红旗渠总干渠、一干渠、二干渠、三干渠、红英南分干、淅南干渠及天桥渠7条干渠,以及灌溉效益较好的26条支渠进行续建配套及节水改造,并改建相应的渠系建筑物,主要解决工程存在的渗漏、变形、坍塌等问题，以提高工程的安全性和渠水利用系数，同时进行管理房设施及量测水设施建设维修。

(1) 总干渠建设内容

明渠改暗渠，总干渠桩号 3+980—4+150、6+900—7+238 段，渠道右岸边坡为第四系堆积或坡积层，边坡陡峻，局部形成裂缝、塌坑，汛雨季易滑坡，阻塞渠道，造成渠水漫溢，发生决口。本次设计对该段采用明渠改暗渠方案，在渠道上加设混凝土盖板防止滑落物堵塞渠道，全长 0.51 km。

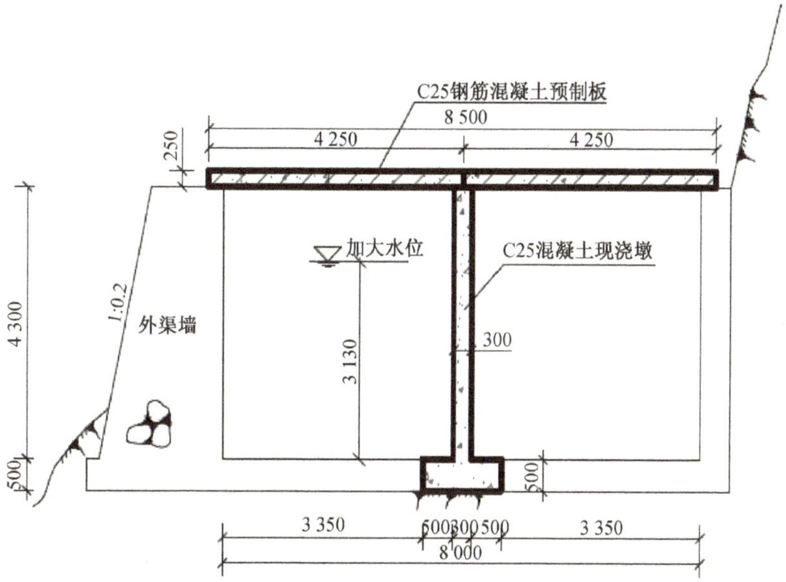

(a) 明渠改暗渠

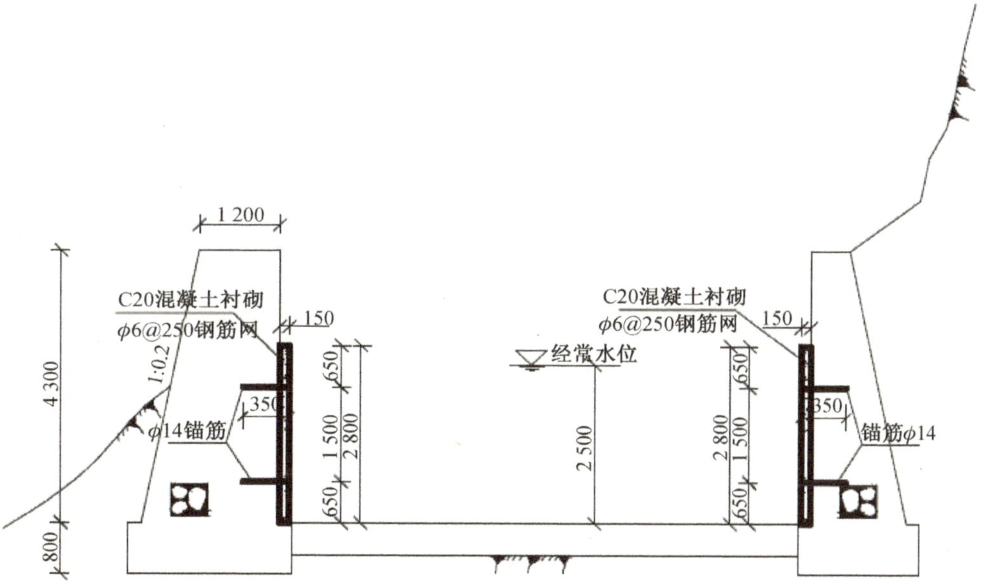

(b) 里外渠墙衬砌

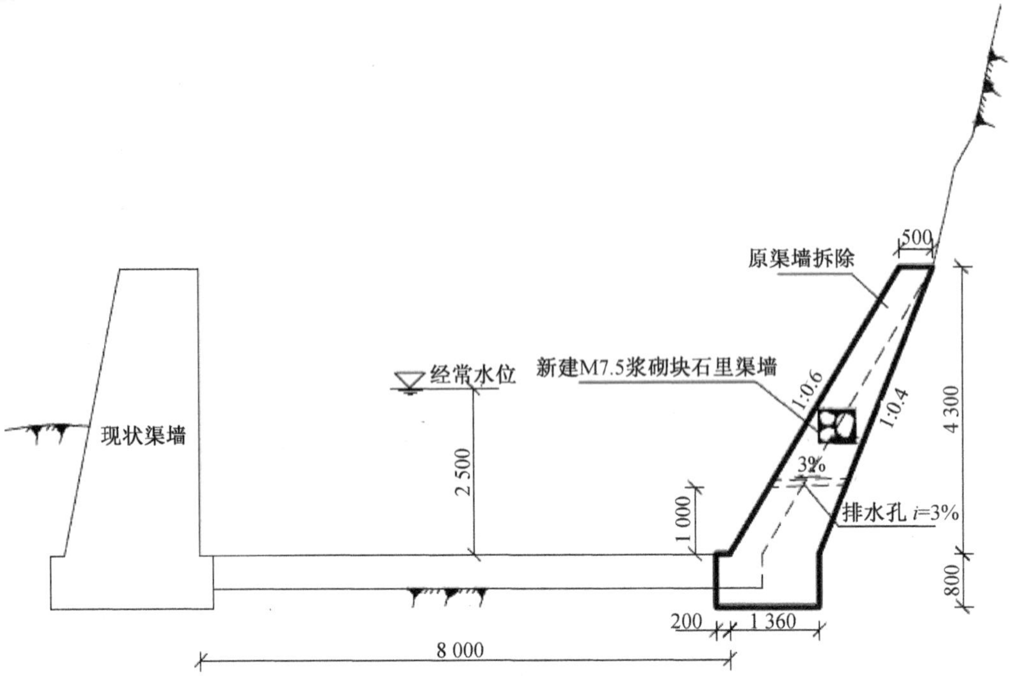

(c) 里渠墙翻砌

图 5.5-1　改造工程典型处理措施示意图(单位:mm)

渠道防渗。总干渠渠墙为白灰砂浆砌筑,年久失修,现状部分渠段渠墙白灰砂浆脱落,渗漏严重,经冻融破坏,易发生变形破坏,影响渠墙稳定。规划对桩号 25＋180—67＋570 段部分渠道渠墙采用 C20 混凝土衬砌进行防渗处理,总长度 10.94 km。

渠墙除险加固。总干渠渠墙为白灰砂浆砌筑,年久失修,现状部分渠墙勾缝脱落,经常处于水位以下部位冻融破坏,导致渠墙变形破坏。本次规划对桩号 32＋950—69＋100 段部分变形渠墙采用 M7.5 浆砌块石进行翻砌,全长 0.96 km。总干渠桩号 3＋100—3＋120 段,外渠墙建在破碎岩基上,渠墙外山体陡峭,为保证渠墙基础稳定,现状渠墙外侧设置有砌石戗台。

隧洞防渗加固。总干渠桩号 34＋976—59＋482 部分渠段为岩石隧洞,现状洞内未衬砌,突石尖角广布,裂隙发育,渗漏严重,且局部洞顶岩石破碎、掉块脱落。对隧洞内破碎段采用 C20 混凝土全断面衬砌,衬砌厚 0.45 m,全长 552 m。

(2) 一干渠建设内容

疏通清淤及渠底防渗。一干渠现状部分渠段淤积堵塞严重,淤积厚 0.3～0.8 m,平均 0.5 m;渠底为砌石渠底,现状勾缝脱落,破损渗漏严重。对部分淤积堵塞渠道进行疏通清淤,全长 30.53 km,平均清淤厚度 0.5 m;同时对破损渗漏砌石渠底采用 C20 混凝土衬砌,厚 80 mm,全长 339 m。渠底混凝土衬砌每 5 m 设一道伸缩缝,缝宽 2 cm,缝内填充聚乙烯闭孔泡沫板,1∶2 沥青砂浆勾缝。

渠墙防渗加固。对渠墙勾缝脱落严重,且发生轻微变形渠段,采用 C20 混凝土对渠墙进行衬砌,全长 3.44 km。一干渠现状部分渠段渠墙变形倒塌严重。对一干渠部分变形倒塌渠墙采用 M7.5 浆砌块石进行翻砌,全长 1.53 km。

(3) 二干渠建设内容

疏通清淤及渠底防渗。二干渠现状部分渠段淤积堵塞严重,淤积厚 0.3～0.8 m,平均 0.5 m;渠底为砌石渠底,现状勾缝脱落,破损渗漏严重。本次设计对部分淤积堵塞渠道进行疏通清淤,全长 42.51 km,平均清淤厚度 0.5 m;同时对破损渗漏砌石渠底采用 C20 混凝土衬砌,厚 80 mm,全长 42.15 m。渠底混凝土衬砌每 5 m 设一道伸缩缝,缝宽 2 cm,缝内填充聚乙烯闭孔泡沫板,1∶2 沥青砂浆勾缝。

渠墙防渗加固。对渠墙勾缝脱落严重,且发生轻微变形渠段,采用 C20 混凝土对渠墙进行衬砌,全长 9.5 km。对二干渠部分变形倒塌渠墙采用 M7.5 浆砌块石进行翻砌,全长 4.03 km,其中变形段渠墙翻砌 3.92 km,倒塌段渠墙翻砌 0.11 km。

渠道恢复重建。桩号 46+457—46+813 段位于二干渠末端,由于年久失修,加之过水次数较少,现状砌石渠道淤积堵塞,破损严重。对该段渠道进行恢复重建,全长 0.35 km。

渡槽防渗加固。二干渠有 6 座渡槽砌石勾缝脱落,渗漏严重,易影响渡槽结构稳定。对渡槽过水断面采用 C20 混凝土进行全断面衬砌,衬砌厚 12 cm,渠墙衬砌高 1.5 m。

(4) 三干渠建设内容

渠道疏通。三干渠全长 10.84 km,其中明渠 6.98 km,隧洞(曙光洞)3.89 m。现状渠道淤积堵塞严重,淤积厚 0.3～0.8 m,平均厚度 0.5 m。对全段进行疏通清淤,平均淤积厚 0.5 m。

渠墙翻砌加固。对三干渠部分变形渠墙采用 M7.5 浆砌块石进行翻砌,全长 4.16 km。

(5) 灌区自动化

红旗渠灌区原有信息化系统是 1995 年国家首批灌溉工程试点项目,系统共建有水情信息自动遥测系统、分水岭闸门自动遥测和闸门自动控制子系统、合涧示范区农田墒情自动遥测和喷灌自动遥控子系统、中心站中心控制子系统等 4 个子系统。系统建成后,改善了灌区水情、雨情、闸门运行、农田墒情自动测报条件,实现了分水岭闸门自动控制和合涧示范区喷灌自动遥控,使灌区的信息化、科学管理化、科学决策水平有了很大的提高。

经十多年运行,灌区自动化系统设备老化,信息传输方式和系统软件已不适应时代发展的要求。2013 年,灌区利用续建配套和节水改造资金重新改造建设了信息化管理系统,系统主要进行了 16 个早期信息化水位采集站的改造建设;新建了 37 处水位信息采集上传站、6 个闸位信号采集上传站、9 个水表数据采集上传站、10 个雨情数据采集上传站、3 个视频采集传输系统;改造建设了灌区信息化管理系统平台。

新的信息化系统改进了设备,但因资金条件限制,系统和智慧水利发展的要求还相差甚远。目前,灌区信息自动化系统计划进一步改造升级。

红旗渠灌区信息自动化系统拟建 1 个信息化监控中心,6 个管理站,21 处闸门自动控制,42 路视频监控,8 处流量监测,52 处水位监测,1 处气象监测,6 处雨量监测,6 处墒情监测,6 处蒸发量监测,总投资 957.88 万元。

信息化监控中心设在红旗渠灌区管理处,负责对所有采集到的数据进行分类、处理、存储、加工,最终通过灌区自动化应用软件平台实现数据的汇总、展示和应用,并结合相关历史数据为管理和使用者提供辅助决策支持。

5.5.3 工程管理能力综合评价

综合红旗渠灌区工程运行管理情况,灌区管理机构和管理制度总体健全,二级管理体系满足工程正常运行管理需要，各级管理人员职责明晰。工程附属管理设施总体完善。日常检查正常和基本有效开展，但缺少重要结构部位的安全监测设施。工程维修养护总体较为及时有效，维修加固、工程技术改造、灌区续建配套和节水改造等能够基本保障工程正常运行，对运行中的自然决口等险情能够及时抢修并在最短的时间内修复通水。总干渠及干渠渠道基本满足正常供水需要，局部存在边坡地质灾害、渠道渗漏、渠墙破损和变位、局部段边坡整体稳定不满足规范要求等问题。灌区信息化系统经改造建设后设备有所改进，但与运行管理的标准化和规范化要求还有差距，尚需进一步升级改造。未对灌区工程开展安全年度报告编写及应急预案编制等工作。

对照大型复杂灌区工程运行管理评价内容，红旗渠灌区工程部分满足要求，工程基本能按设计条件和功能正常运行，运行管理可评为“较规范”(B级)，但应加强维修养护和运行管理。

6 大型复杂灌区工程安全综合评价

6.1 大型复杂灌区工程安全状况分类及原则

在现状调查、安全检测和计算复核基础上，按总干渠、干渠、总干渠主要建筑物、干渠主要建筑物、一般建筑物的顺序分别进行安全评价，在此基础上，对灌区工程进行综合评价。

6.1.1 渠道

渠道的安全等级划分和评价体系方面，国内目前尚无统一的标准，也无规范可循。安全综合评价应根据渠道安全各项复核结果及有关标准要求，结合运行和质量现状进行，并应根据渠道级别等因素提出相应处理意见。渠道安全综合评价结果可分为三类：一类为安全；二类为基本安全；三类为不安全。对渠道安全等级进行分类如下。

（1）一类工程：运行管理和工程质量评价为 A 级，各项复核计算结果也为 A 级，综合评价为一类（安全），经日常养护修理即可在设计条件下正常运行。

（2）二类工程：运行管理、工程质量评价、各项复核计算结果有一项及以上为 B 级且无 C 级的，综合评价为二类（基本安全），应有针对性地提出查险、抢险工作的重点和局部加固处理意见。

（3）三类工程：运行管理、工程质量评价、各项复核计算结果有一项及以上为 C 级的，综合评价为三类（不安全），应提出除险加固方案建议。

6.1.2 渠系建筑物

对于总干渠、干渠上的水闸、渡槽、涵洞等主要建筑物，参照《水闸安全评价导则》（SL 214—2015）、《渡槽安全评价导则》（T/CHES 22—2018），将安全类别划分以下四类。

（1）一类：运用指标能达到设计标准，无影响正常运行的缺陷，按常规维修养护即可保证正常运行。

（2）二类：运用指标能基本达到设计标准，工程存在一定损坏，经大修后，可达到正常运行。

（3）三类：运用指标达不到设计标准，工程存在严重损坏，经除险加固后，才能达到正常运行。

（4）四类：运用指标无法达到设计标准，工程存在严重安全问题，需降低标准运用或报废重建。

安全类别应主要根据安全检测评价的工程质量和安全复核分析的安全性分级结果，并按照下列标准综合确定。

（1）工程质量与各项安全性分级均为 A 级，评定为一类。

(2) 工程质量与各项安全性分级有一项为 B 级(不含 C 级),可评定为二类。

(3) 工程质量与抗震、金属结构、机电设备三项安全性分级有一项为 C 级,可评定为三类。

(4) 防洪标准、渗流、结构安全性分级中有一项为 C 级,可评定为四类。

6.2 红旗渠灌区总干渠安全评价

6.2.1 现状调查分析

对总干渠进行现场调查与检测,结果如下。

(1) 总干渠右岸全线几乎都是山体,调查中共发现边坡地质灾害 182 处,其中崩塌类 125 处,滑坡类 43 处,泥石流 14 处。总干渠地质灾害较为集中和较为严重的渠段主要分布在渠首至小谷堆寺段(桩号 0+000—4+950)、老虎嘴段(桩号 12+300—16+930)、青年洞景区至皇后沟渡槽段(桩号 18+120—30+000)。经分析,A 类风险灾害 3 处,B 类风险 92 处,C 类风险灾害 74 处。

(2) 渠道工程经调查,共发现渗漏 19 处,主要由于红旗渠渠道地势较高,地下水低于渠道运行水位,发生垂直渗漏、沿岩层裂隙绕渗,以及渠墙渗漏。渠墙无衬砌处易发生渗漏,墙体块石间勾缝缺失,致使水流从块石间流出。另外,调查中发现多处冻胀渗水,即夏季几乎不渗水或渗水量很小,而冬季渗漏较为严重,主要是渠墙在水位线附近,墙体块石间勾缝缺失或疏松,冬季发生冻胀致使渠墙产生裂缝,从而发生渗漏现象。

(3) 总干渠渠道总体上结构完好,局部存在破损或变形等,共发现渠道损伤 62 处,渠墙出现变形、开裂、倒塌等问题,大多跟基础有关,基础较软、处理不到位,容易导致渠墙沉降、开裂、变位,甚至倒塌。右渠墙向渠内变位或开裂、倒塌,主要是右岸边坡的主动土压力作用所致。渠墙勾缝缺失,主要是水流冲刷、侵蚀、长时间风化所致。

(4) 总干渠隧洞围岩破损较为严重的有 6 座,强风化岩隧洞存在发生塌陷的隐患。

综上,总干渠总体上结构基本完好,局部存在边坡地质灾害和渠道渗漏、破损等问题。

6.2.2 地质条件评价

(1) 地层岩性

本区地质属于华北区,包括太行山强隆起区、林州盆地及太行山弱隆起区。前第四纪地层的划分是依据前人资料和本次野外地层岩性的调查,与区域地层对比后进行划分(因区域资料有限,未进行详细划分)。对于第四纪地层,则在前人资料的基础上结合地层的地貌分布、地层岩性特征、地层叠置关系、绝对年龄测定及与邻区典型地层剖面对比等综合分析进行划分。现由老到新叙述如下。

① 中太古界赞皇岩群(Ar^2Z^c)。其上为中元古界汝阳群所覆,出露于林州城西丰镇至桑园一线,主要岩性为一套片麻岩夹片岩及大理岩,出露厚度一般在 507～2 900 m。大理岩一般呈薄层状或透镜状,并多产于上部。斜长角闪片麻岩、含黑云斜长角闪片麻岩以及大理岩等,在变形变质侵入岩(赞皇杂岩)中呈残留体产出,单个残留体出露面积数平方米至十数平方米。斜长角闪片麻岩类岩石变质原岩为玄武岩,含黑云斜长角闪片麻岩变质原岩

为富碳酸盐质、泥质的沉积岩。原岩建造为一套产出于活动构造区,具裂陷槽式的海底碳酸盐岩及泥质岩,并伴有基性火山喷发的深水沉积建造。

② 震旦系(Z_1)。主要为下统,紫红色中—细粒石英岩,夹紫红色、灰绿色泥质页岩,单层层厚约0.1～1.0 m,厚300～400 m。具波痕、泥裂等层理。在次级小断裂处,多经流水切割成三角面,主要分布在林州断裂以西。

③ 寒武系($\in_{1-3}$)。本区主要为寒武系中统张夏组和徐庄组,多为中厚层状鲕状灰岩、条带状灰岩,夹薄层钙质页岩。局部有上统灰白色泥质灰岩、泥质白云岩以及竹叶状灰岩。多分布于林州北部、二干渠。

④ 奥陶系灰岩(O_{1-2})。本区主要分布有奥陶系中统马家沟组豹皮状灰岩、角砾状灰岩及石灰岩,底部为黄绿色泥质灰岩、粉砂岩。下统主要为含燧石条带、燧石结核白云岩。本区的中低山大部分为奥陶系灰岩,分布广泛。

⑤ 燕山期侵入岩(δ)。主要分布于林州市东部,以南木井、北木井、马家山、南韦底、前庄、西沟、池寨脑等地出露面积较大,其他地区多呈零星分布,如在本次重点勘探研究区东岗镇、河顺镇多见此类岩体。岩性组成主要为闪长岩、闪长玢岩,为块状构造,表层多风化为砂状,在侵入岩与寒武系及奥陶系接触部位,多形成变质岩如大理石、赤铁矿等。

⑥ 第四纪(Q)。下更新统Q_1,红色重粉质壤土夹泥砾层、砾石层,主要分布于河谷阶地底部(冲积成因)、丘陵区(坡积、残积成因),层厚0.5～3.0 m不等。上(中)更新统Q_{p2-3},棕红黄色重粉质壤土,主要分布于山间盆地以及河谷夷平面顶部(冲积成因较多),层厚1.0～6.0 m不等。全新统Q_4,主要为黄色中粉质壤土、粉土以及砂卵石层透镜体,主要分布于河流两岸及河谷部位(冲、洪积成因),最大揭露厚度大于10.0 m。

(2) 工程场地的地震设防烈度

根据2015年《中国地震动参数区划图》(GB 18306—2015)中《中国地震动峰值加速度区划图》(1∶400万)圈定,本区动峰值加速度处于(0.10～0.15)g界线上,大致自任村镇—市区—合涧镇—原康镇一线以西为0.10 g,以东为0.15 g,综合考虑地震基本烈度按Ⅶ度设防。

(3) 水文地质条件

红旗渠灌区大部分为石灰岩低山区及石英岩中山区,植被稀疏,基岩裸露,地下水储量少。由于含水层岩性和分布的不同,灌区范围内地下水的富集具有明显的差异。各含水层组分布及其特征分述如下两类。

① 基岩裂隙水。场区西部太行山强隆起区主要为震旦系石英岩以及太古界片麻岩,岩层倾角较小,一般为5°～15°,水平纹理发育,局部变质,渗透性较小。大气降水及少量地表径流经基岩裂隙、断裂破碎带补给,在太行山前有零星的空隙承压水分布。场地中南部及北部多为寒武纪、奥陶系灰岩,白云质灰岩,受区域构造影响,场区内小断裂比较发育,岩体较破碎,整体趋势为倾向东,倾角10°～45°不等。多将为数较少的地表水切断,沿断层破碎带及冲洪积砾石层下渗,补给深层地下水。基岩裂隙水一般埋深为150～300 m,不易开发利用,且对本工程影响较小。

② 第四系松散孔隙水。场区内的浅层水源多为本层,主要含水层为山前坡积、洪积成因的砂砾石层。由于太行山山前大断裂落差高达1 000余米,少量大气降水及基岩裂隙水沿山前冲洪积扇入渗,受洪积扇内多层相对隔水的黏性土阻隔,在冲洪积扇前缘出露,在灌

区范围内可供利用的浅层地下水仅在姚村镇、城郊乡北部、陵阳附近，埋深 1～15 m(取水样地点为姚村镇拐连池附近井水)，也是安阳河的源头。主要分布区域为林州断裂(F1)、郎垒—龙头山断裂(F2)、河顺断裂(F5)及上申街—西台村断裂(F7)所封闭的范围。且封闭区域中心水位埋深较浅，一般 1～10 m，边界位置以及边界外部埋深 20～50 m 不等。地下水位年变幅在 1～5 m 之间。

灌区内其他部位地下水埋深较深，很少存在浅层地下水，地下水对渠道的影响甚微，且地下水对建筑材料均无腐蚀性。因此本工程不考虑地下水对渠道的影响。

(4) 地质灾害类型及形成因素

红旗渠总干渠长 70.6 km，以及一、二、三干渠分别为 39.7 km、47.6 km、10.9 km，沿线地质灾害类型主要有崩塌、危岩体、滑坡和泥石流等，共发现各种地质灾害 173 处，总干渠沿线各种地质灾害共 148 处，其中崩塌 52 处，危岩体 49 处，滑坡 33 处，泥石流 14 处；分干渠沿线各种地质灾害共 25 处，其中崩塌 11 处，危岩体 6 处，滑坡 5 处，泥石流 3 处。

(5) 总干渠的工程地质问题

影响渠道边坡稳定的主要因素有：地层结构、地质构造、岩层的产状、成岩及风化程度、岩性组合特征、土岩的工程特性、边坡高度、地下水及地表水对土岩体的影响以及排水方式等。工程地质段边坡稳定性分析如下：第四系地层一般分布在河谷岸边或山坡上，发育不良，局部松散，有明显架空现象。砂卵石一般分布于河谷两岸，桩号 2＋600、4＋000、7＋000、8＋500、11＋800、13＋000、45＋000 附近，表层为黄土状中—重粉质壤土，垂直节理发育，坡度陡，易产生湿陷。黏性土碎石一般分布于山谷盆地交界边缘，桩号 28＋100—29＋450 段、30＋700、43＋700、62＋200 附近，碎石有明显架空现象，易坍塌。

6.2.3 安全检测成果

总干渠标准段渠底宽 8.0 m，渠墙高 4.5 m，检测时水深大约在 1.6～2 m。

(1) 渠道检测

通过地质雷达对红旗渠渗漏点进行检测，渠墙渗漏的类型主要是渠墙漏水、渠墙裂缝渗漏、渠墙底部墙角渗漏，导致渠墙渗漏的原因主要是渠墙出现了裂缝，或是渠墙的勾缝砂浆脱落，防渗功能缺失，渠墙检测成果见统计见 3.3.1 节。

(2) 渠底检测

通过地质雷达对红旗渠渠底进行全段检测，渠底基本上没有淤积，全段仅存在一处淤积，桩号范围为 53＋000～53＋370，淤积厚度大约 10～15 cm，地质雷达图像表现为渠底界面强反射同相轴消失，渠底变浅，雷达波呈低频低速特征。

(3) 耐久性评价

红旗渠灌区属于大(2)型灌区，根据《水利水电工程合理使用年限及耐久性设计规范》(SL 654—2014)，渠道合理使用年限为 50 年。总干渠始建于 1960 年，1965 年建成通水，渠道为勾缝砌石结构，渠底水泥混凝土衬砌，部分渠段渠墙有混凝土衬砌，至今运行 50 余年，超过了规范规定的合理使用年限。

渠墙砌石为就地取材石料，主要为石英砂岩、石灰岩、片麻岩等，块石坚硬，根据地勘报告，弱风化片麻岩、弱风化石英砂岩、弱风化石灰岩等的块石饱和抗压强度分别为 77.1 MPa、62.6 MPa、77.1 MPa 和 34.0 MPa，砌石病害较轻。根据《砌体结构设计规范》(GB 50003—

2011),“无筋高强度等级砖石结构经历数百年和上千年的考验其耐久性是不容置疑的”。因此,块石的使用年限远大于50年的设计使用年限。

勾缝材料采用的是白灰砂浆,经过50余年的运行,受水流冲刷、风化、雨水等作用,大多已失效。现状调查发现,运行管理单位多次对块石之间的勾缝采用砂浆等进行修补,但仍有多处块石间勾缝失效致渗水。

自20世纪90年代至今,通过节水改造和续建配套工程,对渠道进行了维修加固,渠底和渠墙采用C20混凝土衬砌进行防渗处理。2005—2010年度对工程中部分里外渠墙进行了混凝土衬砌,渠墙C20混凝土衬砌高度为2.5 m。2015年灌区续建配套与节水改造三期工程按常水位2.5 m对里外渠墙进行混凝土衬砌,渠墙C20混凝土衬砌高度为2.8 m,防渗效果较好。混凝土衬砌的合理使用年限为30至50年。

综上,总干渠主体由块石砌筑而成,块石使用年限远超过50年,可以继续使用;由于白灰砂浆勾缝基本已失效,采用砂浆勾缝、混凝土衬砌等进行维修,效果较好。进一步对衬砌缺失段和破损段进行砂浆勾缝、混凝土衬砌,总干渠可以继续使用。

6.2.4 复核计算成果

(1) 过流能力

经复核计算,总干渠的过流能力满足设计要求,渠顶高程满足现状控制水位要求。

(2) 渠墙稳定

选取的4段渠墙结构计算结果可以看出:总干渠渠墙自身的强度和稳定满足规范要求。

(3) 边坡稳定

根据《灌溉与排水工程设计标准》(GB 50288—2018),总干渠加大流量为23 m^3/s,渠道及渠道建筑物级别为3级。

选取的4段渠道边坡稳定计算结果可以看出:王家庄改线段现有渠道右岸高陡碎石坡积物边坡在正常、地震两种工况下稳定安全系数均小于1,处于不安全的状态。牛岭山段、圪针林段渠道右岸高陡冲洪积物边坡在正常、地震两种工况下稳定安全系数均小于1,处于不安全的状态,遭遇降雨时,在雨水冲刷和颗粒间黏结作用减弱后,极易发生滑坡事故。赵所管理段渠道左侧边坡稳定性差,在正常、地震两种工况下,稳定性都不能满足要求。

(4) 工程质量

运行过程中,边坡等存在安全隐患,工程质量评定为B级。

(5) 运行管理

对照大型复杂灌区工程运行管理评价内容,红旗渠灌区工程部分满足要求,工程基本能按设计条件和功能正常运行,运行管理评定为B级。

6.2.5 安全评价及建议

(1) 安全评价结论

综上,总干渠运用指标基本达到设计标准,渠道存在一定的老化病害,经大修后,可达到正常运行,综合评定总干渠为二类。

(2) 建议

总干渠主体由块石砌筑而成,岩石使用年限远超过50年,可继续使用;但渠道沿线存在地质灾害，渠墙勾缝基本已失效，为保证渠道整体的安全性、防渗性和耐久性，提出如下建议。

① 对较为严重的地质灾害进行处理，以消除隐患；或进行动态监测，以预防可能出现的问题。

② 对渠道渗漏、破损的部位进行处理，未衬砌的部位进行衬砌处理以消除渗漏隐患；渠墙薄弱部位进行加厚或加固处理，确保渠墙稳定。

③ 对围岩破碎较为严重的隧洞进行衬砌等处理。

④ 加强对渠道的安全管理，避免人为破损，确保总干渠安全运行。

6.3 红旗渠渠系建筑物安全评价

6.3.1 南谷洞渡槽安全评价

1）现状调查分析

红旗渠南谷洞渡槽现场安全检查发现砌石间的勾缝材料老化风化明显，渡槽结构均出现了不同程度的裂缝，多处槽墩有沿裂缝面渗水后留下的痕迹，渡槽内部衬砌出现多条裂缝，槽内碎石杂物等较多，部分砌石出现了空洞。同时，渡槽两侧修建了大量的房屋，部分跨孔下堆放了大量杂物，部分槽墩勾缝生长了植物。

2）安全检测及质量评价结论

南谷洞渡槽场地地貌单元属河谷地貌。根据区域地质资料，场地区域属太行山中山区。场地内地层岩性在 30 m 的勘探深度范围内地层由上至下依次为① 杂色卵石单元（Q_4^{al+pl}）、①$_1$中砂单元（Q_4^{al+pl}）、② 震旦系石英砂岩单元（Z）。对部分勘察孔做了注水和压水试验，结合以往地质资料得出，①、①$_1$层中等透水，② 层弱透水。南谷洞渡槽基础均位于砂卵石，卵石承载力尚可，但厚度分布不均匀。

渡槽槽身外立面整体基本完好，砂浆老化，局部缺失，但未见明显破损、漏水、断裂等异常病害。10 孔石拱结构砌石整体完整，结构基本稳定，存在的共性问题主要是：① 渡槽下部石拱砌筑砂浆老化严重，有不同程度的流失，部分孔较为严重；② 在拱圈 1/3～1/4 和 2/3～3/4 处均存在环向开裂现象，大部分裂缝处未见明显漏水，仅个别裂缝处轻微渗水；③ 各拱圈内表面附着较多析出物，大部分未见渗漏水，个别孔位存在轻微渗水或滴水的现象；④ 各拱圈均存在不同程度的变形情况；⑤ 7$^{\#}$—10$^{\#}$孔底部存在淤积堵塞，目前拱圈净矢高在 2.0～4.0 m 之间。抽检部位勾缝砂浆强度在 4.2～5.0 MPa 之间。

渡槽槽身块石为石英砂岩，抗风化能力强，砌石整体完整。部分砌浆风化脱落，抽检部位勾缝砂浆强度在 4.2～5.0 MPa 之间，耐久性满足规范要求。

综上，依据《渡槽安全评价导则》（T/CHES 22—2018）工程质量评价的分级标准，南谷洞渡槽存在质量缺陷，但目前尚不影响工程安全运行要求，评价现场工程质量等级为 C 级。

3）安全复核成果

（1）南谷洞渡槽的级别为 3 级，渡槽的过流能力满足设计和规范要求。

（2）沉降分析结果表明，各荷载组合下，墩台基础的沉降和相邻墩台基础的沉降差均小于规范允许值，符合规范要求。墩台沉降方面，静荷载作用下，最大沉降为 2.15 mm，发生在工况六，即偶然组合下的满槽温降荷载组合；地震荷载作用下，墩台基础的沉降最大值为3.05 mm，发生在工况七，即偶然组合下的地震温升工况。相邻墩台基础沉降差方面，静荷载作用下，沉降差最大为0.42 mm，发生在工况四，即基本组合的空槽温降荷载组合；地震荷载作用下，沉降差最大为0.43 mm，发生在工况八，即偶然组合的设计水深温降地震工况。

(3) 应力分析结果表明，各荷载组合下，渡槽的最大压应力小于规范允许值，符合规范要求。最大拉应力大于规范允许值，但仅局部分布于槽身侧壁。在静荷载作用下，南谷洞渡槽结构的压应力最大值为3.01 MPa，发生在工况一，即设计水深温升荷载组合，出现在下游侧的槽墩下部；最大拉应力为1.93 MPa，发生在工况六，即偶然组合下的满槽温降荷载组合，超过抗拉强度的拉应力出现在上游侧裂缝区砌石体上方的槽身内侧壁底部和上游侧槽墩上方的渠道内侧壁顶部。地震工况下，渡槽的最大压应力值为4.56 MPa，发生在工况七，即偶然组合下的地震温升工况，出现在下游侧的槽墩下部；最大拉应力值为1.58 MPa，发生在工况八，即偶然组合下的满槽温降荷载组合，超过抗拉强度的拉应力出现在上游侧裂缝区砌石体上方的槽身内侧壁底部。

(4) 地基承载力校核结果表明，各荷载组合作用下，渡槽基底应力小于规范允许值，符合规范要求。静荷载作用下，基底最大压应力为219.7 kPa，为工况五，即偶然荷载组合下的满槽温升荷载组合；地震作用下最大基底平均压应力为331.2 kPa，为工况七，即地震温升荷载组合。

(5) 采用材料力学法计算结构稳定性，结果表明，各槽墩的抗滑稳定安全系数最小值为10.1，大于规范允许值1.3，满足规范要求；各槽墩抗倾覆稳定安全系数最小值为2.4，大于规范允许值1.5，满足规范要求。

(6) 因缺少露水河的相关特征数据，没对槽下净空进行复核和评价。

4) 安全评价结论及建议

(1) 安全评价结论

各专项等级评定见表6.3-1。

表6.3-1　南谷洞渡槽各专项安全等级评定表

项目	等级
工程质量	C级
过流能力	A级
渗流安全	B级
结构安全	B级
抗震安全	B级

综上，工程质量等级为C级，结构和抗震安全为B级，依据《渡槽安全评价导则》(T/CHES 22—2018)，南谷洞渡槽管理较规范，运用指标达不到设计标准，工程存在严重损坏，需加强管理，控制运用，经除险加固后，才能实现正常运行，应为三类渡槽。

(2) 建议

① 对南谷洞渡槽的勾缝进行修补；对已有裂缝进行处理，增强渡槽结构的整体性；进行

渡槽清淤、渠墙翻砌、渠墙和渠底混凝土衬砌防渗处理。

② 对渡槽下部拱圈变形、开裂部位进行加固，在砌筑砂浆流失严重区、孔洞采用高强砂浆填充密实，其他部位采用砂浆重新灌缝和勾缝。

③ 渡槽结构地震响应不满足要求时，建议对基础进行改造，已满足地基承载力的要求时，对部分槽身进行加筋处理，以增强渡槽槽身的抗拉强度，具体的基础改造及槽身加筋方式需进一步研究。

④ 清除渡槽 7#—10# 拱孔底部存在的淤积堵塞物，恢复原断面。

⑤ 加强工程运行期变形监测，发现异常情况及时上报处理。

6.3.2 分水闸安全评价

1）现状调查分析

分水闸为浆砌石结构，共 3 孔，其中 1# 孔设混凝土闸门，2# 和 3# 闸门设平面钢闸门，采用螺杆式启闭机控制。本次主要对分水闸上下游连接段、闸室段结构、闸门、启闭机的外观情况进行检查。

（1）上下游连接段两侧挡墙和渠道壁为浆砌石结构，墙体整体完好，未见明显破损、倾斜、开裂等现象，主要是勾缝砂浆存在老化问题，局部脱落，水位变动区内砂浆部分流失。

（2）闸室下部为浆砌石闸墩和石拱结构，目前结构整体稳定，闸墩及石拱结构整体基本完好，局部砂浆脱落，水位变动区内砂浆流失稍重。门槽砌石基本完整，砌缝砂浆老化，较多脱落流失。工作桥为石拱桥，外观整体完好，未见明显破损、变形，拱圈个别块石存在表面细裂纹。

（3）启闭机房外立面基本完好，未见明显破损、开裂等异常现象。启闭机房内采用白色涂料刷涂，墙面材料整体基本完好，局部表面涂料开裂、起皮掉落，未见渗水。房内地面整体基本完好，但水泥面层存在部分裂缝和破损。

（4）1# 闸门为钢筋混凝土闸门，门体基本完好，未见明显破损和裂缝，闸门底部止水橡皮老化、变形、破损，螺杆下半部分和吊耳等金属构件锈蚀较重。2#、3# 闸门为钢闸门，闸门门体基本完整，未见明显破损、裂纹、变形、扭曲等。但表面防腐涂层大多已脱落，门体及吊耳等构件锈蚀较重。闸门止水橡皮老化、变形，局部破损。螺杆中下部润滑油变质凝固。

（5）1#、2#、3# 启闭机各主要构件基本完整，表面防腐涂层开裂，部分脱落，机箱存在明显漏油，早期启闭机未设限位开关，曾因操作不当导致地脚螺栓及附近混凝土损坏，后采用水泥浆修补。控制柜外观基本完好，柜内元器件和线路老化严重。室内动力和电气线路凌乱。目前 1# 启闭机固脚螺栓处水泥浆面层破碎，限位开关失效，检测时启闭机通电后电机不动作，无法启动。2# 启闭机固脚螺栓处平台面层存在裂缝，限位开关正常，启闭机运行时机箱内有异响，噪音过大，轻微振动，电机温升快，控制柜停止开关按钮失灵，只能通过断电的方式停止动作，启闭机基本能够完成启闭程序。3# 启闭机固脚螺栓处平台面层存在裂缝，限位开关正常，启闭机运行时机箱内有异响，噪音过大，轻微振动，电机温升快，控制柜起停开关按钮不灵敏，通过多次尝试，启闭机基本能够完成启闭程序。

2）安全检测成果

经补充勘探及现场检测，得到以下结论。

（1）场地地貌单元属山麓斜坡堆积地貌，属太行山中山区，30 m 勘探范围内的地层由上至下依次为① 人工填筑土单元(Q_4^{ml})、② 奥陶系石灰岩单元(O_2^{m})。对部分勘察孔做了压水试验，结合以往地质资料和经验得出，② 层渗透等级为中等透水。分水闸基础位于具有中等渗透性的石灰岩中，存在少量渗漏。石灰岩强度较高，表层有轻微溶蚀现象。

(2) 上下游连接段、闸墩和石拱排架结构整体完好，主要是勾缝砂浆存在老化问题，局部脱落，水位变动区内砂浆部分流失较重。工作桥外观整体完好，未见明显破损、变形，拱圈个别块石存在表面细裂纹。启闭机房整体基本完好，墙面涂料局部开裂、起皮掉落，未见渗水。

(3) 钢筋混凝土闸门门体基本完好，未见明显破损和裂缝，底部止水橡皮老化、变形，螺杆下半部分和吊耳等金属构件锈蚀较重。钢闸门门体及构件基本完整，表面防腐涂层已脱落，属 C 类较重腐蚀。止水橡皮老化、变形。螺杆中下部润滑油变质凝固。

(4) 启闭机各主要构件基本完整，表面防腐涂层开裂、部分脱落，机箱和轴承存在明显漏油，地脚螺栓附近混凝土破损或开裂，控制柜外观基本完好，柜内元器件和线路老化严重，室内动力和电气线路布置凌乱。1# 启闭机限位开关失效，电机通电不动作，无法启动。2#、3# 启闭机限位开关正常，运行时机箱内有异响，噪音过大，轻微振动，控制柜停止开关按钮不灵敏。总体上，启闭机基本能够完成启闭流程，但效率低。

(5) 回弹法检测启闭机房、闸墩勾缝砂浆现有强度，启闭机房侧墙勾缝砂浆强度为 2.1 MPa，闸墩勾缝砂浆强度为 4.9 MPa。

(6) 2# 闸门构件防腐涂层厚度在 44～96 mm 之间，3# 闸门构件涂层厚度在 43～169 mm 之间，均低于规范推荐值。2# 闸门锈蚀量在 2.3～2.6 mm 之间，3# 闸门锈蚀量在 2.1～2.7 mm 之间。

(7) 1#—3# 启闭机电动机三相对地绝缘电阻、三相电流最大不平衡度、三相电压最大偏差均满足规范要求。电动机噪音在 86.2～87.0dB(A)之间，噪音值偏大。

(8) 石灰岩表层有轻微溶蚀现象，强度高，未见墙体有明显的裂缝或不均匀沉降。闸墩勾缝砂浆强度为 4.9 MPa。分水闸耐久性满足规范要求。

依据《水闸安全评价导则》(SL 214—2015)工程质量分级标准，分水闸运行中存在局部质量缺陷，但目前尚不影响工程安全，评价现场工程质量等级为 B 级。

3) 安全复核成果

开展了过流能力和闸顶高程复核计算；建立了分水闸的精细三维有限元模型，进行对闸址区渗流安全评估；采用材料力学法复核了边墩、中墩、底板、上下游渠道挡土墙的结构安全、抗震安全和结构稳定；采用有限元法对分水闸结构安全、抗震安全、金属结构安全等进行了计算。

(1) 过流能力

经计算，分水闸过流能力满足要求，评定为 A 级。

(2) 闸基抗渗稳定

现状调查和安全检测未发现异常渗流现象，该闸实际防渗长度 14 m，防渗稳定满足要求；分水闸位于灰岩基础上，因此无须设置防渗反滤层，渗流安全评为 A 级。

(3) 结构安全复核

① 采用材料力学法复核分水闸结构安全性，结果表明，边墩、中墩、底板、上游挡土墙、下游挡土墙在各种不利工况下，承载能力均满足要求。

② 闸室稳定复核计算结果表明，基本荷载组合工况下抗滑稳定安全系数大于 3.0，特殊荷载组合下大于 2.5，抗滑稳定安全系数均满足规范要求。闸室最大基底应力小于地基允许承载力，平均基底应力小于地基允许承载力且为压应力，满足规范要求。因此，抗滑稳定满足规范要求。

③ 闸室底板复核结果表明，基本荷载组合时承载力安全系数大于 1.30，特殊荷载组合时承载力安全系数大于 1.10，闸室段底板强度满足要求。

④ 闸室拱圈、闸墩、交通桥拱圈、闸室侧拱圈承载力复核结果表明，在基本荷载组合下承载力安全系数均大于 1.30，在偶然荷载组合下承载力安全系数均大于 1.10，闸室拱圈、闸墩、交通桥拱圈、闸室侧拱圈强度满足规范要求。

⑤ 总干渠、一干渠、二干渠强度承载力复核结果表明，在基本荷载组合下承载力安全系数均大于 1.25，在特殊荷载组合下承载力安全系数均大于 1.05，总干渠、一干渠、二干渠强度满足规范要求。

⑥ 金属结构强度、启闭机启闭力安全复核结果表明，在基本荷载组合下承载力安全系数大于 1.30，在偶然荷载组合下承载力安全系数大于 1.10，闸门强度满足规范要求。金属结构安全满足标准要求，存在的质量缺陷尚不影响安全运行。

⑦ 机电设备安全满足标准要求，存在的质量缺陷尚不影响安全运行。

综上，各专项复核的结论列于表 6.3-2。

表 6.3-2　分水闸各专项安全等级评定表

项目	等级
工程质量	B 级
防洪标准	A 级
渗流安全	A 级
结构安全	A 级
抗震安全	A 级
金属结构	B 级
机电设备	B 级

4）安全等级评定和建议

（1）安全等级评定

综上，分水闸运用指标基本达到设计标准，工程存在一定的损坏，经大修后，可达到正常运行，综合评定为二类闸。

（2）建议

根据现场调查、现场检测以及复核计算发现的问题，针对该闸提出以下建议：

① 对表面勾缝砂浆流失的部件进行加固补强；

② 对涂层开裂的启闭机表面进行重新粉刷；

③ 对锈蚀的闸门进行防腐处理；

④ 对启闭机房内线路进行归置。

6.3.3 一干渠砦门渡槽安全评价

干渠砦门渡槽位于林州市姚村镇井湾村西，起止桩号为一干渠 10+330(泄洪闸上游面)—10+385。一干渠砦门渡槽主要包括泄洪闸、节制闸、渡槽建筑物。

1）现状调查分析

(1) 泄洪闸

泄洪闸闸墩外观基本完好，未见明显缺陷。拱顶内侧部分砌石风化剥落，砌石间局部砂浆脱缝。翼墙外观基本完好，下端个别砌石缺失。启闭机房屋顶板混凝土浇筑质量差，多处露筋，露筋锈蚀较为严重。启闭机房门窗缺失。启闭机工作梁上部混凝土局部破损。

泄洪闸闸门材质为松木，通过扁钢与螺栓绑定，据管理人员介绍，闸门已无法正常运行。木闸门发霉、底部漏水，尤其是两侧，闸门漏水沿闸底板流出。从顶部看木闸门偏位，顶部有落石。

启闭机已损坏，部分零件缺失，涂层失效锈蚀。

(2) 节制闸

节制闸闸墩外观尚可，混凝土局部风化剥落、破损。拱顶内侧部分砌石风化剥落，砌石间局部砂浆脱缝。启闭机房外墙面砌石间勾缝砂浆饱满，部分砌石风化剥落。启闭机房屋顶板混凝土浇筑质量差，房顶钢筋保护层不够，大多数钢筋虽未露筋但凸出明显。节制闸启闭机房门窗缺失。

节制闸闸门采用松木，通过扁钢与螺栓连接，该闸门一直提升未曾浸泡过水。节制闸木闸门面板外观尚可，但从顶部看木闸门偏位，顶部有落石。

启闭机已损坏，无法正常运行，涂层失效锈蚀，螺杆弯曲。

(3) 渡槽

渡槽槽身内侧墙面外观基本完好。槽身左侧外墙面外观尚可，砌石风化剥落较严重，部分砂浆脱缝较严重，部分勾缝水泥砂浆脱落后，可见内部石灰砂浆，呈粉末状，砂浆脱缝较深处约 10～14 cm。槽身右侧外墙面外观尚可，砌石风化剥落较严重，部分砂浆脱缝。渡槽侧墙顶面外观尚可。

拱上结构左右侧上部外观尚可。主拱圈周围的拱上结构下部、主拱圈与拱上结构间脱缝明显，几乎整个主拱圈脱开。部分砌石砂浆脱缝较严重。

1# 孔拱内砌石砂浆风化剥落严重，普遍脱缝，且脱缝深度较深，形成孔洞，孔洞最深约 14 cm，拱内普遍有水迹和白色析出物，渗漏水沿左槽台下游面流下。拱顶砌石脱缝较宽，拱顶附近发生变形，部分砌石下移较严重。2# 孔拱内砌石砂浆风化剥落严重，普遍脱缝，且脱缝深度较深，形成孔洞，孔洞最深约 30 cm，拱内普遍潮湿，多处滴水，渗漏水沿右槽台上游面流下。典型渗漏点约 4 滴/min，5 ml 渗漏量用时 9 min 38 s。拱顶砌石脱缝较宽，最宽约 15 cm，拱顶变形明显，多处砌石下移较严重。

左槽台左右侧外观基本完好，下游面普遍潮湿，有白色析出物。中间槽墩左右侧砂浆普遍脱缝，砂浆基本失效，呈粉末状，缝最宽约 6 cm，最深约 17 cm。中间槽墩上下游面有水迹和白色析出物。右槽台上游面普遍潮湿，有白色析出物。

上游面左右侧挡墙外观基本完好，与渡槽槽台连接处砌石脱落或脱缝，内部砂浆呈粉末状，右侧挡墙与山体岩石结合处部分砌石松动、脱落。下游面左右侧挡墙外观基本完好，部分砂浆脱缝，内部呈粉末状，挡墙与渡槽槽台连接处间隙较大。

2）安全检测成果

（1）砦门渡槽泄洪闸启闭机房砌筑砂浆强度推定值大于 15.0 MPa，节制闸启闭机房、渡槽槽身砂浆强度推定值分别为 12.0 MPa、2.1 MPa，

（2）泄洪闸、节制闸启闭机工作梁混凝土强度推定值分别为 10.7 MPa、16.9 MPa，泄洪闸、节制闸启闭机工作梁混凝土碳化深度平均值均大于 80 mm，泄洪闸、节制闸启闭机工作梁混凝土钢筋保护层厚度平均值分别为 52.8 mm、65.7 mm，碳化深度大于钢筋保护层厚度，钢筋属腐蚀中期。

（3）三维激光扫描测量得到，1# 孔主拱圈测量最大裂缝宽度、长度、深度分别为 153 mm、287 mm、162 mm，2# 孔主拱圈测量最大裂缝宽度、长度、深度分别为 114 mm、575 mm、224 mm。1# 孔主拱圈测量最大变形为 50 mm，2# 孔主拱圈最大变形 77 mm。

根据外观现状、专项检测结果，一干渠砦门渡槽现场工程质量检测评价为 C 级。

3）安全复核成果

（1）结合现场安全检测结果及规范，在砂浆参数劣化情况下，按砂浆保守参数计算，渡槽上部结构稳定，拱圈结构稳定，渡槽整体稳定，地基承载力满足稳定要求。现状渡槽结构虽然在多种病害下稳定，但根据现状调查分析，已发现拱圈脱离上部结构、砂浆持续流失脱落等危及渡槽结构安全的隐患。

（2）在充分考虑砂浆强度参数劣化情况下，渡槽稳定性受砂浆流失位置、砂浆不同流失程度影响较大。砂浆集中流失时，拱顶位置最为危险，次之为拱肩，再次之为拱脚部位，在相同的流失厚度下，整体来讲，均匀流失比集中位置处流失危险性小。

（3）从稳定角度来讲，砂浆参数劣化、砌石块断裂、砌体错动并不是主控因素，主控因素是砂浆脱落流失造成的砌体结构的“致密度和咬合度下降”，只要砂浆不脱落流失，砂浆“物质”的存在对支撑渡槽结构的稳定性起重要作用。

4）安全评价

依据《渡槽安全评价导则》（T/CHES 22—2018），砦门渡槽运用指标达不到设计标准，工程存在严重损坏，需控制运用，经除险加固后才能实现正常运行，应为三类渡槽。

5）建议

（1）对渡槽槽身进行防渗漏处理。

（2）对渡槽拱结构内侧进行混凝土衬砌除险加固处理，采用高强砂浆填充密实有白色析出物处、内部孔洞、脱缝严重处。

（3）进行除拱结构内侧外其他部位、其他附属结构砂浆脱缝的灌缝加固。

（4）重新粉刷泄洪闸、节制闸启闭机房内墙面，更换顶板、门窗。更换闸门及启闭机。更换启闭机工作梁。

（5）加强拱圈部位变形的监测。

6.3.4 一干渠桃园渡槽安全评价

1）现状调查分析

红旗渠桃园渡槽现场安全检查发现，槽身左侧外墙后浇有一层混凝土进行加固处理，

混凝土面层大多沿纵向砂浆缝开裂。槽身右侧外墙面外观基本完好。拱上结构左右侧外观基本完好，部分砌石风化剥落、砂浆脱缝。拱顶潮湿，2#、3#孔渗漏较为严重。拱顶局部脱缝。拱顶普遍有白色析出物，尤其是拱底，部分呈棱状形。槽墩台砌石表面风化剥落普遍较为严重。砂浆部分脱缝，2#槽墩下游面、3#槽墩上游面、5#槽墩下游面、6#槽墩上游面上部砌石砂浆脱缝较为严重。部分跨孔下堆放了大量杂物，部分槽墩勾缝生长了植物。

2）安全检测

安全检测成果总结如下。

(1) 桃园渡槽全线为砾石地基。

(2) 桃园渡槽1#孔上游端部左侧外墙面外观基本完好，其他孔槽身左侧外墙后浇一层混凝土加固处理，混凝土面层大多沿纵向砂浆缝开裂。槽身右侧外墙面外观基本完好。原渡槽上层的引弓入城渠外墙面外观基本完好，局部脱缝。

(3) 拱上结构左右侧外观基本完好，部分砌石风化剥落、砂浆脱缝。

(4) 主拱圈未见明显变形。拱顶潮湿，除7#孔检测现场未发现明显滴水点外，其他孔多处滴水，约3～10 s/滴，2#、3#孔渗漏较为严重。拱顶局部脱缝。拱顶普遍有白色析出物，尤其是拱底，部分呈棱状形。

(5) 槽墩台砌石砂浆外观基本完好，未见明显变形。砌石表面风化剥落普遍较为严重。砂浆部分脱缝，2#槽墩下游面、3#槽墩上游面、5#槽墩下游面、6#槽墩上游面上部砌石砂浆脱缝较为严重，槽墩左右两侧凸出部位未受漏水影响，砂浆缝较好。

(6) 上游左翼墙外观基本完好，未见明显变形。

(7) 桥面外观基本完好。桥面左右两侧防护墙破坏严重或较严重。桥面两侧砖砌镂空护栏普遍破坏。

(8) 桃园渡槽槽墩砌筑砂浆强度很小，推定值小于2.0 MPa。

(9) 渡槽槽身块石为石英砂岩，抗风化能力强。部分砌浆风化脱落，局部渗水，槽墩砌筑砂浆强度很小，推定值小于2.0 MPa。耐久性不满足规范要求。

(10) 根据外观现状、专项检测结果，依据现场工程质量检测评价分级规定，一干渠桃园渡槽现场工程质量检测评价为B级。

3）安全复核成果

(1) 槽身过流能力

桃园渡槽级别为4级，渡槽的过流能力满足设计和规范要求。

(2) 结构安全

应力计算结果表明，桃园渡槽结构在基本荷载组合和偶然荷载组合下的拉应力最大值为2.34 MPa，超过了砌石的抗拉强度。在地震荷载作用下，拉应力最大值为2.35 MPa，均超过了砌石体的抗拉强度。但分析工况可知拉应力主要由温度应力引起，而温度应力可以通过材料变形释放并形成新的应力平衡，且拉应力仅局部分布于槽身外沿，深度较浅，分布范围很小，不会对结构造成危害。

静荷载作用下，基底最大平均压应力为328.2 kPa，小于地基承载力特征值400 kPa；地震作用下，最大的基底平均压应力为334.9 kPa，小于地基承载力特征值585 kPa，地基承载力符合规范要求。

变形计算结果表明，各工况下横向水平位移最大值为2.67 mm，位于拱身；纵向水平位移最大值为 1.00 mm，位于拱身；竖向位移最大值为 11.70 mm，位于槽身。地震作用引起的横向水平位移最大值为 2.43 mm，位于拱身；纵向水平位移最大值为 1.02 mm，位于拱身；竖向位移最大值为 11.98 mm，位于槽身。各荷载组合下墩台基础的沉降均小于规范允许沉降值，符合规范要求。各工况墩台基础的沉降最大值发生在偶然组合下的地震温降工况，最大沉降为 5.07 mm；静荷载作用下最大沉降发生在基本荷载组合下的设计水深温降荷载组合和偶然组合下的满槽水深温降荷载组合，最大沉降为 5.00 mm。各相邻墩台基础的沉降差均小于规范允许沉降差，满足规范要求。其中，沉降差最大为 0.56 mm，发生在基本组合空槽状态下自重、风荷载、人群荷载及温降荷载组合。

（3）稳定分析

各槽墩的抗滑稳定安全系数最小值为 50.9，抗滑稳定安全系数大于规范允许值 1.2，满足抗滑稳定安全要求；各槽墩抗倾覆稳定安全系数最小值为 1.8，抗倾覆稳定安全系数大于规范允许值 1.4，满足抗倾覆稳定安全要求。

4）安全评价及建议

根据上述桃园渡槽现场安全评价及渡槽结构三维有限元计算分析，对桃园渡槽进行结构安全性态评价，桃园渡槽结构安全方面，地基承载力满足规范要求，抗滑稳定、抗倾覆稳定满足规范要求，砌石体抗压强度满足要求，抗拉强度不满足规范要求但不会对结构造成危害，地震工况下应力和稳定安全性相比静力工况未见明显下降。

5）安全等级评定和建议

（1）安全等级评定

综上，桃园渡槽工程质量等级为 B 级，结构和抗震安全为 B 级，依据《渡槽安全评价导则》（T/CHES 22—2018），桃园渡槽管理较规范，运用指标基本达到设计标准，工程存在一定的损坏和缺陷，经维修和采取一定工程措施后，可实现正常运行，应为二类渡槽。

表 6.3-4　桃园渡槽各专项安全等级评定表

项目	等级
工程质量	B 级
槽身过流能力	A 级
结构安全	B 级
抗震安全	B 级

（2）建议

① 对于白色析出物较多、砂浆脱缝较严重、脱缝分布较集中处，结构内部疏松甚至出现孔洞，填充物流失较多处，采用高强砂浆填充密实，对零星分布且程度较轻的砂浆脱缝进行灌缝加固，增强渡槽结构的整体性。

② 对桃园渡槽进行清淤、渠墙翻砌或渠墙钢筋混凝土衬砌等防渗漏处理。

③ 根据计算复核结果对渡槽采取其他相应的修补加固措施。

6.4 红旗渠综合评价和建议

6.4.1 综合评价

根据前述内容，总干渠、一干渠、二干渠、三干渠的安全性分级见表 6.4-1 所列。

表 6.4-1 红旗渠灌区工程渠系和主要建筑物安全等级

名称	安全等级	主要病险
总干渠渠道	二	局部存在边坡地质灾害、渠道渗漏、渠墙破损和变位等问题； 局部段边坡整体稳定不满足规范要求； 渠顶高程不满足规范要求的加大流量的要求，但满足现状控制水位、原设计流量时的顶高程要求
一干渠渠道	二	局部存在渠道渗漏、渠墙破损和变位等问题； 渠顶高程不满足规范要求的加大流量的要求，但满足现状控制水位、原设计流量时的顶高程要求
二干渠渠道	二	局部存在渠道渗漏、渠墙破损和变位等问题； 渠顶高程不满足规范要求的加大流量的要求，但满足现状控制水位、原设计流量时的顶高程要求
三干渠渠道	三	三干渠存在局部渠道渗漏，多处渠道淤积及渠墙倒塌、勾缝脱落、变位、开裂、块石移动或缺失、不均匀沉降等问题； 过流能力满足设计要求，设计流量时渠顶高程不满足规范要求

(1) 总干渠渠系

从表 6.4-1 及上文分析可以看出，总干渠渠道为二类，空心坝和分水闸为二类；南谷洞渡槽为三类。

(2) 干渠

从表 6.4-1 及上文分析可以看出，一干渠、二干渠为二类，三干渠为三类，桃园渡槽为二类，曙光渡槽和夺丰渡槽为三类。

6.4.2 建议

综合现状调查、安全检测和复核计算成果，提出如下建议。

1) 总干渠及主要建筑物

对于总干渠及主要建筑物建议如下。

(1) 总干渠沿线地质灾害种类较多，建议根据本次安全检测、地质勘察和复核计算成果，对安全系数较低、风险较高的边坡进行加固处理。

(2) 对渠道渗漏、破损的部位进行处理，未衬砌的部位进行衬砌处理以消除渗漏隐患；渠墙薄弱部位进行加厚或加固处理，确保渠墙稳定。

(3) 对于南谷洞渡槽，对已有裂缝进行处理，增强渡槽结构的整体性；进行渡槽清淤、渠墙翻砌、渠墙和渠底混凝土衬砌防渗处理；对渡槽下部拱圈变形、开裂部位进行加固，在砌筑砂浆流失严重区、孔洞采用高强砂浆填充密实，其他部位采用砂浆重新灌缝和勾缝；加固地基，并对部分槽身进行加筋处理，以增强渡槽槽身的抗拉强度；清除渡槽 7#—10# 拱孔底部存在的淤积堵塞物，恢复原断面。

(4) 对于空心坝，及时修复勾缝砂浆、坝体破损部位，增强坝体强度和自身防渗能力；修复护坦段的塌坑、孔洞、破损区域；清除进口段及消力池段的作物及杂物。

(5) 对于分水闸，对闸墩水位变动区范围的砌缝砂浆进行重新灌缝和勾缝；对钢闸门重新进行防腐蚀处理，更换止水橡皮和闸门埋件，以及混凝土闸门及埋件；更新启闭机及电气设备。

(6) 对于涵洞，应对上部渠道进行防渗处理；对拱圈内侧砌石错位区域进行加固，在砌筑砂浆流失严重区、孔洞处采用高强砂浆填充密实，其他部位采用砂浆重新灌缝或勾缝；对涵洞底部进行清淤，恢复原断面。

(7) 加强总干渠沿线尤其是地质灾害段的监测；进一步完善应急预案和调度运行方案，加强应对灾害的能力。

(8) 渠顶高程满足现状控制水位和原设计流量时的运用要求，但不满足加大流量时的运用要求，应当采取控制水位运行。

2) 一干渠及主要建筑物

对于一干渠及主要建筑物建议如下。

(1) 建议根据本次安全检测、地质勘察和复核计算成果，对安全系数较低、风险较高的边坡进行加固处理。

(2) 对渠道渗漏、破损的部位进行处理，未衬砌的部位进行衬砌处理以消除渗漏隐患；渠墙薄弱部位进行加厚或加固处理，确保渠墙稳定；对于砂浆脱缝严重、脱缝较为集中、松动或脱落的砌石结构，建议重新砌筑处理，对零星分布且程度较轻的砂浆脱缝进行灌缝加固。

(3) 对于泄洪闸、节制闸等，重建启闭机房，更换启闭机工作梁，对闸门防漏、防锈处理，更换启闭机。

(4) 对于桃园渡槽，对白色析出物较多、砂浆脱缝较严重、脱缝分布较集中处，结构内部疏松甚至有孔洞，填充物流失较多处，采用高强砂浆填充密实，对零星分布且程度较轻的砂浆脱缝进行灌缝加固。增强渡槽结构的整体性；进行清淤、渠墙翻砌或渠墙钢筋混凝土衬砌等防渗漏处理；对交通桥进行维修加固，并对穿越桃园渡槽的公路及顺槽向的公路进行车辆管制。

(5) 红英汇流老化病害较为严重，建议更换人行桥、英雄渠人行桥，修补加固电站引水渠人行桥；重建汇流区护墙、闸门槽及上游的闸墩、启闭机房；重建汇流工作桥、人行桥；更换启闭机，加强闸门、红英干渠人行桥铁栏杆的防锈处理。

(6) 红英干渠分水闸老化病害较为严重，修补加固节制闸下游渠道冲坑、下游陡坡段渠墙及护墙，拆除节制闸下游陡坡段右侧渠墙顶部后建建筑物；建议更换节制闸闸门、启闭机金属结构、启闭机工作梁，南分干闸门、启闭机、钢筋爬梯、启闭机工作梁，北分干启闭机、钢筋爬梯、启闭机工作梁，加强北分干闸门防锈处理。

(7) 加强一干渠沿线尤其是地质灾害段的监测，以及涵洞变形监测；进一步完善应急预案和调度运行方案，加强应对灾害的能力。

(8) 渠顶高程满足现状控制水位和原设计流量时的运用要求，但不满足加大流量时的运用要求，应当采取控制水位运行，对比允许水位和现采取的控制水位，现控制水位较为合理。

3）二干渠及主要建筑物

对于二干渠及主要建筑物建议如下。

（1）建议根据本次安全检测、地质勘察和复核计算成果，对安全系数较低、风险较高的边坡进行加固处理。

（2）对渠道渗漏、破损的部位进行处理，未衬砌的部位进行衬砌处理以消除渗漏隐患；渠墙薄弱部位进行加厚或加固处理，确保渠墙稳定；对于砂浆脱缝严重、脱缝较为集中、松动或脱落的砌石结构，建议重新砌筑处理，对零星分布且程度较轻的砂浆脱缝进行灌缝加固。

（3）对于泄洪闸、节制闸等，重建启闭机房，更换启闭机工作梁，对闸门防漏、防锈处理，更换启闭机。

（4）对于风门沟渡槽，拆除重建二干渠风门沟渡槽。

（5）对于夺丰渡槽，更换开裂、风化剥落严重的砌石，恢复缺损砌石，对于砂浆脱缝严重、脱缝较为集中、松动的砌石结构，重新砌筑处理；其他部位砂浆脱缝严重、脱缝较为集中处，采用高强砂浆填充密实；对零星分布且程度较轻的砂浆脱缝进行灌缝加固；更换水口放水闸及连接件；清除跨孔下及槽墩槽身等缝隙内杂物（主要为杂草）；对穿越夺丰渡槽的公路进行车辆管制，具体管制方式需进一步研究。

（6）加强二干渠沿线尤其是地质灾害段的监测，以及涵洞变形监测；进一步完善应急预案和调度运行方案，加强应对灾害的能力。

（7）渠顶高程满足现状控制水位和原设计流量时的运用要求，但不满足加大流量时的运用要求，应当采取控制水位运行，对比允许水位和现采取的控制水位，现控制水位较为合理。

4）三干渠及主要建筑物

对于三干渠及主要建筑物建议如下。

（1）建议根据本次安全检测、地质勘察和复核计算成果，对安全系数较低、风险较高的边坡进行加固处理。

（2）三干渠运用指标达不到设计标准，工程存在严重损坏，需进行加高加固；结合续建配套与节水改造工程滚动实施工程，对沉降严重的部位进行加高；对渠道渗漏、破损的部位进行处理，未衬砌的部位进行衬砌处理以消除渗漏隐患；渠墙薄弱部位进行加厚或加固处理，确保渠墙稳定；对于砂浆脱缝严重、脱缝较为集中、松动或脱落的砌石结构，建议重新砌筑处理，对零星分布且程度较轻的砂浆脱缝进行灌缝加固。

（3）对于泄洪闸、节制闸等，重建启闭机房，更换启闭机工作梁，对闸门防漏、防锈处理，更换启闭机。

（4）对于曙光渡槽，对砂浆脱缝严重、脱缝较为集中处，建议重新砌筑处理；其他部位砂浆脱缝严重、脱缝较为集中处，采用高强砂浆填充密实；建议对零星分布且程度较轻的砂浆脱缝进行灌缝加固；恢复缺损砌石；修补上游引渠、渡槽混凝土砂浆裂缝，对于整体破坏混凝土砂浆重新浇筑；拆除上游引渠、渡槽的违建搭建设施；清除曙光渡槽拱圈下的杂物，并禁止堆放杂物，避免附加荷载引起渡槽地基的不均匀沉降；对穿越曙光渡槽的公路进行车辆限重管制；对部分槽身进行处理，以增强渡槽槽身的抗拉强度；同时建议对地基进行加固，以满足地基承载力的要求；通水后加强工程变形和渗漏监测，发现异常情况及时处理。

（5）渠顶高程不满足现行规范要求，应当采取控制水位运行，对比允许水位和现采取的控制水位，现控制水位较为合理。

7

大型复杂灌区工程安全指标体系与量化评价方法

7.1 大型灌区工程安全综合评价方法

结合综合评价的需要，拟采用自下而上、“两分一总”的思路，即在分类评价与单项评价（“两分”）的基础上，进行灌区安全等级总体分析评价（“一总”），这样既可以综合各分类评价结果，又兼顾了各单项内容，形成的评价方法路线及方法图见图 7.1-1。

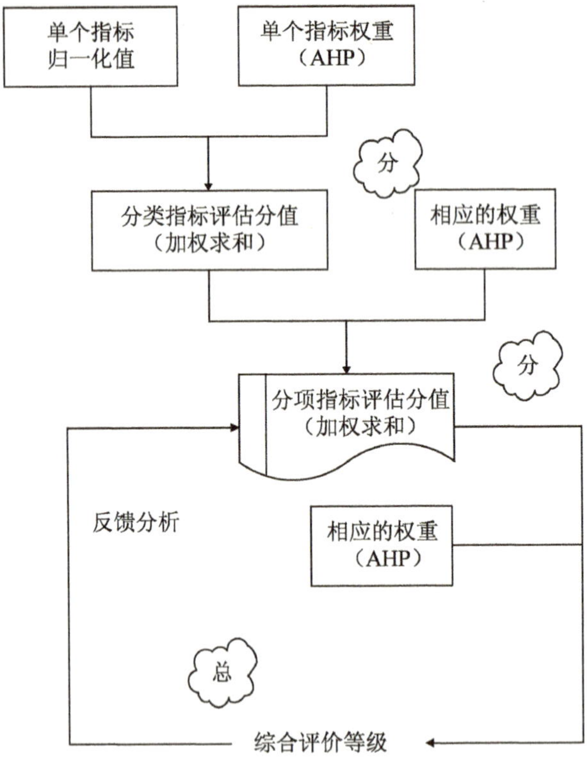

图 7.1-1　渠道及建筑物综合评价路线及方法图

（1）分类评价

分类评价是指灌区的不同渠道以及不同建筑物等分类项目的状况。分类评价是在单项评价的基础上，依据各单项评价结果计算得到分类指标的评价分值。

（2）分项评价

分项评价是指灌区工程的总体状况，如安全性、适用性和耐久性。单项指标评价由分类指标分值计算得到。

(3) 综合评价

灌区安全等级综合评价值是对灌区的渠道和建筑物老化病害的综合表征，要统筹考虑灌区安全性、适用性和耐久性分项及其各分类评价状况，以全面反映灌区的老化病害程度。

由以上灌区工程安全等级综合评定的总体设想分析，其评价主要涉及指标体系建立、指标量化、权重确定、老化病害等级划分及计算等程序及方法，接下来分别进行说明。

若借鉴规范的分类方法将评价指标的评价等级划分为三级还是较为模糊的，将归入哪一类，会因个人的工程经验、专业等不同而异，即使是同一类别，其老化病害程度仍然不同。因此，将评价指标的评价等级分为五级较为合适，即 $V=\{V_1,V_2,V_3,V_4,V_5\}=$ {极不安全，很不安全，不安全，基本安全，很安全}。各指标的评价等级的基本判别标准见表 7.1-1。

表 7.1-1 大型灌区各评价指标安全等级划分

安全等级	评分标准
极不安全	各指标均无法满足规范要求，经除险加固后仍无法正常运行，功能失效
很不安全	部分指标无法满足规范要求，经除险加固后，还须在一定控制条件下才能运行
不安全	部分指标无法满足规范要求，但经除险加固后可实现正常运行
基本安全	各指标基本能满足规范要求，经大修后能正常运行或能在一定控制条件下运行
安全	各运用指标均能满足规范要求，能按设计标准正常运行

7.2 大型灌区老化病害评价指标体系建立

基于指标调查方法研究、检测方法完善以及安全复核方法改进，结合大型灌区的工程特点，进行大型灌区安全等级综合评价指标体系的建立原则、建立方法和指标筛选准则探讨。同时，进行渠道和建筑物老化病害评价的影响因素挖掘。再基于安全性、适用性和耐久性准则进行评价指标体系建立。最后，给出评价指标体系的具体应用方式以及各指标的相应调查方法。

灌区渠道和建筑物数量众多，分布甚广，其老化病害影响因素各异。对评价方法的简易性、可操作性，特别是基层技术人员的可操作性有着较高的要求。指标体系的拟定以安全性、适用性和耐久性为准则，基于评价指标体系的建立原则、建立步骤、筛选准则，同时考虑不同层次和不同级别建筑物对灌区安全等级的影响差异，根据系统工程原理和层次分析方法把复杂的灌区渠道和建筑物联结网络一一分解，对建筑物和渠道进行逐个逐条的评价分级，从而构建出能从整体上涵盖渠道和渠系建筑物老化病害的各种影响因素的安全评价指标体系，如图 7.2-1 所示。评价指标体系共分四层：第一层为总目标层；第二层为各功能影响因素层，包括安全性、适用性和耐久性三个分类；第三层为组成灌区的总干渠、分干渠、各主要建筑物、一般建筑物和运行管理等主要分项；第四层为基础评价指标，即评价指标体系中不再进一步分解的指标。

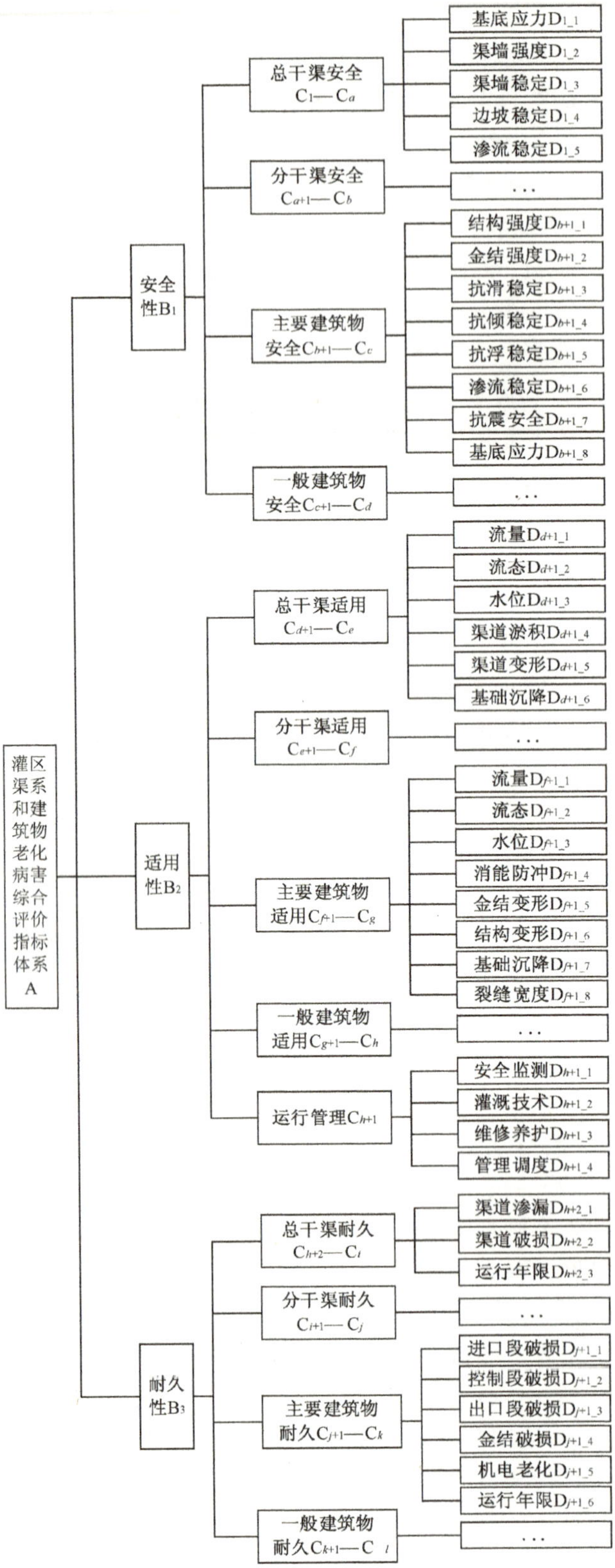

图 7.2-1　大型灌区老化病害评价指标体系

7.3 大型复杂灌区安全评价指标量化方法

7.3.1 评价指标调查方法

基于大型灌区渠道和建筑物运行现状的调查和检测方法，提出各评价指标的相应调查手段。详见表 7.3-1。

表 7.3-1 大型灌区老化病害指标调查方法

评价指标			调查方法
安全性 B_1	渠道安全 C_1—C_b	基底应力 D_{1_1}	资料分析、安全检测、安全复核
		渠墙强度 D_{1_2}	资料分析、安全检测、安全复核
		渠墙稳定 D_{1_3}	资料分析、安全复核
		边坡稳定 D_{1_4}	资料分析、安全复核
		渗流稳定 D_{1_5}	资料分析、安全检测、安全复核
	建筑物安全 C_{b+1}—C_d	结构强度 D_{b+1_1}	资料分析、安全检测、安全复核
		金结强度 D_{b+1_2}	资料分析、安全检测、安全复核
		抗滑稳定 D_{b+1_3}	资料分析、安全复核
		抗倾稳定 D_{b+1_4}	资料分析、安全复核
		抗浮稳定 D_{b+1_5}	资料分析、安全复核
		渗流稳定 D_{b+1_6}	资料分析、安全检测、安全复核
		抗震安全 D_{b+1_7}	资料分析、安全复核
		基底应力 D_{b+1_8}	资料分析、安全检测、安全复核
适用性 B_2	渠道适用 C_{d+1}—C_f	流量 D_{d+1_1}	现状调查、资料分析、安全复核
		流态 D_{d+1_2}	资料分析、现状调查
		水位 D_{d+1_3}	资料分析、现状调查
		渠道淤积 D_{d+1_4}	资料分析、现状调查、安全检测
		渠道变形 D_{d+1_5}	资料分析、现状调查、安全检测
		基础沉降 D_{d+1_6}	资料分析、现状调查、安全复核
	建筑物适用 C_{f+1}—C_h	流量 D_{f+1_1}	资料分析、安全复核
		流态 D_{f+1_2}	资料分析、现状调查
		水位 D_{f+1_3}	资料分析、现状调查
		消能防冲 D_{f+1_4}	资料分析、现象观察、安全复核

续表

评价指标			调查方法
适用性 B_2	建筑物适用 C_{f+1}—C_h	金结变形 D_{f+1_5}	资料分析、现状调查、安全检测
		结构变形 D_{f+1_6}	资料分析、现状调查、安全检测
		基础沉降 D_{f+1_7}	资料分析、现状调查、安全复核
		裂缝宽度 D_{f+1_8}	现状调查、安全检测、安全复核
	运行管理 C_{h+1}	安全监测 D_{h+1_1}	资料分析、现状调查
		灌溉技术 D_{h+1_2}	资料分析、现状调查
		维修养护 D_{h+1_3}	资料分析、现状调查
		管理调度 D_{h+1_4}	资料分析、现状调查
耐久性 B_3	渠道耐久 C_{h+2}—C_j	渠道渗漏 D_{h+2_1}	现状调查、安全检测
		渠道破损 D_{h+2_2}	现状调查、安全检测
		运行年限 D_{h+2_3}	资料分析、现状调查
	建筑物耐久 C_{j+1}—C_l	进口段破损 D_{j+1_1}	现状调查、安全检测
		控制段破损 D_{j+1_2}	现状调查、安全检测
		出口段破损 D_{j+1_3}	现状调查、安全检测
		金结破损 D_{j+1_4}	资料分析、现状调查、安全检测
		机电老化 D_{j+1_5}	资料分析、现状调查、安全检测
		运行年限 D_{j+1_6}	资料分析、现状调查

前文建立了各指标的评价等级集，可以对各指标进行等级评价，但这仍属于定性评价过程。再通过对各指标进行量化处理，可以更加精确地对各指标进行评价，亦能利用评价指标体系的层次性，通过逐级计算，实现灌区工程的安全等级综合评价。根据渠道和建筑物老化病害评价指标的特点，可以分为定性指标和定量指标，各基础指标的具体属性如图7.3-1所示。下面对其量化方法分别进行研究。

7.3.2 评价指标量化方法

(1) 专家打分法

定性指标具有模糊性和非定量化的特点，很难直接用精确的数值来表示；定量指标虽可以用数值表示，但各指标数值的量纲存在差异，相互之间不能用统一的标准进行评判，需要对定量指标数值做进一步处理。因此，需要根据各基础指标的特点，对其进行量化处理以得到其评价值。

对定性指标进行量化，常用的方法有等比重法、专家打分法、集值统计法等。其中，等比重法因追求简便而导致计算结果不够精确；集值统计法较等比重法结果更为精确，但其计算过程过于复杂；而专家打分法综合了以上两种方法的优点并避免了其缺点，具有较高

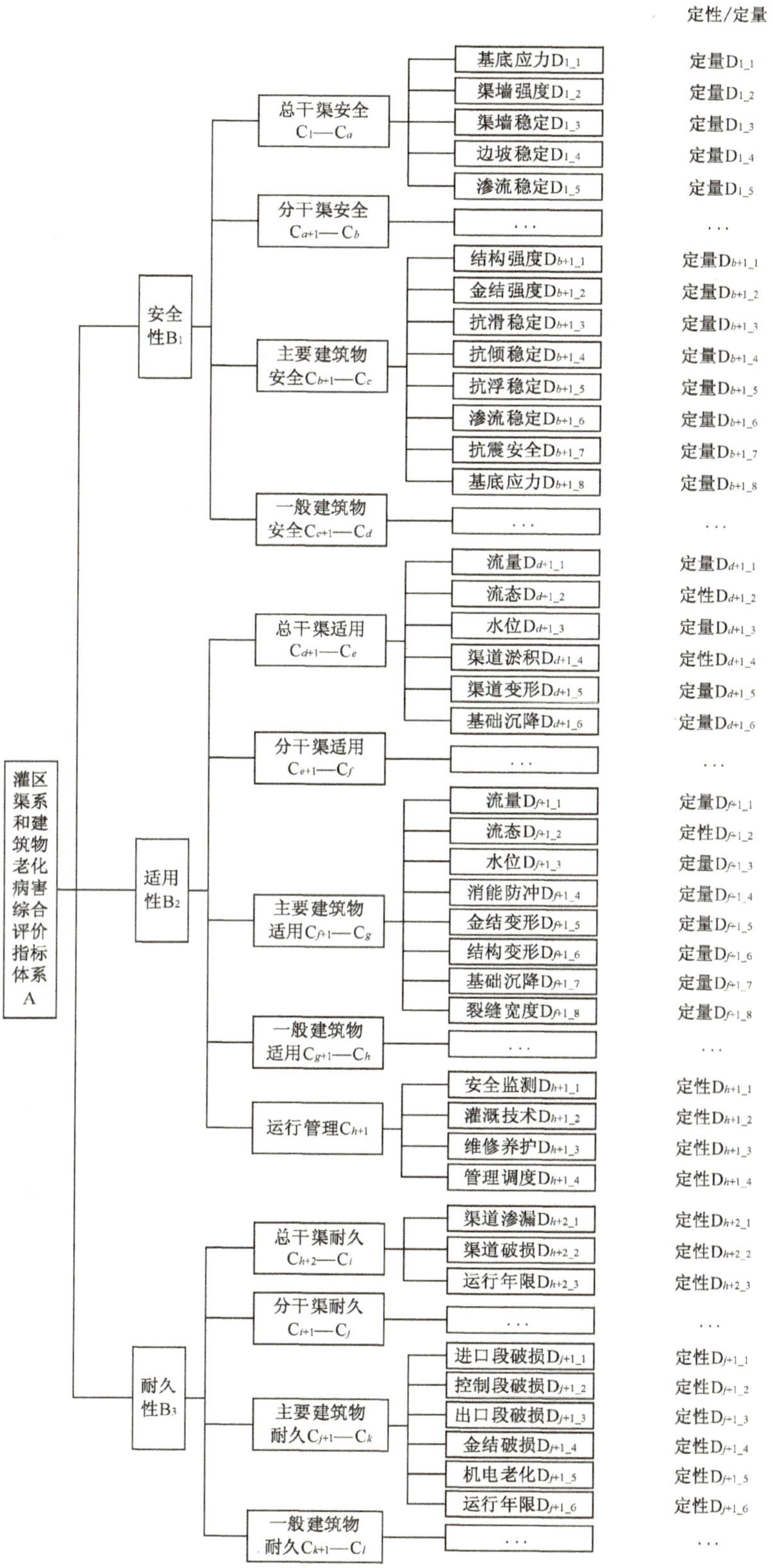

图 7.3-1 评价指标体系的各基础指标属性

的精度同时过程较为简单，因此，本书采用专家打分法对定性指标进行量化。

对于部分定量指标，虽然可以量化表示，但对这些指标进行赋值时没有统一的规范或标准可以遵循，如水位、输水损失等。一方面，各指标的实际值之间因量纲及内涵存在差异所以无法直接比较；另一方面，即使不同灌区工程的同一个指标的实际值相同，它们对老化病害的意义也相差较大。因此，在对这些定量指标进行赋值时，难以直接利用其实际值来计算相应指标值，这就需要借助专家的知识和工程经验，对这些定量性指标赋值时采用专家打分法。

传统的专家打分法没有考虑专家的权威性，而对各专家的意见同等对待，结果使权威专家的意见无法得到集中体现。然而，由于大型灌区工程的复杂性，专家在渠系和渠系建筑物老化病害评价中的作用不可替代，评价结果的科学性、准确性在一定程度上依赖于专家在评价中作用的发挥。专家给出的结果不仅与专家的学术地位、职称有关，还涉及专家对问题的敏感性。因此，研究如何充分地利用专家集体的智慧来合理地定出专家权重十分必要。

专家打分法指标量化方法为：先分别确定专家权重和各专家给出的指标评价值，然后综合计算各指标的评价值。

① 根据本节所述方法得到各专家对指标的评价值，用 x'_{ij} 表示专家 j 对定性指标 i 的评价值。

② 根据后续 7.3.3 节所述方法确定参与评分的 n 位专家的权威性权重向量 $\mathbf{W}=(w_1, w_2, \cdots, w_n)$。

③ 计算指标的综合评价值。指标 i 的综合评价值为

$$X_i = \sum_{j=1}^{n} w_j x'_{ij} \tag{7.3-1}$$

式中：X_i 为指标 i 的综合评价值；n 为参与评分的专家总数；w_j 为专家 j 的权威性权重，其中 $0<j\leqslant n$；x'_{ij} 为专家 j 对指标 i 的评价值。

从渠道和渠系建筑物老化病害评价的实际情况出发，基于准确、简捷、可行的原则，同时为方便专家评分，指标评价值的范围取 0～100，评价值越大，说明其安全程度越高。指标评价值与指标评价等级的对应关系见表 7.3-2。

表 7.3-2 专家打分指标评价值与评价等级对应关系

指标评价等级	指标评价值
极不安全	[0,20)
很不安全	[20,40)
不安全	[40,60)
基本安全	[60,80)
安全	[80,100]

专家打分法很大程度上依赖专家的个人素质和经验，所以具有较强的主观性，不同的专家因个人经验等的不同，对同一指标的评分可能具有不同的评价内容，这将使各专家的

意见之间不具有可比性，对评分工作带来不利影响。因此，需制定如附录一所示的各指标的专家打分评分表，明确对各指标进行评分时的具体评价内容，方便专家评分工作的进行，并将各专家的意见统一在一个合理范围内。这样，既能充分发挥专家的主观能动性，又能避免因专家主观性过强对评分工作的不利影响，从而使指标评分准确、可靠。

（2）效益型与成本型定量指标的量化

对于有规范或标准可循的定量指标，也可分为两类，一类是效益型指标（越大越优），这类指标的实际值越大，其安全程度评分越高；另一类是成本型指标（越小越优），这类指标的实际值越小，其安全程度评分越高。

① 效益型指标

效益型指标安全程度评分按式(7.3-2)计算，其函数见图 7.3-2。

$$x=\begin{cases}\dfrac{20}{\alpha_1}\left(\dfrac{t}{t_0}\right) & \dfrac{t}{t_0}\leqslant\alpha_1\\ \dfrac{20}{\alpha_2-\alpha_1}\left(\dfrac{t}{t_0}\right)-\dfrac{20\alpha_1}{\alpha_2-\alpha_1}+20 & \alpha_1<\dfrac{t}{t_0}\leqslant\alpha_2\\ \dfrac{20}{1-\alpha_2}\left(\dfrac{t}{t_0}\right)-\dfrac{20\alpha_2}{1-\alpha_2}+40 & \alpha_2<\dfrac{t}{t_0}\leqslant 1\\ \dfrac{20}{\alpha_3-1}\left(\dfrac{t}{t_0}\right)-\dfrac{20}{\alpha_3-1}+60 & 1<\dfrac{t}{t_0}\leqslant\alpha_3\\ \dfrac{20}{\alpha_4-\alpha_3}\left(\dfrac{t}{t_0}\right)-\dfrac{20\alpha_3}{\alpha_4-\alpha_3}+80 & \alpha_3<\dfrac{t}{t_0}<\alpha_4\\ 100 & \dfrac{t}{t_0}\geqslant\alpha_4\end{cases}\tag{7.3-2}$$

式中：x 为指标的安全程度评分；t 为安全参数；t_0 为安全参数 t 对应的规范值；α_1—α_4 为常数，且 $\alpha_1<\alpha_2<1<\alpha_3<\alpha_4$，建议取 $\alpha_1=0.2$、$\alpha_2=0.6$、$\alpha_3=1.4$、$\alpha_4=1.8$，可根据工程的实际情况适当调整。

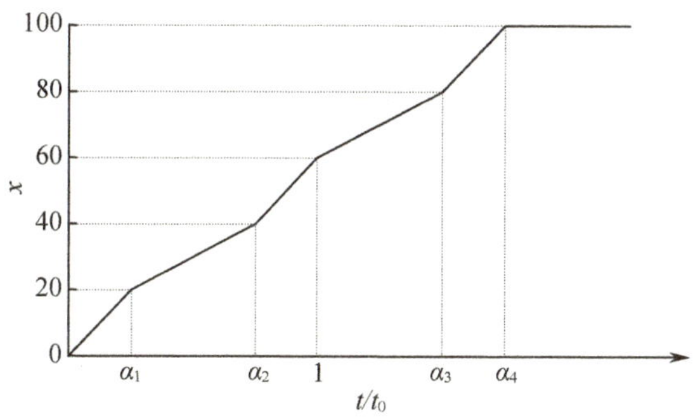

图 7.3-2　效益型指标安全程度评分函数

② 成本型指标

成本型指标安全程度评分按式(7.3-3)计算，其函数见图 7.3-3。

$$x=\begin{cases}100 & \dfrac{t}{t_0}\leqslant\alpha_1\\ 100-\dfrac{20}{\alpha_2-\alpha_1}\left(\dfrac{t}{t_0}\right)+\dfrac{20\alpha_1}{\alpha_2-\alpha_1} & \alpha_1<\dfrac{t}{t_0}\leqslant\alpha_2\\ 80-\dfrac{20}{1-\alpha_2}\left(\dfrac{t}{t_0}\right)+\dfrac{20\alpha_2}{1-\alpha_2} & \alpha_2<\dfrac{t}{t_0}\leqslant 1\\ 60-\dfrac{20}{\alpha_3-1}\left(\dfrac{t}{t_0}\right)+\dfrac{20}{\alpha_3-1} & 1<\dfrac{t}{t_0}\leqslant\alpha_3\\ 40-\dfrac{20}{\alpha_4-\alpha_3}\left(\dfrac{t}{t_0}\right)+\dfrac{20\alpha_3}{\alpha_4-\alpha_3} & \alpha_3<\dfrac{t}{t_0}\leqslant\alpha_4\\ 20-\dfrac{20}{\alpha_5-\alpha_4}\left(\dfrac{t}{t_0}\right)+\dfrac{20\alpha_4}{\alpha_5-\alpha_4} & \alpha_4<\dfrac{t}{t_0}<\alpha_5\\ 0 & \dfrac{t}{t_0}\geqslant\alpha_5\end{cases}\qquad(7.3\text{-}3)$$

式中：x 为指标的安全程度评分；t 为指标的安全参数；t_0 为安全参数 t 对应的规范值；α_1—α_5 为常数，且 $\alpha_1<\alpha_2<1<\alpha_3<\alpha_4<\alpha_5$，建议取 $\alpha_1=0.2$、$\alpha_2=0.6$、$\alpha_3=1.4$、$\alpha_4=1.8$、$\alpha_5=2.2$，可根据工程的实际情况适当调整。

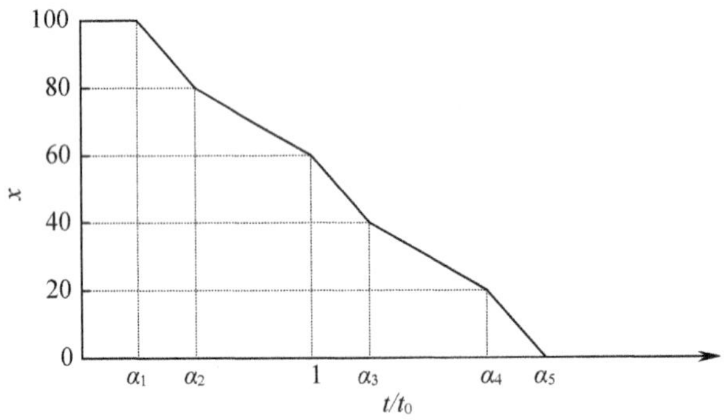

图 7.3-3　成本型指标安全程度评分函数

式(7.3-2)和式(7.3-3)给出了效益型指标和成本型指标安全程度评分的一般计算公式，若规范中有更加明确的规定，可根据规范要求直接确定各安全等级间的临界值，而无需通过选取 α_1—α_5 来确定计算公式。

具体评价时，首先根据评分标准表 7.3-3 确定指标处于哪个安全等级，然后以最不利于灌区安全的参数为控制参数进行具体评分。

表 7.3-3　效益型与成本型指标的评分标准表

安全程度	评分标准	评分范围
极不安全	全部参数达不到规范要求或设计水平，且与规范要求或设计水平差距较大	[0,20)
很不安全	部分参数达不到规范要求或设计水平，且与规范要求或设计水平差距较大	[20,40)
不安全	部分参数达不到规范要求或设计水平，且与规范要求或设计水平差距较小，各评价指标与规范要求或设计水平的差距阈值视灌区的实际情况而定	[40,60)

续表

安全程度	评分标准	评分范围
基本安全	各参数基本达到规范要求或设计水平，但个别参数的安全储备很小	[60,80)
安全	各参数均达到规范要求或设计水平，且具有较大的安全储备，各评价指标的安全储备阈值视灌区的实际情况而定	[80,100]

7.3.3 评价指标的权重求取方法

在评价指标体系和指标评价值确定的前提下，灌区安全等级综合评价的结果是否准确直接取决于评价指标的权重是否合理。因此，如何准确地获得评价指标权重是评价过程中一个极其重要的环节。

前已述及，由于大型灌区工程的复杂性，专家在指标评价值的确定过程中具有非常重要的作用。基于相同的原因，在确定评价指标权重的过程中，专家的作用依然不可忽视。

为此，本书确定大型灌区安全等级综合评价指标权重的方法为：先确定专家权重和指标主观权重，然后计算两者的组合权重。此处的主观权重是指根据专家意见计算得到的评价指标权重。

1）确定评价指标的专家权重

（1）设计专家权重评定标准

对灌区安全等级综合评价专家赋权的过程即是对专家权威性进行测定的过程，该过程应该从两个方面考虑：第一是包括资历、学术成果等在内的实实在在而又容易直接测定的指标，称为硬指标，这些指标能够宏观地反映出专家们的智力、能力和学术水平等综合素质；第二是包括实践经验、对专业熟悉程度等在内的不容易直接量化的指标，称为软指标，这类指标能够清晰地反映出专家与确定指标评价值密切相关的各类素质情况。本书结合系统工程相关知识建立了灌区工程安全等级综合评价中的专家权威性测定指标结构，具体见图 7.3-4 所示。

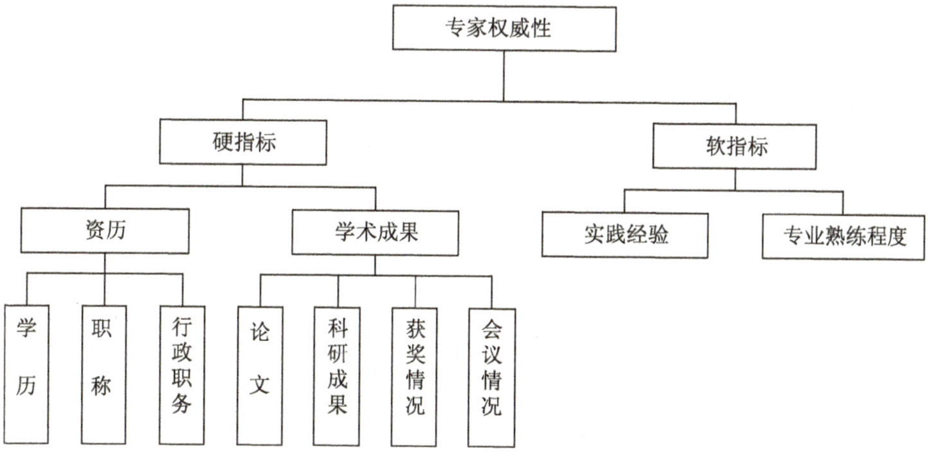

图 7.3-4 专家权威性测定指标结构

硬指标中的资历主要包括学历、职称、行政职务等，学术成果包括论文的发表、科研成果、获奖情况及经常参加会议的级别等。软指标包括实践经验、专业熟悉程度等。这样制定的指标可以较为全面、准确地反映了参与安全评价的专家的权威性，从而保证灌区工程安全等级综合评价结果的科学性和准确性。

（2）构建专家权重的数学模型

专家权重测评的指标评价值采用百分制，分值越大表明专家在该方面对于权威的隶属度越高。各指标所涉及的数据，可视具体情况由组织鉴定部门根据专家本人的情况确定或由专家填写。之后，根据已设定的测评标准，计算出各专家的各指标相应得分。由于每个具体灌区工程的实际情况各不相同，对专家权威性的测定标准也不同，同时针对某特定工程而言，只需确定各专家的相对权威性，故本书不再制定专家权威性测定指标评分标准，仅制定了专家权威性调查表，见表 7.3-4。

表 7.3-4　专家权威性调查表

<table>
<tr><th colspan="3">专家权威性测定指标</th><th>指标评价值(0～100)</th></tr>
<tr><td rowspan="7">硬指标</td><td rowspan="3">资历</td><td>学历</td><td></td></tr>
<tr><td>职称</td><td></td></tr>
<tr><td>行政职务</td><td></td></tr>
<tr><td rowspan="4">学术成果</td><td>论文</td><td></td></tr>
<tr><td>科研成果</td><td></td></tr>
<tr><td>获奖情况</td><td></td></tr>
<tr><td>会议情况</td><td></td></tr>
<tr><td rowspan="2">软指标</td><td colspan="2">实践经验</td><td></td></tr>
<tr><td colspan="2">专业熟练程度</td><td></td></tr>
</table>

基于以上分析，下面采用模糊优选法来衡量各专家的权威性，以确定各专家相应的权重。

假设参加安全评价的专家有 n 位，专家权威性测定指标为 m 个，则专家权威性测定矩阵为

$$\mathbf{Y}=[y_{ij}]_{m\times n}\quad i=1,2,\cdots,m,\quad j=1,2,\cdots,n \tag{7.3-4}$$

式中：y_{ij} 为第 j 位专家第 i 个测定指标的评分值。

上述专家权威性测定矩阵中的数据均没有单位，无需做无量纲化处理，但为了评价方便，可用下式进行数据归一化处理。专家权威性的测定指标均为效益型（越大越优）的指标，其相对优属度公式为

$$r_{ij}=\frac{y_{ij}-inf(y_{ij})}{sup(y_{ij})-inf(y_{ij})} \tag{7.3-5}$$

式中：$sup(y_{ij})$ 和 $inf(y_{ij})$ 分别为同一个测定指标下不同专家的指标值 y_{ij} 中的最大值和最小值；r_{ij} 为专家 j 的测定指标 i 对优的隶属度，$0\leqslant r_{ij}\leqslant 1$。

由式（7.3-4）和式（7.3-5）可将专家权威性测定矩阵 $\mathbf{Y}$ 变为对应的隶属度矩阵，简称为

相对优属度矩阵：

$$\boldsymbol{R} = [r_{ij}]_{m\times n} \quad i = 1,2,\cdots,m, \quad j = 1,2,\cdots,n \tag{7.3-6}$$

定义相对理想方案与负理想方案的相对优属度向量分别如下。

最优相对优属度 $\boldsymbol{g}=(g_1,g_2,\cdots,g_m)^{\mathrm{T}}=(1,1,\cdots,1)^{\mathrm{T}}$，称 $\boldsymbol{g}$ 为系统的优等对象。

最劣相对优属度 $\boldsymbol{b}=(b_1,b_2,\cdots,b_m)^{\mathrm{T}}=(0,0,\cdots,0)^{\mathrm{T}}$，称 $\boldsymbol{b}$ 为系统的劣等对象。

参与评价的 n 个专家，其中专家 j 以隶属度 u_j 隶属于优等对象，以隶属度 u'_j 隶属于劣等对象。根据隶属函数的余集定义应有 $u'_j=1-u_j$。

专家权威性测定指标(硬指标、软指标)对专家权威性测定时作用不一，一般认为各基础指标的重要性相等。设指标权重向量为

$$\boldsymbol{L} = (l_1,l_2,\cdots,l_m)^{\mathrm{T}}, \quad 0 < l_i < 1, \quad \sum_{i=1}^{m} l_i = 1 \tag{7.3-7}$$

由目标相对优属度矩阵 $\boldsymbol{R}$ 可得，专家 j 的目标优属度向量为

$$\boldsymbol{r}_j = (r_{1j},r_{2j},\cdots,r_{mj})^{\mathrm{T}} \tag{7.3-8}$$

则对象 j 的权距优距离(对象 j 的目标优属度向量与最优相对优属度之间的距离)和权距劣距离(对象 j 的目标优属度向量与最劣相对优属度之间的距离)分别如下。

权距优距离：

$$d_{jg} = u_j\Big[\sum_{i=1}^{m}(l_i \mid r_{ij} - 1 \mid)^p\Big]^{1/p} \tag{7.3-9}$$

权距劣距离：

$$d_{jd} = u_j\Big[\sum_{i=1}^{m}(l_i \mid r_{ij} - 0 \mid)^p\Big]^{1/p} \tag{7.3-10}$$

式中：p 为距离参数，$p=1$ 为汉明距离，$p=2$ 为欧氏距离；u_j 为专家 j 的相对优属度；r_{ij} 为专家 j 指标 i 的相对优属度；l_i 为指标 i 的权重。

为解出 u_j 的最优值，根据系统工程综合评判“权距优距离平方和权距劣距离平方的总和最小”的优化原则，建立目标函数

$$\min\{F(u_j) = u_j^2 d_{jg}^2 + u'^2_j d_{jb}^2\} \tag{7.3-11}$$

即专家 j 的权距优距离平方和权距劣距离平方的总和最小。求解 $\dfrac{\mathrm{d}F(u_j)}{\mathrm{d}u_j}=0$ 得 u_j 的最优值的计算公式为

$$u_j = \frac{1}{1+\left[\dfrac{\sum_{i=1}^{m}(l_i \mid r_{ij} - 1 \mid)^p}{\sum_{i=1}^{m}(l_i r_{ij})^p}\right]^{2/p}}, \quad j = 1,2,\cdots,n \tag{7.3-12}$$

由此，可得能够反映各专家权威性的优属度向量

$$\boldsymbol{u} = (u_1, u_2, \cdots, u_n) \tag{7.3-13}$$

专家 j 的优属度 u_j 越大，表示该专家权威性越高。

(3) 确定专家权重

根据式(7.3-13)得到参加评价的 n 位专家的权威性优属度向量 $\boldsymbol{u}=(u_1,u_2,\cdots,u_n)$。

由于专家权威性优属度值越大，表明该专家的权威性越高，即该专家对指标评价值的判断越可靠，赋予该专家的权重应当越大。因此，将专家权威性优属度向量进行归一化处理便可得到专家权重。参与评价的专家有 n 位，设专家 j 的权重为 $w_j(j=1,2,\cdots,n)$，由于专家权重需满足 $\sum_{j=1}^{n} w_j = 1$，故采用下式对专家权威性优属度向量 $\boldsymbol{u}$ 做归一化处理。

$$w_j = u_j \Big/ \sum_{j=1}^{n} u_j \tag{7.3-14}$$

则可得 n 位专家的权重向量为

$$\boldsymbol{W} = (w_1, w_2, \cdots, w_n) \tag{7.3-15}$$

专家权重的计算流程如图 7.3-5 所示。

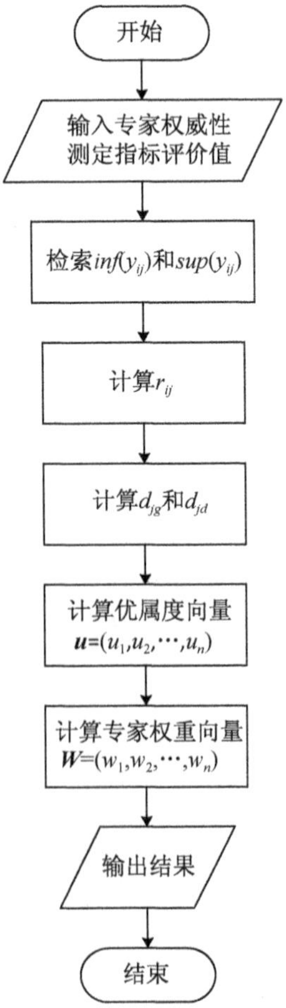

图 7.3-5　专家权重计算流程图

2）确定评价指标的主观权重

目前常用的综合评价方法中，层次分析法最为普遍采用。层次分析法（AHP）因其可以充分利用人们的经验和知识将许多定性影响因素定量化而被广泛地应用于决策分析。但AHP也存在一些问题，例如主观性强，对原判断矩阵而言修正标准不能保证是最优的，或只对矩阵的个别元素进行修正，因此至今仍然没有统一的修正模式，实际应用AHP大多是凭借经验或技术进行修正，缺乏科学理论和方法的支持。同时，灌区工程安全等级综合系统的指标众多，判断矩阵维数较大，判断矩阵一致性检验过程运算量很大。且由于计算得出的评价指标权重是后续评价的重要数据基础，要求尽量精确。为此，本书把判断矩阵的一致性问题归结为非线性组合优化问题，运用模拟退火算法（Simulated Annealing，SA）检验判断矩阵的一致性并同时计算层次中各指标排序的权重。

本书将利用模拟退火算法来检验判断矩阵一致性的层次分析法称为退火层次分析法（SA-AHP），其计算步骤如下。

（1）构造判断矩阵

对每一层因素集，分别以各自的上一级层次的要素作为判断准则，进行因素间两两重要程度比较，通常采用1～9标度法来描述人们对各要素相对重要性的认识。设有因素集$\boldsymbol{A}=\{A_1,A_2,\cdots,A_n\}$，以变量$a_{ij}$表示因素$A_i$对因素$A_j$的相对重要性判断值，判断值$a_{ij}$的确定方法如表7.3-5所示。

表7.3-5　层次分析法1～9标度法

标度 a_{ij}	涵义
1	因素A_i与因素A_j相比，具有相同的重要性
3	因素A_i与因素A_j相比，A_i比A_j稍微重要
5	因素A_i与因素A_j相比，A_i比A_j明显重要
7	因素A_i与因素A_j相比，A_i比A_j强烈重要
9	因素A_i与因素A_j相比，A_i比A_j绝对重要
2、4、6、8	因素A_i与因素A_j相比，A_i比A_j重要程度介于各等级中间
倒数	$a_{ij}=1/a_{ji}$，如$a_{ij}=1/3$表示因素A_j比因素A_i稍微重要

对于每一层因素集$\boldsymbol{A}=\{A_1,A_2,\cdots,A_n\}$，请有经验的专家依照表7.3-5的判断标度，分别给出两两比较的结果，则专家的评价结果构成一个判断矩阵$\boldsymbol{a}$。

$$\boldsymbol{a}=\begin{pmatrix} a_{11} & a_{12} & \cdots & a_{1n} \\ a_{21} & a_{22} & \cdots & a_{2n} \\ \vdots & \vdots & \ddots & \vdots \\ a_{n1} & a_{n2} & \cdots & a_{nn} \end{pmatrix} \tag{7.3-16}$$

式中：$a_{ii}=1$；$a_{ij}=1/a_{ji}$。

(2) 层次各要素单排序及其一致性检验

就是要确定同一层次各要素对于上一层次某要素的相对重要性的排序权值，并检验各判断矩阵的一致性。设因素集 $\mathbf{A}=\{A_1,A_2,\cdots,A_n\}$ 对应的单排序权值向量为 $\boldsymbol{\omega}=(\omega_1,\omega_2,\cdots,\omega_n)$，满足 $\omega_k>0$ 且 $\sum\limits_{k=1}^{n}\omega_k=1$。根据判断矩阵 $\boldsymbol{a}$ 的定义，理论上有

$$a_{ij}=\omega_i/\omega_j\quad(1\leqslant i\leqslant n,1\leqslant j\leqslant n)\tag{7.3-17}$$

若判断矩阵 $\boldsymbol{a}$ 满足式(7.3-17)，则判断矩阵 $\boldsymbol{a}$ 具有完全的一致性，即

$$\sum_{k=1}^{n}(a_{ik}\omega_k)=\sum_{k=1}^{n}[(\omega_i/\omega_k)\omega_k]=n\omega_i\quad(i=1,2,\cdots,n)\tag{7.3-18}$$

$$\sum_{i=1}^{n}\left|\sum_{k=1}^{n}(a_{ik}\omega_k)-n\omega_i\right|=0\tag{7.3-19}$$

由于灌区工程安全等级综合系统的复杂性、人们认识上的多样性以及主观上的片面性和不稳定性，系统要素的重要性度量没有统一和确切的判断标尺，决策者不可能精确度量 ω_i/ω_j，只能对它们进行估计判断。因此，AHP 法只要求判断矩阵 $\boldsymbol{a}$ 具有满意的一致性，以适应各种复杂系统。

显然，式(7.3-19)左边的值越小，则判断矩阵 $\boldsymbol{a}$ 具有的一致性程度就越高。因此，因素集 $\mathbf{A}$ 的单排序及其一致性检验问题可以归结为如下组合优化问题：

$$\begin{cases}\min C_{\mathrm{IF}}(n)=\dfrac{1}{n}\sum\limits_{i=1}^{n}\left|\sum\limits_{k=1}^{n}(a_{ik}\omega_k)-n\omega_i\right|\\ \text{s. t.}\quad\omega_k>0(k=1,2,\cdots,n),\quad\sum\limits_{k=1}^{n}\omega_k=1\end{cases}\tag{7.3-20}$$

利用罚函数法将式(7.3-20)的组合优化问题转化为无约束的组合优化问题，转换后的目标函数为

$$\min C_{\mathrm{IF}}(n)=\frac{1}{n}\sum_{i=1}^{n}\left|\sum_{k=1}^{n}(a_{ik}\omega_k)-n\omega_i\right|+\left(\sum_{k=1}^{n}\omega_k-1\right)^2\tag{7.3-21}$$

式中：$C_{\mathrm{IF}}(n)$为一致性指标函数；单排序权值 ω_k 为优化变量；其余符号意义同前。这是一个用常规方法很难处理的复杂的非线性组合优化问题，而模拟退火算法(SA)是一种通用的全局优化方法，用来求解该问题则较为简便。故本书采用模拟退火算法(SA)来检验判断矩阵 $\boldsymbol{a}$ 的一致性并计算各元素单排序权值 ω_k。

当 $C_{\mathrm{IF}}(n)$的值小于某一标准值(本书认为该标准值为 0.10)时，可以认为判断矩阵 $\boldsymbol{a}$ 具有满意的一致性，根据此判断矩阵计算的各元素单排序权值 ω_k 是可以接受的，否则请专家重新打分，调整判断矩阵的取值，直到满足一致性要求为止。

模拟退火算法模拟固体退火的过程，模拟热力学中经典粒子系统的降温过程求解能量函数的全局最优解。当孤立粒子系统的温度以足够慢的速度下降时，系统将最终处于热力学平衡状态，此时系统达到本身的最低能量状态，即基态，这相当于能量函数的全局最优点。用模拟退火算法检验判断矩阵一致性的过程如下。

① 建立目标函数。

$$\min f=\min C_{\mathrm{IF}}(n)=\frac{1}{n}\sum_{i=1}^{n}\left|\sum_{k=1}^{n}(a_{ik}\omega_k)-n\omega_i\right|+\left(\sum_{k=1}^{n}\omega_k-1\right)^2 \tag{7.3-22}$$

② 给定初始温度 T_0 及初始点 $\boldsymbol{\omega}=(\omega_1,\omega_2,\cdots,\omega_n)$，计算该点的目标函数值 f_0。

③ 对 ω_1—ω_n 分别随机产生扰动 $\Delta\omega_i(i=1\sim n)$，得到新点 $\boldsymbol{\omega}'=(\omega_1',\omega_2',\cdots,\omega_n')$，其中 $\omega_i'=\omega_i+\Delta\omega_i(i=1\sim n)$。计算新点的函数值 f'并计算函数值差 $\Delta f=f'-f$。

④ 若 $\Delta f\leqslant 0$，则接受新点为下一次循环的初始点。

⑤ 若 $\Delta f>0$，则按概率 $p=\exp\left(-\frac{\Delta f}{T}\right)$接受新点。实现方法为：首先计算概率 p，然后在 0 到 1 之间产生一个随机数 r，若 $r\leqslant p$ 则接受新点作为下一次循环的初始点，否则重新产生新点计算。

⑥ 保持温度不变，将温度和⑤得到的新点代入步骤②并重复②—⑤，直到满足循环终止条件；本书的终止条件为循环 200 次。

⑦ 按公式 $T_k=T_0/k^3$（其中 k 为降温次数）降温得到新的温度，将新的温度 T 和上一个温度循环中⑤得到的新点代入步骤②并重复②—⑥，直到达到终止条件，本书的终止条件为“降温 400 次以上且最后一次 $|\Delta f|\leqslant 0.000\,1$”或“降温 1 500 次”。

至此，可得到目标函数的最小值 $f_{\min}$，即判断矩阵的一致性指标的最小值 $C_{\mathrm{IF}}(n)_{\min}$及其对应的权重 $\boldsymbol{\omega}_{\min}=(\omega_1,\omega_2,\cdots,\omega_n)$。

（3）层次总排序及其一致性检验

确定同一层次各要素对于最高层要素的排序权值并检验各判断矩阵的一致性。这一过程是从最高层到最低层逐层进行的。计算方法同“层次各要素单排序及其一致性检验”，只是将式中的层次单排序权值 ω_k 替换为层次总排序权值 ω_k^A，ω_k^A 算法如下：若 B 层指标 B_i 对总目标的权值为 ω_{Bi}^A，其下一层 C 层指标 C_j 对指标 B_i 的权值为 ω_{Cj}，则指标 C_j 对总目标的权值 $\omega_{Cj}^A=\omega_{Bi}^A\cdot\omega_{Cj}$。

（4）确定静权指标的主观权重

所得最后一层要素的总排序权值计算结果，即可作为灌区工程安全等级综合系统的静权指标主观权重。

退火层次分析法（SA-AHP）的计算流程如图 7.3-6 所示。

3）确定评价指标组合权重

确定灌区安全等级综合评价各指标的组合权重，即是将专家权重与指标主观权重综合，得到用于综合评价的指标权重，方法如下。

① 确定 n 位专家的权重向量 $\boldsymbol{\omega}=(w_1,w_2,\cdots,w_n)$。

② 对于每一位专家给出的判断矩阵，分别进行一致性检验并确定指标的权重，用 ω_{ij}^s 表示专家 s 意见下第 i 准则层下第 j 个指标的权重，其中 s 用罗马序号表示，即 ω_{ij}^{i} 表示专家 1 意见下某评价指标的权重，ω^{ij} 表示专家 2 意见下某评价指标的权重，以此类推。

③ 则第 i 准则层下第 j 个指标的组合权重

$$\omega_{ij}'=\sum_{s=1}^{n}w_s\omega_{ij}^s \tag{7.3-23}$$

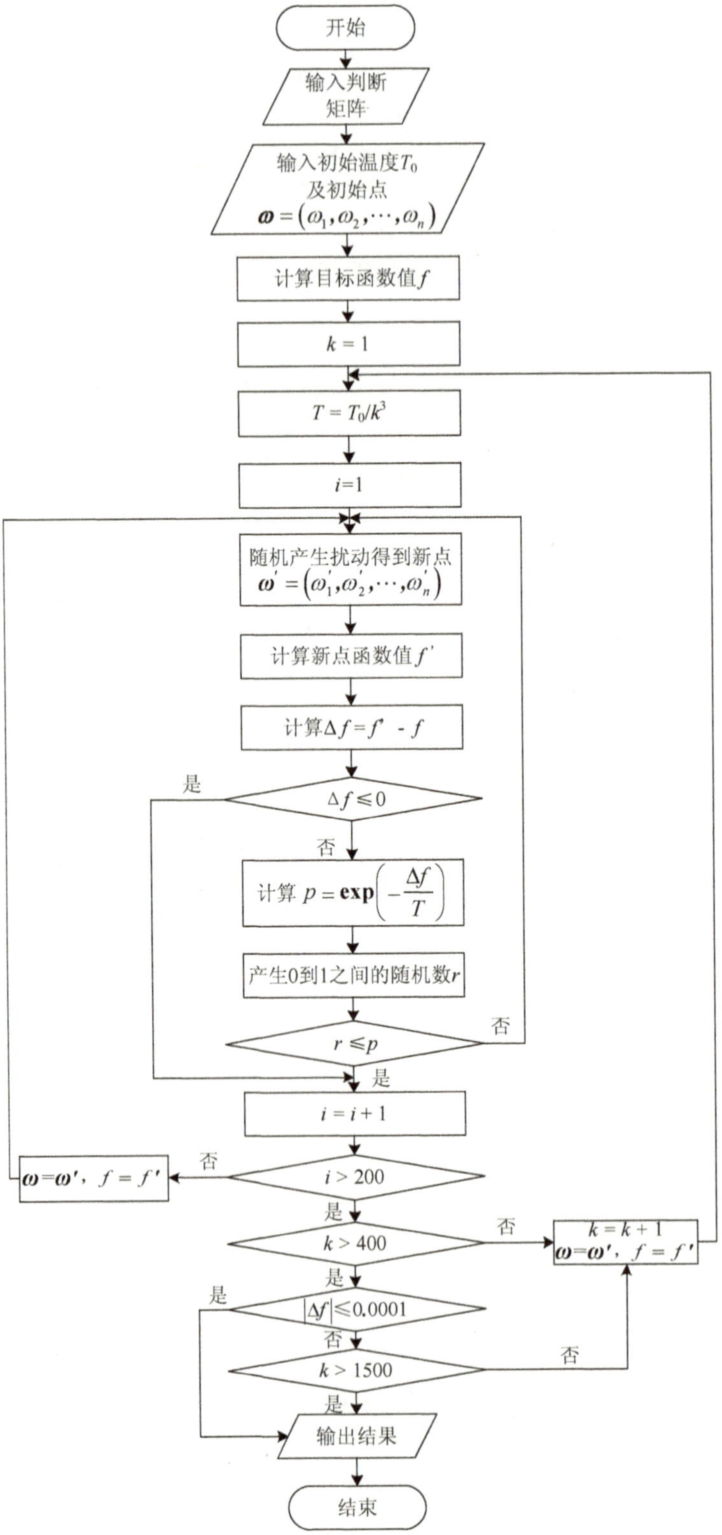

图 7.3-6　SA-AHP 计算流程图

由此，可确定最终用于灌区安全等级综合评价的各指标的组合权重。

7.4 大型复杂灌区工程安全等级评定方法

7.4.1 综合评价值

灌区安全等级综合评价量化评价模型采用从下到上逐级计算方式，即是从基础指标向总目标逐级计算的方法，具体描述如下。

(1) 基础指标评价值

邀请尽量多的权威专家，应用7.3节提出的方法，确定各基础指标的评价值。

(2) 评价指标单层次排序权值

应用7.3节提出的方法，确定各评价指标对上一层的权重。

(3) 逐级计算指标评价值

根据基础指标评价值及评价指标的单层次排序权值，即可从基础指标向总目标逐级计算各评价指标的评价值。

例如，记指标E的评价值为X_E，其各子指标的评分集(评价值)为

$$\boldsymbol{X} = \{x_1, x_2, \cdots, x_p, \cdots, x_m\} \tag{7.4-1}$$

式中：m为指标E的子指标总数；x_p为第p个子指标的评价值，其中，$p=1,2,\cdots,m$。

各子指标对指标E的权重集为

$$\boldsymbol{\omega} = \{\omega_1, \omega_2, \cdots, \omega_p, \cdots, \omega_m\} \tag{7.4-2}$$

式中：m为指标E的子指标总数；ω_p为第p个子指标对指标E的权重，其中，$p=1,2,\cdots,m$。

则指标E的评价值计算公式为

$$X_E = \boldsymbol{X} \cdot \boldsymbol{\omega}^{\mathrm{T}} = x_1 \cdot \omega_1 + x_2 \cdot \omega_2 + \cdots + x_p \cdot \omega_p + \cdots + x_m \cdot \omega_m \tag{7.4-3}$$

式中：X_E为指标E的评价值；$\boldsymbol{X}$为指标E各子指标的评分集；$\boldsymbol{\omega}$为各子指标对指标E的权重集；其他符号意义同前。

重复该步骤，从下到上逐级计算，即可得到各评价指标的评价值，从而最终获得总目标的评价值，该评价值即为灌区安全等级综合评价值。

7.4.2 综合评价等级

与评价指标的评价等级集相对应，大型灌区安全等级综合评价等级集亦分为五级，即$\boldsymbol{V}=\{V_1, V_2, V_3, V_4, V_5\}$=\{安全，基本安全，不安全，很不安全，极不安全\}，各评价等级与评价值的对应关系也相同，见表7.4-1。计算得到灌区工程安全等级综合评价值后，即可根据表7.4-1确定其综合评价等级，在同一个评价等级内，综合评价值越大，该灌区工程的安全程度越高。

表7.4-1 大型灌区安全综合评价等级集

等级	评价值	评价值
极不安全	管理极不规范，运用指标无法达到设计标准，工程存在严重安全问题，需降低标准运用或报废重建	[0,20)

续表

等级	评价值	评价值
很不安全	管理很不规范，运用指标达不到设计标准，工程存在严重损坏，经除险加固后，仍需在一定控制条件下运行	[20,40)
不安全	管理不规范，运用指标达不到设计标准，工程存在明显损坏，经除险加固后，可实现正常运行	[40,60)
基本安全	管理较规范，运用指标能基本达到设计标准，工程存在一定损坏，经大修后可正常运行	[60,80)
安全	管理规范，运用指标能达到设计标准，无影响正常运行的缺陷，按常规维修养护即可正常运行	[80,100]

7.5 红旗渠灌区工程安全量化评价

7.5.1 评价指标体系建立

为减少评价模型的建模工作量，本次红旗渠灌区老化病害指标体系的建立仅考虑总干渠及其主要建筑物(南谷洞渡槽、空心坝和分水闸)以及一、二、三干渠及其主要建筑物(桃园渡槽、夺丰渡槽和曙光渡槽)。从灌区渠系和建筑物老化病害评价指标体系中剔除本次评价灌区工程未涉及的指标，建立了红旗渠灌区的老化病害评价指标体系，如图 7.5-1 所示。

红旗渠灌区老化病害评价指标体系共分四层：第一层为总目标层 A；第二层为功能影响因素层，包括安全性 B_1、适用性 B_2 以及耐久性 B_3；第三层为影响灌区功能的主要渠系和建筑物分项；第四层为基础评价指标，即评价指标体系中不再进一步分解的指标，由于篇幅所限，这里仅列出总干渠和分水闸的基础指标。

7.5.2 基础评价指标的确定

依据指标量化方法，利用附录一的灌区安全等级综合评价指标评分表，请各位评价专家根据评分标准，红旗渠安全评价现状调查分析报告，红旗渠运行管理报告，红旗渠总干渠调查与评估报告，红旗渠干渠调查与评估报告，红旗渠总干渠建筑物安全检测与评价报告，红旗渠一、二、三干渠水工建筑物检测与安全评估报告，红旗渠灌区计算，红旗渠南谷洞、桃园、夺丰及曙光渡槽结构三维有限元分析与安全评价，红旗渠安全评价报告等报告资料给出各指标的评价值。

7.5.2.1 专家打分法确定的指标评价值

(1) 专家权重的确定

本次红旗渠灌区安全等级综合评价邀请 5 位权威专家参与，确定指标的专家权重。编制了红旗渠灌区安全等级综合评价的专家权威性调查表，根据各专家的实际情况对各权威性测定指标进行评分，并计算各专家的权威性权重，计算成果如表 7.5-1 所示。

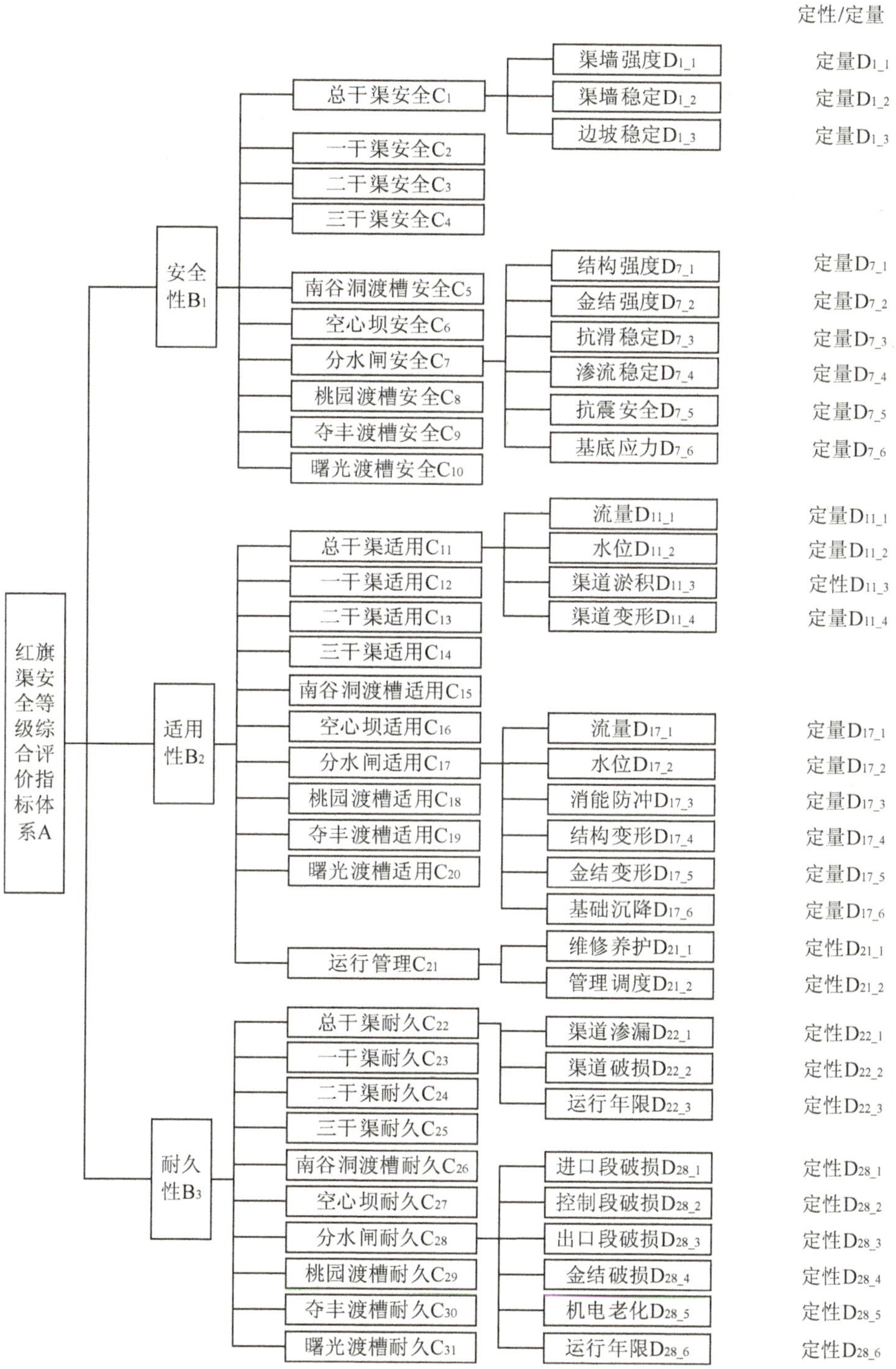

图 7.5-1 红旗渠灌区老化病害评价指标体系

表 7.5-1 专家权威性调查汇总表

指标			专家一	专家二	专家三	专家四	专家五
硬指标	资历	学历	90	85	90	95	90
		职称	90	90	80	85	80
		行政职务	75	90	90	80	85
	学术成果	论文	80	75	85	85	80
		科研成果	90	80	85	80	75
		获奖情况	90	90	80	85	80
		会议情况	80	85	85	80	80
软指标	实践经验		80	90	85	80	90
	专业熟练程度		90	90	90	90	90
专家权重			0.199 1	0.271 9	0.237 6	0.174 2	0.117 1

(2) 指标评价值的确定

依据专家打分法量化指标，利用附录一的各指标专家打分评分表，请各位评价专家根据评分标准和红旗渠的相关报告给出各指标的评价值。同时，确定指标的综合评价值，见表 7.5-2。

表 7.5-2 总干渠及分水闸基础指标评价值计算成果

序号	评价指标	专家一 0.199 1	专家二 0.271 9	专家三 0.237 6	专家四 0.174 2	专家五 0.117 1	综合评价值
1	流量 D_{11_1}	88	86	85	90	83	91.12
2	水位 D_{11_2}	85	80	84	80	83	91.11
3	渠道淤积 D_{11_3}	70	72	76	73	75	80.72
4	渠道变形 D_{11_4}	75	75	78	83	73	78.38
5	流量 D_{17_1}	89	81	92	87	85	91.18
6	水位 D_{17_2}	88	85	95	86	90	89.08
7	结构变形 D_{17_3}	86	93	90	82	89	92.73
8	金结变形 D_{17_4}	86	91	87	84	89	89.16
9	基础沉降 D_{17_5}	87	90	82	89	81	91.52
10	维修养护 D_{21_1}	76	80	82	79	73	78.68
11	管理调度 D_{21_2}	85	80	88	90	83	84.98
12	渠道渗漏 D_{22_1}	85	89	80	83	79	83.84
13	渠道破损 D_{22_2}	75	70	65	60	62	67.12
14	运行年限 D_{22_3}	60	63	68	61	65	63.47

续表

序号	评价指标	专家一 0.199 1	专家二 0.271 9	专家三 0.237 6	专家四 0.174 2	专家五 0.117 1	综合评价值
15	进口段 D_{28_1}	62	65	76	79	63	69.21
16	控制段 D_{28_2}	65	63	71	67	78	67.75
17	出口段 D_{28_3}	61	64	75	72	68	67.87
18	金结破损 D_{28_4}	60	55	61	58	68	59.46
19	机电老化 D_{28_5}	55	58	63	67	53	59.57
20	运行年限 D_{28_6}	46	58	63	59	53	56.38

注：各专家后的数字表示该专家的权威性权重。

7.5.2.2 效益型与成本型定量指标评价值

对于效益型和成本型定量指标的评价值计算，首先需进行所属类型判断，然后根据一般规定或工程实际选定相关常数值 α_1—α_4 开展具体计算。下面分别以总干渠的边坡稳定 D_{1_3} 和分水闸的渗流稳定 D_{7_4} 为例进行计算过程说明。

总干渠的边坡稳定 D_{1_3} 为效益型指标，计算其评价值，取 $\alpha_1=0.2$、$\alpha_2=0.6$、$\alpha_3=1.4$、$\alpha_4=1.8$，则该指标评价值计算公式为

$$x\big|_{D_{1\_2}}=\begin{cases}0 & \dfrac{K}{[K]}\leqslant 0.2\\ 50\dfrac{K}{[K]}+10 & 0.2<\dfrac{K}{[K]}\leqslant 1.8\\ 100 & \dfrac{K}{[K]}\geqslant 1.8\end{cases}\tag{7.5-1}$$

对总干渠位于王家庄改线段、牛岭山渡槽段、圪针林段和赵所段的四处渠墙分别进行了渠墙稳定计算。其中王家庄改线段的右岸边坡在正常工况下的 $K/[K]=0.864/1.20=0.72\in(0.2,1.8)$，牛岭山渡槽段的边坡在正常工况下的 $K/[K]=0.738/1.2=0.615\in(0.2,1.8)$，圪针林段的边坡在正常工况下的 $K/[K]=0.752/1.2=0.627\in(0.2,1.8)$，赵所段的左侧边坡在正常工况下的 $K/[K]=0.952/1.2=0.793\in(0.2,1.8)$，将其分别代入式(7.5-1)有：

$$\begin{aligned}
x\big|_{D_{1_2}}&=50\times\frac{K}{[K]}+10=50\times 0.72+10=46 && \text{王家庄改线段}\\
x\big|_{D_{1_2}}&=50\times\frac{K}{[K]}+10=50\times 0.615+10=40.75 && \text{牛岭山渡槽段}\\
x\big|_{D_{1_2}}&=50\times\frac{K}{[K]}+10=50\times 0.627+10=41.35 && \text{圪针林段}\\
x\big|_{D_{1_2}}&=50\times\frac{K}{[K]}+10=50\times 0.793+10=49.65 && \text{赵所段}
\end{aligned}\tag{7.5-2}$$

取其中最不利的牛岭山渡槽段的边坡稳定评价指标值进行总干渠安全等级综合评价，即边坡稳定 $D_{1\_3}=40.75$。

分水闸的渗流稳定 D_{7_4} 为成本型指标，计算其评分，取 $\alpha_1=0.2$、$\alpha_2=0.6$、$\alpha_3=1.4$、$\alpha_4=1.8$、$\alpha_5=2.2$，则该指标评价值计算公式为

$$x|_{D_{7\_4}}=\begin{cases}100 & \dfrac{J}{[J]}\leqslant 0.2\\ 110-50\dfrac{J}{[J]} & 0.2<\dfrac{J}{[J]}<2.2\\ 0 & \dfrac{J}{[J]}\geqslant 2.2\end{cases} \tag{7.5-3}$$

对分水闸分别进行了水平段和出口段的渗流稳定计算。选取其中最不利工况，其中水平段的 $J/[J]=0.23/0.35=0.66\in(0.2,2.2)$，出口段的 $J/[J]=0.20/0.6=0.33\in(0.2,2.2)$，将其分别代入式(7.5-3)有

$$\begin{aligned} x|_{D_{7\_4}} &= 110-50\frac{J}{[J]}=110-50\times 0.66=77 \quad \text{水平段}\\ x|_{D_{7\_4}} &= 110-50\frac{J}{[J]}=110-50\times 0.33=93.5 \quad \text{出口段}\end{aligned} \tag{7.5-4}$$

取其中最不利的水平段的渗流稳定评价指标值进行分水闸安全等级综合评价，即渗流稳定 $D_{7\_4}=77$。

表 7.5-3　总干渠及分水闸基础指标评价值计算成果

序号	1	2	3	4	5	6	7	8	9
评价指标	渠墙强度 D_{1_1}	渠墙稳定 D_{1_2}	边坡稳定 D_{1_3}	结构强度 D_{7_1}	金结强度 D_{7_2}	抗滑稳定 D_{7_3}	渗流稳定 D_{7_4}	抗震安全 D_{7_5}	基底应力 D_{7_6}
指标类型	效益型	效益型	效益型	效益型	效益型	效益型	成本型	效益型	成本型
得分	96	92	40.75	80	81	80	77	82	83

7.5.3　评价指标权重确定

各指标的评价指标组合权重求取需要综合评价指标的专家权重和评价指标的主观权重来确定。其中，评价指标的专家权重已经取得，下面依次说明评价指标的主观权重和组合权重的求解。

7.5.3.1　评价指标主观权重确定

采用附录二的灌区安全等级综合评价指标主观权重调查表，请各位评价专家根据其知识和经验对各评价指标进行两两重要性判断。现以专家一为例，应用退火层次分析法(SA-AHP)计算指标的主观权重。整理得到专家一意见下红旗渠安全性评价指标体系的 35 个判断矩阵，篇幅所限，在这里仅列出包含总干渠和分水闸基础指标的 11 个判断矩阵：

$$\boldsymbol{A}=\begin{bmatrix}1 & 7 & 8\\ 1/7 & 1 & 3\\ 1/8 & 1/3 & 1\end{bmatrix}\quad \boldsymbol{C}_1=\begin{bmatrix}1 & 2 & 1/3\\ 1/2 & 1 & 1/4\\ 3 & 4 & 1\end{bmatrix}\quad \boldsymbol{C}_{21}=\begin{bmatrix}1 & 1\\ 1 & 1\end{bmatrix}$$

$$
\boldsymbol{B}_1=\boldsymbol{B}_3=\begin{bmatrix}
1 & 9 & 9 & 9 & 3 & 3 & 3 & 9 & 9 & 9\\
1/9 & 1 & 1 & 3 & 1/9 & 1/9 & 1/9 & 3 & 3 & 3\\
1/9 & 1 & 1 & 3 & 1/9 & 1/9 & 1/9 & 3 & 3 & 4\\
1/9 & 1/3 & 1/3 & 1 & 1/9 & 1/9 & 1/9 & 1 & 1 & 2\\
1/3 & 9 & 9 & 9 & 1 & 1 & 1 & 7 & 7 & 8\\
1/3 & 9 & 9 & 9 & 1 & 1 & 1 & 7 & 7 & 8\\
1/3 & 9 & 9 & 9 & 1 & 1 & 1 & 7 & 7 & 8\\
1/9 & 1/3 & 1/3 & 1 & 1/7 & 1/7 & 1/7 & 1 & 1 & 2\\
1/9 & 1/3 & 1/3 & 1 & 1/7 & 1/7 & 1/7 & 1 & 1 & 2\\
1/9 & 1/3 & 1/4 & 1/2 & 1/8 & 1/8 & 1/8 & 1/2 & 1/2 & 1
\end{bmatrix}
$$

$$
\boldsymbol{C}_7=\begin{bmatrix}
1 & 6 & 1/3 & 1/6 & 3 & 3\\
1/6 & 1 & 1/5 & 1/7 & 1/3 & 1/3\\
3 & 5 & 1 & 1/2 & 2 & 2\\
6 & 7 & 2 & 1 & 7 & 7\\
1/3 & 3 & 1/2 & 1/7 & 1 & 1\\
1/3 & 3 & 1/2 & 1/7 & 1 & 1
\end{bmatrix}\quad
\boldsymbol{C}_{11}=\begin{bmatrix}
1 & 2 & 6 & 5\\
1/2 & 1 & 3 & 2\\
1/6 & 1/3 & 1 & 1/3\\
1/5 & 1/2 & 3 & 1
\end{bmatrix}
$$

$$
\boldsymbol{C}_{17}=\begin{bmatrix}
1 & 2 & 1 & 3 & 1\\
1/2 & 1 & 1/2 & 2 & 1/2\\
1 & 2 & 1 & 3 & 1\\
1/3 & 1/2 & 1/3 & 1 & 1/2\\
1 & 2 & 1 & 2 & 1
\end{bmatrix}\quad
\boldsymbol{C}_{22}=\begin{bmatrix}
1 & 4 & 5\\
1/4 & 1 & 3\\
1/5 & 1/3 & 1
\end{bmatrix}
$$

$$
\boldsymbol{C}_{28}=\begin{bmatrix}
1 & 1/7 & 1 & 1/8 & 1/8 & 1/6\\
7 & 1 & 7 & 1/3 & 1/3 & 1/2\\
1 & 1/7 & 1 & 1/8 & 1/8 & 1/6\\
8 & 3 & 8 & 1 & 1 & 1/3\\
8 & 3 & 8 & 1 & 1 & 1/3\\
6 & 2 & 6 & 3 & 3 & 1
\end{bmatrix}
$$

针对上述判断矩阵，依据退火层次分析法(SA-AHP)的思路，计算各指标的主观权重，计算结果见表 7.5-4。

表 7.5-4　专家一意见下指标主观权重计算汇总表

判断矩阵	排序权值						一致性检验函数
	ω_1	ω_2	ω_3	ω_4	ω_5	ω_6	
$\boldsymbol{A}$	0.776 6	0.153 0	0.070 4				0.09
$\boldsymbol{C}_1$	0.238 4	0.136 4	0.625 0				0.015 8
$\boldsymbol{C}_2$	0.833 3	0.166 7					0.000 0
$\boldsymbol{C}_3$	0.833 3	0.166 7					0.000 0

续表

判断矩阵	排序权值						一致性检验函数
	ω_1	ω_2	ω_3	ω_4	ω_5	ω_6	
C_4	0.833 3	0.166 7					0.000 0
C_5	0.382 0	0.237 9	0.237 9	0.089 2	0.052 7		0.014 2
C_6	0.139 3	0.139 3	0.589 4	0.131 8			0.002 3
C_7	0.140 6	0.033 3	0.206 4	0.468 7	0.075 4	0.075 4	0.066 0
C_8	0.141 5	0.383 7	0.346 7	0.127 9			0.007 6
C_9	0.141 5	0.383 7	0.346 7	0.127 9			0.007 6
C_{10}	0.122 1	0.244 2	0.264 8	0.264 8	0.103 8		0.005 9
C_{11}	0.534 3	0.252 6	0.070 8	0.142 0			0.032 2
C_{12}	0.534 3	0.252 6	0.070 8	0.142 0			0.032 2
C_{13}	0.534 3	0.252 6	0.070 8	0.142 0			0.032 2
C_{14}	0.534 3	0.252 6	0.070 8	0.142 0			0.032 2
C_{15}	0.428 5	0.428 5	0.142 8				0.000 0
C_{16}	0.833 3	0.166 7					0.000 0
C_{17}	0.263 6	0.139 6	0.263 6	0.089 9	0.243 1		0.008 8
C_{18}	0.549 9	0.209 8	0.240 2				0.015 8
C_{19}	0.549 9	0.209 8	0.240 2				0.015 8
C_{20}	0.549 9	0.209 8	0.240 2				0.015 8
C_{21}	0.5	0.5					0.000 0
C_{22}	0.673 8	0.225 5	0.100 6				0.073 9
C_{23}	0.673 8	0.225 5	0.100 6				0.073 9
C_{24}	0.673 8	0.225 5	0.100 6				0.073 9
C_{25}	0.673 8	0.225 5	0.100 6				0.073 9
C_{26}	0.075 6	0.515 7	0.075 6	0.332 9			0.012 1
C_{27}	0.089 7	0.332 1	0.063 4	0.514 5			0.034 6
C_{28}	0.030 9	0.136 4	0.030 9	0.230 9	0.230 9	0.339 6	0.081 3
C_{29}	0.071 4	0.509 5	0.074 7	0.344 2			0.018 1
C_{30}	0.071 4	0.509 5	0.074 7	0.344 2			0.018 1
C_{31}	0.071 4	0.509 5	0.074 7	0.344 2			0.018 1

重复专家一意见下指标主观权重的计算步骤，分别求取其余四位专家意见下指标的主观权重，计算结果见表 7.5-5—表 7.5-8。各专家意见下功能性影响因素层指标主观权重计算汇总表见表 7.5-9。

表 7.5-5 专家二意见下指标主观权重计算汇总表

判断矩阵	排序权值						一致性检验函数
	ω_1	ω_2	ω_3	ω_4	ω_5	ω_6	
A	0.804 4	0.121 8	0.073 7				0.031 8
C_1	0.25	0.25	0.5				0.000 0
C_2	0.8	0.2					0.000 0
C_3	0.8	0.2					0.000 0
C_4	0.8	0.2					0.000 0
C_5	0.278 3	0.278 3	0.278 3	0.100 6	0.064 1		0.004 4
C_6	0.086 0	0.152 9	0.521 5	0.239 4			0.022 0
C_7	0.104 6	0.027 3	0.208 7	0.525 9	0.083 0	0.050 3	0.086 8
C_8	0.127 9	0.346 7	0.383 7	0.141 5			0.007 6
C_9	0.127 9	0.346 7	0.383 7	0.141 5			0.007 6
C_{10}	0.092 6	0.294 5	0.374 7	0.165 2	0.072 8		0.068 1
C_{11}	0.390 6	0.353 0	0.079 7	0.176 5			0.023 1
C_{12}	0.390 6	0.353 0	0.079 7	0.176 5			0.023 1
C_{13}	0.390 6	0.353 0	0.079 7	0.176 5			0.023 1
C_{14}	0.390 6	0.353 0	0.079 7	0.176 5			0.023 1
C_{15}	0.558 4	0.319 6	0.121 9				0.015 8
C_{16}	0.75	0.25					0.000 0
C_{17}	0.222 5	0.235 6	0.246 4	0.059 6	0.235 6		0.004 7
C_{18}	0.549 9	0.209 8	0.240 2				0.015 8
C_{19}	0.549 9	0.209 8	0.240 2				0.015 8
C_{20}	0.549 9	0.209 8	0.240 2				0.015 8
C_{21}	0.666 6	0.333 4					0.000 0
C_{22}	0.549 9	0.209 8	0.240 2				0.015 8
C_{23}	0.549 9	0.209 8	0.240 2				0.015 8
C_{24}	0.549 9	0.209 8	0.240 2				0.015 8
C_{25}	0.549 9	0.209 8	0.240 2				0.015 8
C_{26}	0.065 5	0.525 1	0.065 5	0.343 7			0.013 5
C_{27}	0.072 5	0.435 4	0.075 9	0.416 0			0.001 6
C_{28}	0.031 6	0.142 7	0.030 3	0.220 3	0.226 0	0.348 8	0.084 6
C_{29}	0.064 8	0.519 3	0.062 3	0.353 3			0.018 5

续表

判断矩阵	排序权值						一致性检验函数
	ω_1	ω_2	ω_3	ω_4	ω_5	ω_6	
C_{30}	0.064 8	0.519 3	0.062 3	0.353 3			0.018 5
C_{31}	0.064 8	0.519 3	0.062 3	0.353 3			0.018 5

表 7.5-6　专家三意见下指标主观权重计算汇总表

判断矩阵	排序权值						一致性检验函数
	ω_1	ω_2	ω_3	ω_4	ω_5	ω_6	
A	0.728 5	0.162 5	0.108 8				0.073 9
C_1	0.225 5	0.100 6	0.673 8				0.073 9
C_2	0.75	0.25					0.000 0
C_3	0.75	0.25					0.000 0
C_4	0.75	0.25					0.000 0
C_5	0.198 1	0.332 6	0.332 6	0.072 7	0.063 8		0.031 2
C_6	0.110 7	0.131 6	0.664 4	0.093 1			0.022 5
C_7	0.138 8	0.045 4	0.515 6	0.104 1	0.047 4	0.148 7	0.089 0
C_8	0.305 5	0.305 5	0.276 1	0.112 7			0.007 6
C_9	0.305 5	0.305 5	0.276 1	0.112 7			0.007 6
C_{10}	0.254 5	0.269 6	0.269 6	0.134 8	0.071 3		0.036 1
C_{11}	0.473 4	0.236 7	0.096 6	0.193 2			0.015 3
C_{12}	0.473 4	0.236 7	0.096 6	0.193 2			0.015 3
C_{13}	0.473 4	0.236 7	0.096 6	0.193 2			0.015 3
C_{14}	0.473 4	0.236 7	0.096 6	0.193 2			0.015 3
C_{15}	0.387 3	0.169 1	0.443 4				0.015 8
C_{16}	0.666 6	0.333 4					0.000 0
C_{17}	0.274 9	0.187 6	0.244 4	0.233 7			0.044 6
C_{18}	0.5	0.25	0.25				0.000 0
C_{19}	0.5	0.25	0.25				0.000 0
C_{20}	0.5	0.25	0.25				0.000 0
C_{21}	0.75	0.25					0.000 0
C_{22}	0.416 0	0.457 9	0.126 0				0.007 9
C_{23}	0.416 0	0.457 9	0.126 0				0.007 9
C_{24}	0.416 0	0.457 9	0.126 0				0.007 9

续表

判断矩阵	排序权值						一致性检验函数
	ω_1	ω_2	ω_3	ω_4	ω_5	ω_6	
C_{25}	0.416 0	0.457 9	0.126 0				0.007 9
C_{26}	0.056 2	0.450 1	0.058 1	0.435 3			0.000 8
C_{27}	0.071 4	0.428 5	0.071 4	0.428 5			0.000 0
C_{28}	0.027 0	0.413 8	0.045 6	0.115 3	0.067 0	0.331 1	0.083 1
C_{29}	0.065 8	0.443 7	0.063 3	0.426 9			0.001 1
C_{30}	0.065 8	0.443 7	0.063 3	0.426 9			0.001 1
C_{31}	0.065 8	0.443 7	0.063 3	0.426 9			0.001 1

表 7.5-7 专家四意见下指标主观权重计算汇总表

判断矩阵	排序权值						一致性检验函数
	ω_1	ω_2	ω_3	ω_4	ω_5	ω_6	
A	0.795 8	0.121 1	0.082 9				0.086 2
C_1	0.387 3	0.169 1	0.443 4				0.015 8
C_2	0.5	0.5					0.000 0
C_3	0.5	0.5					0.000 0
C_4	0.5	0.5					0.000 0
C_5	0.237 5	0.237 5	0.237 5	0.224 3	0.062 9		0.002 2
C_6	0.089 7	0.138 1	0.661 1	0.110 9			0.015 5
C_7	0.103 1	0.030 9	0.103 1	0.565 7	0.100 5	0.096 4	0.032 0
C_8	0.166 6	0.333 3	0.333 3	0.166 6			0.000 0
C_9	0.166 6	0.333 3	0.333 3	0.166 6			0.000 0
C_{10}	0.141 0	0.305 8	0.282 0	0.141 0	0.130 0		0.004 4
C_{11}	0.534 9	0.245 6	0.069 0	0.150 4			0.043 7
C_{12}	0.534 9	0.245 6	0.069 0	0.150 4			0.043 7
C_{13}	0.534 9	0.245 6	0.069 0	0.150 4			0.043 7
C_{14}	0.534 9	0.245 6	0.069 0	0.150 4			0.043 7
C_{15}	0.333 3	0.333 3	0.333 4				0.000 0
C_{16}	0.8	0.2					0.000 0
C_{17}	0.254 9	0.204 6	0.245 8	0.059 5	0.235 0		0.021 6
C_{18}	0.387 3	0.169 1	0.443 4				0.015 8
C_{19}	0.387 3	0.169 1	0.443 4				0.015 8

续表

判断矩阵	排序权值						一致性检验函数
	ω_1	ω_2	ω_3	ω_4	ω_5	ω_6	
$\boldsymbol{C}_{20}$	0.387 3	0.169 1	0.443 4				0.015 8
$\boldsymbol{C}_{21}$	0.8	0.2					0.000 0
$\boldsymbol{C}_{22}$	0.333 3	0.333 3	0.333 4				0.000 0
$\boldsymbol{C}_{23}$	0.333 3	0.333 3	0.333 4				0.000 0
$\boldsymbol{C}_{24}$	0.333 3	0.333 3	0.333 4				0.000 0
$\boldsymbol{C}_{25}$	0.333 3	0.333 3	0.333 4				0.000 0
$\boldsymbol{C}_{26}$	0.062 1	0.476 6	0.060 3	0.400 8			0.051 6
$\boldsymbol{C}_{27}$	0.061 4	0.358 0	0.043 4	0.537 0			0.037 9
$\boldsymbol{C}_{28}$	0.032 3	0.423 0	0.040 5	0.111 4	0.062 7	0.329 9	0.071 2
$\boldsymbol{C}_{29}$	0.069 0	0.465 2	0.076 4	0.389 2			0.011 7
$\boldsymbol{C}_{30}$	0.069 0	0.465 2	0.076 4	0.389 2			0.011 7
$\boldsymbol{C}_{31}$	0.069 0	0.465 2	0.076 4	0.389 2			0.011 7

表 7.5-8　专家五意见下指标主观权重计算汇总表

判断矩阵	排序权值						一致性检验函数
	ω_1	ω_2	ω_3	ω_4	ω_5	ω_6	
$\boldsymbol{A}$	0.773 0	0.134 0	0.092 9				0.093 0
$\boldsymbol{C}_{1}$	0.136 4	0.238 4	0.625 0				0.015 8
$\boldsymbol{C}_{2}$	0.857 1	0.142 9					0.000 0
$\boldsymbol{C}_{3}$	0.857 1	0.142 9					0.000 0
$\boldsymbol{C}_{4}$	0.857 1	0.142 9					0.000 0
$\boldsymbol{C}_{5}$	0.122 1	0.244 2	0.264 8	0.264 8	0.103 8		0.005 9
$\boldsymbol{C}_{6}$	0.094 0	0.193 7	0.630 3	0.081 7			0.013 1
$\boldsymbol{C}_{7}$	0.139 3	0.032 9	0.218 7	0.464 3	0.074 7	0.069 8	0.061 9
$\boldsymbol{C}_{8}$	0.137 3	0.393 7	0.393 7	0.075 2			0.001 5
$\boldsymbol{C}_{9}$	0.137 3	0.393 7	0.393 7	0.075 2			0.001 5
$\boldsymbol{C}_{10}$	0.243 1	0.263 6	0.263 6	0.139 6	0.089 9		0.008 8
$\boldsymbol{C}_{11}$	0.356 5	0.356 5	0.074 9	0.211 9			0.022 5
$\boldsymbol{C}_{12}$	0.356 5	0.356 5	0.074 9	0.211 9			0.022 5
$\boldsymbol{C}_{13}$	0.356 5	0.356 5	0.074 9	0.211 9			0.022 5
$\boldsymbol{C}_{14}$	0.356 5	0.356 5	0.074 9	0.211 9			0.022 5

续表

判断矩阵	排序权值						一致性检验函数
	ω_1	ω_2	ω_3	ω_4	ω_5	ω_6	
$\boldsymbol{C}_{15}$	0.387 3	0.169 1	0.443 4				0.015 8
$\boldsymbol{C}_{16}$	0.5	0.5					0.000 0
$\boldsymbol{C}_{17}$	0.291 0	0.203 4	0.212 6	0.059 1	0.233 6		0.032 4
$\boldsymbol{C}_{18}$	0.4	0.2	0.4				0.000 0
$\boldsymbol{C}_{19}$	0.4	0.2	0.4				0.000 0
$\boldsymbol{C}_{20}$	0.4	0.2	0.4				0.000 0
$\boldsymbol{C}_{21}$	0.5	0.5					0.000 0
$\boldsymbol{C}_{22}$	0.595 3	0.128 2	0.276 3				0.004 8
$\boldsymbol{C}_{23}$	0.595 3	0.128 2	0.276 3				0.004 8
$\boldsymbol{C}_{24}$	0.595 3	0.128 2	0.276 3				0.004 8
$\boldsymbol{C}_{25}$	0.595 3	0.128 2	0.276 3				0.004 8
$\boldsymbol{C}_{26}$	0.077 1	0.442 1	0.077 1	0.403 6			0.001 5
$\boldsymbol{C}_{27}$	0.054 0	0.350 3	0.052 2	0.543 3			0.012 7
$\boldsymbol{C}_{28}$	0.032 5	0.425 7	0.040 8	0.115 6	0.063 1	0.322 1	0.064 4
$\boldsymbol{C}_{29}$	0.066 3	0.531 6	0.069 4	0.332 5			0.010 5
$\boldsymbol{C}_{30}$	0.066 3	0.531 6	0.069 4	0.332 5			0.010 5
$\boldsymbol{C}_{31}$	0.066 3	0.531 6	0.069 4	0.332 5			0.010 5

表 7.5-9 各专家意见下功能性影响因素层指标主观权重计算汇总表

判断矩阵		排序权值											一致性检验函数
		ω_1	ω_2	ω_3	ω_4	ω_5	ω_6	ω_7	ω_8	ω_9	ω_{10}	ω_{11}	
专家一	$\boldsymbol{B}_1$	0.307 3	0.037 6	0.039 1	0.019 8	0.179 2	0.179 2	0.179 2	0.021 4	0.021 4	0.015 8		0.059 0
	$\boldsymbol{B}_2$	0.287 5	0.032 6	0.033 8	0.018 1	0.166 4	0.166 4	0.166 4	0.019 1	0.019 1	0.014 5	0.076 2	0.054 3
	$\boldsymbol{B}_3$	0.307 3	0.037 6	0.039 1	0.019 8	0.179 2	0.179 2	0.179 2	0.021 4	0.021 4	0.015 8		0.059 0
专家二	$\boldsymbol{B}_1$	0.300 3	0.038 2	0.039 7	0.020 3	0.180 9	0.180 9	0.180 9	0.021 5	0.021 5	0.015 9		0.059 6
	$\boldsymbol{B}_2$	0.275 8	0.033 7	0.034 9	0.018 9	0.168 9	0.168 9	0.168 9	0.019 2	0.019 2	0.014 6	0.077 2	0.056 5
	$\boldsymbol{B}_3$	0.300 3	0.038 2	0.039 7	0.020 3	0.180 9	0.180 9	0.180 9	0.021 5	0.021 5	0.015 9		0.059 6
专家三	$\boldsymbol{B}_1$	0.259 7	0.039 4	0.041 0	0.020 7	0.192 9	0.192 9	0.192 9	0.022 1	0.022 1	0.016 2		0.049 7
	$\boldsymbol{B}_2$	0.271 8	0.033 9	0.035 1	0.019 0	0.169 5	0.169 5	0.169 5	0.019 6	0.019 6	0.014 9	0.077 6	0.059 0
	$\boldsymbol{B}_3$	0.259 7	0.039 4	0.041 0	0.020 7	0.192 9	0.192 9	0.192 9	0.022 1	0.022 1	0.016 2		0.049 7

续表

判断矩阵		排序权值											一致性检验函数
		ω_1	ω_2	ω_3	ω_4	ω_5	ω_6	ω_7	ω_8	ω_9	ω_{10}	ω_{11}	
专家四	$\boldsymbol{B}_1$	0.292 9	0.039 0	0.040 4	0.020 8	0.182 6	0.182 6	0.182 6	0.021 5	0.021 5	0.015 9		0.060 9
	$\boldsymbol{B}_2$	0.275 0	0.035 4	0.036 6	0.019 9	0.166 1	0.166 1	0.166 1	0.019 9	0.019 9	0.015 1	0.079 8	0.054 2
	$\boldsymbol{B}_3$	0.292 9	0.039 0	0.040 4	0.020 8	0.182 6	0.182 6	0.182 6	0.021 5	0.021 5	0.015 9		0.060 9
专家五	$\boldsymbol{B}_1$	0.288 2	0.039 2	0.040 7	0.020 9	0.183 6	0.183 6	0.183 6	0.022 0	0.022 0	0.016 3		0.063 7
	$\boldsymbol{B}_2$	0.304 9	0.034 5	0.035 7	0.019 5	0.158 1	0.158 1	0.158 1	0.019 5	0.019 5	0.014 8	0.077 3	0.063 2
	$\boldsymbol{B}_3$	0.288 2	0.039 2	0.040 7	0.020 9	0.183 6	0.183 6	0.183 6	0.022 0	0.022 0	0.016 3		0.063 7

7.5.3.2 评价指标组合权重确定

获得专家权重以及评价指标主观权重后，计算评价指标的组合权重，以安全性 $\boldsymbol{B}_1$ 为例进行计算，计算结果见表 7.5-10。

表 7.5-10 组合权重计算汇总表

判断矩阵	排序权值	专家一 0.199 1	专家二 0.271 9	专家三 0.237 6	专家四 0.174 2	专家五 0.117 1	组合权重
$\boldsymbol{B}_1$	ω_1	0.307 3	0.300 3	0.259 7	0.292 9	0.288 2	0.289 3
	ω_2	0.037 6	0.038 2	0.039 4	0.039	0.039 2	0.038 6
	ω_3	0.039 1	0.039 7	0.041	0.040 4	0.040 7	0.040 1
	ω_4	0.019 8	0.020 3	0.020 7	0.020 8	0.020 9	0.020 5
	ω_5	0.179 2	0.180 9	0.192 9	0.182 6	0.183 6	0.184 0
	ω_6	0.179 2	0.180 9	0.192 9	0.182 6	0.183 6	0.184 0
$\boldsymbol{B}_1$	ω_7	0.179 2	0.180 9	0.192 9	0.182 6	0.183 6	0.184 0
	ω_8	0.021 4	0.021 5	0.022 1	0.021 5	0.022	0.021 7
	ω_9	0.021 4	0.021 5	0.022 1	0.021 5	0.022	0.021 7
	ω_{10}	0.015 8	0.015 9	0.016 2	0.015 9	0.016 3	0.016 0
$\boldsymbol{C}_1$	ω_1	0.238 4	0.25	0.225 5	0.387 3	0.136 4	0.252 5
	ω_2	0.136 4	0.25	0.100 6	0.169 1	0.238 4	0.176 4
	ω_3	0.625	0.5	0.673 8	0.443 4	0.625	0.570 9
$\boldsymbol{C}_2$	ω_1	0.833 3	0.8	0.75	0.5	0.857 1	0.749 1
	ω_2	0.166 7	0.2	0.25	0.5	0.142 9	0.250 8
$\boldsymbol{C}_3$	ω_1	0.833 3	0.8	0.75	0.5	0.857 1	0.749 1
	ω_2	0.166 7	0.2	0.25	0.5	0.142 9	0.250 8

续表

判断矩阵	排序权值	专家一 0.199 1	专家二 0.271 9	专家三 0.237 6	专家四 0.174 2	专家五 0.117 1	组合权重
C_4	ω_1	0.833 3	0.8	0.75	0.5	0.857 1	0.749 1
	ω_2	0.166 7	0.2	0.25	0.5	0.142 9	0.250 8
C_5	ω_1	0.382	0.278 3	0.198 1	0.237 5	0.122 1	0.254 5
	ω_2	0.237 9	0.278 3	0.332 6	0.237 5	0.244 2	0.272 0
	ω_3	0.237 9	0.278 3	0.332 6	0.237 5	0.264 8	0.274 4
	ω_4	0.089 2	0.100 6	0.072 7	0.224 3	0.264 8	0.132 5
	ω_5	0.052 7	0.064 1	0.063 8	0.062 9	0.103 8	0.066 2
C_6	ω_1	0.139 3	0.086	0.110 7	0.089 7	0.094	0.104 0
	ω_2	0.139 3	0.152 9	0.131 6	0.138 1	0.193 7	0.147 3
	ω_3	0.589 4	0.521 5	0.664 4	0.661 1	0.630 3	0.606 0
	ω_4	0.131 8	0.239 4	0.093 1	0.110 9	0.081 7	0.142 3
C_7	ω_1	0.140 6	0.140 6	0.133 8	0.103 1	0.139 3	0.123 7
	ω_2	0.033 3	0.027 3	0.045 4	0.030 9	0.032 9	0.034 1
	ω_3	0.206 4	0.208 7	0.515 6	0.103 1	0.218 7	0.263 9
	ω_4	0.468 7	0.526 9	0.104 1	0.565 7	0.464 3	0.414 0
	ω_5	0.075 4	0.083	0.047 4	0.100 5	0.074 7	0.075 1
	ω_6	0.075 4	0.050 3	0.148 7	0.096 4	0.069 8	0.089 0
C_8	ω_1	0.141 5	0.127 9	0.305 5	0.166 6	0.137 3	0.180 6
	ω_2	0.383 7	0.346 7	0.305 5	0.333 3	0.393 7	0.347 4
	ω_3	0.346 7	0.383 7	0.276 1	0.333 3	0.393 7	0.343 1
	ω_4	0.127 9	0.141 5	0.112 7	0.166 6	0.075 2	0.128 5
C_9	ω_1	0.141 5	0.127 9	0.305 5	0.166 6	0.137 3	0.180 6
	ω_2	0.383 7	0.346 7	0.305 5	0.333 3	0.393 7	0.347 4
	ω_3	0.346 7	0.383 7	0.276 1	0.333 3	0.393 7	0.343 1
	ω_4	0.127 9	0.141 5	0.112 7	0.166 6	0.075 2	0.128 5
C_{10}	ω_1	0.122 1	0.092 6	0.254 5	0.141	0.243 1	0.163 0
	ω_2	0.244 2	0.294 5	0.269 6	0.305 8	0.263 6	0.276 9
	ω_3	0.264 8	0.374 7	0.269 6	0.282	0.263 6	0.298 7
	ω_4	0.264 8	0.374 7	0.269 6	0.282	0.263 6	0.170 6
	ω_5	0.243 1	0.072 8	0.071 3	0.13	0.089 9	0.118 3

重复该步骤，计算其他评价指标的组合权重，并将所有评价指标主观权重的计算结果

汇总于表 7.5-11。此外，B_2的 11 个基础指标的组合权重依次为：0.280 4、0.033 9、0.035 1、0.019 0、0.166 8、0.166 8、0.166 8、0.019 4、0.019 4、0.014 8、0.077 6。

表 7.5-11 评价指标主观权重计算汇总表

判断矩阵	排序权值					
	ω_1	ω_2	ω_3	ω_4	ω_5	ω_6
A	0.775 6	0.139 0	0.085 2			
C_{11}	0.460 0	0.287 0	0.079 5	0.173 2		
C_{12}	0.460 0	0.287 0	0.079 5	0.173 2		
C_{13}	0.460 0	0.287 0	0.079 5	0.173 2		
C_{14}	0.460 0	0.287 0	0.079 5	0.173 2		
C_{15}	0.432 6	0.290 3	0.276 9			
C_{16}	0.726 1	0.273 8				
C_{17}	0.256 8	0.195 9	0.245 3	0.106 9	0.194 9	
C_{18}	0.492 1	0.211 1	0.296 6			
C_{19}	0.492 1	0.211 1	0.296 6			
C_{20}	0.492 1	0.211 1	0.296 6			
C_{21}	0.656 9	0.343 0				
C_{22}	0.510 3	0.283 8	0.205 7			
C_{23}	0.510 3	0.283 8	0.205 7			
C_{24}	0.510 3	0.283 8	0.205 7			
C_{25}	0.510 3	0.283 8	0.205 7			
C_{26}	0.066 1	0.487 2	0.066 2	0.380 2		
C_{27}	0.071 6	0.389 7	0.063 9	0.474 5		
C_{28}	0.030 6	0.287 8	0.037 1	0.166 2	0.141 7	0.336 3
C_{29}	0.067 3	0.491 4	0.068 3	0.372 8		
C_{30}	0.067 3	0.491 4	0.068 3	0.372 8		
C_{31}	0.067 3	0.491 4	0.068 3	0.372 8		

7.5.4 红旗渠灌区安全等级综合评价

7.5.4.1 综合评价值

根据基础指标的评价值及各评价指标的层次单排序权值，计算红旗渠灌区安全等级综合评价值，并确定其评价等级。以安全性 B_1 为例进行计算，篇幅所限，仅列出总干渠和分水闸的子指标评价值及权重，计算结果见表 7.5-12。

表 7.5-12 红旗渠灌区 B_1 指标评价值计算汇总表

高层次指标	子指标	子指标评价值	子指标权重	高层次指标评价值
C_1	D_{1_1}	96	0.252 5	63.68
	D_{1_2}	92	0.176 4	
	D_{1_3}	40.75	0.570 9	
C_7	D_{7_1}	80	0.123 7	79.19
	D_{7_2}	81	0.034 1	
	D_{7_3}	80	0.263 9	
	D_{7_4}	77	0.414 0	
	D_{7_5}	82	0.075 1	
	D_{7_6}	83	0.089 0	
B_1	C_1	63.68	0.289 3	67.78
	C_2	71.14	0.038 6	
	C_3	73.62	0.040 1	
	C_4	42.3	0.020 5	
	C_5	62.32	0.184 0	
	C_6	73.69	0.184 0	
	C_7	79.19	0.184 0	
	C_8	48.12	0.021 7	
	C_9	42.8	0.021 7	
	C_{10}	76.26	0.016 0	

重复该步骤，即可计算其他高层次指标的评价值，计算结果见图 7.5-2。

7.5.4.2 综合评价结果分析

从图 7.5-2 可以看出，红旗渠灌区工程安全等级综合评价值为 69.14，与 7.4 节的大型灌区工程安全综合评价等级集表 7.4-1 对照可知，红旗渠灌区安全综合评价等级为“基本安全”。

从图 7.5-2 中还可以看出，在大型灌区安全等级综合评价体系中，先进行单项评价，得到基础指标评价值，然后逐层向上一级综合，最后得到灌区工程安全综合评价值，各级评价清晰、明确，通过横向和纵向比较，能够方便地发现灌区结构中的薄弱环节和优越环节。

在本书的复杂灌区综合评价中，鉴于时间有限等因素，仅邀请了 5 位专家，评价结果有一定的局限性，如果专家选择范围更大，且专家的专业性更强，则评价结果更为准确可靠，能为大型灌区工程安全综合评价提供有力的科学依据。

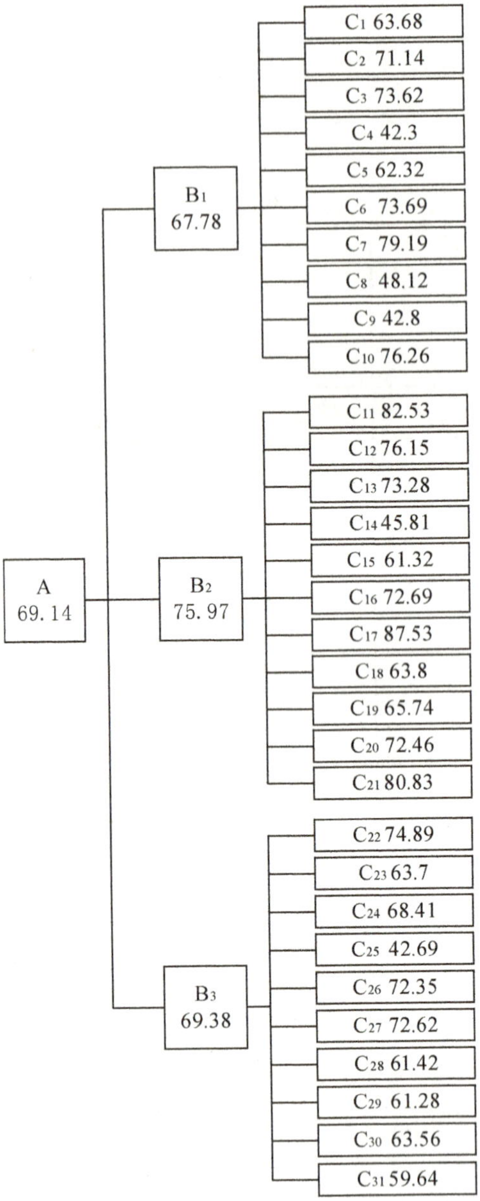

图 7.5-2　红旗渠安全等级综合评价值

参考文献

[1] 何金平,李珍照.大坝结构实测性态综合评价指标体系研究[J].大坝观测与土工测试,2000,24(6):20-22.

[2] 郝聚民,纪卓尚,戴寅生,等.多目标模糊优选法及其在船舶主尺度优选中的应用[J].大连理工大学学报,1998(4):5-9.

[3] 王瑛,姜芸芸.基于改进 CRITIC 赋权法和模糊优选法的大气质量评价[J].统计与决策,2017(17):83-87.

[4] 陈艳萍，吴凤平，吴丹. 基于模糊优选和 TOPSIS 法的流域初始水权分配模型[J]. 河海大学学报(自然科学版)，2009，37(4)：467-471.
[5] 朱建军. 层次分析法的若干问题研究及应用[D]. 沈阳：东北大学，2005.
[6] 常建娥，蒋太立. 层次分析法确定权重的研究[J]. 武汉理工大学学报(信息与管理工程版)，2007，29(1)：153-156.
[7] 骆正清，杨善林. 层次分析法中几种标度的比较[J]. 系统工程理论与实践，2004，24(9)：51-60.
[8] 储敏. 层次分析法中判断矩阵的构造问题[D]. 南京：南京理工大学，2005.
[9] 左军. 层次分析法中判断矩阵的间接给出法[J]. 系统工程，1988(6)：56-63.
[10] BALL R C, BRANKE J, MEISEL S. Optimal Sampling for Simulated Annealing Under Noise[J]. INFORMS Journal on Computing, 2018，30(1)：200-215.
[11] BRICK E, ERMAKOV S, KUCHERYAVYY S, et al. Modeling of the optimal transmission spectrum of an interference contrast filter using simulated annealing[J]. Journal of Physics: Conference Series, 2018，945(1)：012017.
[12] GHAFFARINASAH N, MOTALLEBZADEH A, JABARZADEH Y, et al. Efficient simulated annealing based solution approaches to the competitive single and multiple allocation hub location problems[J]. Computers & Operations Research, 2018，90：173-192.
[13] 王宁，沈振中，徐力群，等. 基于模拟退火层次分析法的病险水库除险加固效果评价[J]. 水电能源科学，2013，31(9)：65-67+219.
[14] 李学平. 用层次分析法求指标权重的标度方法的探讨[J]. 北京邮电大学学报(社会科学版)，2001，3(1)：25-27.
[15] 张文鸽，黄强. 层次分析法(AHP)的标度分析及其在水利工程评价中的应用[J]. 西北农林科技大学学报(自然科学版)，2006，34(3)：152-156.
[16] 占济舟. 关于层次分析法中标度问题的研究[D]. 南宁：广西大学，2005.
[17] 胡明甫. AHP 层次分析法及 MATLAB 的应用研究[J]. 钢铁技术，2004(2)：43-46.
[18] 朱建军，王梦光，刘士新. AHP 判断矩阵一致性改进的若干问题研究[J]. 系统工程理论与实践，2007，27(1)：18-22.
[19] 王中胜，李敏强，寇纪淞. 层次分析法判断矩阵不一致性的形成机理和一种修正方法[J]. 系统工程理论与实践，1995(9)：36-43.
[20] FRANZ S. Continuous interior penalty method on a Shishkin mesh for convection - diffusion problems with characteristic boundary layers[J]. Computer Methods in Applied Mechanics and Engineering, 2008，197(45-48)：3679-3686.
[21] ISHIZUKA Y, AIYOSHI E. Double penalty method for bilevel optimization problems[J]. Annals of Operations Research, 1992，34(1)：73-88.
[22] SCHAEFFER H. A penalty method for some nonlinear variational obstacle problems[J]. Communications in Mathematical Sciences，16(7)：1757-1777.
[23] 陈华根，吴健生，王家林，等. 模拟退火算法机理研究[J]. 同济大学学报(自然科学版)，2004，32(6)：802-805.

[24] 楚栋，宫兴致，程梁，等. 基于遗传退火算法的多层薄膜厚度测量[J]. 光电工程，2010，37(2)：45-49.

[25] 高鹰，谢胜利. 基于模拟退火的粒子群优化算法[J]. 计算机工程与应用，2004(1)：47-50.

[26] 王华秋，曹长修. 基于模拟退火的并行粒子群优化研究[J]. 控制与决策，2005(5)：500-504.

附录 1
各指标的专家打分评分表

表附录 1.1-1　适用性-渠道指标评分表

评价指标	评价内容	满分	得分
流量 D_{d+1_1}	过流能力满足设计要求不扣分。小于设计值 30%以内，每小于 1%扣 2 分，小于 30%以上不得分	100	
流态 D_{d+1_2}	沿程流态平稳，无漩涡和回流不扣分。若沿程流态不平稳，可根据漩涡出现次数扣分，比如每出现一次明显漩涡或回流扣 5 分	100	
水位 D_{d+1_3}	正常运行水位符合设计水位不扣分。若水位与设计值不相符，按照与设计值相差百分比进行相应等值的扣分	100	
渠道淤积 D_{d+1_4}	淤积厚度；淤积出现的不同位置、数量和淤积出现频率；淤积物堆放是否合理；同时，结合淤积原因判断淤积问题的严重程度	100	
渠道变形 D_{d+1_5}	口宽、底宽、边坡和渠深满足设计尺寸不扣分。口宽、底宽和渠深小于设计尺寸 20%以内，每相差 1%扣 4 分，相差 20%以上不得分。边坡的坡度每小于设计值 0.05 扣 10 分，小于设计值 0.3 以上不得分	100	
基础沉降 D_{d+1_6}	基础沉降值是否在规范允许范围内，沉降速率是否合理，由于不均匀沉降所引起的渠道结构开裂问题是否严重	100	

表附录 1.1-2　适用性-建筑物指标评分表

评价指标	评价内容	满分	得分
流量 D_{f+1_1}	过流能力满足设计要求不扣分。小于设计值 30%以内，每小于 1%扣 2 分，小于 30%以上不得分	100	
流态 D_{f+1_2}	沿程流态平稳，无漩涡和回流不扣分。若沿程流态不平稳，可根据漩涡出现次数扣分，比如每出现一次明显漩涡或回流扣 5 分	100	
水位 D_{f+1_3}	正常运行水位符合设计水位不扣分。若水位与设计值不相符，按照与设计值相差百分比进行相应等值的扣分	100	
消能防冲 D_{f+1_4}	满足标准要求不扣分。若不满足标准要求，则视冲刷对邻近建筑物的安全影响程度进行扣分	100	
金属结构 D_{f+1_5}	闸门、拦污栅等的布置、选型、运用条件能否满足需要；闸门与埋件、拦污栅等的制造与安装质量是否符合设计与标准；闸门锁定等装置、检修门配置是否能满足需要；启闭机选型、运用条件能否满足工程需要；启闭机制造与安装的质量是否符合设计与标准的要求；启闭机的安全保护装置与环境防护措施是否完备	100	

续表

评价指标	评价内容	满分	得分
结构变形 D_{f+1_6}	供配电设备、电动机等设备的选型、运用条件能否满足工程需要；机电设备的制造与安装质量是否符合设计与标准的要求；监控设备和辅助设备是否符合设计与标准的要求；机电设备接地电阻等是否满足要求	100	
基础沉降 D_{f+1_7}	基础沉降值是否在规范允许范围内，沉降速率是否合理，由于不均匀沉降所引起的建筑物开裂问题是否严重	100	
裂缝宽度 D_{f+1_8}	裂缝宽度是否在规范允许范围内，裂缝扩展是否为失稳扩展	100	

表附录 1.1-3　适用性-运行管理指标评分表

评价指标	评价内容	满分	得分
安全监测 D_{h+1_1}	安全监测设施是否具备有效性，即监测项目的完备性、监测设施的完好性、监测资料的可靠性；如有防雷要求，其防雷系统性能是否良好	100	
灌溉技术 D_{h+1_2}	按现行国内先进灌溉技术水平评估，灌区中比较落后的灌溉技术所灌溉的面积占总面积的比例。此定义的落后灌溉技术指灌区内使用相应于作物的喷灌、滴灌和雾灌等较先进的节水灌溉技术	100	
维修养护 D_{h+1_3}	对渠道、渠系建筑物、金属结构、机电设备、监测设施、防汛交通和通信设施、备用电源等进行的检查、测试及养护和修理是否满足要求，以及对影响渠系和建筑物安全的生物破坏进行的防治是否到位	100	
管理调度 D_{h+1_4}	管理机构和管理制度是否健全，管理人员职责是否明晰；管理设施是否完善；调度规程和应急预案是否制定并报批，能否按审批的调度规程合理调度运用；运行大事记、技术档案等工作是否到位	100	

表附录 1.1-4　耐久性-渠道指标评分表

评价指标	评价内容	满分	得分
渠道渗漏 D_{h+2_1}	渗漏损失满足设计值不扣分，大于设计值 60%以内，每小于 1%扣 1 分，大于设计值 60%以上不得分	100	
渠道破损 D_{h+2_2}	浆砌石基础的沉陷、裂缝、变形、砂浆剥蚀、石料风化、结构破损等问题的严重程度；现浇混凝土基础的沉陷、裂缝、表面剥蚀、变形和结构破损等问题的严重程度	100	
运行年限 D_{h+2_3}	根据永久性水工建筑物类别和级别来确定其合理使用年限，灌溉渠道一般为 20～50 a。根据工程结构和构件的大修和小修情况进行实际运行年限的确定。实际运行年限超过合理使用年限的 50%以上时开始扣分	100	

表附录 1.1-5　耐久性-建筑物指标评分表

评价指标	评价内容	满分	得分
进口段 D_{j+1_1}	混凝土结构外观质量和内部缺陷（裂缝和碳化深度）状况如何；钢筋保护层厚度是否满足要求（钢筋锈蚀程度）；伸缩缝、止水缝是否有损坏和错位	100	

续表

评价指标	评价内容	满分	得分
控制段 D_{j+1_2}	钢筋混凝土结构是否存在裂缝、碳化、冲磨、冻融、渗漏溶蚀、风化剥蚀、冲磨气蚀等问题；水下部位有无淤积、接缝破损(特别是止水失效)、结构断裂、钢筋锈蚀、地基土或回填土流失	100	
出口段 D_{j+1_3}	混凝土结构是否存在外观质量和内部缺陷问题，如缺损、蜂窝、剥落、剥蚀、裂缝、变形、渗漏和露筋等	100	
金属结构 D_{j+1_4}	涂层厚度与蚀余厚度如何；主要金属结构的锈蚀分布、锈蚀面积及锈蚀部位情况；锈蚀程度如何：轻微锈蚀、一般锈蚀、较重锈蚀还是严重锈蚀	100	
机电设备 D_{j+1_5}	电气设备绝缘性能是否良好；设施是否陈旧；照明和给排水系统完好程度；自动化系统稳定性和数据交互共享能否实现调度优化	100	
运行年限 D_{j+1_6}	根据永久性水工建筑物类别和级别来确定其合理使用年限，灌排建筑物一般为 30～50 a。根据工程结构和构件的大修和小修情况进行实际运行年限的确定。实际运行年限超过合理使用年限的 50%以上开始扣分	100	

附录 2

红旗渠指标主观权重调查表

此调查表的目的在于确定各评价指标之间的相对权重，调查表根据层次分析法(AHP)的形式设计。这种方法是在同一个层次对影响因素重要性进行两两比较。衡量尺度划分为 9 个等级，数值 9，7，5，3，1 分别表示绝对重要、十分重要、比较重要、稍微重要、同样重要；2，4，6，8 分别表示上述相邻判断的中间值。靠左边的衡量尺度表示左列因素重要于右列因素，靠右边的衡量尺度表示右列因素重要于左列因素。根据您的看法，在对应方格中打钩即可。下面以一具体事例说明。

比如一套住房的地理位置重要，还是价格重要。如果您认为一套住房的地理位置相对于价格十分重要，那么请在左侧(十分重要)下边的方格打钩。

A	评价尺度																	B
	9	8	7	6	5	4	3	2	1	2	3	4	5	6	7	8	9	
地理位置																		价格

注：衡量尺度划分为 9 个等级，数值 9，7，5，3，1 分别表示绝对重要、十分重要、比较重要、稍微重要、同样重要；2，4，6，8 分别表示上述相邻判断的中间值。

以红旗渠总目标主观权重为例，其主观权重调查表见附录表 2.1-1。

附录表 2.1-1　红旗渠总目标主观权重调查表

总目标 A	说明																	
安全性	包括：总干渠、一干渠、二干渠、三干渠、南谷洞渡槽、空心坝、分水闸、桃园渡槽、夺丰渡槽、曙光渡槽																	
适用性	包括：总干渠、一干渠、二干渠、三干渠、南谷洞渡槽、空心坝、分水闸、桃园渡槽、夺丰渡槽、曙光渡槽																	
耐久性	包括：总干渠、一干渠、二干渠、三干渠、南谷洞渡槽、空心坝、分水闸、桃园渡槽、夺丰渡槽、曙光渡槽																	
A	评价尺度																	B
	9	8	7	6	5	4	3	2	1	2	3	4	5	6	7	8	9	
安全性																		适用性
安全性																		耐久性
适用性																		耐久性